UNITÉ DES FORCES PHYSIQUES

SYSTÈME ONDULATOIRE

Explication purement mécanique
de tous les Phénomènes matériels

Par M. L'abbé S. V. HÉMARD,
Chanoine H.
Ancien Professeur de Sciences.

16

CHALONS-SUR-MARNE
Imprimerie C. Thouille, rue d'Orfeuil, 3.

1899

SYSTÈME ONDULATOIRE

IMPRIMATUR.

Accordé par Mgr l'Evêque de Châlons-sr-Marne

le 12 Avril 1899.

UNITÉ DES FORCES PHYSIQUES

SYSTÈME ONDULATOIRE

Explication purement mécanique de tous les Phénomènes matériels

PAR M. L'ABBÉ S. V. HÉMARD,

Chanoine H.

Ancien Professeur de Sciences.

CHALONS-SUR-MARNE

IMPRIMERIE C. THOUILLE, RUE D'ORFEUIL, 3.

1899

BUT ET PLAN DE CE TRAVAIL.

Depuis longtemps déjà, la connaissance des relations étroites qui existent entre la lumière, la chaleur, l'électricité et le mouvement, faisait soupçonner l'existence d'une force unique présidant à tous les phénomènes de la physique. On ne se trompait pas, elle existe réellement, ainsi que nous espérons le démontrer.

Evidemment la découverte de cette force sera un progrès considérable pour la science. La physique et la chimie ne sont aujourd'hui que des nomenclatures de faits avec les circonstances qui les accompagnent, mais on ne connait pas la loi qui les régit, la force qui les engendre. Avec elle tout s'expliquera. Ces deux branches de nos connaissances deviendront une véritable science, marchant du connu à l'inconnu, procédant d'un principe certain, duquel se déduiront tous les phénomènes de la nature. Les expériences étant mieux dirigées, les découvertes deviendront plus faciles.

Beaucoup de systèmes ont été faits sur la formation du monde sans arriver à quelque chose de satisfaisant ; et jamais rien de vraiment scientifique ne sera fait sur ce point tant qu'on ignorera la loi qui gouverne la matière et son fonctionnement.

Pour nous, la matière, à cause de son inertie, ne peut agir que par un mouvement reçu. Le mouvement, telle sera donc la loi productrice. La quantité de mouvement, c'est-à-dire, la masse ébranlée multipliée par sa vitesse, sera la force vive.

Par leur mouvement, les corps agissent les uns sur les autres de deux manières : 1° directement, en se mettant en contact par le choc, la poussée ou le frottement ; c'est le mode en usage dans nos machines en particulier ; 2° à distance, et c'est ainsi que se produisent habituellement les phénomènes de la physique : ceux que nous avons en vue dans le travail que nous nous proposons. — Dans ce dernier cas, la force doit être transmise au corps influencé par l'intermédiaire du milieu ambiant. Ce milieu sera presque toujours l'éther. Le moyen de transport de la force sera les ondulations de ce milieu, suscitées par les vibrations du corps agissant. Voilà pourquoi nous adoptons ce titre : Système ondulatoire.

Enoncer une proposition ou une loi, est facile et peu ; en établir l'exactitude et la vérité, est tout. Pour prouver la nôtre, nous donnerons la seule démonstration capable d'amener la conviction sur un tel sujet : c'est de prendre dans la physique chacun des principaux phénomènes en particulier, de suivre les ondulations dans leur marche et de montrer qu'elles les produisent mécaniquement.

Après quelques notions sur la matière en général et sur les ondulations, nous montrerons, d'abord, de quelle façon ces dernières produisent : 1° les attractions ou les répulsions dans les courants électriques ; 2° la pesanteur. Puis, à l'aide de ces premières données, et appuyé sur les faits reconnus par les expériences, nous établirons la constitution des éléments chimiques. Ce chapitre a une grande importance : la constitution des éléments nous révélera pourquoi et comment ils vibrent ; en particulier, la manière dont ils s'unissent ensemble ; pourquoi ils se combinent à quelques-uns et pas à d'autres, pourquoi toujours en nombre limité et déterminé ; comment ils absorbent ou rendent de l'électricité.

Après cela, nous aborderons l'examen détaillé des faits électriques et magnétiques ; puis, ceux de la lumière où sera clairement élucidé le mécanisme des réfractions simples et multiples ; enfin, ce qui se rapporte aux gaz, aux liquides, à la chaleur, à la météorologie et à la gravitation.

Si notre système donne réellement, ainsi que nous en avons la confiance, une explication satisfaisante et claire sur tous ces points, il faudra bien convenir qu'il a pour lui de sérieux indices de vérité. Alors la formation du monde donnée par Moïse nous paraîtra admirable d'exactitude et de science.

Nous ajouterons un appendice sur les causes secondes ou physiques du Déluge.

NOTIONS PRÉLIMINAIRES.

MATIÈRE. — ONDULATIONS.

I. LA MATIÈRE.

Il y a deux sortes de substances : la matière et l'esprit. Leur propriété distinctive et fondamentale est, pour la matière, l'inertie ; pour l'esprit, une activité propre et spontanée. Dans les conditions de la vie présente, nous sommes incapables de voir les esprits : notre âme, substance spirituelle, étant unie à un corps, n'a de rapports avec les êtres extérieurs que par les sens, et leur nature purement matérielle ne permet pas qu'ils lui transmettent des impressions différentes d'eux-mêmes.

La matière se divise en atomes, éléments, molécules et corps. L'atome (*insécable*) est la dernière division de la matière, l'unité. L'élément — cela sera démontré quand nous traiterons en particulier ce qui le concerne — est composé d'un certain nombre d'atomes réunis ensemble. Il est indécomposable par les moyens connus jusqu'aujourd'hui ; on le considère comme l'unité chimique. La molécule est constituée par quelques éléments combinés chimiquement. Elle est décomposable naturellement ou artificiellement par les moyens chimiques. En outre, elle possède des propriétés particulières, autres que celles des éléments qui la composent. Le corps, enfin, est formé d'un nombre quelconque de molécules semblables ou différentes, liées ensemble par la cohésion. Quelquefois, cependant, le corps ne contient que des éléments sans molécules proprement dites : ce sont les corps appelés simples par les chimistes. Tels sont, l'or, l'argent, le fer, le cuivre, etc.

Combien d'atomes renferme le corps le plus petit que nos sens puissent percevoir? On ne le saura probablement jamais. Leur nombre dépasse certainement de beaucoup celui qu'oserait admettre, de prime abord, l'imagination la plus hardie. Les importantes recherches de Dupré ont amené ce résultat que, dans un cube d'eau, ayant pour côté un millième de millimètre, il existe plus de deux cent vingt-cinq mille millions de molécules. Combien alors d'éléments? combien d'atomes? La molécule aqueuse, dont il est question ici, contient au moins trois éléments, un d'oxygène et deux d'hydrogène : or, chacun des éléments renferme un grand nombre d'atomes.

La matière se présente aussi sous quatre formes : les solides, les liquides, les gaz et les fluides.

Solides. — Ils sont caractérisés par une forte cohésion des molécules, en sorte qu'on ne peut les séparer sans un effort plus ou moins considérable. C'est à cette cohésion que les corps doivent leur dureté et le pouvoir de conserver, par eux-mêmes, la forme qui leur a été donnée. Par exemple, les pierres, le bois, les métaux.

Liquides. — Le caractère distinctif des liquides, tels que l'eau, l'alcool, les huiles, est une faiblesse de cohésion entre les molécules qui rend ces dernières extrêmement mobiles les unes sur les autres. L'effet seul de la pesanteur suffit pour changer leur position relative. Aussi les liquides n'offrent-ils aucune dureté et prennent toujours la forme des vases qui les contiennent.

Gaz. — Dans les gaz, il n'y a plus de cohésion entre les molécules, mais, au contraire, une répulsion plus ou moins prononcée qui leur donne une tendance à s'éloigner les unes des autres et à occuper un espace plus étendu.

Fluides. — Ce nom, du latin *fluere*, s'emploie généralement pour désigner les liquides et les gaz. Mais nous le réservons spécialement à une forme particulière de la matière, l'éther ou électricité. Son état diffère assez des liquides et des gaz pour mériter un nom spécial. Les gaz comme les liquides sont composés de molécules ou au moins d'éléments. Dans l'éther, il n'y a point d'éléments, encore moins de molécules. Il est plus subtil, d'une plus grande fluidité; il remplit de sa présence l'espace entier. Ajoutons qu'il joue un rôle à part dans tous les phénomènes de la nature. Il paraît donc ne consister qu'en une agglomération d'atomes sans liaison aucune entre eux.

Lois. — Le Souverain du monde a donné à ses créatures des lois conformes à leur nature : à celles qui sont douées d'intelligence et de liberté, il a dicté des lois auxquelles elles peuvent désobéir, mais qui leur créent une obligation morale ; à la matière inerte, il a imposé des lois nécessitantes qui obtiennent leur effet fatalement. On les nomme lois physiques. Enoncer une loi, c'est donc nommer la cause des faits : cause morale pour l'être libre, cause inéluctable pour la matière. Un corps qui en choque un autre, lui transmet son propre mouvement. Voilà une loi physique : le choc est bien la cause du mouvement communiqué. Mais il ne faut pas confondre la loi elle-même avec le fait qui en résulte et qui varie suivant les circonstances. Un corps mou est appuyé sur un solide immobilisé : si, dans cet état, il reçoit le choc d'un autre corps, il ne se meut pas, il s'aplatit. C'est là un fait constant et général ; mais dira-t-on que c'est une loi ? Non évidemment. La cause ou la loi de ce phénomène est la transmission du mouvement par le choc ; la résistance du solide empêche la projection du corps mou frappé, et le mouvement transmis devient simplement moléculaire : les molécules directement atteintes sont refoulées vers les suivantes ; celles des côtés sont écartées latéralement. Les circonstances ont modifié le résultat, mais nullement la loi.

Généralement, dans les traités de physique, ce que l'on qualifie du nom de loi, se réduit à une locution abstraite, exprimant le mode constant sous lequel un fait se produit. L'eau distillée, sous la pression atmosphérique 0,76, gèle à zéro degré, et entre en ébullition à cent ; une pierre tombe avec une vitesse qui croît comme le carré des distances parcourues ; voilà deux lois de la physique. On n'y voit que l'énoncé d'un fait se produisant dans des circonstances déterminées ; fait qui est la conséquence d'une force et des circonstances dans lesquelles elle agit. Ces dernières sont seules exprimées : l'eau distillée et la pression qu'elle supporte ; la chute de la pierre dans le vide ; de la force agissante, il n'en est pas question. Au lieu de l'eau distillée, prenez, sous la même pression, de l'eau chargée de sels, de l'acide sulfureux, de l'essence de térébenthine, ou tout autre liquide, la température d'ébullition ou de congélation variera avec chacun de ces corps, tout en demeurant invariable pour le même. Ces faits sont aussi constants que le premier. Ils n'ont pas moins de raison d'être qualifiés du nom de loi. En sont-ils réellement? Alors tous les faits, toutes les circonstances différentes seraient des lois. En réalité ces prétendues lois n'en sont pas : ce sont des faits, ou, si vous le voulez, des corollaires, des scolies de la loi, parce qu'ils sont le résultat des circonstances dans lesquelles elle est appliquée.

Ce que nous disons ici de ces lois, est uniquement pour en donner la juste appréciation, et non pour les déprécier, car elles sont le fruit de laborieuses recherches, très utiles et même nécessaires pour les sciences.

Propriétés de la matière. — La loi générale qui régit les phénomènes de la nature doit trouver son appui sur les propriétés essentielles à la substance matérielle. Quelles sont-elles ?

Parmi les propriétés des corps, les unes sont particulières à quelques-uns seulement, ou à l'une des formes dont ils sont susceptibles ; telles sont : la solidité, la fluidité, la ductilité, etc. Par là même qu'elles n'appartiennent pas à tous les corps, elles ne sont pas essentielles à la matière. Et, de fait, elles reposent uniquement sur le mode de composition des corps qui les possèdent, sur le lien qui unit leurs différentes parties, et sur la substance elle-même. Lorsque les molécules sont fortement unies, ne peuvent être que difficilement séparées, ou changées de leur position respective, le corps est solide, dur. Au contraire, quand ces molécules glissent facilement les unes sur les autres, il est doué de fluidité. Si, étant changées dans leur position relative, étirées, elles conservent ce nouvel état, et demeurent fortement unies, le corps est dit malléable, ductile, etc.

Dans le nombre des propriétés communes à tous les corps, il en est encore plusieurs que l'on ne peut considérer comme essentielles, parce qu'elles appartiennent, comme les précédentes, non directement à la substance, mais à l'état des corps en qualité de composés. Par exemple : la divisibilité, la porosité, etc. Tous les corps étant composés de plusieurs unités matérielles, ces unités peuvent être séparées les unes des autres ; le corps devient ainsi divisible. Elles laissent souvent des vides entre elles, et le corps est poreux, etc.

Les seules propriétés communes à tous les corps que l'on puisse considérer comme essentielles à la substance matérielle, sont : l'étendue, la mobilité et l'inertie. Encore doit-on en éliminer la première, c'est-à-dire, l'étendue. Si elle était réellement essentielle, elle appartiendrait aussi bien à l'atome qu'à n'importe quel corps. Or, l'atome est-il étendu ?

D'abord, étant l'unité première des corps, il faut bien admettre qu'il est simple, sans parties distinctes, si l'on veut éviter l'absurde. Prétendre que la matière est divisible à l'infini par sa nature, c'est admettre que le fini contient une infinité de parties; que la partie est égale au tout, puisqu'elle contiendrait un nombre également infini de divisions; que les corps sont composés sans unités composantes; enfin qu'il existe, en fait, des nombres infinis. Si donc la divisibilité à l'infini de la matière renferme l'absurde, la contradictoire est nécessairement vraie : on pourra y rencontrer des difficultés, l'absurde jamais. L'atome est donc simple, c'est-à-dire, sans parties ; or, la simplicité exclut l'étendue.

Il en est de l'étendue comme des composés, c'est la pluralité des unités substantielles qui lui donne l'existence. Qu'un atome existe seul dans l'univers, l'étendue devient aussi impossible qu'un corps composé. Mettez-en deux, et elle apparait aussitôt. C'est que l'étendue n'est qu'un mode de relation des êtres entre eux.

Elle ne peut être, en effet, que l'une de ces trois choses : ou une substance, ou un attribut, ou un mode de relation. Elle n'est pas une substance, sans cela elle aurait une existence indépendante des corps. Elle pourrait disparaître sans changer la manière d'être des corps, ce qui n'est pas : tant qu'il y aura des corps dans le monde, il y aura de l'étendue avec eux, parce que leurs parties la constitueront. L'étendue n'est pas un attribut de la substance matérielle. L'attribut ne peut exister en dehors de son sujet, et l'étendue subsiste dans l'espace qui sépare deux corps. Elle n'est donc qu'un mode de relation. Pour passer d'un corps à un autre, un certain mouvement est nécessaire : si deux corps sont séparés par un grand nombre d'autres, il faut successivement passer par chacun de ces intermédiaires pour arriver de l'un à l'autre. C'est la loi de ce monde. De là l'éloignement, l'étendue grandissante avec la multiplicité des corps.

De toutes les propriétés des corps, il s'en trouve donc deux seulement qui leur soient essentielles, l'inertie et la mobilité. Nous en ajouterons une troisième qui, sans être dans les corps comme telle, appartient à chacun des atomes en particulier. C'est l'impénétrabilité.

L'impénétrabilité consiste en ce que deux atomes ne sauraient ni se pénétrer, ni se confondre en un seul point. C'est la conséquence de leur simplicité. Pour être pénétré par un autre, il faudrait que l'atome eût des parties entre lesquelles s'insinuerait le second, et, ce qui est simple n'a point de parties. Les corps, il est vrai, sont plus ou moins perméables : le bois se laisse pénétrer par les liquides, le mercure passe à travers une peau de chamois sous laquelle on a fait le vide ; mais c'est parce que ces corps sont composés et possèdent des pores, souvent même des cavités. Toutefois, leurs atomes ne sont pas traversés.

Cette propriété est la cause de l'étendue. Parce que les atomes ne peuvent se confondre, leur juxtaposition forme l'espace. Elle rend possible la mobilité qui ne se concevrait pas sans une étendue à parcourir.

La mobilité consiste dans la faculté de pouvoir être mis en mouvement.

L'inertie est l'inactivité propre, ou l'impossibilité

de se donner, par soi-même, un mouvement quelconque. On la constate dans tous les corps sans exception. Nul ne peut de lui-même se remuer, changer de place ou agir sur un autre. L'inertie, unie à la mobilité, oblige les corps à obéir passivement à toute cause étrangère qui tend à leur imprimer un mouvement. Ils sont, en outre, dans la nécessité de transmettre, en le perdant, le mouvement reçu, quand, dans leur marche, ils heurtent un autre corps. Un corps, en effet, demeurera éternellement immobile, si une force extérieure ne vient le faire sortir de son repos. Quand on lui communique un mouvement, il le prend avec la quantité ou la vitesse imprimée, ni plus, ni moins ; avec la direction donnée, sans jamais en dévier, sans jamais ralentir ou accélérer sa course, tant qu'un obstacle ne vient pas modifier son allure. Qu'il heurte un autre corps, il lui transmet tout ou partie de son mouvement, selon les circonstances ; s'arrête, quand il l'a transmis en entier, ralentit seulement sa marche, s'il lui en reste une partie. Sur un billard, le joueur pousse sa bille et lui communique, par là, une quantité de mouvement déterminée. La bille part avec une vitesse proportionnelle, mais elle s'arrête bientôt, parce qu'elle a transmis tout son mouvement à d'autres corps. A chaque tour qu'elle accomplit sur le tablier du billard, elle déplace un volume d'air égal au sien ; ce qu'elle ne peut faire sans lui transmettre un mouvement qui diminue d'autant la quantité dont elle est pourvue. Elle en laisse aux bandes et aux billes qu'elle frappe.

Telles sont donc les trois propriétés seules essentielles à la matière. Quelques-uns ont voulu y ajouter une puissance attractive ; mais c'était supposer l'impossible.

ATTRACTION. — Considérée comme un attribut de la matière, ainsi qu'on l'a supposé jusqu'aujourd'hui, l'attraction est une force en vertu de laquelle tous les atomes s'attirent mutuellement, en raison directe des masses, et en raison inverse du carré des distances. Son action se fait sentir sur tous les corps, qu'ils soient en mouvement ou en repos. Elle est toujours réciproque entre eux, s'exerçant à toutes les distances ainsi qu'à travers toutes les substances. Par le fait, son rôle devient universel, car, si elle est une propriété inhérente à la matière, elle doit se retrouver partout et toujours.

Avec elle, on prétend rendre compte des forces générales de la nature : de la pesanteur qui attire les corps vers le centre de la terre, pousse doucement les eaux des fleuves vers la mer, leur réservoir commun ; de la cohésion et de l'adhésion, grâce auxquelles les molécules se groupent pour former les corps variés, les liquides s'élèvent dans les tubes capillaires ; de l'affinité qui préside à la combinaison des éléments ; enfin, de la marche des astres dans la gravitation.

Cependant, on comprit bien vite que la force attractive ne suffisait pas pour expliquer les faits. Avec elle seule, la matière de la création n'eût bientôt plus formé qu'une masse compacte et unique. On ne pouvait comprendre comment les éléments d'un gaz, au lieu de tendre à se rapprocher, se fuient énergiquement ; pourquoi les corps sont compressibles, etc. Il fallut lui adjoindre une seconde force, la force répulsive qui empêche les particules des corps de se toucher complètement.

C'était mettre dans la matière deux énergies doublement contradictoires : contraires à l'inertie de l'atome, contraires à elles-mêmes; de plus, incapables d'expliquer d'une manière satisfaisante quoi que ce soit, mais en revanche créant partout des difficultés inextricables. L'exercice de ces deux forces dans l'atome est donc nécessairement simultané et fatal ; elles sont incapables, soit de faire un choix quelconque entre les éléments qu'elles doivent attirer ou repousser, soit de se modérer l'une ou l'autre. Si elles sont égales, leur effet sera détruit, tout se passera comme si elles n'existaient ni l'une ni l'autre ; si l'attraction domine, elle l'emportera toujours, et il en sera de même que si la répulsion n'existait pas, seulement celle-ci sera moins puissante. Si, au contraire, la force répulsive possède plus d'énergie, elle agira seule, et toute composition, tout rapprochement devient impossible; les atomes se fuiront toujours.

Depuis Newton, on s'était généralement habitué à l'idée de la force attractive résidant dans l'atome, plutôt, peut-être, par défaut d'aucune autre explication satisfaisante des faits, que par conviction. Toutefois l'illustre auteur de la théorie de la gravitation universelle se bornait à dire que les phénomènes se produisent *comme si la matière s'attirait.* Il refuse même énergiquement d'y voir une force inhérente à la matière, agissant à distance sans intermédiaire. Il donne ainsi toute sa pensée, à ce sujet, dans une de ses lettres à son ami Bentley : « On ne peut comprendre que la matière brute et inanimée puisse, sans la médiation de quelqu'autre chose qui n'est pas matière, agir sur une autre matière, et l'affecter sans un *mutuel contact ;* ce qui pourrait avoir lieu, si la faculté de gravitation était, comme Epicure le prétend, essentielle et inhérente à la matière. Voilà pourquoi, je vous ai prié de ne pas m'attribuer cette idée, que la gravitation est innée. Admettre qu'elle soit innée, inhérente et essentielle à la matière, de sorte qu'un corps puisse agir sur un autre corps, à travers le vide et la distance qui les séparent, sans le concours d'un agent par qui l'action et la force soient transmis de l'un à l'autre, est, à mes yeux, *la plus grande absurdité* qu'on puisse concevoir, et aucun homme, je pense, ne peut y tomber, pour peu qu'il soit capable de raisonnement en matière philosophique. Evidemment la gravitation doit avoir pour cause un agent qui opère toujours d'après des lois déterminées. »

L'abbé Moigno n'est pas moins catégorique : « S'il est quelque chose de certain au monde, dit-il, c'est que les molécules des corps, et les corps eux-mêmes, ne s'attirent pas réellement ; c'est que l'attraction n'est pas une force réelle, mais seulement une force explicative ; c'est que tout se passe comme si les corps s'attiraient, quoiqu'il soit incontestablement vrai que les corps ne s'attirent pas. Newton comme Euler, comme tous les philosophes dignes de ce nom, n'ont pu voir, dans la matière, que deux choses, l'inertie et le mouvement primitivement imprimé par une volonté libre, moteur premier et infini. Et c'est avec ces deux grandes choses, l'inertie et le mouvement, que la science avancée doit pouvoir expliquer, un jour, tous les phénomènes du monde physique » (Matière et force, p. 57).

La force attractive, en effet, telle que nous venons de la décrire, ne se conçoit pas. Pour le philosophe elle est un non sens. Un attribut ne peut exister en dehors de la substance qui en est douée, et il ne peut s'étendre au-delà de ses limites. Il n'a point de substance réelle par lui-même; la séparation que nous faisons par la pensée entre lui et la substance de son sujet n'est faite que pour faciliter l'étude de l'une et de l'autre; mais elle n'est qu'une distinction de raison, sans réalité possible. La couleur et la dureté n'existent pas en dehors de la substance dure et colorée. Mon esprit est doué de mémoire, de puissance; ces facultés sont l'esprit lui-même; elles n'agissent pas sans lui, en dehors de lui. Quand elles sont mises en action, c'est la substance même de mon esprit qui se souvient, qui agit. C'est pour cela qu'un être, quel qu'il soit, ne peut agir directement sur un autre que par le contact des deux substances, contact matériel pour les corps, contact spirituel pour les esprits. Nous n'avons pas, je l'avoue, une idée bien claire de la manière dont le contact se fait entre deux esprits, ni même entre un esprit et un corps, parce que nous ne connaissons pas assez le mode d'action de la substance spirituelle, mais sa nécessité s'impose à la raison. L'exercice d'une faculté est donc quelque chose d'intérieur à la substance, et ne peut être extérieur. Pour qu'un objet soit influencé directement, il faut qu'il soit touché, saisi par la faculté agissante, c'est-à-dire, par la substance même qui ne fait qu'un avec elle. Aussi n'y a-t-il point réellement d'action à distance sans intermédiaire qui transmette l'action qu'il a reçue lui-même directement de la substance agissante. Si je veux imprimer un sentiment de crainte à une personne hors de mon atteinte directe, ou je lui adresserai des paroles menaçantes, et alors mon action immédiate a lieu seulement sur la colonne d'air qui me touche, et ses vibrations vont lui porter mes paroles ; ou je parlerai le langage des signes, et, dans ce cas, ce sont les vibrations lumineuses émanées de ma personne qui lui en porteront la connaissance en frappant sa vue. Ainsi donc, prétendre que la terre possède une force attractive capable d'agir directement et sans intermédiaire sur le soleil, c'est dire que cette planète est séparée du soleil par plusieurs millions de myriamètres et que cependant elle le touche ; ou que son attribut s'étend, en dehors d'elle, jusqu'à cet astre. C'est un non-sens, comme l'a dit, avec raison, Newton.

Même en supposant l'existence de cette force attractive de la terre, son action sur les planètes ou sur le soleil serait encore inadmissible. Des forces, aussi minimes soient-elles, peuvent, il est vrai, si elles sont en assez grand nombre et agissent toutes sur le même objet, produire un grand effort. Mais une condition absolument nécessaire, c'est que l'action de chacune de ces forces atteigne l'objet à mouvoir, car on suppose toujours l'absence d'un intermédiaire qui reçoive lui-même directement la force et la transporte à l'objet. Avec un simple fil, je ne pourrai certainement rien sur la marche d'une planète ; mais si j'en suppose des millions et des millions, je conçois qu'il en résulte une force capable d'influer sur elle ; encore faudra-t-il que chacun de ces fils soit fixé sur la surface de l'astre que je veux arrêter. Si aucun ne l'atteint, quel que soit leur nombre et la force disponible, ils n'auront évidemment aucune influence sur lui. Dans l'hypothèse de l'attraction à distance, la puissance de la terre, par exemple, sera la somme totale des forces attractives résidant dans chacun des atomes qui la composent ; il faudra donc que chacune de ces petites forces, prise individuellement, ou que la puissance attractive de chaque atome, atteigne le soleil, sans quoi elle n'aurait aucune action sur lui. Or, cette force est au moins aussi minime que le volume de l'atome, et, de plus, elle décroît comme le carré des distances. Qui oserait prétendre que, malgré cela, elle fera sentir son influence jusque dans un éloignement aussi considérable ?

— La matière ne possède donc en réalité que trois propriétés essentielles : l'imperméabilité, l'inertie et la mobilité ou la faculté d'être mue. L'imperméabilité est seulement la base de l'étendue et de la mobilité. Reste donc l'inertie et le mouvement reçu. C'est avec ces deux choses seules qu'il faut construire l'univers, produire les phénomènes variés et si complexes de la nature. Certainement celui qui a conçu un tel plan et l'a exécuté d'une main aussi sûre, ne peut être que le Dieu des sciences. C'est lui qui a donné la première impulsion à toute la masse sortie du néant par un acte de sa volonté. Mais un mouvement quelconque ne suffisait pas, il fallait un mouvement précis, régulier, dont la quantité fût calculée sur l'immense effet à produire; dont l'étendue cependant fût assez faible pour qu'il pût affecter les éléments sans les dépasser afin de pouvoir être reproduit par eux. Il fallait, avec cela, qu'il pût s'étendre sur l'univers entier, sans interruption, et s'entretînt dans ces conditions jusqu'à la fin de notre monde.

Ce mouvement, nous le trouvons dans les ondulations nées des vibrations élémentaires, et propagées par l'éther. Lui seul possède les qualités requises : il sera assez court pour n'affecter qu'un seul élément, sans toucher aux autres, puisqu'il ne dépasse pas la longueur d'une vibration élémentaire ; sa puissance sera dans la vitesse prodigieuse et le nombre incalculable des ondulations. La grande loi générale sera donc le mouvement communiqué par les ondulations que l'éther transporte jusqu'aux confins de l'univers.

Nous disons la grande loi générale, parce qu'il existe aussi d'autres mouvements que celui des ondulations, comme ceux des astres et des corps qui produisent de même certains phénomènes ; mais ordinairement ils sont nés en principe du mouvement vibratoire, et leur action est limitée.

II. ONDULATIONS DE L'ÉTHER.

L'éther est un fluide très subtil et d'une élasticité parfaite. Ces deux propriétés nous sont révélées par son aptitude à recevoir et reproduire fidèlement les mouvements les plus infimes par leur longueur et leur faiblesse, tels que les vibrations qui ont lieu dans l'intérieur d'une molécule, ou même d'un simple élément, et de les propager au loin. De plus, ces mouvements, innombrables par leur quantité, le sillonnent en même temps dans tous les sens, et, malgré leur variété d'amplitude et de direction, ils peuvent se croiser et s'entrecroiser de mille façons dans son sein sans souffrir aucune altération. Il remplit l'immensité de l'espace puisque les astres les plus éloignés nous sont visibles. Si une seule solution de continuité existait en lui, sur un seul point de son étendue, ce qui est au-delà serait inaccessible à nos yeux, parce que les ondulations lumineuses, se trouvant interrompues, ne pourraient arriver jusqu'à nous. Il est le lien qui rend solidaires entre eux les astres du firmament : c'est par son intermédiaire obligatoire que se transmettent les influences qu'ils exercent les uns sur les autres, ainsi que la force qui dirige et harmonise leur course.

Les ondulations de l'éther, qui jouent un rôle prépondérant dans la nature, sont engendrées par des vibrations. La vibration est un mouvement rapide de va-et-vient produit par une des parties d'un corps. Cette partie légèrement écartée, pour un instant, de sa position normale par rapport au reste du corps, y revient vivement, rappelée par le lien qui l'unit à lui. Dans son retour, grâce à la vitesse acquise, elle dépasse le but, y revient de nouveau pour le dépasser encore, et exécute ainsi une série d'oscillations avant de retomber dans son immobilité première. Les branches d'un diapason, que l'on a momentanément écartées de leur position naturelle, en sont un exemple. Elles vibrent.

Il existe aussi d'autres vibrations où la partie vibrante n'est pas rappelée par un lien l'unissant aux autres parties de la masse, mais qui sont causées par la pression et l'élasticité, ainsi qu'on le verra pour l'électricité.

Le mouvement vibratoire donne naissance à des ondulations dans le milieu ambiant quand il est élastique comme l'éther ou notre atmosphère. Lorsque la branche du diapason s'avance, elle pousse devant elle une colonne d'air égale, d'un côté à sa surface, de l'autre à la longueur de sa course. Sous sa poussée, l'air se condense et transmet sa pression aux couches suivantes. A son retour, la même branche du diapason opère une seconde condensation qui poursuit sa marche comme la première et ainsi à chacune de ses vibrations. Les colonnes d'air, condensées par ce jeu de va-et-vient, se succèdent à intervalles égaux semblables aux mouvements de l'instrument et sont séparées les unes des autres par autant d'espaces raréfiés. L'eau d'un étang, sur lequel on a jeté une pierre, nous donne assez bien l'idée de ce qui se passe alors dans l'air. Elle forme d'abord, autour du point frappé, un bourrelet ou renflement qui s'élève au-dessus du niveau, puis s'abaisse pendant que la partie voisine, à laquelle le mouvement est transmis, s'élève. Chacun des renflements qui couvrent bientôt la surface entière, est séparé de l'autre par une dépression. Appelons ondulation ces deux parties réunies qui sont, dans l'eau, un renflement et la dépression qui le précède; dans l'air ou un fluide, une partie condensée et une autre raréfiée. Nous nommerons onde simplement la seule portion condensée. Elle est la plus importante, celle qui agit, qui transmet le mouvement et la force. L'espace occupé par les deux sera la longueur de l'ondulation.

Dans le langage ordinaire on dit indifféremment : les vibrations ou les ondulations de l'éther. Ces deux phénomènes ne doivent cependant pas être confondus. Malgré leur apparente similitude, il y a entre eux des différences prononcées quant aux effets et au mouvement lui-même. Un corps en état de vibration devient, par le fait même, un centre et un foyer générateur d'ondulations pour le milieu ambiant. Il n'en est pas ainsi de l'onde : elle n'est ni centre, ni génératrice d'autres ondes. Si plusieurs se succèdent, elles sont toutes dues aux vibrations continues du foyer commun. Considérée dans son ensemble, l'onde ne vibre pas : une fois formée, elle s'avance dans l'espace, droit devant elle, toujours la même, sans aucune alternative d'abaissement et d'exhaussement, de condensation ou de raréfaction. Elle s'affaiblit seulement peu à peu en s'étendant. Sur l'eau, on peut suivre, sans interruption, sa marche qui ressemble à celle d'une barre. Aussi ne dit-on pas de l'eau qu'elle vibre, mais qu'elle ondule. Les éléments qui composent l'onde sont à chaque pas remplacés successivement et sans interruption par d'autres ; mais ceux-ci ne vibrent pas davantage ; ils n'ont pas le va-et-vient qui constitue la véritable vibration. Les premiers, poussés par le corps vibrant, se pressent contre les suivants, et, quand ils leur ont communiqué tout leur mouvement, n'ayant rien qui les repousse, ils s'arrêtent et reprennent naturellement leur place primitive, en se détendant. Ils y demeurent en repos tant qu'une autre poussée ne vient pas les en faire sortir. S'ils vibraient, ils dépasseraient, à leur retour, la place qui leur appartient et créeraient une nouvelle ondulation de sens contraire qui suivrait sa route ou annulerait la suivante ; ce qui n'est pas. C'est parce que les éléments se succèdent dans la condensation qu'il n'y a ni courant, ni transport des liquides ou des fluides. Parce qu'ils s'arrêtent sans vibrer, les ondulations cessent en même temps que les vibrations du foyer générateur, Aussitôt qu'un point lumineux s'éteint, ne vibre plus, les ondulations lumineuses de l'éther cessent. Seules, celles qui ont été formées continuent leur course dans l'espace ; ce qui n'arriverait pas si les atomes du fluide vibraient, puisqu'ils formeraient encore, d'eux-mêmes, quelques ondulations, jusqu'à ce qu'ils soient arrivés au repos.

L'eau, frappée une seule fois, donne plusieurs ondulations successives ; le son d'une cloche se prolonge quelques instants après qu'elle a été frappée du battant ; mais c'est parce que les vibrations excitées dans les particules liquides ou solides continuent quelque temps ; comme le son donné par un diapason se prolonge tant que n'ont pas cessé les vibrations de ses branches.

Forme de l'onde. — L'onde se forme autour du point vibrant, et, de là, comme de son centre, se propage au loin, sous la figure d'une sphère, en sorte que nulle partie de l'espace n'échappe à son action. C'est la marche des ondulations de l'eau, sauf que, dans celles-ci, elles sont coupées en deux par la surface, et nous apparaissent seulement circulaires.

VITESSE DES ONDES. TÉNUITÉ DES ATOMES. — La vitesse de la lumière est telle que, sur la terre, il nous est impossible de constater un intervalle quelconque entre le moment où un phénomène se produit et celui où nous l'apercevons, quelle que soit la distance qui nous en sépare. Aussi est-ce l'astronomie qui, la première, nous a fourni le moyen d'apprécier cette vitesse. On sait que le premier satellite de Jupiter entre dans l'ombre projetée par cette planète à des intervalles périodiques et égaux, qui sont de 42 heures, 28 minutes, 36 secondes. C'est le temps de sa révolution. Il a été constaté que ces immersions s'apercevaient en retard quand la terre se trouve au point de son orbite le plus éloigné de cet astre, et en avance, au contraire, quand elle est au point le plus rapproché. La différence, qui est de 16 minutes 26 secondes, ne peut venir que du temps que met la lumière à traverser l'espace compris entre ces deux points, espace égal au diamètre de l'orbite terrestre. La lumière mettrait donc huit minutes et treize secondes pour venir du soleil à nous. Plus tard d'autres expériences furent faites directement au moyen de miroirs. La moyenne de toutes les données accorde à la lumière une vitesse d'environ trois cent mille kilomètres par seconde.

Le phénomène des interférences a permis de calculer la longueur des ondulations du spectre solaire et il a été reconnu que celles du violet étaient, sur la terre, de 423 millioniémes de millimètre ; celles du bleu de 475 ; du vert, de 512 ; du rouge de 620, etc. Dès lors, connaissant, d'un côté la vitesse, de l'autre la longueur des ondulations, il est facile d'en déduire le nombre de ces mêmes ondulations qui passent sur un point, ou qui frappent notre œil en une seconde de temps. Le plus faible des rayons chimiques connu, donne 4,510 ondulations dans l'étendue d'un millimètre, il en donnera donc mille fois plus dans un mètre. Ce dernier nombre multiplié de nouveau par mille indiquera combien il en est contenu dans un kilomètre. Mais, puisque la lumière franchit 300 mille kilomètres par seconde, il faudra encore multiplier par ce dernier chiffre le nombre d'ondulations comprises dans l'espace d'un kilomètre, pour connaître celui qui frappe notre nerf optique à chaque seconde. On trouve ainsi 1,353 mille milliards pour ce rayon ; 728,200 milliards, pour le violet ; 496,000 milliards pour le rouge. Ces nombres étonnent l'imagination, mais il est nécessaire de les connaître pour se faire une idée de la somme prodigieuse de mouvement et de force renfermée dans les ondulations qui remplissent l'espace et ne s'arrêtent jamais. Toutes viennent transmettre à notre globe leur activité qui s'y transforme en phénomènes variés.

De telles données attribuent à l'atome matériel une ténuité incompréhensible. Si un millimètre de longueur peut contenir 4,510 ondulations de l'éther, un millimètre cube en contient le cube de ce nombre, ou 91,733,851,000. Or, une ondulation renferme un certain nombre d'atomes; combien ? on l'ignore ; mais ce nombre croît avec la longueur de l'ondulation, avec l'intensité de l'onde. C'est donc, au moins, par centaines de milliards, qu'il faut compter les atomes matériels renfermés dans un millimètre cube d'éther à sa densité sur la surface de la terre. Quel sera le nombre de ceux contenus dans un corps solide de même dimension ?

On demeure confondu devant l'infiniment petit de l'atome; on est tenté d'y trouver de l'exagération ; et cependant la philosophie le déclare nécessaire. L'atome étant l'unité insécable des corps, il doit être sans longueur, sans largeur et sans épaisseur ; l'étendue supposant la multiplicité. C'est le point idéal, et malgré tout, substantiellement existant. Mystère de la nature ! La science de son côté le réclame. Elle démontre sa réalité dans les vibrations de l'éther ; elle l'exige pour la formation des éléments, base de toute union ou combinaison (V. *Eléments*), et qui, eux-mêmes, doivent être assez petits pour former, par leur multiplicité, non-seulement le corps de l'insecte microscopique, mais chacun de ses organes variés et si délicats ; pour circuler par milliers dans les tubes capillaires qui vont porter la nourriture jusque dans les fibres les plus déliées, remplaçant continuellement leurs pertes, sans qu'elles souffrent de cette circulation. Comment les ondes de l'éther, sans cette exiguité de dimension, pourraient-elles susciter, dans les simples éléments, des vibrations semblables à elles-mêmes, et nécessaires aux réactions chimiques ? Tant il est vrai que même l'infiniment petit affirme l'omniscience et la sagesse du Créateur, tout en confondant notre intelligence par son mystère.

Intensité. — L'intensité d'une onde est représentée

par la quantité de mouvement qu'elle possède. Dans l'éther, supposé partout homogène, elle diminue, à mesure que l'onde s'éloigne du foyer générateur, comme le carré des distances parcourues. Cette loi, démontrée par les expériences des physiciens, l'est encore mieux par le raisonnement. D'un côté, d'après la loi de l'inertie, un corps ne peut transmettre que la quantité de mouvement qu'il a primitivement reçue ; s'il la transmet à une masse double de la sienne, chacun des atomes de cette masse en recevra une quantité inférieure de moitié ; quatre fois moindre, si leur nombre est quadruplé. D'un autre côté, l'onde se propage sous la forme sphérique, et la surface des sphères ou le nombre des atomes qu'elle contient croît comme le carré de leur distance au centre. A chaque pas que fait l'onde dans l'espace, elle doit donc transmettre son mouvement à un nombre d'atomes croissant comme le carré des distances. Nécessairement son intensité diminue de même. Prise dans sa totalité sphérique, l'onde possède toujours sa quantité première de mouvement, mais à cause du partage qu'elle en fait par son extension, chacune de ses parties en particulier en a perdu dans la proportion indiquée.

En dehors de ce décroissement ordinaire et général, l'onde éprouve, dans certains cas particuliers, l'influence des courants ou des autres ondulations qu'elle rencontre sur sa route. S'ils sont contraires à sa marche, elle doit vaincre la résistance qu'ils lui opposent et cela dans le rapport de leur puissance et de leur opposition. Elle n'en continue pas moins sa course, car un contre-coup se produit en arrière de l'onde rencontrée, et le choc qui en résulte suffit pour reformer et continuer la première. Mais il serait peut-être difficile d'affirmer qu'une telle rencontre ne l'a nullement affaiblie. Dans le cas où les ondes marcheraient dans le même sens, leurs forces, au contraire, seraient ménagées. La course des ondes sonores, dans l'atmosphère, nous offre, sur ce point, un exemple journalier et à la portée de tous. Quand les vents leur sont opposés, elles sont bientôt anéanties : le son ne se perçoit qu'à une distance relativement restreinte, tandis que lorsqu'ils leur sont favorables, elles conservent mieux leur puissance et se prolongent plus loin.

La diminution de l'intensité dans les ondes lumineuses s'accentue particulièrement, quand elles ont à traverser un cristal, un liquide ou même un gaz. Faut-il attribuer ce fait à la densité ? On pourrait le croire de prime abord. Mais il sera montré dans l'optique (*marche des ondes*), que la densité par elle-même, est seulement une cause de ralentissement et non d'affaiblissement pour les ondes. Elle tient plutôt, d'abord aux vibrations contraires et nombreuses que la lumière rencontre dans le sein de tous les éléments, puis surtout à la disparition de beaucoup d'ondes. Toutes ne traversent pas le corps transparent : les unes sont réfléchies, d'autres absorbées ou éteintes par les vibrations qu'elles suscitent dans les éléments ; aussi l'intensité de la lumière décroît-elle plus rapidement dans un solide ou un liquide que dans les gaz, parce que les éléments y sont plus nombreux. Un rayon lumineux capable de franchir un milliard de kilomètres dans les espaces interstellaires, sera, après une traversée de quelques centaines de mètres dans l'eau, je ne dirai pas anéanti, mais, du moins, assez affaibli pour perdre toute action lumineuse sur notre organe visuel.

Puissance des ondes. — Dans l'état actuel de nos connaissances, il est impossible de préciser avec quelque certitude la force d'une onde solaire. Essayons de nous en faire une idée. Elle est composée de deux facteurs : la masse de l'onde et sa vitesse, multipliées l'une par l'autre. Quant à la masse, elle est en rapport, tout à la fois, avec la densité du milieu où se produit la vibration, puisque de cette densité dépend la quantité d'atomes chassés en avant ; avec le volume de la partie vibrante qui détermine la largeur du fluide mis en mouvement ; enfin, avec la longueur de la vibration, par laquelle est fixé le nombre d'atomes poussés d'un seul jet. Le milieu est l'éther dont la densité est plus grande sur la surface du soleil où se produit la vibration que sur la terre, parce que la pesanteur y est plus considérable. Quelle est cette densité? Nous l'ignorons. On peut dire seulement qu'elle est grandement inférieure à celle de n'importe quel gaz sous la pression atmosphérique. La largeur du fluide poussé, égale le diamètre de la partie vibrante qui est extrêmement petite puisque l'onde lumineuse peut être reproduite par un élément. Le fluide contenu dans cette surface, multiplié par la longueur de la vibration, forme la masse de l'onde. Or, si les longueurs varient avec les différentes vibrations, on peut cependant affirmer qu'elles sont tellement courtes qu'en moyenne deux mille au moins, mises bout à bout, ne dépasseraient pas un millimètre. La masse d'une onde est donc bien minime. Encore la prenons-nous à son point de départ, sur la surface solaire. Toute sa puissance vient de la rapidité de sa course, que l'on estime à 300,000 kilomètres par seconde. La force de l'onde ou sa quantité de mouvement sera donc la masse indiquée multipliée par cette vitesse.

Encore cette force est-elle celle que l'onde possède au moment où elle se sépare du soleil. Elle décroit comme le carré des distances à mesure qu'elle s'avance dans l'espace. En arrivant sur notre globe, elle a déjà été également partagée entre tous les atomes de l'éther formant une surface sphérique dont le rayon dépasse 15 millions de myriamètres. C'est assurément déjà une bien belle division de la force, mais elle n'est rien encore si nous la comparons à celle qu'ont subie les ondulations stellaires pour arriver jusqu'à nous. Leur puissance a été distribuée aux atomes d'une surface sphérique dont le rayon est certainement plus de quatre cent mille fois supérieur à la distance qui nous sépare du soleil. Cependant, chacun des rayons de cette onde immense possède encore assez d'énergie pour se faire sentir à notre organe visuel, ébranler le nerf optique. Sans doute, si un seul élément lumineux vibrait dans une étoile, nous ne la verrions pas. C'est la multitude des ondes, qui, unissant leurs forces, parvient à exciter notre sensibilité ; mais chacune n'en existe pas moins individuellement jusqu'à nous, sans quoi leur union ne produirait rien ; 0 ajouté à 0 ne peut donner que néant.

Le plan du monde n'exigeait rien moins qu'un

fluide aussi sensible pour transporter ainsi et faire agir jusqu'aux extrémités de l'univers des forces aussi minimes. Il réclamait également de la part de tous les corps, quels qu'ils soient, une constitution susceptible d'être impressionnée par des chocs semblables. Nous verrons comment il y a été pourvu.

Malgré la faiblesse de la masse mise en mouvement et grâce à sa vitesse, la quantité des forces transmises à la terre par les ondulations solaires est considérable. Admettons d'abord, ce qui est réel, qu'une onde chimique, la plus faible de toutes, partie du soleil, peut ébranler un des éléments dont la terre est composée, excitant en lui une vibration semblable par l'étendue. On ne saurait nier, en effet, qu'une onde, si faible que soit sa masse matérielle, venant frapper un élément ou une molécule avec une vitesse de 70 mille lieues par seconde, ne fût capable de vaincre son inertie. D'ailleurs, l'observation quotidienne prouve que les ondulations chimiques sont cause des mouvements élémentaires qui président à la vie, et à la nutrition des plantes ; que la lumière met en vibration les particules superficielles des corps et les rend visibles ; que les ondulations calorifiques mettent en mouvement les molécules de l'objet qui les reçoit et l'échauffent. Si donc une seule onde peut occasionner un mouvement dans un élément, nous pouvons prendre ce fait comme unité dans le calcul de la puissance totale transmise à la terre par les rayons solaires. Or, en vertu de sa forme sphérique, l'onde frappe en même temps et avec la même force moitié de la surface terrestre, celle qui regarde le soleil ; et tous les éléments composant cette surface sont mus simultanément par ce choc. Comme il se répète en moyenne plus de cinq cent cinquante milliards de fois par seconde, c'est déjà, par le fait d'une seule espèce d'ondes, une quantité respectable de mouvement communiquée à la terre dans une journée. Mais cette première quantité doit être multipliée par le nombre des différentes ondes qui agissent en même temps, et ce nombre est absolument incalculable. On ne peut fixer, même approximativement, celui que nous révèle le spectre solaire dans un petit faisceau de lumière parti d'un seul point du soleil ; or, tous les points de sa surface nous en envoient autant. Le mouvement transmis à la terre ne reste pas à sa surface, il pénètre de proche en proche à l'intérieur par les vibrations des particules qui le reçoivent directement et le transmettent aux suivantes.

Le mouvement ondulatoire, au sein d'un fluide capable de transporter au loin les moindres forces, était le seul qui pût répondre aux exigences du monde. Un mouvement irrégulier serait sans effet utile sur les éléments eux-mêmes : il n'engendrerait pas ces vibrations, cause des réactions chimiques dont dépendent les phénomènes de la nature. Fût-il soumis à une période réglée, sa pression, si elle était trop prolongée, obtiendrait pour résultat de chasser devant lui le corps qu'il frapperait. Un mouvement ondulatoire, au contraire, si la longueur des ondes coïncide avec celle des vibrations possibles dans les éléments, n'agit directement que sur ces derniers ; ses chocs répétés le mettent en vibration; de là, la lumière, la chaleur et les combinaisons qui en résultent. Si le fluide était trop dense, ses ondulations plus longues, son effet serait annulé, parce que ses ondes seraient trop fortes, ou parce que son défaut de correspondance avec les vibrations moléculaires rendrait celles-ci impossibles.

On voit que l'univers a été fait sur un plan unique, parfaitement conçu et exécuté, dont toutes les pièces, et elles sont innombrables, ont été faites l'une pour l'autre.

CHAPITRE Ier.

Attraction et Répulsion. — Direction. Pesanteur.

I. — ATTRACTION ET RÉPULSION.

Nous unissons ces deux phénomènes parce qu'ils sont connexes. Le problème de l'attraction et de la répulsion, dont la solution a été cherchée en vain jusqu'ici, revêt une importance particulière à cause, surtout, de la place prépondérante que ces forces occupent dans le domaine des sciences physiques. Elles se trouvent partout. Par l'attraction, les éléments s'unissent ensemble pour former les molécules, et ces dernières pour constituer les corps. Par la répulsion, les particules des gaz se fuient, celles des corps se séparent ou sont maintenues à une distance, les unes des autres, suffisante pour donner à ces derniers la souplesse, l'élasticité, la compressibilité, etc., propriétés précieuses qui déterminent leurs différents emplois. Dans l'astronomie, ces deux forces établissent et entretiennent l'harmonie entre les astres, leur subordination aussi bien que leurs rapports d'union et d'éloignement. Enfin, elles président à la régularité de leur marche à travers les espaces.

La matière, par son inertie, est incapable de fournir autre chose que du mouvement, et encore, à la condition qu'elle l'ait reçu elle-même par une impulsion étrangère. C'est là, c'est-à-dire dans la transmission seule et purement mécanique du mouvement, qu'il faut chercher la solution du problème. Elle ne saurait être ailleurs.

Nous la trouverons dans le jeu des ondulations éthérées excitées par les vibrations des corps. En lui-même, le mécanisme de l'attraction et de la répulsion est des plus simples. Pour le démontrer, commençons par les attractions et les répulsions qui ont lieu entre deux courants électriques. La multitude des faits constatés sur ce point permet une recherche plus facile, un contrôle plus sûr.

Dans un courant électrique, le fluide passe, non sur la surface extérieure du fil conducteur; l'atmosphère, qui est mauvais conducteur, arrêterait sa course; mais dans l'intérieur, comme par un canal. La substance du métal n'est pas un obstacle pour lui, car si on opère une décharge électrique dans l'intérieur d'une boule creuse, de cuivre ou de fer, le fluide apparaît aussitôt sur la surface. Il a donc traversé son épaisseur, quelle qu'elle soit, avec la plus grande facilité et instantanément. Toutefois, les éléments du métal, opposant une certaine résistance, cette résistance agit sur le fluide comme la languette d'un instrument de musique sur l'air; il passe sous forme ondulée. Etant prouvé d'ailleurs que l'écoulement des liquides et des gaz est accompagné d'un mouvement vibratoire, il n'en peut être autrement pour le fluide électrique.

Ces deux points, le passage intérieur dans le fil, et sous une forme ondulée, seront mieux saisis dans leur cause, quand nous serons assez avancés pour traiter de la conductibilité. Pour le moment, admettons-les comme établis.

Si on fait passer un courant électrique dans le fil *AB* (fig. 1), sa marche affecte la forme ondulée *o*. Les ondes sont amplifiées pour les rendre plus sensibles à la vue. Ces ondes communiquées au fluide ambiant se propagent dans l'espace, autour du fil, comme le font celles de la lumière et de la chaleur, comme celle du son dans l'air, tout en avançant dans le même sens que le courant qui le commande.

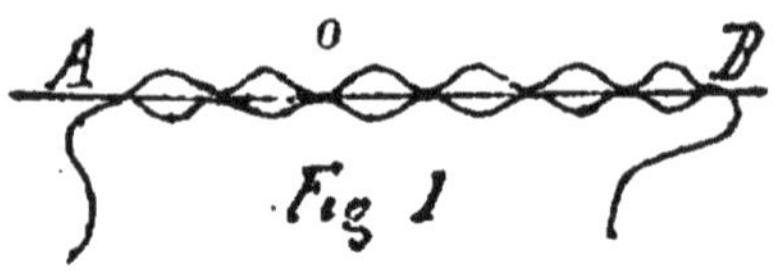

Fig 1

Mettons en présence deux fils recourbés *C* et *D*, mobiles sur les supports *P.S-S.P* (fig. 2), suffisamment rapprochés, et parallèles par les côtés *XY*, mis en face l'un de l'autre. Si on fait passer un courant dans chacun de ces fils, de manière à ce qu'ils soient de même sens dans les parties *XY* des fils, il y aura attraction entre eux. Si on tente d'en détourner un de sa position, il la reprendra de lui-même.

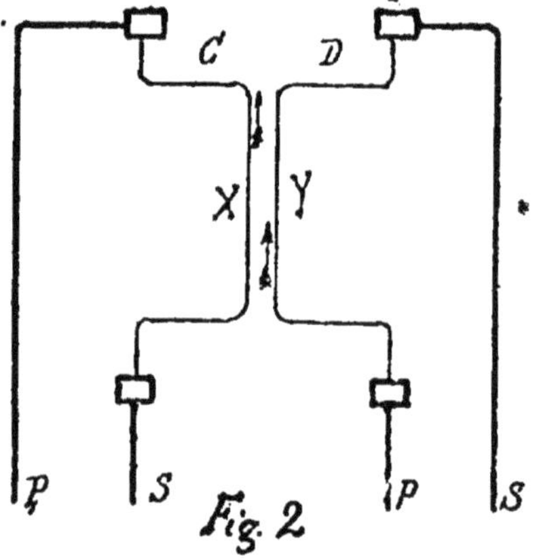

Fig. 2

Les ondulations de l'électricité, pour se former et communiquer leur mouvement au milieu ambiant, éprouvent, de la part de son inertie, une résistance proportionnée à la quantité de mouvement transmis. Des côtés X et Y, le milieu ambiant étant en repos, la résistance est entière ; entre les deux fils, au contraire, le courant D trouve le milieu déjà sillonné par des ondes semblables aux siennes et de même sens, suscitées par le courant C ; ou plutôt les deux courants unissent leurs forces pour opérer ce mouvement. La résistance est donc moindre pour chacun. Or, quand on pousse un objet, on éprouve soi-même une répulsion égale à l'obstacle, ou à la quantité de mouvement communiqué. En d'autres termes, la réaction est égale à l'action. Ainsi la résistance supérieure des côtés X et Y, opposée à chacun des courants, chasse les deux fils l'un vers l'autre avec une puissance égale à la différence des deux résistances. Ce n'est donc pas une attraction réelle qui a lieu, mais une véritable impulsion de l'un vers l'autre.

Quand les courants sont de sens contraires, l'effet est opposé. La résistance est plus forte dans l'espace qui les sépare. Chacun d'eux rencontre de ce côté un milieu animé d'un mouvement inverse à celui qu'il lui transmet. C'est un obstacle ajouté à l'inertie qu'ils ont seule à vaincre du côté XY. Il y a répulsion ; ils sont poussés vers les côtés XY par la réaction supérieure du milieu qui les sépare.

Dès maintenant nous remplacerons donc le mot *attraction*, qui est impropre et donne une idée fausse de l'action produite, par celui, plus juste, d'*impulsion*.

On ne connaît pas encore la longueur des ondes d'un courant électrique, ce qui rend impossible d'en fixer le nombre contenu dans la longueur, par exemple, d'un décimètre du fil conducteur, mais il y en a une multitude ; probablement chaque élément du fil est-il l'occasion d'une onde, puisqu'il est l'obstacle résistant au passage de l'électricité. Quoi qu'il en soit, chacune des ondes a sa réaction particulière et la somme de ces réactions, ou plutôt de leur différence sur les deux côtés opposés du conducteur, donne la force totale de l'impulsion ou de la répulsion. Cette force est :

1° En raison de la puissance du courant. Plus, en effet, le courant est puissant, plus il agit énergiquement sur le milieu ambiant, et la réaction est nécessairement égale à la force dépensée.

2° En raison inverse du carré des distances. Parce que l'intensité des ondes qui se propagent sphériquement diminue dans cette proportion. Naturellement leur action sur un autre courant est en rapport avec la puissance qu'elles possèdent au point de rencontre.

Dans un courant isolé, les ondes du fluide sont égales sur tout le pourtour du fil conducteur ; mais quand deux courants sont en présence, il se fait une modification dans ces ondes, elles cessent d'être égales de tous les côtés. Si les courants sont de même sens, elles deviennent plus fortes dans le milieu qui les sépare, et plus faibles du côté opposé. Le fluide tend toujours à s'échapper, et, lorsqu'il trouve un milieu déjà animé du mouvement qu'il vient lui imprimer, la résistance étant moindre, il se porte de préférence de ce côté dans une proportion correspondante à l'affaiblissement de l'obstacle qui lui est opposé. Un exemple : Si, à l'aide d'un soufflet ou de tout autre moyen, on fait passer un courant d'air assez fort dans un tuyau de caoutchouc dont les parois sont, je suppose, moitié moins épaisses d'un côté que de l'autre, le gaz se portera en plus grande quantité vers la partie faible qui se distendra. Il en est de même du fluide électrique qui est comprimé dans un conduit dont le milieu ambiant forme les parois. Si les courants étaient de sens inverse, l'effet contraire se produirait. Les ondes deviendraient plus fortes en dehors, plus faibles entre les deux fils, parce qu'alors la résistance dans l'espace qui les sépare serait rendue supérieure. Une telle modification a naturellement son influence sur les impulsions et les répulsions qui sont proportionnelles à l'énergie des ondes. Ajoutons que cette tendance du fluide à se porter d'un côté, tendance par laquelle il s'efforce d'entraîner le conducteur dont il ne peut sortir, est un appoint qui fortifie l'impulsion. On peut admettre cependant qu'il compense l'affaiblissement des ondes opposées et par conséquent de leur réaction, car l'effet de la tendance et celui de l'affaiblissement de la réaction du côté opposé, sont corrélatifs.

Il importe de ne pas oublier cette propriété particulière des ondes. Elle donne l'explication de bien des faits. Nous en verrons un exemple frappant, entre autres, dans les aimants qui perdent presque complètement leur force sur les autres points, quand l'extrémité de leurs pôles est munie d'une armature assez forte.

Si les courants, au lieu d'être parallèles, se rencontrent par leur prolongement sous un angle, quand ils sont de même sens (fig. 3), le mouvement des ondes est en partie, mais non entièrement semblable. L'impulsion est moindre que si les courants étaient parallèles, parce que chacun d'eux éprouve de la part de l'autre une résistance à sa marche proportionnée à leur inclinaison réciproque. La résistance augmente avec l'ouverture de l'angle jusqu'à 90°, où elle devient égale de chaque côté. Dans ce cas, il n'y a plus ni impulsion ni répulsion.

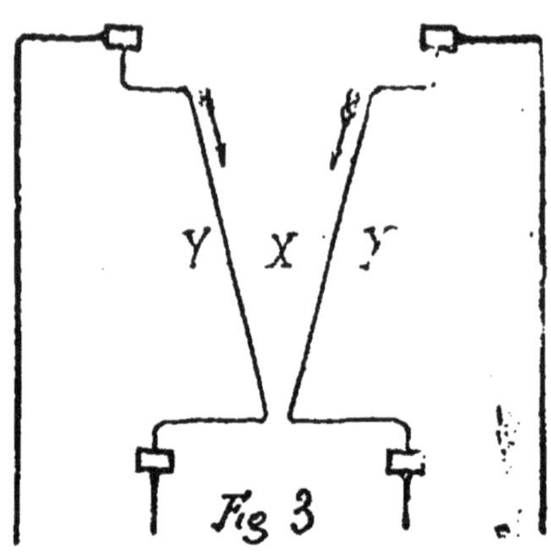

Fig 3

Pour la mesure des forces impulsives ou répulsives, il faut tenir compte de l'écartement progressif des fils. Elles agissent plus puissamment à la pointe de l'angle où les courants sont plus rapprochés, et faiblissent en avançant vers le haut, à cause de l'éloignement des conducteurs.

On doit aussi éviter, pour ce calcul, de donner aux fils soumis à l'expérience la disposition marquée dans la figure 4, ce que l'on fait souvent ; car, alors, un autre facteur entre en ligne, la force directive, qui vient s'ajouter à l'impulsion, et augmenter d'autant l'énergie de son action.

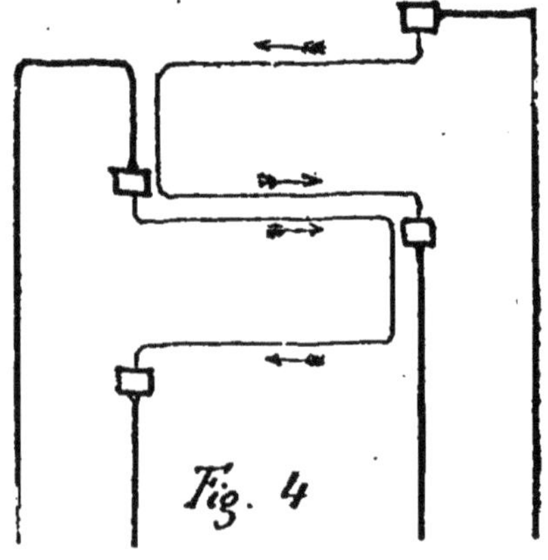
Fig. 4

II. — DIRECTION.

La direction est une action différente de l'impulsion et de la répulsion, bien qu'elle soit due aux mêmes ondes, et que les deux dernières contribuent souvent à son effet. Elle tend à orienter les courants mobiles, de manière à ce qu'ils deviennent parallèles et de même sens. Ainsi, toutes les fois que l'on place deux courants dans la sphère de leur activité réciproque, celui qui est libre de ses mouvements, se tourne de lui-même, pour se mettre de même sens que l'autre. S'ils sont libres tous deux, chacun fait une partie de l'évolution nécessaire pour atteindre cette orientation. Quand on les détourne, ils reviennent immédiatement à cette position. Tel est le fait.

La force qui détermine ce mouvement ressemble beaucoup à celle qui agit sur deux filets d'eau, lorsqu'ils se rencontrent obliquement. Ils exercent l'un sur l'autre une poussée proportionnelle à leur puissance. Si on les suppose libres de suivre la nouvelle direction que leur impose cette rencontre, ils seront tous deux infléchis du côté opposé à la pression qu'ils reçoivent, et suivront une route parallèle, ou se confondront en un seul cours. Les deux courants *A* et *B*, se rencontrant en *c*, le courant *A*, pressé par le courant *B*, s'infléchit en *g*; *B* se dé-

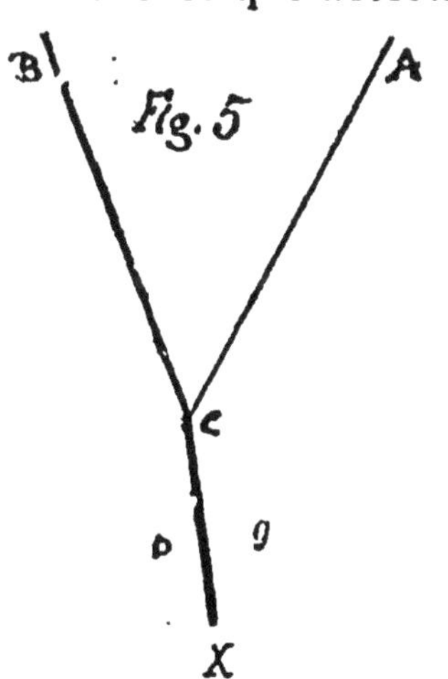

tourne vers *D*, et tous deux suivront la même ligne *c X*. L'inflexion est en raison inverse de leurs forces; le plus faible se détourne davantage, parce qu'il reçoit du plus fort une pression supérieure.

Si les courants électriques ne se rencontrent pas par eux-mêmes, ils se rencontrent par leurs ondes, et l'effet est le même sur les conducteurs.

Les deux courants électriques *A B* et *C D* (fig. 6) sont de même sens et supposés mobiles. Indépendamment de l'impulsion, dont nous faisons complètement abstraction pour le moment, les ondes du courant *C D* viennent frapper le premier dans le sens où il l'atteindrait lui-même, ainsi que le montrent les lignes pointillées. Leur choc le pousse à se redresser selon une position parallèle à elles-mêmes. De plus les ondes de *A B* éprouvent moins de résistance à leur propagation dans les directions *1*, *2*, *3*, où les chassent celles du courant *C D*. Or le fluide se porte toujours du côté où ses ondes trouvent une plus grande facilité à se produire, et il entraîne avec lui le conducteur mobile dont il ne peut se séparer. Le courant *A B* prendra donc la position *A P*, parallèle à *C D*. L'action est réciproque et se produit également de *A B* sur *C D*.

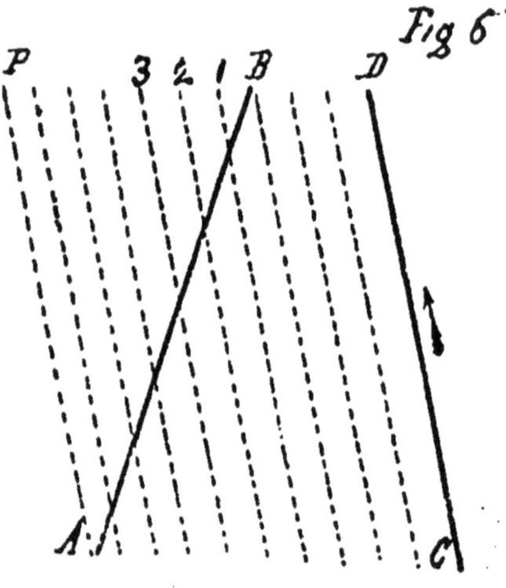

Dans les mouvements causés par les courants électriques, la force directrice s'unit très souvent à l'impulsion et à la répulsion. Si l'on croise à une faible distance l'un de l'autre, deux fils mobiles, *AX* et *BY*, et qu'on fasse passer dans chacun d'eux un courant marchant dans le sens des flèches (fig. 7), il y aura impulsion entre les extrémités *A* et *B*, *X* et *Y*.

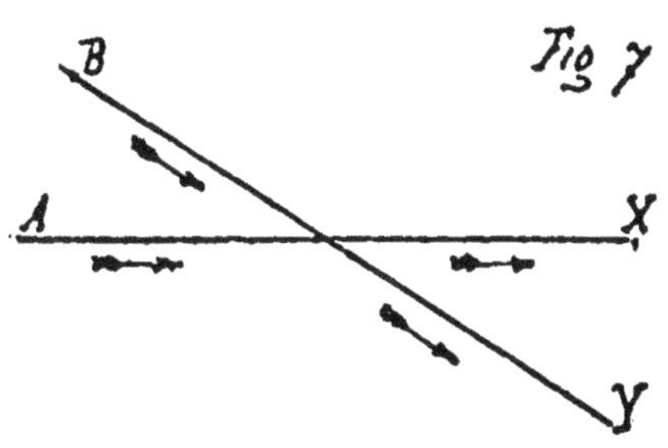

Les fils étant inclinés l'un sur l'autre, le milieu qui les sépare est sillonné par des ondes assez semblables pour y rencontrer une résistance amoindrie ; les fils sont poussés l'un vers l'autre par la réaction des ondes du côté opposé. La force directrice agit dans le même sens en sollicitant ces mêmes extrémités à se rapprocher pour placer les courants dans un plan parallèle. Il en est de même entre les extrémités *B.X* et *A.Y*. Elles sont également repoussées et par les forces répulsives et par la direction.

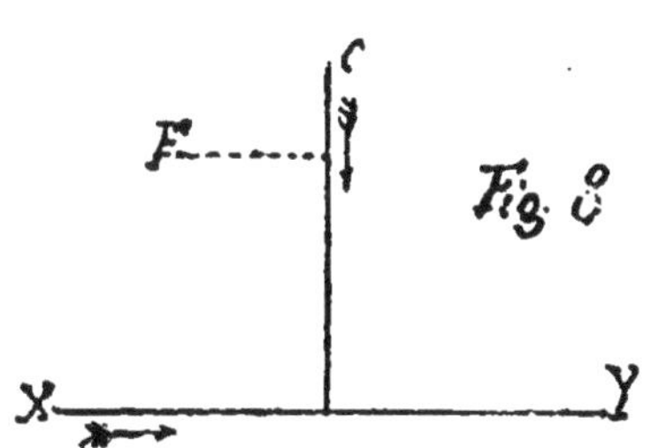

Quelquefois la direction agit seule. Dans la figure 8, le courant *c* est perpendiculaire au courant fixe *XY*. Les ondes ne trouvent pas plus de facilité à leur propagation d'un côté que de l'autre; il ne se produit ni impulsion, ni répulsion. Mais la force directive agit sur lui pour l'obliger à abaisser sa partie supérieure *c* sur *X*, afin d'établir le parallélisme des courants. Représentons par

F cette force qui agit sur tous les points du courant c. Si celui-ci ne peut s'abaisser, mais seulement s'avancer horizontalement soit vers X, soit vers Y, il sera nécessairement entraîné vers X, si son courant est descendant, comme dans le cas présent. Il le serait vers Y, si son courant était ascendant. En un mot, il s'avancera toujours du côté où le tire la force directive afin d'établir le parallélisme entre les deux courants.

Si le courant fixe était circulaire et le courant mobile perpendiculaire au milieu de celui-ci, le courant mobile tournerait autour de son pivot. On en a fait l'expérience avec un instrument dont nous empruntons la description à la physique de Ganot.

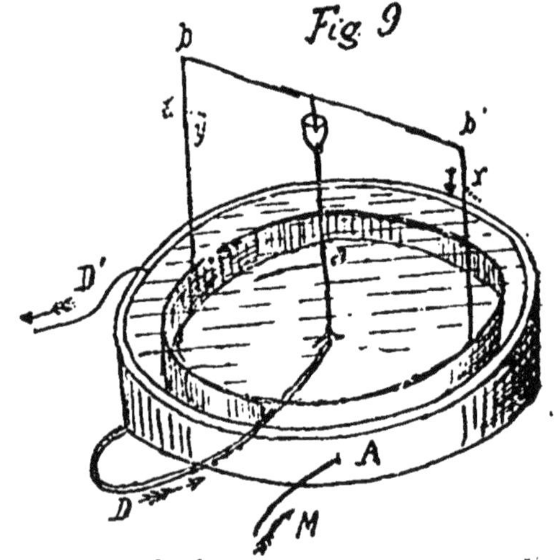

C'est un vase de cuivre rouge, autour duquel s'enroule une lame de même métal, recouverte de soie ou de laine, et parcourue par un courant fixe M (fig. 9). Au centre du vase est une colonne de laiton a, terminée par une capsule qui contient du mercure. Dans celui-ci plonge un pivot qui supporte un fil de cuivre rouge bb', recourbé à ses extrémités en deux branches verticales qui vont se souder à un anneau très léger de cuivre rouge plongeant dans de l'eau acidulée contenue dans le vase. Le courant d'une pile, arrivant par le fil *M*, se rend dans la lame *A*, d'où, après avoir fait plusieurs circuits autour du vase, il arrive à la lame *D* et de là gagne, en dessous du vase, la partie inférieure de la colonne *a* ; montant dans cette colonne, il passe dans les fils *b b'* puis dans l'anneau de cuivre rouge, dans l'eau acidulée et dans les parois du vase, d'où il revient à la pile par la lame *D'*. Le courant se trouvant ainsi fermé, le circuit *b b'* et l'anneau se mettent à tourner en sens con traire du courant fixe *A D* qui entoure le vase. La force directive, en effet, tire *b'* en *x* et *b* en *y*. Cette double action oblige évidemment le cercle à tourner dans le sens opposé au courant.

Action des courants droits sur les courants circulaires. — Dans un courant circulaire immobile *ABC* (fig. 10), placez un autre courant rectiligne *XB*, allant du centre à la circonférence, et mobile autour d'un pivot central *X*. Il tournera en sens inverse du courant circulaire.

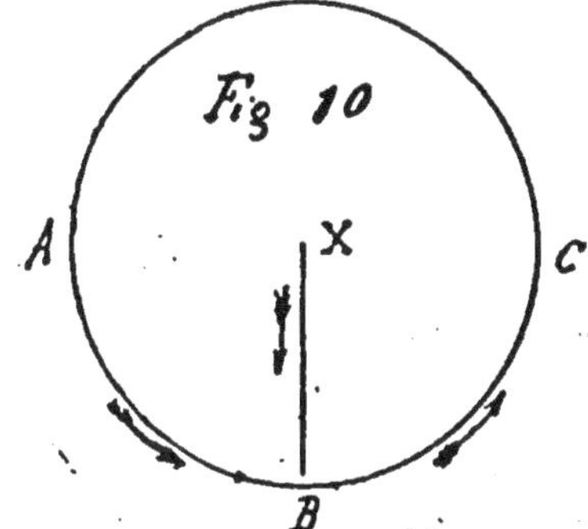

En premier lieu, les ondes du courant droit *XB*, marchant dans le même sens que celles de la partie *AB* du courant circulaire, il y a impulsion du fil *XB* vers *A*. En second lieu, les ondes du cercle en *BC*, sont contraires à celles de *XB*, il y a répulsion de celui-ci vers *A*. En troisième lieu enfin, la direction sollicite le fil *XB* à s'avancer vers *A*. Ainsi les trois forces réunies, impulsion, répulsion et direction, dont chacune prise séparément serait suffisante pour entraîner le fil XB, concourent à le faire tourner autour de son pivot, dans le sens inverse du courant circulaire.

Si le courant mobile XB allait, au contraire, de la circonférence au centre, le mouvement du fil conducteur serait naturellement de sens opposé : il tournerait en suivant le courant circulaire, à l'inverse des aiguilles d'une montre. Les forces motrices seraient alors également renversées. Du côté BC, il se produirait une impulsion, au lieu d'une répulsion qui avait lieu dans le premier cas ; du côté AB, une répulsion remplacerait l'impulsion d'auparavant ; et il en serait de même pour la direction.

Dans la supposition où le courant rectiligne étant fixe, le conducteur circulaire deviendrait mobile, capable de tourner sur lui-même, c'est lui qui opérerait le mouvement rotatoire autour de XB, lequel serait dans le sens opposé à son propre courant, si le courant XB allait du centre vers la circonférence ; par la raison que chaque point des courbes CB et BA serait sollicitée à se redresser pour mettre leur courant sur une ligne parallèle et de même sens, avec le courant XB ; la direction de cette force ne peut en effet qu'entraîner la rotation du cercle de B en A. Par contre, avec un courant dirigé de la circonférence au centre, le cercle tournerait dans le sens de son propre courant ; c'est alors BC qui est sollicité à se redresser pour se mettre parallèle à BX et la force qui agit a pour résultat de pousser le cercle de B en C.

Supposons maintenant un courant rectiligne y (fig. 11) tombant perpendiculairement sur un autre courant circulaire AcD, mobile autour de son axe o, de tous les points du courant *y* partent des ondes qui viennent tomber sur le courant circulaire, chacune

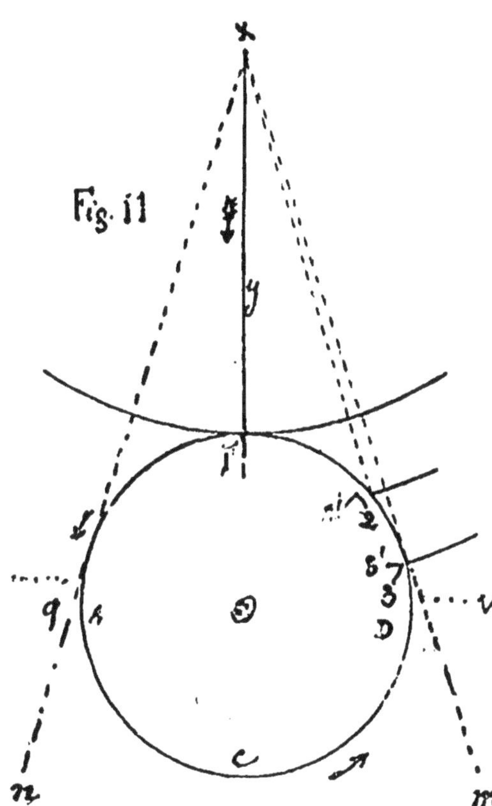

l'atteignant sur toutes les parties de sa demi-circonférence. Pour bien comprendre l'effet produit par le choc de ces ondes, suivons-en une en particulier celle, par exemple qui part du sommet *y*. Les lignes pointillées indiquent le sens de sa poussée sur trois endroits, où sa marche est contraire à celle du courant circulaire. D'abord, à l'endroit le plus rapproché du courant rectiligne, le courant circulaire est refoulé dans la direction du centre *1*, mais sa vitesse est une seconde force qui combat ce mouvement ; il sera donc sollicité à suivre la résultante *1'*. A la première ligne pointillée, il est poussé vers *2* dont la résultante est *2'*; enfin à la seconde ligne la résultante est *3'*. Or toutes ces résultantes concourent à faire tourner le cercle dans le sens de son propre courant. Ajoutez-y la force de direction qui de son côté tend à relever cette partie du cercle vers *y*. Dans l'autre partie jusqu'à *A*, il est évident que les ondes du courant *y* poussent le cercle dans le sens de son propre courant. Ainsi un cercle parcouru par un courant électrique, mobile autour de son centre, et mis en présence d'un courant rectiligne dont le sens est dirigé perpendiculairement sur lui, doit tourner sur son axe dans la direction de son courant.

Si le courant rectiligne s'éloignait du cercle, au lieu d'être dirigé vers lui, l'effet serait opposé, et le cercle tournerait alors en sens inverse de son courant.

Dans ce résultat, il n'a pas été tenu compte de l'influence des rayons *m* et *n* sur les parties *Ac*, et *cD*, du cercle. Cette influence est réelle cependant. Dans le cas où le courant *y* marche vers le courant circulaire, lorsque les ondes de la partie *cD* du cercle rencontrent celles de *m*, qui lui sont contraires, elles éprouvent de leur part une résistance dont la réaction, transmise au fil, produit sur lui une répulsion tendant à le faire tourner en sens inverse de son courant. La partie *cA*, de son côté, éprouve de la part du rayon *n* qui est de même sens que son propre courant, une impulsion, la sollicitant à prendre le même mouvement de recul. Cette double action combat directement celle constatée sur la partie supérieure du cercle. Il semblerait donc qu'elles dussent s'annuler et le cercle demeurer en repos. Mais la plus forte l'emporte et détermine le mouvement. Or l'influence des ondes du courant *y* sur la partie supérieure du cercle est la plus puissante, parce qu'elles tombent sur lui directement, tandis que, sur l'autre partie, leur action ne se fait séntir qu'à distance ; et aussi parce que les rayons m et n, plus éloignés de leur foyer, sont plus faibles.

Si le courant circulaire était supporté sur un liquide et capable de changer de place, au lieu de tourner sur lui-même, il serait transporté du côté q, dans le cas où le courant rectiligne marcherait vers lui. La direction des résultantes, en effet, tend plutôt à le déplacer dans ce sens qu'à le faire tourner ; et alors l'influence exercée sur la deuxième moitié du cercle par les rayons m et n, concourt à ce même mouvement ; il aurait lieu vers r si le courant rectiligne s'éloignait du cercle.

Ce dernier effet, celui du transport, est réalisé dans l'expérience suivante :

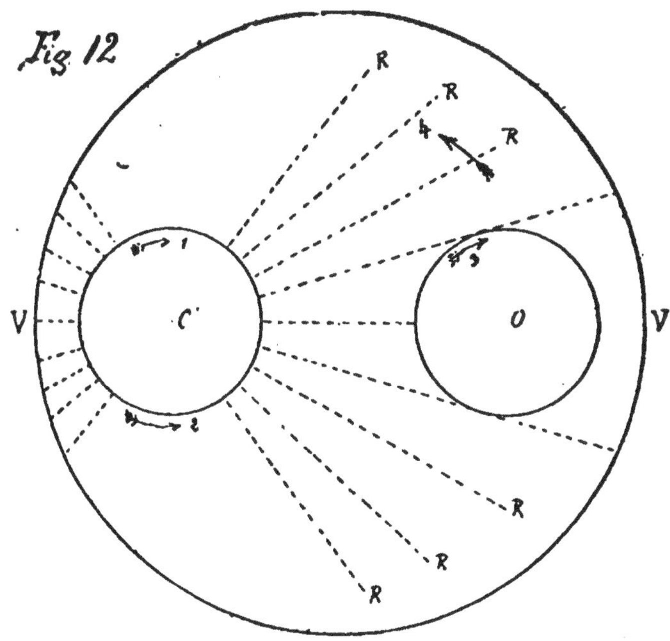

c et o (fig. 12), sont les pôles de deux aimants plongés verticalement dans un bain de mercure dont est rempli le vase VV. Lorsqu'on fait descendre perpendiculairement sur le milieu du premier aimant *c*, un courant électrique, le fluide se répand dans le mercure sur le pourtour de l'aimant, et va rejoindre, par les parois du vase *VV*, le fil qui forme le circuit. Sa marche dans le mercure est représentée par les rayons *RRR*, enveloppant dans leur course le second aimant *o*, et tombant sur lui directement. Les deux aimants sont alors dans les conditions suivantes : les courants circulaires du premier sont traversés de tous côtés par les courants rectilignes de l'électricité qui vont du centre vers la circonférence. Le second *o*, au contraire, reçoit du dehors les courants rectilignes de ce même fluide qui viennent frapper ses propres courants circulaires.

Dans cette expérience l'aimant *c*, sur lequel descend le courant électrique, tourne sur lui-même dans le sens opposé à son propre courant, et sans changer de place, tandis que l'aimant *o*, au contraire, tourne autour du premier, selon la flèche *4*, sans manifester lui-même de mouvement rotatoire. C'est ce qui a été démontré (fig. 10 et 11), traduit en fait.

Les courants naturels de l'aimant *c*, étant indiqués par la flèche *1*, les rayons du courant électrique qui s'éloignent de lui, le sollicitent tous à tourner dans le sens opposé à son propre courant. Sa rotation a lieu ainsi dans l'expérience : il tourne dans le sens opposé des aiguilles d'une montre, flèche *2*, mais bien que mobile il reste en place. Quant à l'aimant *o*, ses propres courants s'effectuent dans le sens de la flèche *3*, il est transporté du côté où se dirigent ses courants dans la moitié atteinte par les rayons, c'est-à-dire, dans le sens de la flèche *4*. Il ne tourne pas sur lui-même, pour les raisons énoncées figure 11. Si on changeait les pôles émergeants des aimants, leurs courants propres deviendraient de sens opposé, et leurs mouvements seraient inverses.

Entre un courant circulaire et un autre courant rectiligne placé à l'intérieur du premier de la manière indiquée par les figures 13 et 14,

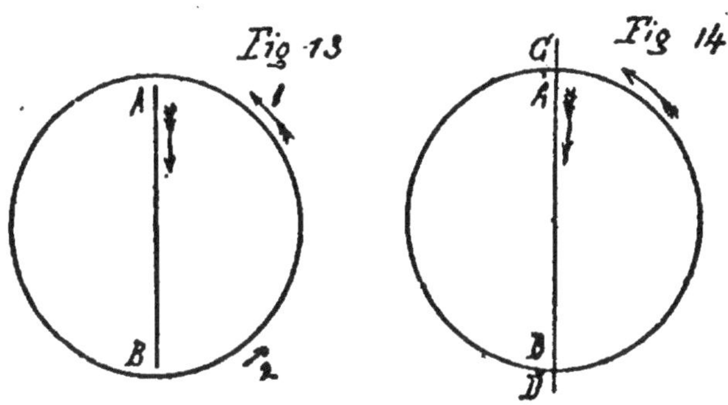

il n'y a pas d'influence effective.

D'après ce qui a été démontré, le courant rectiligne s'éloignant du cercle en *A* (fig. 13), tend à le faire tourner dans le sens de son courant ; en *B*, au contraire, il le sollicite à se mouvoir à l'inverse de son courant. Ces deux forces opposées et égales se détruisent mutuellement. Si le courant rectiligne dépassait le cercle (fig. 14), l'effet serait identique. La partie *A* et *C* du courant rectiligne chasse le cercle dans le sens de son courant, et la partie intérieure *B* et *D*, dans le sens inverse. Dans ces conditions il ne peut y avoir entre les deux courants, ni impulsion, ni répulsion, pas même de direction. L'expérience le confirme.

Solénoïdes. — On nomme solénoïde un système de courants circulaires égaux et parallèles, formés d'un seul fil de cuivre recouvert de soie et enroulé sur lui-même en hélice, comme il le serait sur une bobine.

Tous les principes énoncés jusqu'ici s'appliquent au solénoïde parcouru par un courant électrique. Si on place près de lui un courant rectiligne mobile, il s'oriente de manière à se mettre en croix avec lui, se plaçant dans le même sens que celui de l'hélice, dans sa partie la plus rapprochée. On remarque également entre eux, une impulsion, quand les courants sont de même sens, et une répulsion, dans le cas contraire.

Deux solénoïdes rapprochés bout à bout, marquent impulsion, si les courants en regard sont de même sens, et répulsion s'ils sont de sens contraire.

Le solénoïde obéit, comme l'aimant, aux courants terrestres. Il s'oriente de même. Preuve certaine qu'il existe réellement des courants circulaires autour de la terre. Cependant nous ferons remarquer, en son lieu, une différence notable qui empêche d'assimiler le solénoïde à un aimant.

— On peut conclure, je crois, de ce qui précède, que toutes les impulsions et répulsions de l'électricité dynamique s'expliquent parfaitement et d'une manière purement mécanique par le mouvement ondulatoire.

III. — PESANTEUR.

La pesanteur est une force qui pousse les corps vers le centre de l'astre sous l'influence prépondérante duquel ils se trouvent. Toutes les expériences démontrent ce fait. Le centre du globe est le point commun dans la direction duquel se dirigent tous les corps soumis à son action. On doit à cette force la concentration des matières qui constituent les globes célestes, ainsi que leur conservation. Sans elle, les éléments, obéissant à la répulsion qui les oblige à s'éloigner indéfiniment les uns des autres, se disperseraient dans l'espace et nulle action chimique, nulle formation de corps, nul phénomène physique ne serait possible.

Sans elle, l'atmosphère, indispensable à la vie, tant animale que végétale, n'existerait pas, car c'est elle qui la maintient autour de la terre. L'eau, qui se vaporise déjà dans le vide, disparaîtrait de la surface terrestre. Elle retient les corps sur le sol ; donne la solidité à nos édifices ; à nous-mêmes la fixité sur la croûte du globe. Elle anime les pendules qui servent à régler le temps ; fait couler l'eau des vases qui la contiennent, les fleuves vers la mer, monter les vapeurs dans les airs pour les précipiter bientôt sous forme de pluie bienfaisante.

La pesanteur agit à travers les espaces célestes vides de tout corps sauf le fluide éthéré qui les remplit : elle maintient à leur place les particules les plus éloignées de l'atmosphère, en les contraignant à suivre la terre dans ses mouvements. Par elle, la lune elle-même, le satellite de notre planète, est enchaînée à la terre qu'elle est forcée de suivre dans son orbite. Les aérolithes qui traversent l'espace, bien au-delà sans doute de la lune, sont obligés par elle de tomber sur la terre, quand ils ont franchi la sphère de son action. Une force de cette importance ne saurait être laissée sans explication.

Comme son influence se fait sentir bien au-delà de notre atmosphère, et que l'attraction à distance est un non sens, il faut nécessairement en chercher la source dans un mouvement de l'éther, seule matière qui existe dans les espaces interplanétaires ; et ce mouvement ne peut être que celui des courants ondulatoires qui tournent autour de chacun des astres du firmament, les enveloppant complètement.

L'idée d'ondulations frappant directement la terre a été émise pour expliquer la pesanteur ; mais à peine y a-t-on fait attention. On n'en voyait pas la possibilité. D'où viendraient-elles ? Quelle serait leur source ? Le soleil est seul capable de remplir cette fonction pour nous ; mais les rayons de cet astre, ne peuvent toucher en même temps qu'une moitié du globe, et la pesanteur n'a pas d'intermittence. Sauf quelques-uns de ses rayons, et seulement sur les tropiques, qui pousseraient les corps vers le centre de la terre, les autres donneraient une direction différente ; et, partout cependant, cette force agit dans la direction du centre. Les courants circulaires seuls sont capables de donner une solution à ce problème, et ils la donnent pleinement.

Leur existence autour de la terre est un fait dont personne ne doute plus aujourd'hui. Ils sont connus et scientifiquement constatés. La boussole nous en révèle la réalité. C'est en vertu de leur action directrice, qu'elle met ses propres courants en parallélisme avec eux, et tourne ses pointes vers les pôles. Si vous suspendez à un fil par le milieu une hélice légère dans laquelle vous faites passer un courant électrique, elle se comporte comme l'aimant, se tourne d'elle-même de façon à mettre ses courants les plus rapprochés du sol dans le même sens que ceux de la terre, dirigeant son axe vers les pôles. Une hélice ne peut être ainsi dirigée que par d'autres courants.

Ces courants circulaires enveloppent entièrement la terre perpendiculairement à son axe faisant de cette planète comme une bobine électrique de forme ronde. Ils s'élèvent à une hauteur encore inconnue, mais dont les limites ne peuvent être que très éloignées de son centre. Peut-être, les planètes ne sont-elles séparées que par les distances exigées pour leur étendue, distances toujours en rapport avec leur masse. Sans doute leur puissance, semblable, en cela, à celle de toutes les ondulations, va en décroissant comme le carré des distances, à mesure qu'on s'éloigne de la terre.

La figure 15 nous montre le fonctionnement de ces courants. *1, 2, 3*, représentent les ondes, ou la partie active des ondulations, qui touchent directement la terre. Elles pèsent sur notre globe, et poussent les corps vers le centre *o*. Par la rapidité de leur succession, chacun

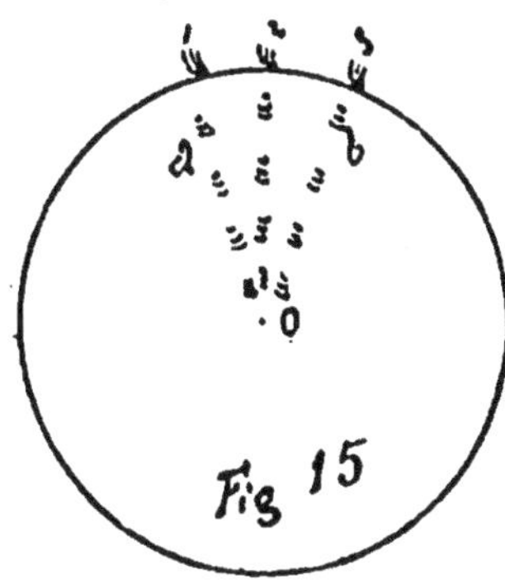

Fig 15

des courants superposés forme comme un cercle ininterrompu qui comprime tout ce qui est au-dessous de lui, et ils sont innombrables. Ils n'occupent pas seulement les hauteurs qui dominent le globe, on a constaté leur présence jusque dans les profondeurs du sol.

L'action de ces courants, qu'ils soient dans les hauteurs de l'espace, sur la surface, ou même dans l'intérieur du globe, ne se borne pas à presser l'objet qu'ils atteignent par eux-mêmes ; elle pénètre jusqu'au centre. Les ondes de chaque courant, en pressant le fluide ou les corps qui sont au-dessous d'elles, y excitent d'autres ondes, *a b*, qui, dirigées vers *o*, se propagent jusqu'à lui, malgré la compacité du sol, et transmettent, sur tout leur trajet, la pression reçue. Par là même que les courants tournent autour de la terre, leur point d'appui ou leur pression est toujours dirigée vers son centre.

Une telle marche, de la part de simples ondulations d'un fluide, à travers les corps les plus durs, a, de prime abord, tout lieu d'étonner. Elle surprendra moins quand la constitution des corps aura été exposée. Toutefois, en dehors de cette connaissance, la nature nous offre, à chaque instant, tant de faits de ce genre, qu'il ne saurait être difficile de l'admettre. Les ondulations de la lumière traversent certains corps remarquables par leur dureté ; celle des aimants, de la parole ou du son, les traversent tous. Or, pour conserver leurs effets lumineux, impulsifs, harmonieux, ces ondulations ne doivent subir dans leur trajet aucune transformation essentielle, soit dans leur succession, soit dans leur forme. On conçoit que bien des corps ne puissent se prêter, surtout jusqu'à une grande profondeur, à des flexions aussi compliquées, dans tous leurs détails variés. Mais ici, pour la pesanteur, ces difficultés n'existent pas : il suffit que les couches de la masse des corps aient assez d'élasticité pour transmettre une pression.

La pression d'une onde, prise en particulier, est minime sans doute ; mais on sait que les forces les plus considérables ne sont en définitive que l'accumulation d'un grand nombre de forces généralement aussi faibles, dont les actions réunies s'exercent sur un même point. Et qui pourra jamais compter la quantité prodigieuse des cercles d'ondes ou de courants superposés qui enveloppent la terre, et agissent tous dans le même sens et sur les mêmes points ?

Les impulsions et les répulsions de l'aimant, ou même d'un seul courant électrique, nous donnent déjà une idée de la puissance des ondes. Dans ces deux cas, l'impulsion n'est due, cependant, qu'à la différence des résistances faites à leur propagation sur deux côtés ; et cette seule différence suffit pour permettre à l'aimant de porter plus que son poids, pour mettre en mouvement un fil conducteur. Tandis que, dans la pesanteur, l'onde agit dans la plénitude de son énergie. Nulle parcelle de sa force n'est distraite vers un autre objet. Un seul point de sa circonférence agit sur le corps qu'elle touche, cela est vrai, mais il ne faut pas oublier que tous les segments du cercle ou de la sphère formée par une onde, ont la même énergie, absolument comme pour un gaz condensé, dont la puissance d'expansion est la même sur tous les points de son pourtour.

Mais la pesanteur d'un corps est toujours en proportion du nombre des particules matérielles qui le composent. Si un corps possède le double, le triple des atomes d'un autre, sous le même volume, il pèsera deux fois, trois fois autant. Cette force, qui dirige les objets matériels vers le centre de la terre, se conduit absolument comme si, de ce centre, partait une vertu qui attirât chaque atome en particulier vers lui ; en sorte que le poids total de l'objet serait la somme des attractions individuelles exercées sur ses atomes. Or, les ondes des courants circulaires ne pressent que la surface supérieure des corps. Il semble donc qu'un corps placé immédiatement sous un autre, doit être à l'abri de leurs chocs et par là même soustrait à la pesanteur. On peut en dire autant des couches inférieures d'un corps directement atteint.

La réponse à cette difficulté se trouve dans la nature des ondes et des corps eux-mêmes. L'onde n'est jamais interrompue, elle s'avance comme une barre à travers les corps, sans laisser un seul point, un seul atome exempt de son action. Les corps, de leur côté, sont d'une constitution telle, qu'elle permet à la première couche directement frappée, de transmettre intégralement le choc de chaque onde à toutes les autres, quel que soit leur nombre, et à la dernière de le communiquer de même au milieu ambiant. Grâce à ce mécanisme de transmission, toutes les couches superposées d'un corps, tous les éléments, tous les atomes qui les constituent, reçoivent la même impulsion, absolument comme s'ils étaient exposés au premier choc des éléments. Ainsi l'impulsion totale se trouve être réellement la somme des impulsions partielles imprimées à chaque atome. Le corps placé sous un autre éprouvera les mêmes effets : le choc des ondes supérieures lui est communiqué par le milieu qui les sépare, lequel le reçoit lui-même de la dernière couche du corps placé au-dessus de lui.

En un mot, les courants circulaires, traversant tous les corps, les atteignent chacun en particulier et tout entiers. La pesanteur, au lieu d'être la conséquence d'une force attractive, est l'effet d'une force impulsive agissant sur tous les atomes.

Les courants circulaires étant reconnus comme la cause de la pesanteur, quelques conséquences s'imposent.

1° Ils doivent exister autour de tous les astres, dans une étendue proportionnelle à leur masse. Leur formation ne s'expliquerait pas sans cela. La pesanteur règne sur leur surface aussi bien que sur la terre, et doit être en rapport avec la hauteur jusqu'à laquelle se développent ces courants, c'est-à-dire, avec leur nombre. On ne constate pas leur existence autour des corps particuliers que l'on rencontre sur notre planète, et ils n'en ont aucun besoin. La pression qu'ils éprouvent de tous côtés de la part de l'atmosphère, contribue à leur formation et à leur conservation ; mais la plupart, une fois formés, peuvent se maintenir d'eux-mêmes, par le seul lien qui unit leurs molécules.

2° L'éther qui est matière comme les corps, et qui obéit lui-même à la pression de ses propres ondes, croit en densité à mesure qu'il est plus proche de la terre ou des astres.

3° Cet accroissement de densité rend les ondes plus puissantes, puisqu'avec la même vitesse elles possèdent une quantité de matière plus considérable.

4° La pesanteur diminue en s'éloignant du centre. Des objets placés à une certaine hauteur, étant soustraits à l'action des courants inférieurs, qui sont les plus forts, la pression sur eux est diminuée d'autant.

CHAPITRE II.

Eléments chimiques.

Les éléments sont la base obligée des réactions chimiques, de la formation des corps, et, en général, de tous les phénomènes de la nature. Nous eussions dû, semble-t-il, commencer par eux ; mais ce qui précède était nécessaire pour l'intelligence de leur constitution.

On appelle éléments les substances que l'on obtient en chimie par la décomposition des corps poussée aussi loin que le permet la science actuelle. Si je décompose l'eau, je trouve de l'hydrogène et de l'oxygène ; l'acide sulfurique donne de l'oxygène et du soufre, etc. En combinant de nouveau ces éléments, ils rendent les mêmes corps, l'eau ou l'acide sulfurique. Quels que soient les corps soumis à l'action chimique, ils se résolvent toujours en quelques-unes de ces substances qui peuvent passer par mille combinaisons différentes, sans cesser de se retrouver intactes et inaltérées. Ces substances, oxygène, hydrogène, soufre, etc., dont le nombre connu aujourd'hui dépasse soixante, ont reçu le nom d'éléments, parce qu'elles sont les unités chimiques, dont les combinaisons variées forment tous les corps.

Nous allons les étudier dans leur nature et leurs propriétés.

I. — NATURE DES ÉLÉMENTS.

Les éléments sont-ils simples ou composés ? Possèdent-ils en eux-mêmes le fluide électrique ? Enfin quelle est leur constitution ? Telles sont les trois questions à élucider dans ce paragraphe.

Composition des éléments. — L'impossibilité de décomposer les éléments chimiques, leur inaltérabilité à travers toutes les manipulations possibles, et leur petitesse extrême qui les fait compter par millions dans le plus petit des corps perçus par le microscope, ont pu faire croire qu'ils marquaient, en effet, la dernière division de la matière ; qu'ils étaient les atomes eux-mêmes. Cependant un seul fait, entre plusieurs autres, suffit pour convaincre qu'ils sont réellement composés d'un nombre inconnu d'atomes.

Ils sont susceptibles d'être échauffés, même jusqu'à devenir lumineux, et dans cet état, ils émettent eux-mêmes une chaleur propre. Or, la chaleur est causée par les ondulations de l'éther, ondulations qui supposent toujours, à leur point de départ, comme cause, un corps vibrant. Si les éléments n'étaient pas le siège de vibrations, ils ne pourraient susciter autour d'eux, dans l'éther ambiant, les ondulations calorifiques. Mais, pour vibrer, il faut être constitué de plusieurs particules unies par un lien élastique, comme celles des corps. Ces particules, éloignées de leur position naturelle par le choc des ondulations venues d'une autre source, y reviennent, rappelées par le lien qui les unit, dépassent le but, en vertu du mouvement acquis, et retournent sur leurs pas, exécutant ainsi cette série de va-et-vient qui constitue la vibration. Supposez de simples atomes juxtaposés ou disséminés dans l'éther, mais libres et sans lien qui les unisse, ils subiront la poussée des ondulations du fluide, ils suivront le mouvement des ondes ainsi que le fait un morceau de liège jeté sur la surface des eaux ; mais ils ne vibreront pas, n'engendreront point, autour d'eux, d'autres ondulations dont ils seraient le foyer. Les éléments émettent de la chaleur, des ondulations, donc ils vibrent, donc ils sont composés.

On pourrait tirer la même conclusion de leur pouvoir lumineux. Leur poids, différent pour chaque espèce, montre bien, d'autre part, qu'ils ne contiennent pas la même quantité de matière.

En conséquence, les atomes libres ne sont ni chauds ni froids, ni lumineux. Ils peuvent transmettre les ondulations, la chaleur, la lumière des corps étrangers ; mais dans quelques circonstances qu'ils se trouvent, quel que soit leur nombre, ils sont incapables de faire éprouver, par eux-mêmes, l'une ou l'autre de ces sensations. Un corps plongé dans un milieu atomique et soustrait à l'influence de tout corps plus ou moins éloigné, se refroidira de lui-même par son propre rayonnement, mais les atomes n'y seront pour rien. Ils ne l'échaufferont pas davantage.

Electricité dans les éléments. — Tous les corps possèdent de l'électricité. Ils sont même la source unique où le physicien, comme l'industriel, vont la puiser, soit pour les expériences du cabinet, soit pour alimenter les machines. Si on frotte un corps, si on le comprime, il en sort de l'électricité.

Dira-t-on qu'elle réside dans l'intérieur des corps? qu'elle est renfermée dans les pores si nombreux dont ils sont doués ? On ne voit pas, en effet, d'autre place pour elle que ces vides que laissent entre elles les particules. En les comprimant, on force ces particules à se rapprocher, à combler les vides, et le fluide est expulsé, comme l'eau est chassée de l'intérieur d'une éponge que l'on serre dans ses mains. Mais s'il en était ainsi, il faudrait admettre de deux choses l'une : ou le fluide séjourne dans ces pores dans un état de condensation plus ou moins prononcée ; ou il y possède seulement la même densité que l'éther ambiant.

La première hypothèse s'accorderait assez bien avec la quantité prodigieuse d'électricité que l'on peut retirer des corps. Seulement elle est contraire aux propriétés connues de ce fluide, et aux faits constatés par l'expérience. D'abord on ne voit pas comment une telle condensation pourrait se produire. Ensuite la plupart des corps sont incapables de retenir dans leur intérieur de l'électricité condensée, parce qu'ils se laissent traverser par elle, avec une inconcevable facilité. Prenez un vase creux fermé de matière conductrice, de métal, par exemple, isolez-le, et, par un moyen quelconque, électrisez sa paroi intérieure, ou opérez une décharge électrique au dedans, immédiatement le fluide apparaît sur la paroi extérieure. Il a traversé le métal, quelle que soit son épaisseur, et il n'en reste aucune trace à l'intérieur. Impossible donc de condenser ce fluide dans l'intérieur des corps bons conducteurs et cependant ces mêmes corps ne renferment pas moins d'électricité que les autres. Avec cette hypothèse, il s'ensuivrait que les corps, dont les pores sont les plus nombreux, ou les plus grands, contiendraient le plus d'électricité, ce qui n'est pas. On ne saurait donc s'y arrêter.

La seconde hypothèse n'offre pas plus de garanties. Si le fluide qui remplit les corps est simplement l'éther ambiant, enfermé par les molécules des corps, au moment de leur formation, et il n'en saurait être autrement, puisque ne le créant pas, elles ne peuvent le prendre ailleurs ; on ne s'explique pas la quantité d'électricité fournie par les corps ; on ne comprend même pas comment ils peuvent en donner. Réunissez en un monceau les graviers du lit d'une rivière, puis dispersez-les ; rien ne sera changé pour l'eau, elle sera ce qu'elle était auparavant, ni plus abondante, ni plus dense : elle sera seulement déplacée ; elle occupera successivement les différents espaces laissés libres par les grèves, dans leur changement de position. Il n'en sera pas autrement du fluide ambiant contenu dans les corps ; il prendra la place laissée libre par les particules comprimées, et nulle électricité n'apparaîtra. Le milieu ambiant sera ce qu'il était auparavant.

Avec la supposition que l'électricité séjourne d'une manière quelconque dans les corps, il s'ensuit qu'il suffirait de séparer leurs particules constituantes pour la rendre à la liberté, et s'en procurer la quantité renfermée dans leur sein. Or, c'est tout l'opposé qui a lieu. Il est certain, c'est un fait reconnu par toutes les expériences, que toujours et infailliblement les éléments en se séparant des corps dont ils font partie, absorbent de l'électricité en quantité relativement considérable, loin d'en donner.

Quand ils s'unissent entre eux pour former une molécule, au lieu de concentrer ou seulement d'enfermer le fluide électrique, ils en rendent à la liberté. La combinaison est même la source la plus abondante où on va la puiser : elle en donne avec une si grande profusion, affirment les plus habiles expérimentateurs, Becquerel et Faraday, que l'oxydation du poids d'hydrogène qui entre dans un milligramme d'eau, dégage suffisamment d'électricité pour charger vingt mille fois une surface métallique d'un mètre de superficie, à un tel degré que les étincelles éclatent à un centimètre de distance. Ajoutons que cette quantité dégagée par la combinaison, est précisément celle que ces mêmes éléments absorbent en se détachant du corps, lors de sa décomposition.

Si deux éléments libres, lorsqu'ils se combinent, perdent de l'électricité, c'est donc qu'ils en possédaient ; s'ils en absorbent pour redevenir libres, c'est donc qu'ils en ont besoin pour retrouver leur état normal ; donc elle fait partie de leur entité.

Constitution des éléments. — On est forcément amené à le reconnaître, l'électricité réside dans les éléments. La difficulté est de déterminer sous quelle forme elle s'y trouve, par quelle force elle leur est unie. Appuyons-nous sur les faits reconnus et solidement établis, afin de ne rien donner à l'imagination ou au hasard.

Si les éléments sont composés ; s'ils renferment de l'électricité, il faut, de toute nécessité, trouver, en dehors de l'attraction qui ne peut exister, une force capable de réunir, de maintenir les différents atomes et l'électricité qui les constituent. Il n'y en a pas d'autre, sinon celle que nous avons donnée à la terre et aux astres, des courants circulaires autour de chacun des éléments. Avec eux le fluide éthéré, qui remplit l'espace, est condensé, maintenu sur le noyau lui formant une enveloppe élastique et en même temps pénétrable. Le noyau lui-même consistera seulement dans la réunion de quelques atomes du même fluide pressés par l'étreinte des courants.

Ainsi, il n'y aurait pas deux sortes d'atomes, deux espèces de matière. On ne comprendrait pas même une différence entre les atomes matériels. En supposer une serait d'ailleurs complètement inutile. La diversité des phénomènes ne provient nullement d'eux, mais uniquement de la variété des éléments.

Les courants circulaires sont inséparables de l'élément dans toutes les conditions possibles de combinaison. Sans eux, il cesserait d'exister : les atomes dont il est composé rentreraient dans la masse générale. Avec eux, son enveloppe éthérée est capable de vibrations ; et, obéissant aux lois de la pesanteur, à l'instar de notre atmosphère, comme, du reste, le ferait toute matière dans ces conditions, elle croît en densité avec sa profondeur.

Grâce à une telle constitution des éléments, tout ce qui était jusqu'aujourd'hui profond mystère pour la science, s'expliquera en son lieu, simplement, mécaniquement. Il est facile de l'entrevoir déjà d'après ce court exposé.

Comment unir ensemble des éléments durs et polis? Comment surtout les lier de telle sorte qu'ils demeurent fixés dans leur position, ne roulent pas les uns sur les autres comme dans les liquides, mais forment, au contraire, un corps solide? Avec les courants et les vibrations dont sont doués ceux que nous venons de décrire, il se présentera souvent des cas d'impulsion; leurs enveloppes fluidiques se pénétreront dans une certaine mesure, sans aucunement entraver leurs courants, qui alors s'enchevêtreront et consolideront l'union. — La chaleur dilate les corps. Sous son action, un morceau de fer augmente de volume dans toutes ses dimensions. Si les éléments, tels qu'on les conçoit aujourd'hui, se touchaient d'abord, il faut bien convenir qu'après la dilatation, ils sont séparés: et alors comment expliquer que, dans ce nouvel état, ils continuent toujours à former un solide? Avec les nouveaux éléments, la chaleur ne détruit pas la pénétration de l'enveloppe, elle la diminue seulement, le corps se dilate, mais la liaison persiste.

Prenons maintenant un gaz. Ses éléments sont libres, complètement détachés entre eux. Si on veut les condenser, il est besoin de dépenser une énergie, qui va croissant avec sa condensation et devient à la fin très considérable, au point que, pour rapprocher les éléments de manière à ce que le gaz devienne un liquide, il faut une pression de 36 atmosphères, s'il s'agit de l'acide carbonique; 40, c'est-à-dire un poids de 40 kilogrammes par centimètre carré, ne suffisent pas pour liquéfier l'oxygène. D'où vient cette résistance des éléments pour se laisser rapprocher? On ne la comprend pas, sinon dans l'obstacle de leur enveloppe qui va croissant avec leur densité en s'avançant vers le noyau, et dans celui des vibrations contraires dont la puissance augmente comme le carré des distances en se rapprochant.

Venons-en, enfin, à l'électricité renfermée dans les éléments. Nous dirons d'abord que ce fluide considéré en lui-même, tel que nous le produisons avec nos instruments, n'est autre chose qu'une masse d'éther isolée et retenue par les corps mauvais conducteurs qui l'empêchent de se répandre dans la masse générale de l'espace. Elle n'est pas visible par elle-même ; elle le devient seulement quand elle est assez comprimée pour émettre des vibrations lumineuses. C'est donc le même fluide que celui qui constitue l'enveloppe des éléments. Dans le rapprochement de ceux-ci, ces enveloppes se pénètrent en partie; leur densité, sur les points envahis, devient, par cette confusion, plus grande que ne le comporte la force des courants, et le surplus du fluide qui les compose, devenu libre, s'échappe. Voilà tout le secret de la production de l'électricité.

Ces enveloppes étant le réservoir et la source de l'électricité, nous les désignerons, dès maintenant, sous le nom d'*électrosphères*.

La logique des faits nous a conduit à reconnaître l'existence des courants circulaires autour des éléments; mais ils ne sont pas une innovation. Depuis Ampère, ils sont, on peut le dire, admis dans la physique. C'est en les supposant que ce savant a pu donner des aimants l'explication généralement admise. D'après lui, tous les éléments dont les corps sont constitués, sont le siège de courants circulaires. Dans l'état normal des corps, le sens de ces courants, par la position variée des particules, a lieu dans toutes les directions, ce qui annule leur action électro-dynamique ; tandis que, sous l'influence d'un courant électrique, les éléments du fer en particulier s'orientent de manière à mettre leurs propres courants en accord avec lui, affectant extérieurement la même direction, ce qui nous a révélé la puissance dont ils sont capables. Dans la plupart des autres corps, les éléments sont empêchés de prendre une pareille orientation à cause, soit des combinaisons dont ils font partie, soit de leur forme, soit de leur mode d'agrégation.

En vertu de leur constitution, les éléments sont le siège de vibrations constantes. D'abord, leur électrosphère, uniquement composée d'éther, possède l'extrême sensibilité de ce fluide ; elle est susceptible d'être impressionnée par les ondes les plus faibles qui viennent la frapper du dehors, et il en vient de tous les côtés, de la part des corps ou même des éléments qui l'environnent ; elle peut vibrer à leur unisson. L'élément serait-il isolé, de façon à ne recevoir aucune onde de l'extérieur, qu'il ne cesserait pas de vibrer et d'envoyer des ondes dans l'espace. En effet, chacune des ondes de ses courants circulaires pèse sur lui et suscite des vibrations dans son électrosphère.

Tous les éléments sont donc de petites merveilles, où, par un moyen des plus simples, bien qu'il ne semble pas à notre portée, le Créateur a réalisé le mouvement perpétuel. Ils ne pourraient cesser de vibrer qu'en perdant leurs courants circulaires. Or, ceux-ci ne sauraient disparaître parce qu'ils s'entretiennent d'eux-mêmes. Les courants supérieurs entraînent les inférieurs dans leur marche, et ces derniers, en développant leurs ondes dans l'espace, restituent aux premiers le mouvement qu'ils en avaient reçu. Il n'y a point de perte subie, ainsi qu'il arrive toujours et inévitablement dans nos machines, parce qu'il n'y a point d'obstacles à vaincre. Le mouvement ne rencontre que des atomes libres de toute entrave ; ils le reçoivent donc tout entier et le transmettent de même. C'est la raison qui conserve aux ondes lumineuses une vitesse toujours égale dans le même milieu. Les choses se passent de même pour les électrosphères des astres.

Les courants circulaires rencontrent un certain obstacle de la part des ondes qui, partant du sein de l'électrosphère, se propagent directement dans l'espace, à l'instar de la lumière et de la chaleur. Elles jouent, vis-à-vis d'eux, le rôle d'un courant droit allant du centre vers la circonférence (fig. 10) d'un courant circulaire. Son effet est de faire tourner le cercle à l'inverse de son courant, parce que ses ondes se développant en sens opposé des siennes, le repoussent en arrière. Cet obstacle pourrait à la longue affaiblir leur puissance et finir par les éteindre, ce qui entraînerait la destruction de l'élément ; et le créateur seul pourrait alors le rétablir par une intervention directe. Mais les vibrations qui viennent frapper l'électrosphère, en tombant perpendiculairement sur elle, favorisent la marche des courants circulaires, autant que les premières les contrarient. Il y a compensation (fig. 11). Les éléments vibrent donc perpétuellement, dans quelques conditions qu'ils se trouvent.

Nous avons dit que le fluide électrique comprimé émettait des vibrations lumineuses et calorifiques ; cependant, dans les électrosphères, où il est comprimé, il ne les donne pas habituellement. C'est, d'abord, que sa condensation, dans ce cas, est régulièrement le résultat de la pesanteur exercée par les courants circulaires ; et ensuite surtout, parce que l'activité du fluide est consommée par les vibrations que commandent, soit les courants eux-mêmes, soit les ondes extérieures ; et elles ne sont pas celles de la lumière.

Il faut avouer que l'auteur du plan de l'univers possédait au plus-que-parfait les principes et les règles de la science mécanique. Les différents mouvements primitivement imprimés par lui à la matière, ont été calculés avec toute la précision voulue pour l'harmonie de l'œuvre entière.

Variété des éléments. — Les éléments ne sont pas tous les mêmes. Il existe entre eux une variété que démontrent et la disparité des propriétés et la différence des produits. On en connaît aujourd'hui soixante et quelques espèces possédant chacune des propriétés particulières.

Il y en a d'incolores, comme il s'en trouve de colorés ; et, parmi ces derniers, les teintes changent pour chaque espèce. Quelques-uns conduisent bien l'électricité, les autres ne la conduisent pas, ou fort mal. Au point de vue des combinaisons, les aptitudes sont aussi nombreuses que les genres d'éléments. Généralement un élément n'est apte à produire des composés qu'avec un petit nombre d'autres, à l'exclusion du reste. Les proportions dans lesquelles ils s'unissent diffèrent de l'un à l'autre. Un équivalent d'oxygène admet deux équivalents d'hydrogène; le chlore n'en admet qu'un seul ; l'azote trois, tandis que l'équivalent du phosphore prend jusqu'à cinq équivalents de chlore ou d'oxygène, etc. ; et chacune de ces combinaisons donne naissance à des corps de nature différente. Les gaz formés par la réunion d'éléments dissemblables, n'ont ni la même densité, ni le même poids.

La distinction des propriétés dans les éléments est donc hors de doute ; mais à quoi tient cette différence qui existe entre eux ? Est-ce à la nature de la matière qui les compose ? Est-ce au volume ou à la forme seulement ? On ne voit pas que la cause en puisse être ailleurs.

Inutile de la chercher dans la matière constituante, elle ne saurait y être. Il n'existe pas deux sortes de matière : il n'y a pas atome et atome ; un atome d'une nature et un autre atome de nature différente ; tous sont identiques. C'est une substance inerte, mais capable d'être mise en mouvement ; rien de plus, rien de moins. Une telle manière d'être ne laisse aucune place à la variété. La matière est donc la même dans tous les éléments.

Il n'en est pas de même du volume et de la forme, ils sont susceptibles de varier beaucoup. C'est donc là uniquement que peuvent se trouver les modifications qui distinguent les éléments entre eux, et elles suffisent à l'explication de tous les phénomènes.

Par rapport au volume, pas de doute quant à la différence de grosseur entre les éléments. Il suffit, pour s'en assurer, de comparer leurs poids ; les uns pèsent plus que les autres ; dès lors c'est qu'ils renferment plus de matière, plus d'atomes, qu'ils sont par conséquent supérieurs en volume. On ne dira pas qu'ils pourraient être seulement plus denses, car avec le même volume, ils ne posséderaient que le même nombre de courants circulaires, et ce nombre est la seule cause de la densité des atomes comme il l'est de son volume. — Les vibrations sont leurs moyens d'action sur les corps ; avec le même volume, la même profondeur d'électrosphère, leur action serait identique, parce qu'ils donneraient les mêmes vibrations, douées de la même énergie, de la même longueur ; ce qui est opposé à la variété des phénomènes. — Les teintes diverses qui les distinguent en sont une nouvelle preuve. Leurs vibrations sont en rapport avec la profondeur des électrosphères, comme celles d'une corde tendue le sont avec sa longueur. Des électrosphères semblables absorberaient et rendraient les mêmes ondes lumineuses. — De plus, les éléments accuseraient la même chaleur spécifique, et il n'en est rien. — Les combinaisons réclament aussi, en eux, une différence marquée de puissance. Il faut qu'il en existe de plus forts qui soient capables d'embrasser et de soutenir les plus petits ; avec l'égalité de profondeur dans les électrosphères, les combinaisons deviendraient même impossibles; la pénétration serait seulement celle qui constitue la cohésion; pour la combinaison, une plus profonde est nécessaire afin de confondre, pour ainsi dire, les éléments unis, ce que peuvent faire les plus petits envers les plus grands.

Du côté de la forme, le noyau et l'ensemble des courants ou l'électrosphère, affectent probablement la figure ronde dans les uns, ovoïde ou fusiforme dans les autres; et cela à plusieurs degrés selon l'espèce d'élément. Ces formes confèrent également à chacun une action particulière; elles décident, en particulier, de leur bonne ou mauvaise conductibilité de l'électricité. Elles ont aussi, sans doute, une influence spéciale sur les combinaisons; sur le choix de ceux qui pourront s'unir ensemble.

Ce simple aperçu suffit pour faire entrevoir, d'une manière générale, l'influence causée par la variété des volumes et des formes. La suite nous initiera plus complètement aux effets qui en sont le résultat.

II. — PROPRIÉTÉ DES ÉLÉMENTS.

Les propriétés d'un corps ressortent nécessairement de sa nature. Si celles qui découlent de la constitution des éléments, telle qu'elle vient d'être décrite, sont aptes à réaliser le but que s'est proposé le Créateur, c'est-à-dire, la production des phénomènes de notre monde, il faudra en conclure que cette constitution est la véritable. Parmi ces propriétés, nous examinerons, dans ce paragraphe, celles qui relèvent plus directement des réactions de la chimie: 1° les éléments en rapport avec les vibrations extérieures; 2° avec l'électricité; 3° leur union entre eux ; 4° enfin la constitution des corps. Un peu de lumière sur ces différents points éclairera d'un nouveau jour, je l'espère, les bases jusqu'alors si obscures de la science chimique.

Eléments et vibrations.

On a vu plus haut comment les éléments sont le siège de vibrations qui leur sont propres, et fonctionnent indépendamment des excitations extérieures. Cette propriété les rend déjà capables d'agir par eux-mêmes, les uns sur les autres, ainsi que les corps qui sont composés d'éléments.

En dehors de ces vibrations qui ne les quittent jamais, ils sont susceptibles d'en émettre beaucoup d'autres, lorsqu'elles leur sont communiquées par des ondulations venant des corps étrangers ; et sur ce point, leur sensibilité est aussi parfaite que possible. On a peine à comprendre la facilité avec laquelle les plus faibles ondulations de la lumière traversent le cristal, cependant si dur ; comment celles non moins variées d'un concert sont transmises intégralement par une muraille qui nous en sépare ; ou, encore, comment celles d'un aimant sont répétées, sans altération, par la substance de presque tous les corps qu'elles traversent. Avec notre constitution des éléments, ces phénomènes ne surprennent plus.

Quand des ondulations étrangères rencontrent un élément, trois cas se présentent.

1° Si l'ondulation peut être reproduite par l'élément tout entier, électrosphère et noyau, elle le traverse simplement, sans interrompre sa marche, à peu près comme s'il n'existait pas. Alors, elle n'excite en lui aucune vibration propre. Un élément qui laisserait ainsi passer toutes les ondulations lumineuses, ne serait pas plus visible que l'éther, et serait aussi transparent.

2° Si l'ondulation s'accorde avec les vibrations que peut donner l'électrosphère, mais ne peut être reproduite par le noyau, elle s'arrête sur lui. Dans ce cas, elle excite dans l'électrosphère des vibrations semblables à elle-même par la longueur et la vitesse, mais non toujours par l'intensité ; la raison en sera indiquée ailleurs. L'élément devient, par le fait, centre et foyer secondaire d'ondulations de même valeur. Seulement, comme l'excitation est l'unique cause de son action, celle-ci s'arrête généralement aussitôt que cesse l'influence. De son côté, l'ondulation incitatrice s'éteint, quant au segment de sa circonférence qui touche l'élément, parce que sa quantité de mouvement s'est épuisée pour l'ébranler.

3° Si l'ondulation ne cadre pas avec l'électrosphère, si elle est incapable de la faire vibrer, soit à cause de sa longueur qui ne s'accorde pas avec elle, soit à cause de l'obliquité sous laquelle elle l'atteint, elle est repoussée comme un corps tombant sur une surface élastique. C'est la réflexion.

Les vibrations émises et reçues par un élément produisent encore en lui un autre effet qui n'est pas sans importance. La chaleur en particulier nous en sera, en son lieu, un exemple. Une vibration émise par un élément donne naissance à une onde qui se propage dans l'espace ; mais cette onde, qui a été formée dans le sein de l'électrosphère par une condensation de son fluide, sort de l'enceinte des courants circulaires, emportant ainsi avec elle une petite quantité de ce fluide, qui dès lors est perdu pour l'élément. La densité de l'électrosphère est affaiblie d'autant. D'autre part, au contraire, l'onde extérieure, qui vient frapper l'élément, en excitant en lui une vibration, apporte dans son sein le fluide dont elle est composée. Comme son mouvement s'éteint, le fluide demeure dans l'électrosphère, et sert à augmenter sa densité. Il n'y a pas toujours compensation entre l'onde émise et l'onde reçue. Cela dépend des intensités de chacune. Si la première, celle qui part de l'élément, est plus intense, il y a perte pour l'élément; l'inverse aura lieu si l'onde reçue est la plus intense.

Les courants circulaires produisent le même effet : leurs ondes font un apport à l'électrosphère, mais il est exactement détruit par les vibrations correspondantes de l'élément, parce que la densité de l'électrosphère et de ses ondes, par conséquent, est toujours en raison de l'intensité des courants. Ils ne font qu'entretenir le *statu quo*.

Eléments et électricité.

Les faits principaux révélés à ce sujet par la science expérimentale, sont : 1° l'acte, pour les éléments, de rendre libre ou d'émettre une quantité déterminée d'électricité, quand ils se combinent, et de reprendre cette même quantité de fluide, quand ils se séparent; 2° leur conductibilité; 3° la propriété, dans l'électrolyse, de se porter, les uns vers le pôle positif, les autres vers le pôle négatif.

1° *Production de l'électricité.* — L'électricité provient des électrosphères. Toutes les fois qu'une cause quelconque, une simple pression, la cohésion, une combinaison, rapproche deux éléments de manière à ce qu'ils se pénètrent, il y a émission d'électricité.

Dans la portion où les électrosphères sont confondues, la densité du fluide est doublée, si les deux éléments sont à l'état normal pour le milieu où ils se trouvent. Or, les courants circulaires ne peuvent en condenser une plus grande quantité, dans cet état, qu'auparavant ; ils ne sont pas plus puissants, et leurs forces ne s'unissent pas ; ils exercent leur pression, comme ils le faisaient, chacun sur leur propre élément, vers la direction du centre, c'est-à-dire, dans un sens opposé pour chaque élément. L'excédent du fluide devient donc libre ; il se dégage en se répandant sur la surface pour se dissiper peu à peu ou se jeter sur un conducteur, s'il en rencontre à sa portée.

La quantité du fluide émis grandit avec la profondeur de la pénétration des électrosphères, et cela pour deux causes : en premier lieu, parce que les parties envahies sont plus étendues ; en second lieu, parce que la densité du fluide, dans les électrosphères, va croissant de la périphérie au centre. C'est dans les combinaisons chimiques que l'engagement va le plus loin, aussi fournissent-elles une somme d'électricité supérieure à celle obtenue par la pression ou la cohésion.

Quand la molécule se décompose, les éléments, en se séparant, se trouvent naturellement en privation de la quantité de fluide perdue dans l'acte de leur union. Ils la récupèrent peu à peu par les ondulations du milieu ambiant, ou en un instant, si, étant bons conducteurs, ils sont en communication avec une source d'électricité.

Dans les combinaisons, l'engagement des électrosphères est toujours le même pour les mêmes éléments, et la perte électrique conséquemment toujours égale. Les expériences confirment la théorie. La formation d'une molécule d'eau fournit toujours la même quantité d'électricité ; celle d'une molécule d'acide sulfurique en produira une quantité différente, parce que les éléments ne sont pas les mêmes ; mais elle sera égale pour toutes les molécules de même espèce. La densité des électrosphères variant avec leur volume, toutes ne doivent pas perdre la même quantité de fluide. Il faut aussi tenir compte du nombre des éléments qui entrent dans une molécule.

2° *Conductibilité.* — On appelle conductibilité, la facilité que possèdent quelques corps de transmettre l'électricité. Ceux qui jouissent de cette propriété se nomment bons conducteurs, les autres, mauvais conducteurs. Il est aisé de les reconnaître : quand un bon conducteur est électrisé sur un point, il le devient immédiatement sur toute son étendue. Le fluide déposé sur lui se répand instantanément sur la surface entière. Un fil de laiton, mesurant plusieurs milliers de kilomètres, étant mis, par une de ses extrémités, en communication avec une source électrique, le fluide apparaît à l'autre extrémité en moins d'une seconde. Avec un mauvais conducteur, au contraire, l'électricité reste à la place où on l'a déposée, sans s'étendre sur la surface. Il n'est électrisé que sur ce point.

Nous plaçons ici, dans l'étude des propriétés dont jouissent les éléments, celle de leur conductibilité, tout en la considérant seulement dans les corps, parce qu'il serait bien difficile, pour ne pas dire impossible, de suivre ses effets dans les éléments isolés; et surtout parce qu'elle n'est pas due au mode de constitution des conducteurs, mais uniquement à une propriété spéciale de leurs éléments. Quelques faits examinés avec soin nous conduiront bien vite à cette conclusion, nous indiquant en même temps à quelle espèce d'éléments elle doit être attribuée.

Deux cylindres de laiton, isolés par des pieds de verre, sont placés bout à bout à une faible distance l'un de l'autre. Si, à l'aide d'une machine électrique, vous chargez l'un des cylindres, le second sera électrisé par influence; son extrémité la plus rapprochée du premier, accusera un état négatif, l'autre un état positif, celle-ci sera chargée d'électricité. D'où vient ce dernier fluide? Celui du cylindre chargé n'a pas passé sur lui, puisqu'il en est séparé par une couche d'air non conductrice. Pour vous en convaincre, soutirez l'électricité positive du cylindre influencé, à l'aide d'un fil conducteur, puis éloignez le premier cylindre afin de le soustraire à son influence, il sera en privation sur toute sa longueur. Il a donc perdu réellement une partie de son électricité normale.

Pour enlever toute espèce de doute, introduisez, dans l'intérieur d'une bobine enroulée d'un fil de laiton, un aimant assez fort; un courant se produit dans le fil, et de l'électricité s'est réfugiée sur une de ses extrémités laissées en dehors de l'enroulement, d'où il est facile de la soutirer. On constatera également en lui, après cette opération, un état négatif.

Il y a plus encore, les radiations solaires, tombant sur l'une des extrémités d'un conducteur isolé, le chargent comme le ferait le voisinage d'un cylindre légèrement électrisé. Le thermomètre de Melloni n'est lui-même fondé que sur des influences semblables : soumis aux chocs de radiations calorifiques émanées d'un corps quelconque, il donne un courant.

Dans ces dernières expériences, il n'y a point d'influence électrique, point de transmission possible de fluide, et cependant celui qui se manifeste sur le corps influencé n'a pas été créé par l'aimant, encore moins par les radiations solaires, ou les ondulations calorifiques. Il sort donc du corps influencé lui-même, ou mieux des électrosphères de ses éléments. L'état de privation qu'il accuse après la soustraction du fluide produit, en est la preuve.

Si l'on recherche maintenant la cause de cette perte d'électricité, on ne rencontre, dans les cas précités, qu'une seule force capable d'agir sur le conducteur, les ondulations émanées du corps influent. D'un côté les ondulations magnétiques, calorifiques ou lumineuses ; de l'autre, celles qui sont suscitées par la masse électrique accumulée sur le cylindre chargé, car, on ne saurait douter de son état vibratoire. En effet, le fluide, massé sur la surface et surtout à la pointe du cylindre, et pressé par l'air, fait effort pour se répandre dans l'espace. L'atmosphère pèse sur lui de tout son poids; condensé par sa pression, il réagit, cherchant à se frayer un passage; il vibre. Il est impossible d'ailleurs que deux corps aussi élastiques que l'air et l'électricité, se pressent mutuellement sans qu'il en résulte des vibrations; d'autant plus que le fluide, perdant peu à peu de sa masse, s'affaisse d'une manière continue, en même temps que diminue sa force de résistance. Les ondulations qui en naissent vont frapper le cylindre exposé à son action et produisent sur lui un effet semblable à celui des ondulations de l'aimant ou de la chaleur. Elles le traversent, comme le font tant d'autres, ou au moins elles le pénètrent jusqu'à une certaine profondeur, jusqu'au point où sa résistance est parvenue à les éteindre.

Si ces ondulations sont transmises à travers le conducteur, ou le pénètrent assez profondément, c'est que sa substance les reproduit dans son sein, ainsi que le ferait un milieu fluidique, un cristal, pour la lumière. La première onde émanée de la masse électrique, en frappant le corps influencé, pousse les particules superficielles de sa surface, lesquelles se condensent légèrement sous sa pression, et donnent naissance à l'onde qui continue sa route pour faire place aux suivantes.

Un fait bien connu des physiciens rend sensible cette poussée. Lorsque les deux cylindres sont en présence, et que celui des deux qui doit recevoir le choc est parfaitement mobile, aussitôt la charge faite, celui-ci éprouve d'abord une répulsion et se détourne. Cela a toujours lieu pour le premier choc des ondes; l'impulsion ne vient qu'après. On peut juger, par là, de l'existence et de la puissance active des ondulations, puisqu'elles sont capables de mettre en mouvement le cylindre.

Quand les particules se condensent en formant l'onde, les électrosphères entrent les unes dans les autres un peu plus profondément selon l'énergie de la poussée. De là la perte de fluide qui a lieu. Ce fluide, réfugié sur la partie la plus éloignée du cylindre, reprend sa place dans les électrosphères aussitôt après l'interruption de l'influence, c'est-à-dire, des ondulations, quand les éléments ont repris leur position normale.

Un grand nombre de corps laissent aussi passer les ondulations ; leur substance ondule par conséquent, et cependant ils fournissent peu, ou point d'électricité, au moins d'une manière sensible. Si le fluide de leurs électrosphères est plus stable, s'ils ne le cèdent pas aussi facilement sous la pression de simples ondulations, cela tient à la différence de forme dans les éléments. Les uns, de forme ronde, le retiennent mieux ; les autres, de figure ovoïde ou fusiforme, le cèdent facilement : la moindre pression le fait fuir par les pointes, d'autant plus abondamment que ces dernières sont plus accentuées. Tout le secret de la conductibilité est là.

Quand une petite quantité d'électricité repose sur un corps, mauvais conducteur, elle est arrêtée par la résistance des éléments ; elle ne peut les pénétrer parce que le fluide des électrosphères refuse de se déplacer pour lui livrer passage. D'un autre côté, elle ne peut s'étendre sur la surface qui est occupée par l'air également mauvais conducteur. Elle s'étend alors sur un espace proportionnel à sa tension et à la résistance de l'atmosphère. Un courant qui rencontre dans sa marche un corps de ce genre est également arrêté pour la même raison. Quand, au contraire, l'électricité est en présence d'un bon conducteur dont les éléments laissent échapper leur fluide sous la seule pression de ses ondulations, ou de sa tension, elle le refoule et prend sa place. Le fluide intérieur devenu libre émerge à la fois sur tous les points de la surface qu'il recouvre entièrement.

Si c'est un courant qui s'établit dans un fil conducteur, sa poussée chasse d'abord devant lui le fluide des premières couches qu'il refoule sur les suivantes ; celles-ci agissent de même sur les autres et ainsi, de proche en proche, jusqu'à l'extrémité du fil ; ce mouvement s'exécute avec la rapidité de la transmission des ondulations. De cette manière le premier fluide sortant au point d'arrivée est le fluide propre au fil lui-même. Ainsi dans un conduit déjà rempli de liquide, si on en fait passer une nouvelle quantité par une des extrémités, celui qui le remplissait d'abord sort le premier par toutes les ouvertures qu'il rencontre ou par l'extrémité opposée. Ce serait donc par l'intérieur, et non sur la surface extérieure du fil que passe le courant. Le fil ressemble à un conduit dont les parois sont l'atmosphère, mauvais conducteur.

La vitesse de l'électricité dans les bons conducteurs surpasse même celle de la lumière. Le fluide des courants n'est qu'un amas d'atomes condensés par la pression atmosphérique, et sans liaison entre eux ; celui des électrosphères élémentaires qu'il chasse devant lui, n'est également qu'une réunion d'atomes semblables, condensés par les courants circulaires, et sans liaison. Sous ce double rapport, les conditions pour la marche de l'électricité sont les mêmes que pour les ondes lumineuses. D'un autre côté, la rapidité des atomes électriques doit être plus grande : ils sont lancés par la pression atmosphérique, plus énergique que de simples vibrations; les ondes sont plus longues, car elles tirent leur origine de la succession des éléments du fil conducteur et doivent avoir pour longueur le diamètre de ceux-ci ; longueur que ne possèdent pas celles de la lumière. De ces deux chefs, la vitesse du courant électrique devrait avoir, sur celle de la lumière, une supériorité plus considérable que ne l'indiquent les expériences, puisque, toutes choses égales d'ailleurs, elle dépend de la rapidité des atomes et de la longueur de leur pas, c'est-à-dire, de l'onde. Mais il y a un obstacle à vaincre qui le retarde : si les atomes des électrosphères sont sans liaison entre eux, ils sont retenus par les courants circulaires, et il faut un effort proportionné pour les dégager. A chaque élément qu'il rencontre sur sa route, le courant électrique a donc une énergie à dépenser, et un léger ralentissement en est la conséquence forcée. C'est même ce ralentissement qui est la cause principale de sa marche ondulée. Ce retard n'empêche pas les atomes électriques de reprendre leur première vitesse, après avoir franchi l'obstacle, parce que la force dépensée est récupérée par la poussée du fluide qui est continue. La vitesse générale du courant est toutefois retardée de la somme de tous ces faibles ralentissements. Aussi les courants électriques vont-ils moins vite dans le fer, par exemple, que dans le cuivre, parce que celui-là oppose plus de résistance à la perte des atomes de ses électrosphères.

Une course semblable sur la surface d'un fil donnerait prise à plus d'une objection sérieuse. On ne voit pas la raison qui permettrait à l'électricité de l'exécuter sur un corps plutôt que sur un autre. L'air atmosphérique enveloppe le fil et le presse de tous côtés ; si le fluide ne parvient qu'avec peine à vaincre une assez faible couche de ce gaz qui le sépare d'un conducteur, quelle est la force qui lui ferait écarter, avec cette aisance et cette rapidité, une couche de cent mille kilomètres?

La matière isolante, dont on enduit le fil, lui est adhérente, elle ne laisse, entre elle et le métal, aucun espace vide, et cependant il faut un passage à l'électricité. Si elle s'écoulait entre l'isolant et le fil, elle les détacherait l'un de l'autre, elle romprait leur adhérence, ce qui n'est pas. Toutefois, si le fluide passe par l'intérieur du fil, la matière isolante n'en est pas moins utile ; par sa tension, l'électricité tend toujours à se répandre au dehors ; si le gaz de l'air était le seul obstacle opposé à sa fuite, l'humidité dont il est plus ou moins imprégné, l'aurait bientôt absorbée tout entière. La matière isolante met le fluide à l'abri de cet inconvénient, et aussi bien du contact des autres corps conducteurs sur lesquels il pourrait s'égarer.

En elle-même la non-conductibilité n'est jamais absolue, les électrosphères peuvent toujours perdre du fluide sous une pression suffisante. Généralement les métaux sont formés d'éléments conducteurs, et ils conservent cette propriété d'autant mieux que la cohésion seule les réunit en corps. Dans les combinaisons chimiques des molécules, il entre ordinairement des éléments conducteurs avec d'autres qui ne le sont pas; un tel mélange n'est pas sans entraver la conductibilité du corps dont elles font partie. De plus la combinaison modifie profondément l'état des électrosphères d'une manière plutôt défavorable à la conductibilité, car les atomes alors sont retenus par les courants combinés de chaque élément composant la molécule. Aussi les corps composés sont-ils moins bons conducteurs, en particulier les composés organiques à cause du nombre de leurs éléments hétérogènes et de leur forme utriculaire qui laisse de nombreux vides. L'humidité peut leur communiquer cette propriété, l'eau étant conductrice. Dans les gaz, les éléments peuvent être individuellement bons conducteurs, mais ils sont trop espacés, ils n'offrent pas la continuité voulue pour un conduit.

3° *Electrolyse.* — Quand on fait passer un courant électrique à travers une certaine quantité d'eau contenue dans un vase, il y a décomposition du liquide. Cette opération a pris le nom d'électrolyse. Faite pour la première fois en 1800, elle a été bientôt tentée sur une foule de substances : d'abord les oxydes métalliques, potasse, soude, chlorure, iodure, bromure, etc., puis sur les sels ternaires en dissolution. Enfin on est arrivé à cette conclusion que tous les corps sont susceptibles d'être décomposés par l'électrolyse, s'ils sont assez conducteurs pour se laisser traverser par un courant; car l'électricité doit atteindre directement la molécule à décomposer.

Dans ces expériences deux faits généraux ont été constatés. En premier lieu, une même quantité d'électricité décompose toujours ùn poids égal du corps soumis à l'expérience. Ce poids varie avec la nature des substances, mais est identique pour les corps semblables. Ce fait reconnu fut l'occasion d'établir une mesure de la force des courants; on a pris pour unité de leur intensité, celle qui dégage, en une minute, un gramme d'hydrogène dans l'électrolyse. — Secondement, les éléments de chaque molécule décomposée ne s'échappent pas confusément de tous les points du corps; ils se rendent invariablement aux deux pôles de la pile : l'élément le plus conducteur, au pôle négatif, l'autre, au pôle positif.

Nous n'avons pas à nous occuper des circonstances ou des détails de chaque expérience sur les différentes substances; c'est l'affaire des traités de chimie. Pour répondre au but de ce travail, il nous suffira de montrer la cause générale et mécanique des phénomènes de l'électrolyse : comment le courant électrique opère-t-il la décomposition ? Pourquoi la quantité de fluide dépensé est-elle invariablement la même pour le même poids du corps électrisé ? Pourquoi, des éléments du composé, le meilleur conducteur se rend-il au pôle négatif, l'autre au pôle positif ?

1° La décomposition par l'électrolyse se fait en rétablissant au moins l'un des éléments du composé dans l'état qu'il possédait avant la combinaison.

Au moment où elles se sont pénétrées pour s'unir, les électrosphères de chaque élément des molécules, avaient perdu une partie de leur fluide, perte nécessaire à leur mélange comme à leur union. Si on oblige ces électrosphères à reprendre leur densité primitive, elles seront infailliblement repoussées de la combinaison. C'est ce que produit le courant électrique grâce à la conductibilité imparfaite du corps électrolysé. La disparité des éléments dans les molécules est un obstacle à la rapidité du courant qui se jette de préférence sur les meilleurs conducteurs ; il leur rend, en même temps, le fluide perdu et la densité première. Celle-ci, à cause de la lenteur du courant, persiste assez de temps pour leur permettre de sortir complètement du composé. Les fortes vibrations excitées par le passage du courant concourent au même résultat.

Les corps simples, bons conducteurs, comme les métaux, ne se désagrègent pas par le passage d'un courant ordinaire, parce que ce dernier ne fait que passer rapidement sans laisser le temps aux électrosphères des éléments de reconstituer leur densité propre. Cependant un courant trop fort, obligé de s'arrêter momentanément, au moins en partie, dans chaque élément, pour s'écouler en totalité, produit la décomposition comme l'électrolyse. Cela arrive surtout si le conducteur possède, sur son parcours, un espace moins bon conducteur. On voit, dans ces circonstances, le fil devenir lumineux, se fondre, se volatiliser en partie ou même entièrement.

2° De l'électrolyse se dégage un fait constant : la même quantité d'électricité décompose toujours un

4

poids égal du corps soumis à l'expérience ; une quantité double en décompose deux fois autant. Pourquoi ? La réponse ressort de ce qui précède. Les électrosphères des éléments ont une grandeur et une densité précise, invariable à l'état normal ; elles perdent dans l'acte de la combinaison une partie déterminée de fluide, toujours la même dans les combinaisons semblables. Le courant en leur restituant la portion perdue, en dépense par là même une quantité toujours égale. Si le courant est doublé, triplé, il agira en même temps sur un nombre double, triple, d'éléments qui seront ainsi rendus à la liberté.

La dépense faite par le courant, bien que toujours égale pour chaque élément d'une même combinaison, ne représente cependant pas exactement la quantité d'électricité produite lors de leur union. L'état où se trouvent ces éléments, aussitôt leur séparation faite, en est la preuve. Quand on décompose l'eau, si on reçoit dans un réservoir, l'hydrogène et l'oxygène, ceux-ci, rencontrant l'azote atmosphérique, s'unissent à lui, donnent naissance à de l'acide azotique et à une azoture d'hydrogène. Or ce fait n'a jamais lieu lorsque ces deux éléments sont à l'état normal ; il faut donc qu'une modification se soit opérée en eux, modification qui ne peut être qu'un état privatif ou positif. Leur conduite vis-à-vis des pôles indique, dans l'oxygène, au sortir de la combinaison, un état négatif ; et dans l'hydrogène, au contraire, un état positif. Ce dernier, en qualité de bon conducteur, a seul repris son fluide au courant ; il en emporte même avec lui un peu plus, puisqu'il est chargé ; l'oxygène, dépourvu de conductibilité, demeure en privation, avec sa densité amoindrie; ce qui les rend tous deux, bien qu'à un titre différent, capables de s'unir à l'azote. Ainsi s'expliquent les propriétés dont jouissent les éléments au sortir d'une combinaison ; elles constituent ce que les chimistes appellent l'état naissant. Les choses se passant toujours de la même manière dans les expériences identiques, la dépense fluidique du courant doit être aussi toujours égale, tout en se trouvant quelque peu différente de la perte subie par les éléments, lors de leur combinaison; à moins que le surplus emporté par l'élément conducteur compense ce qui manque à l'autre.

3° L'élément conducteur se rend au pôle négatif, l'autre au pôle positif de la pile. C'est la conséquence de l'état où ils se trouvent. L'oxygène en privation est poussé du côté d'où vient le courant, semblable en cela à tout corps négatif, vers celui qui est chargé. Il ne se charge pas à son contact, parce que l'électricité, au lieu de s'attacher à lui, suit de préférence le courant où sa marche ne rencontre aucun obstacle. L'hydrogène, à cause de sa charge, reçoit son impulsion vers le pôle négatif, du côté où est appelée l'électricité du courant, qui d'ailleurs doit l'entraîner avec lui. Baigné dans un courant électrique, il ne peut se décharger.

Union des éléments.

Ici nous touchons au cœur de la chimie. Depuis un siècle, cette science a fait de si grands progrès, son utilité a tellement grandi avec son développement, que toutes les autr médecine, l'agriculture, l'industrie, le commerce, les beaux-arts se réclament de son enseignement et de son secours ; nul progrès ne se produit sans son aide. Elle a disséqué les corps, reconnu les éléments qui les constituent avec leurs propriétés particulières, avec les proportions définies dans lesquelles ils s'unissent réciproquement pour donner naissance à tel ou tel corps, et éclairci les circonstances qui déterminent leur rapprochement. Enfin, elle peut reconstituer de toutes pièces, la plupart des corps inorganiques.

Quant à la force qui oblige les éléments à s'associer, elle constate son existence révélée par les faits ; elle lui a même donné un nom, l'*affinité*, puisque chaque chose doit avoir son nom dans la science. Mais, cette force, pour le savant, est un profond mystère : il ne connait rien, ni de son essence, ni de son mode d'action.

Nous allons essayer de soulever un coin du voile épais qui a caché jusqu'à ce jour ce secret de la nature.

Les éléments constitutifs des corps s'unissent ensemble de deux manières : par la combinaison et par la cohésion. Ces deux modes diffèrent notablement entre eux, comme dans leurs résultats.

Combinaison. — Dans une combinaison, il y a toujours au moins deux espèces différentes d'éléments. Leur union est tellement intime qu'ils semblent avoir perdu les attributs qui leur sont propres pour en prendre d'autres tout différents. Ils sont comme fondus en une seule unité, à laquelle on a donné le nom de molécule chimique ; unité qui jouit de propriétés particulières où ne se trouve à peu près aucune de celles que possédaient les éléments avant leur réunion. Ainsi la molécule de l'eau est une combinaison d'oxygène et d'hydrogène : l'oxygène est un gaz rebelle à la liquéfaction. Il a fallu les moyens les plus énergiques pour le réduire en liquide pendant un instant. Il est l'agent par excellence de la combustion ; c'est lui qui sert à la respiration. L'hydrogène est également un gaz permanent susceptible de brûler. Or, l'eau n'a aucune de ces propriétés ; elle en possède même de tout opposées : elle se liquéfie d'elle-même et se maintient dans cet état à la température ordinaire ; elle se solidifie même à zéro. Loin de brûler, elle est la substance la plus propre à éteindre le feu. Autre exemple : La potasse est une matière si caustique que son application sur les chairs les désorganise complètement, en y faisant naître une plaie ; injectée dans l'estomac, elle y cause les mêmes ravages et amène promptement une mort accompagnée de douleurs violentes. Si, par une combinaison, je l'unis avec l'acide sulfurique, substance non moins corrodante, puisqu'elle consume toutes les matières organiques, il en naîtra un corps dissemblable aux deux autres dont il est composé. Il sera presque sans saveur et parfaitement inoffensif. Introduit dans l'estomac, il n'y cause aucun désordre, sinon une légère purgation quand la quantité absorbée est assez grande.

On peut broyer, triturer un corps, le réduire à une fine poussière, chaque grain de cette poussière représentera toujours le corps, les éléments combinés ne seront pas séparés. Les moyens mécaniques ne suffisent pas pour obtenir cette séparation ; les réactifs de la chimie seuls y parviennent.

La cohésion est une union moins profonde, dans laquelle les éléments ou molécules conservent leur individualité et leurs propriétés. Les moyens mécaniques, souvent le moindre effort, suffisent pour les séparer.

Toute combinaison produit une molécule composée d'éléments hétérogènes, et ces éléments, dans les molécules de même nature, sont toujours en nombre égal, puisqu'ils s'unissent dans des proportions fixes de poids. A température et pression égales, en effet, les éléments d'espèces semblables contiennent une même quantité d'atomes ; et ainsi, leur pesanteur ne différant pas, deux poids égaux d'hydrogène représentent chacun le même nombre des éléments de ce gaz. Quel est ce nombre ? on l'ignore. Jusqu'ici on confondait généralement l'élément avec l'atome, et on faisait ce raisonnement : Un atome ne peut tenir plus de place qu'un autre atome ; par conséquent deux volumes d'hydrogène renferment une fois plus d'éléments qu'un volume d'oxygène ; l'eau est donc composée d'un élément d'oxygène et de deux éléments d'hydrogène. Cette conclusion serait juste si les éléments étaient réellement de simples atomes ; mais ils ne le sont pas, ils sont composés d'une multitude d'atomes, et leur volume varie selon les espèces. Leur nombre ne peut être déduit du volume. L'écart assez considérable de leur poids devait suffisamment donner à supposer leur nature composée. Le nombre des mêmes éléments est certainement toujours égal dans les combinaisons similaires, mais il est impossible de le déterminer dans l'état actuel de la science.

Il nous reste à chercher le mode d'association des éléments hétérogènes faisant partie d'une combinaison, et à montrer l'action de la force qui préside à leur accouplement.

1° *Association des éléments.* — Sur ce point nous n'avons que des hypothèses à proposer puisque tout moyen de vérifier leur agencement nous fait défaut. Nous allons exposer celui qui nous paraît le plus probable, appuyé sur ces deux faits dûment constatés : la solidité de l'union des éléments dans la molécule et le changement de leurs propriétés. Ils ne peuvent s'expliquer que par une pénétration plus profonde des électrosphères ; pénétration déjà prouvée par la production de l'électricité dans la combinaison; sa quantité est la plus considérable qu'il nous soit donné d'obtenir.

Dans la cohésion, l'électrosphère seule est engagée; dans la combinaison, où il faut plus, le noyau lui-même des éléments annexés pénétrera dans l'électrosphère de l'élément principal.

Soit donc les éléments *A, B, C,* (fig. 16) qui se

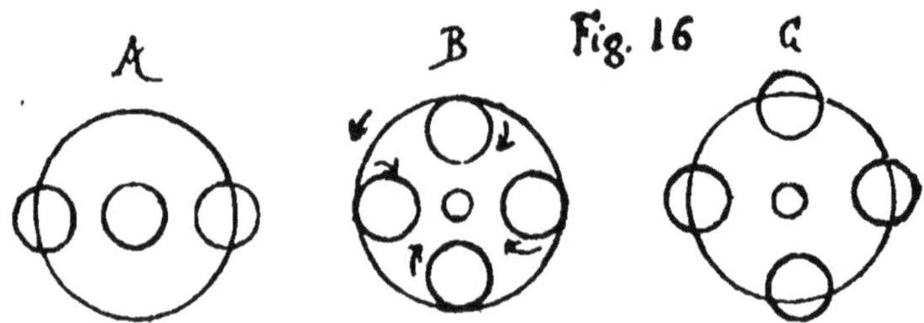

combinent avec d'autres plus petits, un nombre de deux, quatre, etc., pour former une molécule. Les grands cercles désignent la limite de l'électrosphère des trois éléments principaux ; les petits cercles, celle des éléments annexés. Ces derniers seront plongés tout entiers dans l'électrosphère *B*, ou, au moins, y pénétreront de telle sorte que le noyau lui-même y soit enfermé, *A*, *C*.

Quel que soit leur nombre, ils se placent d'eux-mêmes dans un ordre régulier, également espacés les uns des autres : leurs courants circulaires, nécessairement conformes à ceux de l'élément principal du côté du noyau central, à cause de la force directive qui les conduit, sont opposés entre chacun d'eux ; ce qui les oblige à se fixer de manière à égaliser les répulsions qui en résultent entre eux, sur les côtés. Leurs noyaux ne peuvent jamais s'approcher jusqu'au contact de celui de l'élément principal ; la densité des électrosphères s'y oppose.

Cette disposition donne au lien qui unit les éléments, toute la force dont il est susceptible. Ils sont retenus, en premier lieu, par les courants circulaires inférieurs, les plus puissants de l'élément principal, qui sont de même sens que les leurs entre les noyaux ; et par les courants supérieurs qui, passant au dessus d'eux, les pressent vers le centre. En second lieu, les éléments annexés se placent à une distance du centre calculée sur l'étendue possible de leurs propres vibrations, afin qu'elles puissent se mettre à l'unisson de celles de l'élément principal et se confondre avec elles dans l'espace qui les sépare. Cette distance est commandée par les vibrations elles-mêmes ; un désaccord sur ce point entraînerait une répulsion capable d'empêcher la combinaison ; l'accord, au contraire, occasionne une impulsion d'autant plus puissante que les vibrations vers le centre sont d'une force supérieure. Tout ainsi contribue à fortifier l'union des éléments.

La molécule jouit de propriétés autres que celles des éléments constituants. Il n'en saurait être autrement dans les conditions précitées. Les propriétés d'un élément consistent uniquement dans son action sur les substances extérieures, action qu'il exerce par ses seules vibrations. Or, cela est indubitable, une modification de l'électrosphère en entraîne une autre correspondante dans les vibrations, et le changement opéré dans l'électrosphère des éléments par la combinaison, est profond. Elles ont perdu une quantité assez notable de leur fluide naturel, et, celui qui reste, se porte avec plus d'abondance dans les endroits où les courants sont de même sens; c'est-à-dire entre les noyaux de chaque élément secondaire et celui de l'élément principal, ce qui l'affaiblit encore dans les autres parties. Les courants circulaires, cause première des vibrations, sont favorisés sur quelques points, comme on vient de le voir, et contrariés sur d'autres, là où ils sont entre eux de sens opposé. Des électrosphères aussi profondément changées doivent certainement produire des vibrations nouvelles et devenir incapables de rendre quelques-unes de celles qu'elles possédaient avant la combinaison. De plus, les vibrations particulières à chaque élément se mêlent ensemble dans la molécule, agissant extérieurement de concert. De toutes ces causes réunies naissent ces propriétés, ces couleurs étrangères, la plupart du temps, à celle des éléments pris en particulier.

Par la combinaison, les éléments perdent beaucoup du pouvoir qu'ils avaient de s'unir avec d'autres. Ils sont liés, et, avant de s'associer à d'autres, il faut rompre ce lien ; c'est un obstacle. Le changement de combinaison est devenu moins facile, mais nullement impossible, puisqu'il se produit assez souvent. Quand des éléments, d'une nature différente, mais aptes à se combiner avec l'élément principal, se présentent dans des circonstances favorables, ils pénètrent dans son électrosphère et en chassent les premiers qui sortent d'autant plus facilement qu'ils s'emparent du fluide laissé par ces nouveaux arrivants. C'est la substitution. L'élément principal, saturé, ne sollicite point ordinairement l'annexion d'autres éléments.

Pour faire partie d'une combinaison, les éléments satellites doivent donc être d'un volume assez peu étendu par rapport à l'élément principal, pour pénétrer son électrosphère de manière à y plonger leur noyau sans cependant atteindre celui du grand élément. Il faut que dans cette position, leurs vibrations puissent se mouvoir à l'unisson de celles qu'ils reçoivent du centre, pour éviter la répulsion. Le nombre en sera fixé par leur grosseur et leur forme, par la capacité et la puissance des courants de l'élément qui les reçoit. On comprend alors qu'un élément soit incapable de se lier par la combinaison avec tel ou tel autre ; qu'il entre dans une combinaison, un nombre différent d'éléments, selon leur nature, mais que ce nombre soit toujours le même à cause de l'équilibre qui doit être établi dans l'électrosphère principale. Les éléments de même espèce ne sont pas susceptibles de s'unir ainsi entre eux : leurs électrosphères mesurant le même diamètre, ne peuvent se pénétrer de façon à ce que le noyau de l'un soit renfermé dans celle de l'autre.

Ce qui précède s'applique à la molécule simple. Quant à la molécule complexe, celle qui est constituée par l'union de plusieurs molécules simples telles que les acides avec leur base, elle doit offrir un mode d'union différent : deux molécules de cette sorte sont incapables de se pénétrer comme de simples éléments ; d'autant plus que souvent l'élément principal est le même dans les deux. Il doit cependant exister entre elles une liaison plus forte que l'adhésion, bien qu'elle ne le soit pas autant que dans une combinaison simple. On pourrait supposer que les deux éléments principaux s'unissent par les pôles contraires ; alors les pôles contraires des éléments satellites de chaque molécule seraient également en regard et contribueraient à la consolidation de l'union. La force des courants circulaires de chacun se portant sur ce point, une modification de position doit s'ensuivre dans les éléments satellites. Si l'un de ceux-ci vient se placer, pôle à pôle, entre les deux éléments principaux, attiré par la puissance de leurs courants, la nouvelle combinaison en sera encore fortifiée, puisqu'il unirait ses propres courants à ceux des éléments principaux pour les retenir. Peut-être aussi, les deux molécules pourraient-elles se pénétrer par les côtés, mais en enfermant chacune, dans la partie des sphères engagées, un satellite de l'autre. Par ces moyens, tous possibles, la liaison des deux molécules obtiendrait une stabilité que ne peut avoir la cohésion.

Mode d'action de la force agissante. — Par eux-mêmes, les éléments ne se combinent pas ; ils tendent, au contraire, à s'éloigner les uns des autres, témoin la tension des gaz. D'abord, la densité des électrosphères est un premier obstacle à leur pénétration réciproque. Ensuite, les vibrations qu'ils s'opposent l'un à l'autre de tous les côtés, sont une cause permanente de répulsion. Il faut donc, pour qu'ils se rapprochent et s'unissent, le secours d'agents extérieurs qui modifient leur état et fassent triompher entre eux la force impulsive. Ces agents sont : la pression, l'électricité, la chaleur et la lumière.

1. Pression. — Une pression est nécessaire à toute combinaison chimique. C'est elle qui combat et annule en partie la puissance répulsive des éléments et les force à se rapprocher. Sans elle, les autres agents ne suffiraient pas; ils seraient incapables d'empêcher la dispersion indéfinie des gaz. Si les couches gazeuses de la partie supérieure de l'atmosphère sont maintenues à leur place, et par suite, l'atmosphère tout entière, on le doit à la puissance des courants circulaires de la terre, c'est-à-dire, à la pesanteur qui les refoule vers le centre. A elle seule, la pression produit des résultats qui peuvent aller jusqu'à la combinaison des éléments, bien qu'on ne l'ait pas encore, que je sache, obtenu directement. Par son moyen, les gaz les plus rebelles se sont liquéfiés ; dans la marmite de Papin, la pression de la vapeur qui ne peut s'échapper arrête l'ébullition et la vaporisation de l'eau ; le carbonate de chaux étant exposé à une haute température dans un vase clos, le dégagement du gaz acide carbonique ne tarde pas

à s'arrêter à cause de la pression exercée par celui qui s'est produit d'abord; le carbonate subit alors une espèce de fusion. Quand on chauffe à mille degrés de l'eau enfermée dans un vase imperméable à l'hydrogène, l'eau se décompose en partie, jusqu'à ce que la pression du gaz dégagé soit assez forte pour arrêter la décomposition commencée ; mais si on élève encore la température, une nouvelle portion d'eau se décompose. En se refroidissant, l'eau se recompose d'elle-même : la force répulsive des éléments, oxygène et hydrogène, s'affaiblit dans la proportion de l'abaissement de température, et devient incapable de supporter la pression du gaz qui pèse sur eux ; ils sont forcés de se combiner. Ces expériences montrent que la pression, à elle seule, si elle est assez forte, suffit pour déterminer une composition chimique par le rapprochement forcé des éléments qui en sont susceptibles. Dans une expérience de ce genre, si on la tente, il serait bon de faciliter l'écoulement de l'électricité, à mesure qu'elle se produit par le raprochement des éléments. Sa présence au sein du gaz est toujours un obstacle à la combinaison par l'opposition qu'elle met à une nouvelle perte de fluide de la part des électrosphères, par la chaleur et les vibrations qu'elle excite et fortifie dans les éléments.

— Avant d'expliquer le rôle de l'électricité, de la chaleur et de la lumière dans les combinaisons, il est bon de déterminer l'objet dans lequel réside la force impulsive qui contraint les éléments à s'unir et les conditions qui déterminent son effet. Il sera ensuite plus facile de saisir l'action de ces agents provocateurs. Elle ne se trouve pas dans les courants circulaires, comme on serait tenté, tout d'abord, de le supposer. Il y a bien impulsion entre deux éléments, quand leurs courants sont de même sens, mais cette impulsion ne suffit pas par elle-même : la force répulsive des vibrations la rend inefficace; elle est seulement un renfort qui s'unit toujours à l'impulsion déterminante, parce que la force directive oblige les éléments qui se rapprochent à se tourner de façon à mettre d'accord leurs courants. La véritable force impulsive appartient aux vibrations émanées des éléments eux-mêmes. Deux circonstances leur donnent cette propriété, bien que de leur nature, elles semblent plutôt propres à créer la répulsion. La première a lieu quand les vibrations d'un élément rencontrent, à la propagation de leurs ondes, une résistance moindre dans un autre élément que dans le milieu ambiant. La différence des deux résistances le précipite sur lui. La seconde, quand les vibrations de deux éléments sont isochrones; parce qu'alors, la résistance est réduite à sa plus simple expression. En voici la démonstration :

Soit le plateau xy sur lequel sont fixées deux lames d'acier A et B (fig. 17). Si

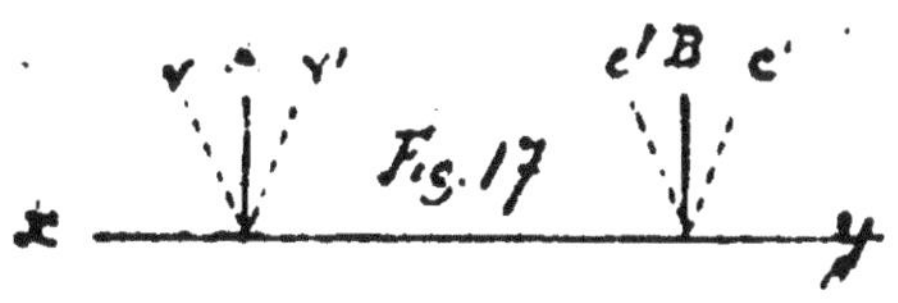

nous supposons d'abord la lame A vibrant seule; quand, dans son mouvement de va-et-vient, elle arrive en v, l'air contenu entre les deux lames se précipite vers elle pour remplir le vide produit; à son retour en v', elle va contre ce mouvement aérien;

d'où une résistance un peu plus forte que si l'air était en repos, parce que la lame doit vaincre, pour avancer, non plus seulement l'inertie du gaz, mais son mouvement inverse; il en est de même des deux côtés *v* et *v'* à chaque vibration. Si, maintenant, nous supposons les deux lames vibrant ensemble à l'unisson, c'est-à-dire, d'une manière isochrone, en sorte que la lame *B* soit en *c'* quand la lame *A* est en *v*, c'est le contraire qui se produit entre les deux lames. Quand *A* s'incline en *v*, elle y est poussée par l'onde aérienne *c'* venue de *B*; à son retour en *v'*, l'onde qui l'avait frappée, ayant épuisé son mouvement sur elle, s'est affaissée, et retourne vers *B* où l'appelle le vide fait par la vibration *c*, elle rencontre donc un gaz qui fuit devant elle. Ainsi ces deux lames, dans leur mouvement vibratoire, éprouvent de la part du mouvement extérieur en *v* et *c*, la résistance ordinaire; en *v'* et *c'*, du côté intérieur, elles rencontrent, plutôt un appel qu'une résistance, il y a une impulsion causée par la puissance de la réaction éprouvée en *v* et *c*. Pour obtenir tout cet effet, il est bon que les éléments soient assez rapprochés.

2. Electricité. — Prenons un fait. Si on décharge une étincelle électrique à travers un mélange convenable d'oxygène et d'hydrogène, il y a combinaison: de l'eau est formée. Comment ce résultat s'est-il produit? Le fluide de l'étincelle s'est jeté de préférence sur les éléments de l'hydrogène, bons conducteurs, les a chargés, en amplifiant considérablement, du même coup, leurs vibrations. Il s'en est suivi une répulsion beaucoup plus vive de ces éléments entre eux, tandis qu'elle n'était pas augmentée de la part de l'oxygène

demeuré dans son état normal. La différence de répulsion a précipité l'hydrogène sur l'oxygène et la combinaison s'est consommée. Un autre effet occasionné également par la présence de l'électricité sur l'hydrogène est venu en aide au premier. Les vibrations plus puissantes de ce gaz en ont excité de semblables dans l'oxygène, et ces dernières, étant commandées, sont devenues, par le fait, isochrones à celles de l'hydrogène, puisqu'elles ne fonctionnent que sous leur influence. L'impulsion est augmentée d'autant.

L'explosion qui accompagne la combinaison est due à l'énergie des vibrations répulsives et calorifiques que suscite la présence de l'électricité de la décharge, et de celle que produit l'union des éléments. Une expansion subite du gaz en est la conséquence.

3. Chaleur. — Le propre de la chaleur est d'exalter l'énergie des vibrations dans les électrosphères des éléments, et par conséquent celle de la répulsion. Elle est donc, par elle-même, diamétralement opposée à la combinaison, un agent sûr de la décomposition; à tel point que, sous la pression ordinaire à la surface de la terre, nul corps ne peut résister à sa puissance de désagrégation, quand elle atteint deux mille degrés.

Cependant une certaine élévation de température facilite en général l'union des éléments : l'antimoine ne se combine plus au chlore à —80 degrés ; la plupart des métaux refusent de s'associer à l'oxygène, à la température ordinaire, malgré la grande affinité qui existe entre eux. Sur ce point, la chimie présente une foule de faits d'une apparence contradictoire. Ainsi, au rouge faible, le fer décompose l'eau pour s'emparer de son oxygène, s'unir à lui, et former l'oxyde ferrique, en laissant l'hydrogène en liberté; tandis qu'au rouge vif, l'hydrogène lui reprend son oxygène, pour reconstituer l'eau, en rendant libre le fer. De même à la température rouge faible, le phosphore enlève l'oxygène des carbonates alcalins, qu'il décompose; et à une température plus élevée, le contraire a lieu : le carbone reprend l'oxygène de l'acide phosphorique et dégage le phosphore.

Ces espèces de contradictions ressemblent absolument à celles que nous avons signalées plus haut au sujet des vibrations. Il fallait s'y attendre, puisque chaleur et vibrations sont une même chose. Aussi les circonstances qui transforment les vibrations en agent principal de l'impulsion, jouent-elles le même rôle vis-à-vis de la chaleur.

Un exposé de quelques principes sur l'isochronisme des vibrations entre les éléments capables de se combiner ensemble est nécessaire à l'intelligence des phénomènes calorifiques de la chimie. La première condition pour qu'il se produise, c'est que les éléments en présence soient susceptibles de donner les mêmes vibrations; ce qui n'arrive pas toujours, vu la différence de profondeur des électrosphères dans chaque espèce. La combinaison, ayant modifié les électrosphères, il s'ensuit que la molécule devient souvent apte à donner des vibrations dont étaient incapables ses propres éléments, et que ces derniers ne donnent plus celles qu'ils possédaient à l'état libre. Il faut que la vibration de la molécule ou de l'élément commandeur soit plus puissante que celle de l'élément commandé, afin de s'imposer et de produire l'impulsion. Or la chaleur exalte l'intensité des vibrations ; de plus, en augmentant la profondeur des électrosphères, elle leur permet souvent d'émettre des vibrations qu'elles n'émettaient pas à une température inférieure (V. Transmission de la chaleur). Entre deux éléments en présence, dont l'un est à une température plus élevée, s'ils sont susceptibles d'isochronisme et de combinaison, le plus chaud imposera ses vibrations, qui sont plus puissantes, au premier, il y aura impulsion et combinaison entre eux. Ce phénomène peut même se produire entre des éléments chauffés au même foyer. A cause de la différence de leur chaleur spécifique, les uns s'échauffent plus vite que les autres. En conséquence, à une température donnée, un élément ou une molécule sera en mesure de commander certain élément, et il lui en faudra une autre pour commander un élément différent.

Dans les expériences citées, il est de toute évidence que les vibrations du corps chauffé sont d'une intensité supérieure à celle du gaz froid. Ensuite, la chaleur, en relâchant le lien qui unit les éléments chauffés, les prédispose à se détacher plus facilement pour entrer dans une nouvelle combinaison.

Au rouge faible, l'élément du fer émet des vibrations susceptibles d'être reproduites par l'oxygène de l'eau ; lorsque celle-ci passe sur lui, ses vibrations, plus intenses, s'imposent à cet élément ; il y a isochronisme, la molécule liquide est précipitée sur le fer qui la pénètre et en chasse l'hydrogène pour prendre sa place ; il y a substitution ; de l'oxyde est formé. Au rouge vif, l'oxyde ferrique possède des vibrations propres à être répétées par l'hydrogène, il les lui impose, et le gaz en pénétrant son oxygène en rejette le fer ; le résultat est de l'eau.

Il en est de même entre le phosphore et les carbonates. Au rouge faible, le phosphore commandé enlève l'oxygène du composé, et en forme un acide phosphorique. A une température plus élevée, l'inverse se produit, le carbone commande à son tour l'oxygène de l'acide et le reprend.

4. Lumière. — Au point de vue physique, la lumière ne diffère de la chaleur que par la longueur de ses ondes et leur intensité. Son action sur les éléments est donc de même nature, seulement plus faible. Pour déterminer, par exemple, l'union du chlore avec l'oxygène, il suffit qu'elle rende légèrement plus intenses les vibrations de l'un d'eux ; aussitôt, il y a commande, impulsion et combinaison.

Constitution des corps.

Trois choses sont à considérer dans la constitution des corps : 1° la force appelée cohésion qui relie ensemble les particules ; 2° la structure, qui comprend les états amorphe, cristallin et organique ; 3° la sensibilité aux vibrations.

Cohésion. — La combinaison, dont nous venons de parler, est une association purement chimique de quelques éléments hétérogènes ; elle ne s'étend pas au-delà de la molécule simple ou composée. La cohésion est une association beaucoup plus étendue et même illimitée des éléments et des molécules, soit hétérogènes, soit semblables, pour former toute la variété des corps. La force qui préside à la cohésion, est de même nature que celle qui produit la combinaison ; elle fonctionne de la même manière, et a, comme celle-ci, pour mesure, la puissance des courants circulaires de même sens, et la différence des résistances qu'éprouvent les vibrations de l'élément ou de la molécule du côté du corps auquel ils se réunissent, et du côté du milieu ambiant.

La cohésion diffère de la combinaison en ce que les électrosphères se pénètrent plus ou moins profondément ; mais sans laisser jamais le noyau s'engager dans celle de l'autre. Il s'ensuit : 1° qu'il n'y a ni confusion, ni changement de propriétés ; les éléments ou les molécules conservent chacun individuellement son action propre pour l'extérieur ; 2° que la liaison n'est pas aussi forte que dans la combinaison, les moyens mécaniques suffisent toujours pour séparer les particules qu'elle a unis.

La cause qui empêche la cohésion de former des combinaisons, est, sans doute bien souvent, son infériorité quant à l'énergie d'impulsion, mais surtout l'impossibilité, pour les éléments et les molécules qu'elle rassemble, de se combiner entre eux, de se pénétrer de manière à engager leur noyau, à cause de leur forme et particulièrement de leur volume réciproque.

La solidité de la cohésion varie avec le degré de pénétration des électrosphères, depuis la pénétration superficielle des gaz adhérents à la surface des corps, ou des molécules liquides dans les solutions, jusqu'à celle qui constitue les corps les plus durs.

Corps amorphes. — On nomme ainsi les corps dont

les particules sont groupées comme au hasard, sans régularité aucune. Ils n'affectent point de forme déterminée qui leur soit propre. Les pierres et les métaux nous en sont un exemple.

Pour unir ces particules, la force de cohésion n'a pas besoin, comme dans les combinaisons, du secours de l'électricité, de la chaleur ou de la lumière. La partie extérieure des électrosphères, dans les éléments associés par la combinaison ou la cohésion, est moins dense que celle des éléments libres, soit à cause de la perte de fluide qu'ils ont subie en s'unissant, soit parce que le fluide de ces électrosphères se porte plus abondant là où les courants circulaires et les vibrations sont en accord, c'est-à-dire vers l'intérieur; soit probablement pour les deux causes à la fois. Il s'ensuit, dans cette partie extérieure, un affaiblissement correspondant dans l'intensité des vibrations. En vertu de ce fait qui est général, quand une molécule ou un élément isolé se trouve assez rapproché d'un corps, il y a impulsion de l'un vers l'autre, car la répulsion qu'il éprouve de la part des vibrations qui l'entourent, est moindre du côté du corps que du côté du gaz atmosphérique dont il est enveloppé. Remarquons toutefois que si cette explication est vraie, lorsque le phénomène se passe au sein de l'atmosphère, elle cesse de l'être au milieu d'un liquide où de toutes parts les vibrations sont les mêmes. Dans ce cas, les courants circulaires sont seuls en jeu, leur action a son efficacité entière, parce qu'elle n'est pas contrariée par les répulsions qui se contrebalancent partout. Alors l'élément en approchant du corps, est dirigé par les courants circulaires de ce dernier; il se tourne de manière à mettre les siens en accord avec eux, et l'impulsion qui en résulte, consomme l'adhérence, à moins que les vibrations ne puissent s'accorder, ce qui arrive pour quelques corps, tels que le mercure, etc. Pour cela, l'élément ou la molécule doivent être libres de leurs mouvements. S'ils sont déjà unis par la cohésion avec un ou plusieurs autres, ils ont ordinairement perdu la liberté de leurs mouvements et se trouvent dans l'impossibilité de disposer leurs courants d'une manière convenable. Cette difficulté ne se présente pas pour les particules liquides, à cause de leur extrême mobilité entre elles.

L'accroissement des corps par l'adjonction de nouvelles particules, ne s'opère pas facilement à l'air libre : il s'y rencontre d'abord trop peu de particules ; puis les corps y sont presque toujours recouverts de poussière ou d'impuretés qui les empêchent d'atteindre la substance même du corps. Au défaut de celle-ci, le gaz aérien s'attache à leur surface, la revêtant d'une couche qui produit le même effet.

C'est donc ordinairement au sein des eaux qu'a lieu la formation et le grossissement des corps. Les particules qu'elles tiennent sous forme de dissolution ou simplement en suspens, se déposent lentement et ont toute facilité pour prendre position de la manière indiquée plus haut, et s'unir. Si la solution est trop chargée, il peut arriver qu'un certain nombre d'éléments ou de molécules s'associent dans le liquide avant de toucher le dépôt déjà commencé ; ces particules se déposent alors sous forme de poussière ou de grains devenus incapables de s'unir à la masse ;

mais des dépôts subséquents de simples molécules peuvent ensuite les souder ensemble, et remplir les vides laissés entre eux. Les roches géologiques qui enveloppent notre globe ont, sans doute, été formées de la sorte.

Les corps amorphes sont solides quand les électrosphères se pénètrent assez profondément pour que les particules, fixées dans leur position, n'en puissent être retirées sans un effort relativement considérable. Ils sont liquides quand la pénétration des électrosphères est plus superficielle, en sorte que par l'effet seul de leur pesanteur, les molécules peuvent rouler les unes sur les autres, comme de petites boules de fer roulent sur une surface aimantée, sans cependant s'en détacher. Ils sont gazeux, si les éléments ou les molécules sont complétement dissociés les uns des autres. Cet état de liberté constitue plutôt un corps détruit ou les matériaux propres à en construire, qu'un corps véritable.

Cristaux. — Les cristaux sont des solides qui, en se formant, prennent d'eux-mêmes une figure régulière, toujours semblable pour la même substance, quand ils se produisent dans le même milieu. Ils sont terminés par des faces polies et géométriques. Leur forme varie avec la nature de la matière, en sorte qu'on peut reconnaître la substance qui les compose à la seule vue de leur forme. Le sel marin est un cube ; l'oxyde d'étain, un octaèdre à base carrée ; le quartz, un prisme hexagonal ; le spath d'Islande, un rhomboèdre, etc. Ils sont composés de molécules semblables.

Un pareil résultat suppose évidemment que les

molécules se placent invariablement entre elles dans la même position relative, quand elles s'unissent pour former un solide, sans être troublées dans leurs mouvements. Mais cela suppose aussi l'existence d'une force qui les oblige à s'orienter d'une manière déterminée et constante les unes vis-à-vis des autres. Cette force, nous la trouvons dans les courants circulaires propres à chaque élément des molécules, et toujours les mêmes. Les molécules, en se déposant, sont amenées à les faire coïncider dans le même sens, élément par élément.

La molécule est constituée d'éléments différents, ayant chacun ses courants particuliers. Les éléments secondaires sont placés de telle sorte que si le noyau principal présente son pôle boréal sur une face de la molécule, tous offriront sur la même face leur pôle austral, parce qu'ils sont obligés de mettre leurs courants en accord avec ceux de ce noyau. Leur position relative est toujours la même dans les molécules semblables, parce que, se repoussant mutuellement par leurs courants, ils doivent se tenir à une distance égale l'un de l'autre. La molécule *B* (fig. 18)

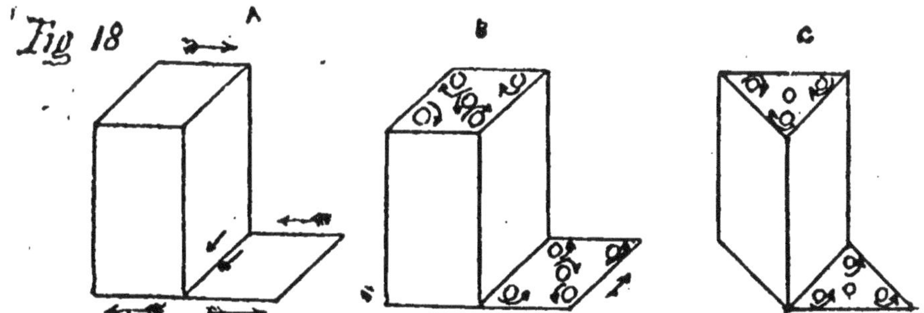

nous les montre ainsi présentant à sa surface des pôles et des courants inverses à ceux de l'élément principal. La flèche extérieure indique le sens des courants de ce dernier ; les flèches intérieures celui des courants des éléments annexés. La présence des éléments intérieurs donne à la molécule une figure qui varie avec leur nombre. Par exemple, quatre de ces éléments constitueront une molécule de forme carrée *A* ; trois, une molécule triangulaire *c*.

Si les molécules se déposent dans des conditions propices, elles seront dirigées de façon à se placer les unes sur les autres à plat, faisant coïncider leurs courants circulaires, élément sur élément, ce qui donnera, pour les molécules *A* une colonne dont les côtés seront comme les siens, offrant quatre angles droits et à face polie. Les molécules *c* donneront une colonne triangulaire. Les autres molécules qui viendront se déposer près des premières colonnes, obéissant à la même puissance directive, s'attacheront à l'une des faces de ces colonnes, par celui de leurs côtés dont les courants sont de même sens et en formeront une nouvelle adhérente à la première, molécule à molécule. Il peut ainsi s'en ajouter un nombre indéfini, engendrant un cristal à figure particulière, mais cependant dépendante de celle de la molécule. Entre deux colonnes adhérentes, les pôles des éléments sont inverses.

Avec cette disposition, le clivage se comprend parfaitement. Il se fera en coupant le cristal parallèlement ou perpendiculairement aux faces de ses molécules. Dans le premier cas, la section passera dans le sens des tranches moléculaires qui sont toutes de même niveau ; dans le second, on détachera les colonnes les unes des autres.

Plusieurs circonstances empêchent la cristallisation

ou modifient la forme des cristaux. Dans une solution sursaturée, quelquefois les molécules, trop pressées, s'unissant avant d'atteindre le fond du vase, tombent en grains plus ou moins gros, souvent non cristallisés, parce que les molécules se sont unies comme elles se trouvaient, sans symétrie. Dans tous les cas, ces grains sont incapables d'adhérer entre eux. Quelquefois aussi, les molécules arrivent, plusieurs à la fois, sur le même point, se gênant mutuellement dans leur placement. Le produit est un corps amorphe.

Quand la solution contient des substances diverses, si elles se déposent en même temps, la cristallisation sera annulée, à cause de la différence des formes. Quelques circonstances particulières pourraient cependant lui permettre de se produire ; par exemple, quand les substances se sont chimiquement constituées dans une grande masse d'eau et par groupes séparés, elles seront susceptibles de se déposer chacune sans se mélanger aux autres, et donner naissance à un corps formé de cristaux différents juxtaposés et soudés ensemble comme dans le granit. Si une seule des espèces de molécules se dépose, la plupart du temps, la substance restante modifie le cristal, soit par l'influence de ses courants, soit parce que quelques unes de ses molécules sont entraînées dans le dépôt, soit qu'elles se casent dans les interstices laissés entre les couches ou les colonnes du cristal. Le chlorure de sodium se cristallise presque toujours en cubes dans l'eau pure, et en cubes tronqués sur les angles dans une solution d'acide borique. L'alun prend la forme octaédrique dans l'acide nitrique, celle de l'icosaèdre dans l'acide chlorhydrique, etc.

Des matières étrangères viennent quelquefois se mêler au dépôt, et en détruisent les formes. Souvent elles lui communiquent des couleurs particulières : les teintes si vives de plusieurs pierres précieuses n'ont pas d'autre origine.

Si la substance dissoute se combine avec le liquide, la molécule nouvelle qui en résulte a perdu sa forme primitive ; celle du dépôt en subira les conséquences.

L'agitation du liquide contenant la solution combat l'influence des courants circulaires. En empêchant les molécules de leur obéir, elle contrarie la cristallisation, ou s'y oppose totalement. Quelquefois, bien que la solution soit saturée, les molécules ne se déposent pas, maintenues en suspens par un liquide en plein repos ; elles n'ont pas assez de force ou de pesanteur pour commencer le mouvement d'elles-mêmes. Alors une légère et brusque secousse suffit pour déterminer la chute qui se continue ensuite d'elle-même : le vide laissé par les premières molécules déposées appelle les autres ; le mouvement qu'elles occasionnent dans le liquide, entretient la précipitation. Un objet jeté dans le vase, ébranle le liquide et produit le même effet qu'une secousse. Un grain de cristal, semblable à celui que produit la solution, placé dans le liquide, suffira pour mettre en marche la cristallisation : l'influence de ses courants, fortifiés par leur réunion, décidera les molécules les plus rapprochées à se déposer sur lui, et le reste suivra.

Tout ce qui influe sur les courants ou les vibrations moléculaires, influe par là même sur la cristallisation. Un aimant, un courant électrique, en agissant sur les courants circulaires des molécules, peuvent, dans certains cas, modifier la forme du cristal, ou même la détruire, empêcher la cristallisation. La chaleur et la lumière ont leur action sur les vibrations ; elles relâchent ou détruisent le lien qui unit les molécules entre elles, les éléments aux molécules, et dilatent les molécules en écartant les éléments secondaires du centre. Rien donc d'étonnant si une cristallisation est impossible ou modifiée dans sa forme par ces agents.

Corps organiques. — Les corps organiques forment une espèce à part, d'un ordre plus élevé. On ne les rencontre que dans les plantes et les animaux.

Ils diffèrent des corps inorganiques :

1° Par leur composition chimique. L'oxygène, le carbone, l'hydrogène, l'azote, le fer, la silice, le soufre, le phosphore, le cuivre et beaucoup d'autres éléments en faible quantité, font partie de la substance organique ; mais la molécule dominante est composée d'oxygène, de carbone et d'hydrogène, auxquels il faut souvent joindre l'azote. Cette molécule qui fait la base de tout organisme ne se retrouve nulle part ailleurs.

2. Par leur structure. Les molécules ne sont pas unies entre elles, au hasard, comme dans les corps amorphes, ni géométriquement comme dans les cristaux ; elles sont disposées de manière à former des utricules ou cellules à parois très minces et perméables aux liquides. La réunion des cellules consti-

tue les corps variés des plantes et des animaux. Chacun de ces corps possède une forme particulière qui est propre à l'espèce ; et ils sont pourvus d'organes chargés de fonctions spéciales.

3° Par leur accroissement. Les corps inorganiques peuvent augmenter indéfiniment de volume par l'adjonction de nouvelles molécules qui viennent se déposer sur leur surface extérieure. Les corps organiques, au contraire, possèdent une forme déterminée et des dimensions qu'il ne leur est pas permis de dépasser. Leur accroissement ne se fait pas par superposition extérieure de nouvelles molécules, mais intérieurement par le moyen de la nutrition. Les matières propres à leur développement sont introduites et répandues dans toutes les parties du corps dont chacune s'assimile elle-même ce qui lui convient.

4° Par leur durée. Elle est limitée. Ils naissent, se développent et meurent après un certain temps, à l'inverse des corps inorganiques qui, une fois formés, peuvent subsister indéfiniment.

5° Par leur origine. Il se passe ici un fait qui ne nous étonne pas parce qu'il nous est familier, nos yeux en étant journellement les témoins ; mais qui n'en est, ni moins merveilleux, ni moins incompréhensible en lui-même. Le corps organique ne doit pas son existence au jeu des simples combinaisons chimiques que l'homme tient à sa disposition, il naît, par génération, d'autres corps parfaitement semblables à lui.

Le corps des animaux est aussi composé de cellules qui obéissent aux lois communes de la matière comme celles des plantes; mais, en outre, ils sont sous l'influence d'un principe immatériel qui les anime ; influence inconsciente, cependant réelle, qui seconde les premières. Nous n'en parlerons pas, notre programme ne comprenant que la matière pure. Les plantes, elles, n'ont rien que de matériel. En elles, les éléments, pour se combiner, les molécules pour former le corps, n'ont à obéir qu'à la loi générale qui régit la matière. Ils s'unissent donc en vertu des seules impulsions et répulsions causées par les radiations vibratoires et par les courants circulaires.

S'il en est ainsi, il semble que la molécule organique devrait se produire d'elle-même, au moins quelquefois, au sein de la nature inorganique, comme les autres. On a fait bien des recherches, bien des expériences à ce sujet, mais en vain. On a aussi tenté de la faire naître en aidant la nature. Le chimiste qui peut réunir sur un point donné toutes les conditions propres aux combinaisons des éléments, n'a pas encore pu la reconstruire par synthèse, même en utilisant la sève élaborée des plantes, avec laquelle elle se construit journellement. Y parviendra-t-il? Il est au moins permis d'en douter. Quand même il réussirait, ce premier pas n'aurait rien de décisif; il lui faudrait encore, ce qui est autrement difficile, agréger ces molécules en forme de cellule. Tout fait prévoir qu'il n'y parviendra jamais, car ces molécules livrées à elles-mêmes, sous la seule action des forces qui leur sont propres, ne prennent jamais cette figure.

On possède, dans la cellulose tirée des plantes, les

molécules organiques toutes faites, mais dont l'agencement en cellule a été détruit ; si cette disposition était l'effet naturel des forces dont elles disposent, elles la reproduiraient lorsqu'elles se déposent lentement au fond d'un liquide où on les a fait se dissoudre, ainsi qu'il arrive pour les cristaux. Mais cela n'a pas lieu. Aucun moyen tenté n'a pu amener ces molécules à se former en cellules. Seule, une cellule toute faite peut donner naissance à une autre semblable, par une espèce de génération ; et, encore, faut-il des conditions déterminées. Force est donc de reconnaître dans le mode d'agrégation de la première cellule qui parut, une volonté réfléchie qui s'est proposé un but, et une puissance capable de le réaliser. Elle ressemble à une machine dont les matériaux, puisés dans la nature, ont été taillés et disposés par la main d'un habile ingénieur.

La cellule est un petit sac ou utricule perméable. La sève préalablement élaborée dans des organes spéciaux, pénètre dans sa cavité. C'est là que les molécules organiques se combinent, qu'elles prennent la forme cellulaire. Pour plusieurs aussi, la nouvelle cellule pousse comme un bourgeon sur la superficie extérieure. On ne connaît pas suffisament ni la position relative des molécules entre elles, ni les conditions dans lesquelles se trouvent les éléments et les molécules du liquide enfermées dans la cellule, pour attribuer à chacun la part qui lui revient dans ce travail, pour montrer leur action. Toutefois, puisque c'est la cellule seule qui engendre la cellule, il faut admettre que ses vibrations et ses courants sont disposés de façon qu'ils obligent les éléments du liquide à se former en molécules organiques, et celles-ci à se grouper en utricule.

La cellule remplit ses fonctions quand elle est encore jeune, douée d'une contexture assez lâche. Elle en devient incapable, lorsque ses parois ont durci par l'adjonction de molécules trop nombreuses et peut-être étrangères, bien qu'elle ait conservé une bonne partie de sa perméabilité. Dans cet état sa puissance organisante a disparu ; il s'est opéré, sans doute, une modification dans le jeu de ses forces. On sait d'ailleurs qu'un changement quelconque, la présence d'un corps étranger, suffisent souvent pour apporter une variation dans l'ordre d'agrégation des molécules, ou même dans la combinaison. C'est une force qui vient contrarier les autres.

Dans une plante, on distingue, le corps proprement dit et les organes particuliers destinés à sa nutrition et à sa reproduction. Chacun a ses cellules particulières : celles qui constituent les fibres diffèrent de celles des trachées qui ne ressemblent pas aux cellules des tissus dits cellulaires. Leur agencement subit la même variation. Or, on ne voit pas que les cellules d'un organe particulier produisent indifféremment les cellules de l'une ou de l'autre partie de la plante ; autrement tout serait confondu : il n'y aurait plus d'organes particuliers, plus de variété possible.

La variété des cellules ne se manifeste pas seulement dans la diversité des organes, elle existe également et d'une manière aussi manifeste, sinon plus, dans chaque espèce de plante. Le bois de chêne ne ressemble pas à celui de frêne, la substance du pommier diffère de celle du prunier ; il en est de même entre l'ortie et le blé, etc. ; leurs cellules ne sont donc pas identiques. D'un autre côté, admettre que la cellule du chêne peut reproduire indifféremment celle de n'importe quelle autre plante, serait prétendre qu'on peut trouver sur un seul arbre le bois de plusieurs espèces différentes. L'observation prouve le contraire.

Un fait en particulier indique l'existence de cette disparité. Dans chaque espèce de plantes, se trouve une propriété, un arôme, une essence que ne possèdent pas les autres ; ce qui ne serait pas si leurs cellules ne renfermaient une combinaison spéciale.

La cellule d'un organe ne reproduit pas celle d'un autre organe ; la cellule d'une espèce ne forme pas celle d'une espèce différente. Concluons : La cellule se reproduit par une véritable génération ; elle naît en tout semblable à celle qui l'a engendrée. Citons encore à l'appui trois faits : la graine, l'hybridité, la greffe.

La graine qui germe dans le sol est, semblerait-il, à un moment propice pour choisir son genre de cellules; cependant elle reproduit invariablement la plante d'où elle est sortie. C'est qu'elle contient le rudiment complet de cette plante, et elle ne peut former que des cellules semblables à celles qui sont en elle.

Quand on introduit un pollen étranger dans le pistil d'une fleur, on mélange deux organisations, deux espèces de cellules. Si leur dissemblance est trop grande pour leur permettre de s'accorder, rien ne sera produit. Si les deux espèces sont assez voisines pour qu'elles puissent se développer ensemble, le résultat sera un hybride; mais les deux organisations, les deux variétés de cellules étant toujours en lutte, ou elles seront stériles, ou l'une dominera l'autre, et après l'avoir éliminée, la plante retombera dans l'espèce dominante.

La greffe emploie la sève puisée dans le sol par un sujet d'une espèce différente, et en fait des cellules en tout semblables aux siennes. Le sujet, à son tour, reçoit la sève élaborée par la greffe, et jamais il n'en reproduit les cellules, mais seulement celles qui lui sont propres.

Ces faits ne s'expliqueraient pas si une cellule pouvait reproduire la cellule d'une espèce étrangère. Parce qu'elle ne le peut pas, chaque cellule différente a dû être formée individuellement par le Créateur, ainsi que toutes les espèces de plantes. Il n'existe pas dans la nature de force capable de transformer, même avec le temps, même avec l'industrie de l'homme, une espèce en une autre espèce.

Sensibilité vibratoire et ondulatoire des corps. — Elle ressort de tout ce qui a été dit dans ce chapitre. Les corps, même les plus durs, sont uniquement composés d'éléments ou de molécules, et on a vu combien ceux-ci sont, par leur nature, élastiques et impressionnables. L'onde la plus faible, venue de l'extérieur, ne saurait les frapper sans produire son effet sur leur couche superficielle. Si la disposition des particules de cette couche leur permet de la reproduire, elle la transmet avec autant de facilité à la seconde qui n'est pas moins impressionnable et celle-ci aux suivantes. L'onde traverse ainsi tout le corps pour continuer sa course dans l'espace.

Sous ce rapport, les ondes se distinguent en deux espèces.

En premier lieu, celles qui, par leur amplitude comme celles du son, par exemple, ne sont pas susceptibles d'être reproduites par les électrosphères seules. Elles poussent devant elles la première couche des éléments ou molécules dans sa totalité. L'onde alors formée, ne l'est plus par les atomes contenus dans les électrosphères, mais par une ou plusieurs couches d'éléments. Ces ondes traversent assez facilement les corps ; toutefois elles s'éteignent plus rapidement à cause de la résistance des électrosphères qui doivent se pénétrer davantage pour permettre aux couches de se condenser.

En second lieu, les ondes assez courtes pour n'affecter que les électrosphères. Formées par les atomes contenus dans ces dernières, elles éprouvent moins de résistance ; elles n'ont à vaincre que l'opposition des vibrations élémentaires qui cependant ne laissent pas de le. afTaiblir, et finissent par les éteindre si le corps offre trop d'épaisseur. Quand les électrosphères sont incapables de les reproduire, elles sont repoussées par son élasticité, ou réfléchies.

Très souvent, ces mêmes ondes, tout en étant susceptibles d'être reproduites par les électrosphères, ne peuvent pénétrer l'intérieur du corps, parce qu'elles sont arrêtées par le noyau des éléments qui refusent de les transmettre. Alors elles affectent seulement les électrosphères extérieures, qui vibrent à leur unisson. Elles s'éteignent naturellement par la transmission de ce mouvement. Les ondes qui donnent aux corps leurs couleurs sont de ce nombre.

Quelques autres propriétés des corps. — Les corps sont durs ou mous, élastiques, flexibles ou cassants. Ces propriétés s'expliquent maintenant avec facilité : elles tiennent ordinairement à la pénétration plus ou moins profonde des électrosphères.

Quand cette pénétration est assez profonde, les particules sont plus solidement fixées les unes aux autres ; il faut une pression relativement considérable pour augmenter leur rapprochement ; le corps est dur. Si la pénétration est moindre, une légère pression suffira pour rapprocher les molécules, ou les faire glisser les unes sur les autres, le corps est mou.

Quand par un effort quelconque, on presse. courbe ou allonge un corps, ses molécules se rapprochent ou s'éloignent en variant la profondeur de la pénétration de leur électrosphère ; si, immédiatement après, elles reprennent d'elles-mêmes leur position primitive, rappelées par la force qui les unit, le corps est élastique.

Quand, au contraire, le corps étant courbé, les molécules, écartées sur un point et rapprochées de l'autre, conservent cette position nouvelle, il est dit flexible. Mais si les molécules légèrement écartées se séparent brusquement, le corps est cassant. Cette dernière propriété paraît tenir au peu de développement des électrosphères ; moins elles sont profondes, moins les éléments peuvent s'écarter sans se désunir. Les métaux sont plus cassants à froid qu'à une température élevée, parce que la chaleur augmente le volume et par là la profondeur des électrosphères. Une lame se courbe plus facilement, parce que ses molécules n'ont pas besoin de s'écarter autant.

CHAPITRE III.

Electricité.

Comme substance, l'électricité n'est autre chose que l'éther de l'espace, le fluide composant les éléments. Quand on en extrait une certaine quantité des électrosphères de ceux-ci, si on opérait au-delà de notre atmosphère, elle se répandrait dans l'espace, comme de l'eau jetée dans l'océan; au sein de l'atmosphère, elle est retenue par le poids de l'air mauvais conducteur; pressée par lui, sa tension la pousse à s'étendre et à se disséminer, C'est alors qu'elle prend le nom d'électricité, du mot grec ἤλεκτρον (ambre), substance dans laquelle elle fut anciennement reconnue.

On distingue deux états de l'électricité : l'électricité statique ou en repos, celle qui demeure stationnaire sur la surface d'un corps; quand elle est en mouvement, lorsqu'elle parcourt, par exemple, un fil conducteur, elle prend le nom d'électricité dynamique, à cause des forces que déploient ses courants, et qui sont utilisées dans la mécanique. Chacun de ces états produit des phénomènes particuliers. Nous allons les expliquer, après avoir examiné les moyens employés pour se procurer ce fluide.

MOYENS DE SE PROCURER L'ÉLECTRICITÉ.

Les électrosphères des éléments sont la source de l'électricité, il n'y en a pas d'autre. Les moyens employés pour l'en extraire sont nombreux : les combinaisons chimiques, la pression, le frottement, la percussion, etc. Quels qu'ils soient, tous se réduisent uniquement à ceci : obliger les électrosphères des éléments à se pénétrer ; seule voie à notre portée, pour leur faire dégorger le trop plein de leur fluide. Dans les mêmes conditions de température, l'électricité obtenue sera toujours, pour une même pénétration, d'une quantité égale, avec des éléments semblables ; mais cette quantité variera avec les espèces d'éléments parce que la grandeur et la densité des électrosphères change comme la nature des éléments.

Combinaisons. — C'est dans les combinaisons chimiques que les électrosphères se pénètrent le plus profondément ; elles sont par conséquent la source la plus abondante d'électricité. « Quant à la quantité d'électricité dégagée dans les actions chimiques, dit Ganot, elle est énorme. En effet, M. Becquerel est arrivé à ce résultat qui effraie l'imagination, que l'oxydation du poids d'hydrogène qui entre dans un milligramme d'eau, dégage suffisamment d'électricité pour charger vingt mille fois une surface métallique d'un mètre de superficie, à un tel degré que les étincelles éclatent à un centimètre de distance. Faraday, Pelletier et Buff sont parvenus à des résultats semblables. »

On aurait peine à comprendre comment tant de fluide peut être contenu dans les électrosphères des éléments, si l'expérience ne nous avait appris la facilité avec laquelle elle se condense. C'est ainsi que toute l'électricité d'une batterie dont la surface chargée est considérable, se condense en une simple étincelle; que celle d'un nuage orageux est contenue dans un éclair à surface minime.

Des expériences faites avec le plus grand soin, ont mis en évidence l'inégalité du fluide fourni par les éléments divers dans les combinaisons. Elles viennent confirmer ce que nous avons dit sur la variété de leurs volumes. Avec l'acide sulfurique étendu d'eau, et l'un des éléments du couple, dans la pile, étant une lame de platine, M. Becquerel a trouvé qu'en représentant par 100 la quantité d'électricité dégagée par le zinc pur, les autres métaux fournissent les quantités suivantes : potassium, 173 ; zinc amalgamé, 103 ; étain, 66 ; fer, 61 ; cuivre rouge 35 ; mercure, 31 ; or, 0 ; platine, 0 ; charbon, 0. Ces derniers ne donnent pas de fluide parce qu'ils ne forment pas de combinaison avec l'acide de la pile.

Pression. — « Œpinus, le premier, constata le développement de l'électricité par la pression. Libes, depuis, montra qu'en pressant légèrement sur un disque de bois, recouvert de taffetas gommé, un disque de métal isolé avec un manche de verre, ce dernier disque s'électrise négativement. Haüy fit voir ensuite que le spath d'Islande s'électrise positivement lorsqu'on le presse un instant entre les doigts, et que ce cristal conserve l'état électrique pendant plusieurs jours. Il reconnut la même propriété dans plusieurs espèces minérales. M. Becquerel a trouvé qu'elle appartient à tous les corps, même à ceux qui sont conducteurs, pourvu qu'ils soient isolés. Le liège et le caoutchouc pressés l'un contre l'autre, prennent, le premier l'électricité positive, le second l'électricité négative. Un disque de liège pressé sur une orange, emporte avec lui une quantité considérable d'électricité positive, lorsqu'on interrompt vivement le contact ; mais si l'on n'enlève que lentement le disque de liège, la quantité d'électricité est très faible ; ce qui provient de ce que les deux électricités séparées sur les deux corps par la pression, se recomposent en partie, au moment où elle cesse. » (GANOT).

L'auteur de cet exposé conserve la théorie purement explicative des deux électricités, sans cependant y ajouter une foi bien vive, ainsi qu'il le dit lui-même un peu plus loin. Aujourd'hui les savants sont généralement convaincus qu'un seul fluide existe : mais le mystère de l'attraction étant toujours là, refusant de se laisser expliquer, on a conservé jusqu'alors dans les traités, surtout en France, l'hypothèse des deux fluides, dont l'un attire l'autre, tout en repoussant son semblable. A défaut d'explication réelle, c'est du moins fournir à l'imagination un semblant de raison des faits. Le phénomène de l'attraction étant expliqué par ce que nous avons dit sur les courants, et par ce que nous allons bientôt ajouter au sujet de l'électricité statique, cette hypothèse, assez embarrassante en elle-même, n'a plus besoin d'être mise en avant. En réalité, il n'y a qu'un fluide, qu'une électricité.

Dans les expériences citées, le corps qui perd du

fluide, et c'est généralement le plus compressible, est en privation ; celui qui en reçoit est positif. L'exemple des deux disques nous montre le métal pressé perdant de son fluide qui se répand sur le disque de bois, et il devient négatif. Le spath pressé entre les doigts devient positif, parce que la chair comprimée des doigts a perdu une certaine quantité de fluide qui est restée sur le cristal. Le caoutchouc déprimé a laissé échapper de son électricité, elle s'est attachée au liège et ce dernier est devenu positif, tandis que le premier est négatif ou en privation. L'orange abandonne son fluide au liège, et le reprend en recouvrant sa forme primitive, s'il se trouve encore à son contact Il doit en être ainsi de tous les corps comprimés, dans la proportion de leur compressibilité. Celui qui perd le plus devient négatif, s'il n'a pas le temps de reprendre son fluide avec sa forme première ou s'il conserve son état comprimé.

Le dégagement de l'électricité, dans ces cas, s'explique d'une façon des plus simples. La pression, en comprimant les corps, au moins dans les couches superficielles, force les molécules à se rapprocher, les électrosphères à se pénétrer plus profondément. D'où perte de fluide proportionnelle au nombre des molécules rapprochées et à l'intimité de la pénétration des électrosphères.

Frottement. — Le frottement est une source assez abondante d'électricité. Si on frotte, avec un morceau de laine ou une peau de chat, une baguette de verre, de cire, de résine, etc., ces substances acquièrent la propriété d'attirer les corps légers qu'on leur présente : morceaux de papier, barbes de plumes, poussières métalliques. Cette propriété, due à l'électricité dont elles ont été chargées par le frottement, avait été observée pour la première fois dans l'ambre jaune. On sait maintenant que tous les corps, placés dans les conditions requises, sont capables de fournir de l'électricité par ce moyen.

Dans les laboratoires, le frottement par l'entremise de machines à roue de verre, est ordinairement employé pour charger, soit un simple conducteur, soit des bouteilles de Leyde, soit des batteries. On s'en sert aussi pour des emplois mécaniques. Il n'est, en définitive, qu'une pression continue promenée successivement sur les différentes parties d'une surface. Sa marche suscite aussi, outre la pression, des tiraillements dans les molécules frottées, et des vibrations dans la masse ; ce qui augmente la quantité d'électricité dégagée.

Percussion. — La percussion n'est évidemment qu'une pression instantanée et énergique, accompagnée de vibrations dans l'objet frappé.

Clivage. — Becquerel a démontré que la division naturelle des substances minérales cristallisées est une source d'électricité. Pour séparer les lames, il y a percussion ou pression. De plus leur déchirement occasionne des vibrations dans la masse, d'où l'électricité produite.

Condensation des vapeurs. — Elle est après la combinaison, la source la plus abondante de l'électricité. Les molécules gazeuses, en se rapprochant pour former un liquide ou même un corps solide, engagent leurs électrosphères autant qu'il leur est possible de le faire, en dehors d'une combinaison. Aussi une quantité considérable de fluide est-elle mise en liberté par ce moyen.

Voici, à ce sujet, les expériences de Luigi Palmieri, le savant directeur de l'observatoire du Vésuve, rapportées par le *Cosmos*, n° 261, du 25 janvier 1890.

« On met une coupe de platine, pleine d'eau, et bien isolée, en communication avec le plateau d'un électromètre condensateur, et on expose le tout aux rayons solaires. L'évaporation qui se produit, révèle la présence d'électricité négative. La vapeur, en se formant, enlève une partie de l'électricité du vase. » — Les molécules, en se séparant, reprennent aux corps, c'est-à-dire ici, à l'eau et au vase avec lesquels elles sont en communication, le fluide perdu lors de la condensation primitive.

« Faisons maintenant l'expérience inverse, et mettons en communication avec le plateau de l'électromètre condensateur, la même coupe de platine, mais remplie cette fois de neige ; ce qui provoquera la formation de la rosée sur les parois du récipient. Nous obtiendrons des signes d'électricité positive. » — La vapeur, en se condensant, se défait d'une partie de son électricité, qu'elle abandonne au vase.

« Sur la coupe de platine remplie de neige, Palmieri obtenait, en cinq minutes, un gramme d'eau, pour une surface de 150 centimètres carrés. Or, dans un violent orage, on arrive à avoir 150 grammes d'eau de pluie, pour une même surface, et dans le même espace de temps. Ce qui donnerait dix kilogrammes par mètre carré, ou dix millions de litres sur une étendue d'un kilomètre carré. »

Ces expériences de Palmieri prouvent seulement la réalité de deux phénomènes corrélatifs :

L'évaporation absorbe de l'électricité ; la condensation des vapeurs en produit. Il est regrettable qu'il n'ait pas donné le couronnement à son œuvre, en cherchant la quantité de fluide absorbé, ou produit. A défaut d'une notion précise de cette quantité, nous pouvons, du moins, nous en faire une idée approximative, à l'aide de deux faits bien connus. La formation, par combinaison, d'un milligramme d'eau, dégage assez d'électricité pour charger vingt mille fois une surface métallique d'un mètre de superficie ; on l'a vu plus haut. La simple condensation d'un même poids de vapeur n'en produira certainement pas autant, pour deux raisons : les molécules vaporeuses ne sont pas aussi nombreuses que les éléments qui les composent, puisqu'elles en renferment plusieurs ; et la pénétration des électrosphères n'est pas aussi profonde dans la condensation que dans la combinaison ; mais elle est celle qui s'en rapproche le plus ; elle doit conséquemment en dégager aussi une quantité assez considérable. En second lieu, nous pouvons juger de cette quantité par la puissance et le nombre des éclairs dans un nuage orageux : ils ne sont produits que par l'électricité obtenue dans la condensation des vapeurs en pluie.

ÉLECTRICITÉ STATIQUE.

L'électricité statique donne lieu à quelques phénomènes particuliers dont la science doit rendre compte, tels que son mode de distribution sur la surface des corps conducteurs; son action sur les autres substances électrisées ou non électrisées; les impulsions ou répulsions dont elle est la cause; la manière brusque avec laquelle, dans certaines circonstances, elle abandonne la surface où elle reposait, pour se jeter tout entière sur une autre. Nous allons les examiner en expliquant: 1° le pouvoir des pointes; 2° l'induction; 3° les impulsions et les répulsions; 4° la perte du fluide dans l'atmosphère et dans le vide; 5° l'étincelle.

Pouvoir des pointes. — A l'égard de l'électricité, les pointes jouissent d'une double propriété: d'une part, elles facilitent l'écoulement du fluide dans l'atmosphère à un tel degré qu'il est impossible de charger un conducteur isolé, s'il est pourvu d'une pointe sur une partie quelconque de sa surface, à moins qu'on y fasse passer le fluide, par cette pointe elle-même: parce qu'alors la poussée du fluide qui afflue, le chasse sur le conducteur; mais aussitôt que l'afflux cesse, l'électricité passée s'échappe rapidement par cette même pointe. En second lieu, si on présente une pointe conductrice à une faible distance d'un corps chargé, l'électricité s'y précipite vivement, en général, sous forme d'étincelle.

Il y a à cela une cause mécanique. Quelle est-elle?

Quant à la première propriété: l'écoulement par les pointes, dira-t-on que sur le sommet d'une pointe, le fluide, ne trouvant devant lui qu'une surface très restreinte de l'atmosphère, il lui est plus facile d'en vaincre la résistance? Evidemment une telle explication ne serait pas sérieuse. L'électricité, il est vrai, fait un effort continuel, par sa tension, pour se répandre dans l'espace ; si elle demeure sur le corps, c'est qu'elle y est retenue par le poids de l'atmosphère, non conductrice. Mais, remarquons-le bien, les atomes de l'électricité ne sont pas liés ensemble ; ils sont indépendants l'un de l'autre ; chacun peut s'échapper à part, et, pour le faire, il doit seulement vaincre la résistance de la portion atmosphérique qui pèse directement sur lui. L'atome du fluide, qui repose sur la pointe, rencontre, au-dessus de lui, absolument la même portion atmosphérique, et par conséquent la même résistance, ni plus ni moins que chacun des autres atomes répandus sur la superficie du corps électrisé, puisqu'ils ont tous la même grosseur, et la même surface. La raison du phénomène n'est donc pas là.

Généralement on assimile la pointe à un ellipsoïde très allongé, et on fait ce raisonnement : l'expérience prouve que l'électricité se porte sur les extrémités d'un ellipsoïde, et d'autant plus abondamment qu'il est plus allongé ; il doit donc s'amasser sur les points où sa densité et sa tension ainsi accrues lui permettent de surmonter la résistance de l'air. Le fait est réel, le fluide se porte vers les pointes ; mais où est la force qui le pousse de ce côté ? on ne le dit pas, et c'est cependant ce qu'il faudrait commencer par rechercher. On suppose que son amoncellement sur le sommet donne à sa tension le pouvoir de briser l'opposition de l'atmosphère. La supposition est fausse, le fluide ne s'accumule pas sur les pointes, il se dissipe à mesure qu'il y arrive. La force qui le jette dehors est celle-là même qui le pousse vers les pointes.

Quand une sphère de métal, polie et isolée, est chargée d'électricité, le fluide se répand sur la surface entière, offrant partout une épaisseur uniforme. Dans cet état, chaque couche, chaque atome de la même couche éprouve une pression égale de tous les côtés.

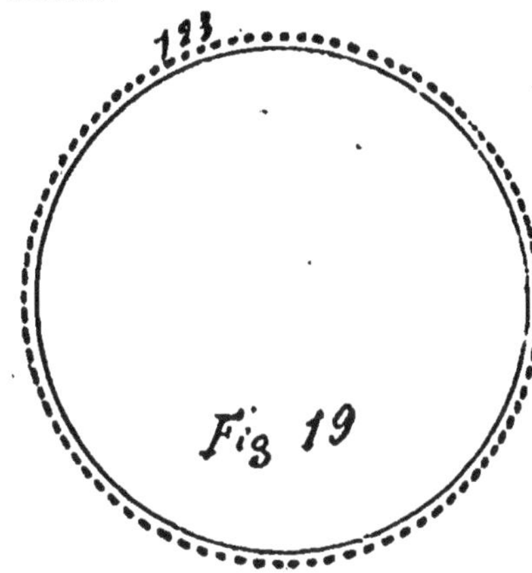

Supposons une couche d'électricité répandue sur la sphère conductrice (fig. 19). Les atomes qui la composent transmettent dans tous les sens, comme les éléments d'un gaz, la pression qu'ils reçoivent de l'atmosphère. L'atome *1* pousse l'atome *2* vers *3* ; ce dernier le repousse avec une égale force vers *1* ; et ainsi de tous les autres. Chassés dans tous les sens avec une énergie semblable, ils demeurent en équilibre. Il n'y a point de raison pour que le fluide s'amasse de préférence sur un point quelconque de la sphère. La couche sera uniforme sur tous les points de sa surface.

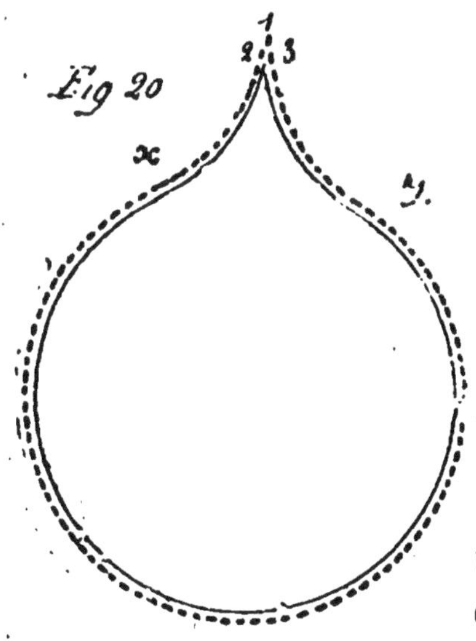

Plaçons maintenant une pointe sur la sphère (fig. 20) ; les conditions sont changées, l'équilibre est rompu. L'atome *1* de la couche du fluide qui repose sur l'extrémité de l'aiguille, reçoit, des deux côtés opposés, la poussée des atomes *2* et *3*; mais ces deux forces, loin de concourir au maintien de son équilibre, en s'annulant par leur opposition, ainsi que dans la figure précédente, s'unissent, au contraire, comme le montre leur direction, pour le chasser de la pointe et le faire pénétrer dans l'atmosphère, la puissance de leur action est celle de la tension du fluide. L'atome *1* la possédant déjà par lui-même, il s'ensuit qu'il acquiert de ce chef, contre la résistance de l'atmosphère, une force triple de celle des autres atomes. Chaque colonne du fluide qui l'environne autour de l'aiguille, agissant de même, si elles sont au nombre de dix, de cent, sa puissance est décuplée, centuplée ; c'est-à-dire, qu'elle est dix fois, cent fois supérieure à celle des autres atomes, pour soulever la masse atmosphérique qui lui est opposée. La poussée du fluide dans cette direction, commence à la courbe *x y*. L'électricité de la sphère se trouve alors dans les conditions d'un clou sur la tête duquel on applique, soit une pression, soit un coup de marteau ; l'impulsion, d'abord distribuée entre toutes les molécules frappées, va, en fin de compte, se concentrer tout entière sur la pointe, où aboutissent les impulsions particulières. On comprend que sous une telle poussée, le fluide s'échappe vivement. Pour peu qu'il soit abondant, il chassera l'air devant lui, comme un souffle ; il fera courber, ou même s'éteindre la flamme d'une bougie.

Quand, au lieu d'une pointe, on a seulement un exhaussement qui rompt la régularité de la courbe sphérique (fig. 21), les choses se passent ainsi : les rangées atomiques du fluide *2.1* et *3.1* sont poussées vers le sommet de la saillie ; elles prêtent donc leur énergie à celle de la couche supérieure *2.1.3*, contre l'atmosphère. Si la puissance totale résultante ne suffit pas pour permettre à cette dernière de vaincre l'obstacle de l'air, soit à cause de la quantité trop faible du fluide qui repose sur la sphère, soit à cause de l'étendue relativement trop grande de la surface du sommet, son fluide du moins est soulevé en proportion de la force agissant sur elle ; et l'électricité s'amasse sur ce point jusqu'à ce que sa tension fasse équilibre à la poussée du fluide qui reste sur la surface de la sphère.

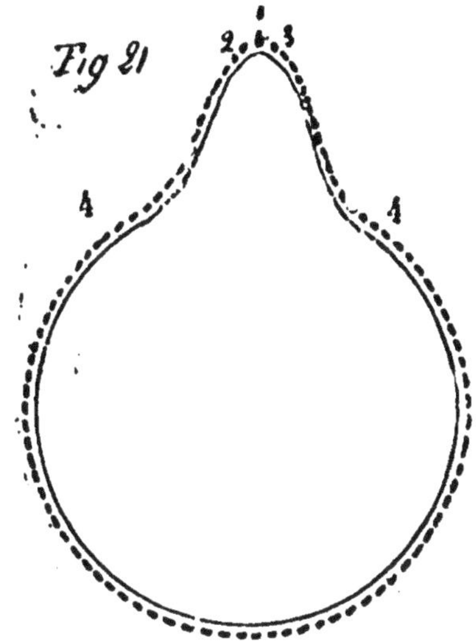

Cette explication s'applique à tous les cas où l'on remarque une différence d'épaisseur dans une couche d'électricité répandue sur un conducteur à surface irrégulière ou anguleuse. Sur un ellipsoïde allongé, elle est minima aux extrémités du petit axe, et maxima à celle du grand axe ; et cela d'une manière d'autant plus prononcée que son allongement se rapproche davantage d'une pointe. La poussée générale qui vient se concentrer sur le fluide de l'extrémité a, sur lui, pour le chasser dehors, un effet proportionnellement inverse à la surface de la pointe.

Sur un disque plat, la charge, presque nulle au centre et jusqu'auprès des bords, s'accroît très vite sur les bords eux-mêmes. L'impulsion horizontale du fluide sur les deux surfaces planes agit tout entière sur celui des bords pour le jeter dehors. Il est soulevé contre l'atmosphère et le fluide des autres parties s'accumule sur ce point, jusqu'à faire équilibre à la poussée.

Sur un cylindre terminé par deux hémisphères, la charge est très faible au milieu et maxima aux extrémités. La poussée horizontale du fluide sur la longueur du cylindre se concentre sur celui de l'extrémité qu'elle soulève dans la proportion inverse de la surface qu'il occupe. Elle le soulèvera d'autant plus que cette extrémité se rapprochera davantage d'une pointe.

Le fluide est donc forcé de s'accumuler aux extrémités.

Quand deux corps chargés sont mis en contact, ou simplement rapprochés, la couche du fluide, qui d'abord les environnait entièrement, devient nulle au point de contact et diminue d'épaisseur selon le rapprochement. Ici, ce n'est plus la tension, qu'exercent l'un sur l'autre les atomes du fluide, qui agit; mais bien les vibrations dont les couches sont animées. Ces vibrations sont opposées l'une à l'autre dans les parties qui se font face, entre les deux corps, et en repoussent le fluide dont elles sont recouvertes. Il doit se réfugier sur les faces opposées où l'action des vibrations contraires ne peut l'atteindre. C'est ainsi que sur deux sphères chargées, mises en contact, la charge est nulle au point même du contact, très faible jusqu'à 20 degrés ; puis croît très rapidement de 20 à 30 degrés, où l'effet des vibrations s'affaiblit, et par l'éloignement, et par l'obliquité de leur rencontre ; plus lentement de 60 à 90 degrés où la tension de la masse du fluide réfugié en arrière commence à dominer. De 90 à 180 degrés elle reste à peu près la même.

Pour terminer ce qui concerne la distribution de l'électricité sur les corps conducteurs, ajoutons une dernière remarque. Si on charge un corps creux, une sphère, par exemple, il importe peu que ce soit par la surface intérieure ou extérieure ; toujours le fluide se répand sur la surface extérieure, sans laisser de trace à l'intérieur. Ce phénomène est encore dû aux vibrations de la couche fluidique : elles sont opposées l'une à l'autre dans les deux moitiés de la sphère intérieure, et repoussent le fluide qui se réfugie tout entier sur la surface extérieure.

La seconde propriété des pointes est celle-ci : si on présente une pointe conductrice à un corps chargé, l'électricité se précipite sur elle. Nous en renvoyons l'explication à l'article : étincelle électrique.

Induction. — Un conducteur isolé, placé près d'un corps électrisé, s'électrise lui-même, à peu près comme un morceau de fer doux devient aimanté quand on l'approche d'un véritable aimant. C'est ce qu'on nomme électrisation par influence ou induction. Le corps chargé s'appelle inducteur, et induit celui sur lequel il agit.

Deux cylindres de laiton *A* et *B* (fig. 22), isolés sur des pieds de verre, sont placés bout à bout près l'un de l'autre. Si on charge le cylindre *A*, *B* est aussitôt électrisé ; mais de telle façon qu'il accuse un état de privation à son extrémité *n*, la plus rapprochée du cylindre électrisé, et un état positif à l'autre extrémité *p*; c'est l'induction. L'électricité manifestée sur le cylindre *B* vient des électrosphères de ses éléments,

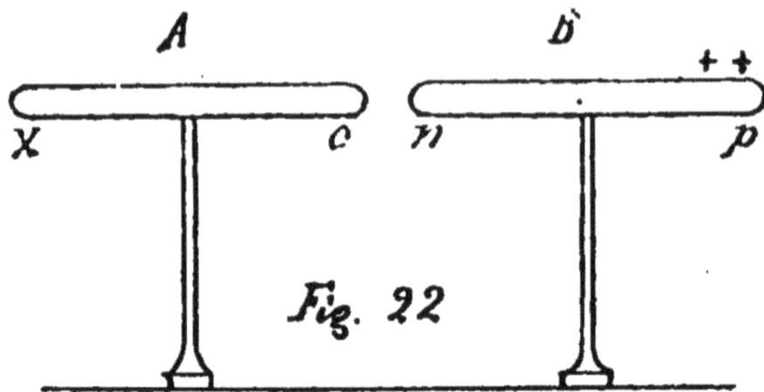

Fig. 22

d'où elle a été dégagée par les ondulations émanées de *A*. (Eléments, conductibilité.)

Le fluide du cylindre induit, au lieu de se répandre sur toute la surface, selon la règle ordinaire, se réfugie sur l'extrémité la plus éloignée de l'inducteur. La raison de cela est la même que celle que nous avons donnée plus haut, au sujet de deux conducteurs chargés, mis l'un près de l'autre. L'électricité du cylindre induit vibre aussi bien que celle du cylindre inducteur; mais leurs vibrations étant opposées, il en résulte une répulsion qui chasse tout entière celle, moins abondante et moins puissante, du corps induit, vers l'extrémité opposée. Là elle prend une position qui établit l'équilibre entre les forces rivales; une partie de sa masse s'étend, en s'affaiblissant progressivement, jusque vers le milieu du cylindre. Une partie seulement du fluide *A* se retire aussi en arrière, poussée par les vibrations du premier.

Si la charge du cylindre *A* demeurant la même, on soutire le fluide émis par le cylindre induit, celui-ci en émet une nouvelle quantité, mais inférieure à la première et qui la remplace. En effet, les deux électricités avaient leurs vibrations répulsives ; si le fluide inducteur avait repoussé toute l'électricité induite vers *p*, à cause de sa puissance supérieure, celle-ci, par son action, n'avait pas laissé de chasser une partie de la première vers *x*; ce qui affaiblissait sa masse et sa puissance en *c*. N'éprouvant plus la répulsion du fluide induit, puisqu'il a été soutiré, cette partie revient en *c* et augmente d'autant sa puissance. Sous ses ondulations renforcées, *B* subit une nouvelle perte, laquelle agissant encore, quoique plus faiblement sur *c*, empêche que tout le fluide de la charge du cylindre *A* ne se porte en avant. On peut répéter cette soustraction plusieurs fois de suite; mais la réapparition du fluide induit va toujours en diminuant, jusqu'à ce qu'il cesse de se produire; ce qui arrive quand la perte totale est en rapport avec la pression exercée sur les éléments de *B* par la charge entière de *A*.

Aussitôt que l'influence cesse, les ondulations intérieures du corps induit cessent également avec leur cause. Ses éléments reprennent l'état dans lequel ils se trouvaient auparavant, et, avec lui, le fluide dont ils avaient été privés, pourvu qu'il séjourne encore sur la surface. L'état normal du cylindre induit est rétabli.

Pendant l'induction, la partie *n* du cylindre *B* est à l'état privatif; car c'est elle surtout qui, recevant directement les ondulations de *c* a fourni l'électricité produite, et cette électricité l'a abannonnée pour se retirer en *p*.

Le phénomène de l'induction se produit encore quand le cylindre *A* au lieu d'être chargé, demeure à l'état normal, tandis que *B* est à l'état négatif. Dans ce cas, A se charge de lui-même à son extrémité c la plus rapprochée du corps négatif, et devient lui-même négatif à l'autre extrémité x.

Un exposé succinct de l'état respectif des conducteurs en présence suffira pour dévoiler la solution du phénomène.

Indépendamment de celles qu'ils reçoivent du dehors, tous les corps ont leurs vibrations propres, puisque chaque élément possède les siennes suscitées par ses courants circulaires. Au point de vue électrique, un corps est à l'état normal, quand il possède l'électricité que comportent, et la pression atmosphérique, et les vibrations qu'il reçoit habituellement de la part du milieu ambiant; à l'état négatif, quand les électrosphères des éléments qui le composent en renferment moins. A l'état négatif, les électrosphères sont moins denses, dans la proportion du fluide perdu et, par le fait, offrent moins de résistance aux vibrations extérieures. D'un autre côté, les vibrations qu'elles émettent ont moins d'intensité, moins de force contre celles qui viennent du dehors.

Des deux conducteurs en présence, l'un, B est à l'état négatif avec ses vibrations et ses électrosphères affaiblies; l'autre A est à l'état normal. Dès lors, les vibrations de ce dernier rencontrent dans la substance B, une résistance moindre à leur propagation, que dans le milieu ambiant ou l'atmosphère dont les éléments ne sont pas en privation; elles dirigent vers lui la plus forte partie de leur énergie et du fluide des électrosphères. La partie c du conducteur A devient donc le siège d'ondulations plus puissantes; il s'en dégage alors de l'électricité dont la masse se tient plus rapprochée du conducteur *B*, précisément parce qu'elle trouve en lui une résistance moindre à la propagation de ses ondulations. Le cylindre *B*, sillonné par des ondulations plus fortes, émet une quantité de fluide proportionnelle, et à leur puissance, et en même temps à son propre état privatif qui en diminue la production.

L'induction se produit aussi sur les corps mauvais conducteurs, seulement elle est moins apparente. La proportion d'électricité dégagée par l'induction, est en rapport, toutes choses égales d'ailleurs, avec la conductibilité du corps induit. Un corps peu conducteur perd plus difficilement son fluide, bien qu'il reproduise dans sa substance les ondulations reçues du dehors ; les électrosphères de ses éléments se pénètrent moins profondément, dans la formation de l'onde à cause de la résistance du fluide qui refuse de sortir. De plus, l'électricité, dégagée à l'intérieur du corps, le traverse difficilement pour arriver à la surface et se rendre sensible. Cependant, même dans les corps les moins conducteurs, il doit y avoir une certaine quantité de fluide, aussi faible que l'on voudra, rendue à la liberté par les vibrations inductrices plus puissantes que celles du milieu ambiant, car la pression qu'elles exercent sur les éléments, les rapprochent, au moins quelque peu. L'expérience suivante de du Moncel, m'en paraît une preuve évidente.

« Ce savant, dit Ganot à qui nous empruntons l'exposé de cette expérience, fixe, l'une en face de l'autre, à la distance de 2 à 3 millimètres, deux feuilles de verre à vitre, recouvertes, sur leur face extérieure, chacune d'une feuille d'étain, de manière à former un condensateur dont les armatures sont séparées par une double feuille de verre et par la couche d'air interposée, laquelle doit être parfaitement desséchée. Mettant les deux feuilles d'étain respectivement en communication avec les pôles d'une bobine de Ruhmkorff, un flux lumineux bleuâtre, remplit tout l'espace compris entre les deux feuilles de verre. C'est ce que l'on nomme l'*effluve électrique.* »

Il n'y a ici qu'un simple phénomène d'induction. L'électricité répandue sur l'étain agit sur la feuille de verre par ses vibrations qui la traversent, et le fluide qui apparaît dans l'intervalle des deux verres est celui que la feuille influencée a perdu par l'effet de ses ondulations intérieures. Dans les corps aussi mauvais conducteurs que l'est le verre, il faut que les vibrations inductrices soient puissantes, si l'on veut que la quantité d'électricité dégagée devienne suffisante pour être sensible.

La facilité singulière avec laquelle les bons conducteurs cèdent leur électricité sous la pression de faibles ondulations à l'inverse des mauvais conducteurs est la preuve d'une différence dans la constitution de leurs éléments : différence qui ne peut consister, comme nous l'avons dit, que dans la forme. Or nulle n'est plus apte à produire cet effet que la forme fusiforme, à cause de la propriété de ses pointes.

Impulsions et répulsions. — L'électricité statique a ses impulsions et ses répulsions aussi bien que l'électricité dynamique. Elles furent même les premières connues. L'antiquité connaissait la propriété de l'ambre, savait que le frottement lui communique le pouvoir d'attirer les corps légers : phénomène qui assura la découverte du fluide électrique et lui donna son nom. Le dix-huitième siècle, par une autre découverte, ouvrit la porte au grand développement que devait prendre cette branche de la science. Une petite boule légère et conductrice étant suspendue à un fil isolant, si on en approchait un morceau de verre ou de résine frotté au préalable avec une étoffe de laine, était attirée jusqu'au contact, puis repoussée, et cela toujours chaque fois que le même morceau, soit de verre, soit de résine, qui l'avait d'abord attirée, lui était présenté. Mais si, après avoir été repoussée par le verre, on approchait la résine également frottée, une attraction se produisait.

Ce fut pour expliquer ces effets contraires mais constants, qu'on imagina l'hypothèse de deux espèces d'électricité : il y avait répulsion entre deux corps chargés de la même électricité ; attraction, quand ils étaient chargés de fluides contraires. La boule au contact du verre avait pris de son électricité, et alors, tous deux chargés de la même, se repoussaient ; mais, si, dans ce cas, on lui présentait la résine, qui était supposée chargée d'une électricité contraire, il y avait impulsion. De là la distinction entre électricité vitrée et électricité résineuse.

Cette hypothèse était fausse ; mais la science d'alors ne connaissait pas la véritable solution du problème de l'attraction et de la répulsion. Un peu plus tard, on découvrit les mêmes phénomènes d'impulsion et de répulsion dans l'électricité dynamique, où il n'était pas aussi facile d'appliquer la même hypothèse, puisque les mêmes courants pouvaient s'attirer ou se repousser, selon la position respective qu'on leur donnait.

Pour nous, dans l'un et l'autre cas, dans l'électricité statique comme dans l'électricité dynamique, la cause productive des impulsions et des répulsions est identiquement la même, c'est-à-dire, la facilité ou la difficulté plus grande, pour les vibrations émanées de la masse fluidique, de se propager d'un côté que de l'autre. Nous allons expliquer séparément ces deux phénomènes contraires, dans l'électricité statique, comme elles l'ont été pour l'électricité dynamique.

Impulsion, — Les expériences établissent qu'il y a toujours impulsion ; 1° entre un corps chargé et un autre à l'état normal ; 2° entre un corps chargé et un autre à l'état négatif ; 3° entre un corps à l'état normal et un second à l'état privatif.

1° Entre un corps chargé et un second à l'état normal. — Deux sphères de cuivre *a* et *b*, sont suspendues par des fils isolants de soie à la barre *xy* (fig. 23), la sphère *a* étant seule chargée, il y a impulsion entre les deux. En voici la raison : Les vibrations naturelles de la sphère *a*, renforcées par celles de l'électricité dont elle est chargée, sont devenues plus puissantes que celles du milieu ambiant ; elles se communiquent ou plutôt s'imposent à la sphère *b* dont la substance ondule alors à leur unisson ; les ondulations qu'elle subit n'ont, en effet, aucun fondement en elle ; elles sont uniquement commandées par la sphère *a*, et

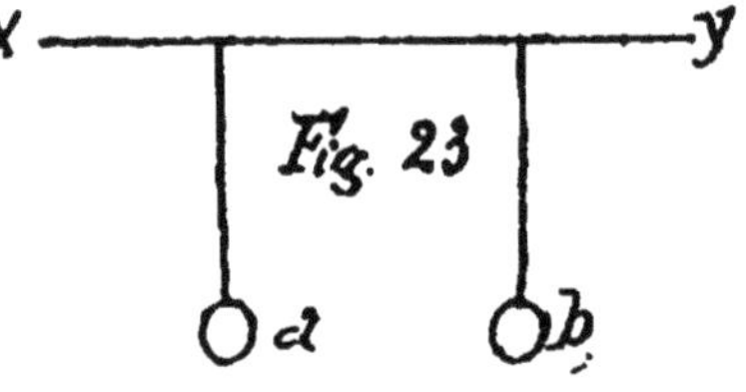

cessent avec ces dernières. Les ondes parties de *a* rencontrent donc moins de résistance en *b*, dont les mouvements sont à l'unisson des siens, que dans l'atmosphère. Il en est de même pour *b*. Il y a donc impulsion de l'une vers l'autre.

En dehors de l'isochronisme des vibrations, qui est réel, il y aurait encore impulsion entre les deux sphères par le seul fait de l'induction. D'un côté, l'électricité sortie des éléments de la sphère *b* et réfugiée en arrière, les a mis en privation du côté de *a* ; ils offrent donc, du fait de cet affaiblissement, une résistance moindre que l'atmosphère, aux vibrations de *a*, qui est alors poussée vers *b*. D'un autre côté, la réaction des vibrations de l'électricité située derrière la sphère *b*, pousse celle-ci vers *a*.

L'impulsion est d'autant plus forte que la charge électrique est plus considérable, car alors, l'intensité des vibrations, et la différence des réactions sont augmentées.

2° Entre un corps chargé et un corps à l'état privatif. — Quand la sphère *b* est en privation, sa substance est devenue plus sensible aux vibrations qui lui arrivent du dehors. Les électrosphères de ses éléments, dépouillées d'une partie de leur fluide, sont moins denses, offrent moins de résistance à la pression des ondes ; la sphère ressemble à un milieu relativement raréfié. Les ondes parties de *a* la pénètrent plus facilement, et l'impulsion des deux sphères l'une vers l'autre est encore mieux caractérisée que dans le premier cas.

3° Enfin, entre un corps à l'état normal et un autre à l'état privatif. — Le corps en privation, affaibli par la perte électrique qu'il a subie, est plus sensible aux ondes extérieures que l'atmosphère demeurée à l'état normal. Celles qui émanent du corps normal, car tous les corps, quel que soit leur état, en possèdent, ainsi qu'il est dit plus haut, rencontrent donc en lui une voie plus facile à leur propagation ; et l'impulsion a lieu, d'autant plus que l'isochronisme s'établit entre les deux, comme dans les cas précédents.

Répulsions. — Elles se produisent dans deux cas seulement : 1° entre deux corps chargés ; 2° entre deux corps en privation.

1° Entre deux corps chargés. — L'électricité répandue sur leur surface rend leurs vibrations plus puissantes ; et comme elles sont diamétralement opposées les unes aux autres du côté où les deux corps se font face, ils se repoussent mutuellement, avec une force proportionnée à la puissance de leurs vibrations.

2. Entre deux corps en privation. — Ces deux corps sont devenus plus sensibles par la perte de fluide qu'ils ont éprouvée. Le premier offre une voie plus facile à la marche des ondes du second, et *vice versa*. Dès lors, puisque le fluide des électrosphères se porte plus abondamment du côté où la résistance est affaiblie, et y augmente d'autant l'énergie des vibrations, celles-ci deviennent aussitôt plus fortes dans les côtés de ces corps qui se font face, leur opposition engendre une répulsion. La réaction est affaiblie avec l'énergie des vibrations du côté extérieur vers l'atmosphère, tandis qu'elle est fortifiée sur la ligne qui unit les deux corps.

Les impulsions et les répulsions n'ont jamais lieu entre corps de même nature, de même température et à l'état normal, la résistance à leurs vibrations étant égale de tous côtés.

Je dis : *de même température*, car s'ils ne sont pas au même degré de chaleur, les vibrations, dans le corps le plus chaud, seront plus intenses et produiront sur l'autre un certain effet d'induction et d'impulsion, trop faible peut-être pour être sensible, mais réel. Nous en avons la preuve, dans le thermo-multiplicateur de Melloni, et dans cet autre fait : quand un conducteur est chargé jusqu'à approcher, sans l'atteindre cependant, du point où il pourra donner une étincelle, si on dirige sur lui un rayon solaire, l'étincelle éclate. Il y a eu augmentation de fluide : les ondulations du rayon lumineux, en se communiquant à la substance du conducteur, en ont fait surgir une nouvelle quantité.

J'ajoute : *de même nature*. Il est difficile que deux conducteurs de substance différente possèdent des vibrations d'une intensité parfaitement égale, une température identique : les causes de variation dans la chaleur sont trop nombreuses pour cela, d'autant plus qu'elles agissent avec une rapidité qui varie selon la capacité calorifique des corps. C'est précisément grâce à cette dernière propriété que deux métaux différents mis en contact, produisent de l'électricité ; il y a induction entre eux.

On le voit, l'impulsion et la répulsion sont intimement liées à l'induction. La même cause, l'action réciproque des vibrations entre deux conducteurs, les produit simultanément. Seulement, pour devenir sensibles, l'impulsion et la répulsion doivent être assez fortes pour mettre en mouvement les corps sur lesquels on expérimente. Quand deux conducteurs sont rapprochés, l'un étant chargé et l'autre à l'état normal ou négatif, il y a production d'électricité, induction et en même temps impulsion. Sur le corps négatif le fluide n'apparaît pas toujours extérieurement, il faut pour cela qu'il soit plus abondant que la perte subie auparavant par l'extrémité postérieure de ce corps ; autrement, il est absorbé par cette partie dont les éléments en privation sont alors renforcés. Cer deux effets se remarquent également, quand l'un des conducteurs est à l'état normal et l'autre négatif. Si les deux conducteurs sont, ou chargés, ou négatifs, il y a répulsion. Dans le premier cas, s'il n'y a pas production d'électricité, il y a transport de ce fluide, répandu d'abord sur la surface des corps, il est repoussé et aggloméré, sur une de leurs extrémités. Dans le second cas, le fluide intérieur est également concentré, mais vers les extrémités qui se font face.

Ces phénomènes nous révèlent le rôle important de l'électricité statique dans la chimie. Les ondulations lumineuses ou calorifiques, par l'influence inductive qu'elles exercent sur les éléments conducteurs, leur font perdre de l'électricité, les chargent ou les mettent en privation. De manière ou d'autre, ils deviennent un centre d'impulsion pour ceux qui les entourent.

Perte de l'électricité dans l'atmosphère et dans le vide. — L'électricité accumulée sur un corps n'y séjourne pas longtemps. Elle se dissipe peu à peu et disparaît entièrement.

Quant à sa déperdition dans l'atmosphère, on peut

en assigner plusieurs causes. En premier lieu, les supports dont on se sert pour isoler les substances chargées, bien que mauvais conducteurs, ne le sont pas ordinairement assez pour interdire tout passage à l'électricité ; s'ils ne sont pas assez longs, le fluide s'écoule encore assez vite dans le sol, par leur intermédiaire. Quand ils sont hygrométriques, comme le verre, on doit les entretenir bien secs, sans quoi l'humidité qu'ils ont absorbée ou qui se dépose sur leur surface ne permettrait pas au fluide de s'amasser sur le corps isolé, loin de l'y conserver, à cause de la conductibilité de l'eau. En second lieu, l'atmosphère, qui est très mauvais conducteur quand elle est dépourvue de vapeurs, ce qui est très rare, n'est pas moins une cause de déperdition, par la mobilité de ses éléments. La couche qui se trouve immédiatement en contact avec le fluide se charge, puis est vivement repoussée en arrière, ainsi qu'il arrive entre deux corps électrisés ; une autre couche la remplace, se charge de même et est rejetée pour faire place à une troisième, etc. Chacune des couches qui se succèdent emporte avec elle un peu de fluide. Mais en dehors de ces causes particulières, les vibrations du fluide en occasionnent une perte incessante et inévitable par les ondes qu'elles envoient dans l'espace. L'électricité finit donc toujours par disparaître entièrement au bout d'un laps de temps assez restreint.

Quand le conducteur, au lieu d'être chargé, est mis en état de privation, le phénomène est inverse, avec les mêmes causes ; c'est-à-dire qu'il est bientôt ramené à son état normal. Les supports peuvent lui apporter l'électricité du sol, aussi bien qu'ils lui retiraient son superflu. L'induction subie par les éléments de l'air en contact avec le conducteur, attire le fluide de leur électrosphère du côté de ce dernier qui s'en empare. Ces éléments, mis eux-mêmes en privation par cette perte, sont repoussés, font place à d'autres qui se conduisent de même, et bientôt le conducteur a recouvré toute son électricité. D'autre part, ses électrosphères en reçoivent par les ondes extérieures, plus puissantes que les leurs, qui les frappent et qu'ils absorbent.

Quand la densité de l'atmosphère est amoindrie, la pression qui arrête l'expansion du fluide au dehors, l'est aussi dans la même mesure, il s'échappe plus facilement, ses ondes le traversent mieux ; les éléments de l'air, moins pressés, peuvent se charger davantage ; leur mobilité est augmentée et leur succession sur le conducteur plus rapide. Le fluide disparaît en peu de temps.

Dans le vide. — En voyant la déperdition de l'électricité augmenter avec la raréfaction de l'air, on pensait que, dans le vide, où la pression, qui la retient captive sur le conducteur, a disparu, sa perte serait, et plus prompte et plus complète. Les expériences faites à se sujet ont montré qu'on se trompait. Dans le vide l'électricité séjourne plus longtemps sur les corps ; les charges faibles s'y conservent même presque indéfiniment. Une telle anomalie a lieu de surprendre, et a, en effet, beaucoup étonné les savants. En voici l'explication :

Le vide le plus parfait que nous puissions obtenir, est toujours rempli par l'éther, lequel y possède une densité correspondante à la pesanteur du lieu. Ce fluide ne peut se déplacer, retenu qu'il est par les parois non conductrices du vase. Si on introduit dans cet espace vide une nouvelle quantité d'électricité, il en sera comme d'un gaz quelconque que l'on veut faire entrer dans un vase déjà rempli, à. la pression normale, d'un gaz semblable ; il faudra d'abord au fluide un effort pour s'y faire une place. Si sa tension est suffisante, il se mélangera, en partie du moins, et en augmentera la densité. Quand on retire de ce vide le corps chargé qu'on y a introduit, il en sort nécessairement chargé dans la mesure correspondant à la densité du fluide intérieur, au milieu duquel il se trouvait. Si la charge est faible, quand on l'introduit, sa tension sera insuffisante pour opérer le mélange, et le conducteur conservera toute son électricité.

En présence d'un gaz ou d'un conducteur, les conditions sont tout autres. Le gaz et les vibrations emportent toujours du fluide ; quelle que soit la faiblesse de la charge, ses vibrations exercent sur les électrosphères du conducteur une pression qui en chasse le fluide et fait place à celui du corps chargé. Rien de tout cela dans une masse purement fluidique et hermétiquement enfermée ; elle transmet les vibrations, mais son fluide reste toujours avec la même densité, la même opposition à la décharge. Ce dernier repoussé et par cet obstacle et par les vibrations des parois du vase qui tendent à refouler le fluide intérieur vers le centre, reste sur le corps chargé qu'il enveloppe. Il y est encore retenu légèrement par la prolongation dans le vide des courants circulaires des électrosphères du conducteur. Il n'en serait point ainsi dans le vide, de l'espace, en dehors de l'atmosphère, le fluide du corps chargé s'y répandrait comme de l'eau jetée à la mer, mais l'eau ne pénètre pas dans un vase déjà rempli.

Etincelle. — Lorsqu'un corps est chargé, l'électricité répandue sur sa surface vibre sous la pression atmosphérique. Par sa tension elle tend à se disperser dans l'espace. Si on approche le doigt, ou, mieux, une pointe conductrice, à une faible distance de ce corps, une décharge se produit sous forme d'étincelle.

La cause qui réunit, sur un même côté, l'électricité d'un inducteur, explique ce phénomène.

La pointe conductrice présentant aux ondulations venues du fluide, une moindre résistance que l'atmosphère, la masse électrique est poussée vers elle par la réaction supérieure éprouvée de tous les autres côtés. Parce que cette action du conducteur ne se fait sentir sur l'électricité du corps chargé, que dans un espace égal à la surface de la pointe, à cet endroit seul les vibrations du fluide éprouvent une résistance moindre; la réaction ou la pression qu'elles exercent toujours sur les pointes où elles se forment est amoindrie d'autant, puisque la réaction égale l'action. Partout ailleurs, les vibrations du fluide sont ce qu'elles étaient auparavant; leur pression sur le fluide est donc supérieure à ce qu'elle est sur le point induit. C'est cette pression qui pousse le fluide vers cet espace étroit, et de là vers la pointe. Sa puissance totale est : la différence entre l'effort que doit faire la vibration en face de la pointe, pour se former, et celui que font les autres vibrations, multipliée par le nombre des vibrations produites sur la surface entière du corps chargé. L'espace influencé équivaut donc à une pointe pour le fluide électrique. Cet effort dépend de l'énergie des vibrations elles-mêmes. L'impulsion du fluide, dans la partie qui fait face à la pointe, étant ainsi plus que centuplée, il brise l'obstacle qui l'en sépare, se précipite sur elle, et toute l'électricité du corps chargé le suit sous forme d'une étincelle. Si cependant sa quantité était trop considérable, une partie resterait, laquelle pourrait donner lieu à d'autres étincelles.

Parce que la force qui pousse la masse du fluide, converge vers un seul point, il s'y concentre tout entier, et la tension qui résulte de sa densité, lui fait émettre ces vibrations d'une lumière intense, caractéristiques de l'étincelle. L'éclair des orages a la même origine.

Un petit bruit sec accompage l'étincelle; il est dû à la rapidité et à la soudaineté de sa course, qui écarte brusquement les couches de l'air.

La vitesse de l'étincelle, dans son parcours depuis son point de départ jusqu'au conducteur qui lui est présenté, est telle que le montre généralement ce fluide dans tous ses mouvements. Le chronoscope accuse, pour une distance de cinq millimètres, une durée de 26 millioniemes de seconde. Cette durée augmente avec la quantité de fluide contenue dans l'étincelle ; sans doute à cause de la masse d'air plus considérable qu'elle doit écarter de son chemin, et parce que l'obstacle à vaincre tout le long de son trajet est plus grand. Pour l'étincelle de nos machines électriques, dont la charge est minime, sa durée est inappréciable.

La marche de l'étincelle est variable. Tirée à une faible distance, elle est rectiligne. Si la distance dépasse 6 ou 7 centimètres, elle devient semblable à celle de l'éclair dont elle n'est, après tout, qu'un diminutif ; elle se fait en zigzag, ou en courbe sinueuse, accompagnée de ramifications très déliées. La présence dans l'air de quelques grains de poussière, d'un élément gazeux meilleur conducteur, ou de quelques points plus humides, la fait dévier ; le fluide suit toujours la route la plus facile. Les ramifications sont dues à la même cause : une partie du fluide se projette latéralement sur un de ces points meilleurs conducteurs et revient, le plus souvent, aussitôt, se réunir à la masse entraînée d'un autre côté ; peut-être aussi, ce jet latéral a-t il suivi quelques éléments repoussés par la masse.

Lorsque l'on fait passer une étincelle à travers une substance peu conductrice, elle y produit des effets qui rappellent, en petit, ceux de la foudre ; tels sont les déchirements, les ruptures, les expansions violentes. Le verre est percé ; le bois, les pierres sont brisés ; le gaz et les liquides sont fortement ébranlés, les animaux sont tués.

L'ébranlement et l'expansion du gaz se constatent avec l'instrument connu sous le nom de thermomètre de Kinnasley. La dilatation du gaz qu'il contient fait monter une colonne d'eau renfermée dans un tube latéral. Le phénomène a pour cause la triple action que l'étincelle exerce sur le gaz : 1° En le traversant, elle écarte vivement les molécules qu'elle rencontre, les poussant les unes contre les autres, comme le ferait un corps quelconque passant avec la même rapidité; 2° sa force expansive ajoute une nouvelle énergie à la poussée latérale exercée sur les éléments gazeux; 3° ses vibrations puissantes, subitement communiquées aux éléments, particulièrement à ceux qui sont en contact avec elle, déterminent une répulsion qui les projette dans l'intérieur de la masse. De là expansion et ébranlement. Cet effet est instantané comme le passage de l'étincelle. Aussitôt après, le gaz reprend son état primitif.

Si on expérimentait sur un gaz composé, il se ferait probablement quelques décompositions, et les éléments lancés à travers la masse augmenteraient l'agitation. C'est ce qui arrive pour les liquides qui, presque toujours, sont projetés de toutes parts, avec force, sous la poussée des molécules vaporisées ou même décomposées.

Une carte placée entre deux pointes conductrices, sans les toucher, est percée par l'étincelle, quand on la fait éclater entre les deux conducteurs. Elle n'éprouve ni agitation, ni expansion ; sa nature s'y oppose, et aucune particule ne pénètre son intérieur. Les molécules qui font obstacle au passage de l'électricité, sont arrachées, dispersées, probablement même volatilisées, en partie du moins. Le défaut de conductibilité de la carte empêche le fluide de pénétrer dans les électrosphères de ses éléments pour se répandre sur toute sa surface, ainsi qu'il le fait avec les bons conducteurs. Il doit donc faire une trouée pour passer. L'induction subite qu'éprouvent les molécules atteintes, et la puissance des vibrations suscitées en elles, brise le lien qui les unissait aux autres ; la répulsion qui en résulte, aussi bien entre elles qu'avec l'étincelle, les projette dehors. Celles de l'intérieur, ne pouvant pénétrer latéralement dans la substance de la carte, sont, pour la plupart, rejetées par l'ouverture de l'entrée, seule issue qui leur soit offerte au moment de leur projection ; celles de la couche inférieure sont chassées par l'ouverture de sortie. De là le double bourrelet que l'on remarque, l'un plus grand à l'entrée, l'autre plus petit à la sortie.

Si on remplace la carte par un morceau de bois, l'étincelle d'une batterie, en le traversant dans le sens de son fil, le fait voler en éclats. La force d'expansion communiquée aux gaz qu'il contient, aussi bien qu'aux molécules qui se séparent du bois, et même aux éléments de leur décomposition sous l'action du fluide, le fait éclater comme le ferait une pincée de poudre.

Mettez, à la place du morceau de bois, un animal, un oiseau, il sera foudroyé.

Des parcelles de l'objet traversé, surtout les éléments conducteurs, séparés par la décomposition, peuvent être emportés par l'étincelle. Cela arrive même ordinairement, sinon toujours. Plusieurs, en effet, chargés par le contact du fluide, se mélangent avec lui et sont entraînés dans sa course, ils vont se déposer sur les conducteurs que pénètre l'étincelle.

ÉLECTRICITÉ DYNAMIQUE.

Tout ce qui concerne les impulsions et les répulsions de l'électricité dynamique a été traité plus haut. Leur place était marquée à la tête de cette étude : il fallait, avant tout, trouver la clef de cette force encore inconnue qui domine le monde physique, sans laquelle rien ne peut s'expliquer. Mais l'électricité dynamique donne encore lieu à beaucoup d'autres phénomènes. Nous allons chercher l'explication des principaux dans cet article.

Piles. — Les piles sont les appareils dont on se sert pour produire l'électricité dynamique, celle qui se manifeste par des courants. Elles revêtent une multitude de formes dont on peut voir la description dans tous les traités de physique, avec leurs inconvénients et leurs avantages particuliers. Leur nom est emprunté à la forme des premières qui furent construites, lesquelles consistaient en plusieurs couples de deux métaux empilés les uns sur les autres.

Il n'y a qu'une source d'électricité, les électrosphères des éléments : mais les moyens propres à l'en tirer sont nombreux, nous en avons cité plusieurs. Cependant jusqu'ici l'induction et la combinaison chimique sont les seuls auxquels on a eu recours pour la formation des piles ; ce sont : les piles sèches et les piles chimiques.

1° Pile sèche. — La pile sèche est celle qui donne l'électricité produite par une simple induction. On l'a nommée ainsi, parce que, au contraire des autres, aucun liquide n'entre dans sa construction. Elle est uniquement formée par le contact de métaux différents.

Dans les métaux, les vibrations ne sont pas d'égale intensité ; elles sont plus fortes dans les uns, plus faibles dans les autres. Ils ne jouissent pas de la même sensibilité aux vibrations qui leur viennent de l'extérieur, ni de la même capacité calorifique. Un changement de température exige un temps inégal pour chacun, afin de se mettre en équilibre avec elle.

Il s'ensuit que, quand deux métaux de nature différente sont mis en contact, les vibrations de l'un sont supérieures en intensité à celles de l'autre. Cette supériorité est une cause d'induction pour le second : ce dernier perd de l'électricité, et un fil conducteur recueillant le fluide perdu par chaque couple de la pile, produit un courant qui, à la vérité, ne peut être que relativement très faible, vu la différence minime des forces vibratoires. Aussi cette pile est-elle peu usitée. Son mérite est surtout d'avoir été découverte la première.

2° Piles chimiques. — Nous donnons ce nom à ce genre de piles, parce que l'électricité qu'elles fournissent est puisée dans les combinaisons.

La pile chimique peut être composée d'un ou de plusieurs couples en nombre illimité. La description d'un seul suffira pour en donner une idée générale. Une lame de cuivre et une lame de zinc sont plongées, sans se toucher, dans un vase rempli d'eau mélangée d'acide sulfurique ; chacune de ces lames est armée d'un fil conducteur soudé à leur partie supérieure. La lame de zinc, attaquée par l'acide dont les éléments s'unissent aux siens pour donner naissance à un sulfate, devient le siège de combinaisons et une source d'électricité. La lame de cuivre joue seulement le rôle de conducteur pour recevoir et lancer dans le courant le fluide dégagé par les combinaisons.

Ce couple peut varier de mille manières, il n'est pas nécessaire que les lames employées soient de cuivre et de zinc, que le liquide soit de l'acide sulfurique. Deux choses seulement sont requises : 1° un corps, source de combinaisons ininterrompues et aussi régulières que possible, afin d'assurer la continuité et l'uniformité du courant ; 2° un conducteur non attaquable par le liquide dans lequel il est plongé, afin de recueillir l'électricité produite et en former le courant.

Le fonctionnement de la pile est accompagné de quelques particularités propres à éveiller l'attention du savant qui désire aller au fond des choses. La formation du sulfate, ou pour parler d'une manière plus générale, la combinaison qui fournit l'électricité, ne se produit que quand le circuit est fermé, et permet au courant de poursuivre sa route ; elle cesse, si on l'ouvre, pour recommencer quand on le ferme de nouveau. Dans sa course, l'électricité part toujours du corps où se fait la combinaison pour s'échapper par le conducteur non attaqué, ou le moins oxydable ; le courant, assez bien nourri au début, s'affaiblit bientôt et finit par cesser entièrement ; enfin, la pile s'échauffe.

Avant la première fermeture du circuit, l'acide commence bien à attaquer le zinc ; quelques particules de sulfates sont créées; mais son action s'arrête aussitôt les premières combinaisons effectuées. L'électricité qui en sort se répand sur les lames et dans le liquide qui deviennent chargés; alors, au lieu d'une impulsion, il y a répulsion entre les éléments qui doivent s'unir, et toute composition est rendue impossible. Si on ferme le circuit, l'électricité libre s'écoule à mesure de son dégagement, et les combinaisons se succèdent sans interruption. Le courant dure aussi longtemps que les combinaisons suivent leur cours. Si on ouvre de nouveau le circuit, l'action de l'acide cesse par la même raison qu'auparavant.

La combinaison entre l'acide et le zinc se consomme probablement de cette manière : d'abord la différence des vibrations, la facilité plus grande d'un côté que de l'autre à recevoir les ondulations extérieures, occasionnent une induction entre les deux corps, ainsi que cela arrive ordinairement entre liquide et solide ; la conséquence immédiate est une impulsion et une adhérence entre l'acide et le métal. Si elle ne suffit pas pour produire la combinaison, le fluide dégagé par l'adhérence, charge le meilleur conducteur des deux, et l'impulsion, devenue plus puissante, parachève l'union. Bien entendu, cela suppose toujours que l'élément métallique et la molécule acide sont susceptibles de former ensemble une composition chimique.

Bien que les deux lames soient conductrices, l'électricité, au moins quand il n'y a point encore de courant contraire établi, traverse toujours le liquide, allant du corps attaqué à celui qui ne l'est pas. Ce dernier devient alors le pôle positif du courant, l'autre le pôle négatif. Un fait aussi général doit avoir sa cause dans l'état particulier où se trouve le corps attaqué, au moment où ses éléments se détachent de sa substance. La molécule de sulfate en se formant émet de l'électricité ; elle est momentanément chargée; il semble bien qu'elle devrait communiquer cette électricité, de préférence, au conducteur qu'elle touche; mais, en même temps, le zinc devient négatif à l'endroit où il perd de ses éléments, et un courant intérieur s'établit en lui, venant de sa partie supérieure, vers le point entamé pour y rétablir l'équilibre. Ce courant s'oppose à ce que le fluide du sulfate se porte vers lui ; il marche alors vers le conducteur non attaqué, où il ne rencontre aucune résistance.

La pile à deux lames, zinc et cuivre, simplement plongées dans une eau acidulée, a un grave défaut : son courant s'affaiblit rapidement. L'acide sulfurique, en effet, diminue peu à peu par sa conversion en sulfate; de plus, le courant, en traversant le liquide, agit comme électrolyseur, décompose l'eau et même le sulfate déjà formé ; or, les décompositions absorbent de l'électricité en quantité égale à celle primitivement perdue lors de la combinaison des mêmes corps ; ce qui diminue le fluide du courant. Il arrive donc un moment où l'absorption égale le dégagement de l'électricité, et le courant disparaît. C'est, sinon pour faire évanouir complètement ces inconvénients, du moins pour l'atténuer dans la mesure du possible, que les physiciens ont imaginé différentes formes de piles. La pile parfaite serait celle où l'on obtiendrait des combinaisons continues, sans aucune décomposition subséquente, soit des molécules formées, soit du liquide.

La chaleur développée dans les piles vient des vibrations des éléments dans les différentes réactions chimiques, et aussi de celles de l'électricité dans son passage à travers un liquide plus ou moins conducteur, dans les lames et les fils. Le fluide qui les parcourt pénètre dans l'électrosphère des éléments, en augmente la densité ainsi que l'intensité de leurs vibrations ; par suite, il accroît la chaleur de ces mêmes éléments. Le résultat de cet accroissement de chaleur est une perte correspondante du fluide qui est dépensé par les ondulations calorifiques (chaleur). La chaleur augmente rapidement, si le conducteur n'est pas suffisant, ou si, par suite des particules qui finissent par le recouvrir, il devient incapable de laisser passer en même temps toute l'électricité dégagée.

Courants induits. — Comme leur nom l'indique, ces courants sont produits par une électricité sortie de l'induction. Enroulez sur un cylindre de bois ou de carton, un gros fil de cuivre, et pardessus un fil plus fin de même métal, tous deux parfaitement isolés ; puis faites passer un courant électrique dans le premier ; aussitôt le second accusera lui-même un autre courant, mais de sens contraire, et instantané. Suspendez le courant électrique, et, au même instant, un nouveau courant se manifeste encore dans le fil fin ; seulement, cette fois, il est de sens inverse du premier, c'est à dire, de même sens que le courant électrique. Le double courant du fil fin est ce que l'on appelle courants induits.

Ils se produisent de même, si on remplace le courant électrique par un aimant. Quand, à l'intérieur d'une bobine creuse, sur laquelle est enroulé un fil de cuivre isolé, on introduit brusquement un barreau aimanté, le galvanomètre indique dans le fil un courant induit et instantané, de sens opposé aux courants de l'aimant. Si on retire la barre, un autre courant a lieu, mais alors dans le sens des courants de l'aimant.

On sait déjà, d'après ce qui précède, la cause productrice de l'électricité d'induction, et pourquoi elle se réfugie sur le côté opposé à l'influence. Il reste à expliquer pour quelle raison il existe un courant induit inverse du courant inducteur, et un autre semblable à lui quand l'influence cesse ; pourquoi il est instantané ou sans continuité.

L'électricité sortie du fil induit repose donc sur ce dernier, mais massée sur la surface opposée à l'inducteur ; elle y est pressée entre l'atmosphère et les vibrations répulsives de celui-ci, et doit fuir là où la pression est moindre, c'est-à-dire vers les extrémités du fil non soumises à l'induction ; elle peut s'y répandre de tous les points du pourtour du fil. Tout liquide ou fluide en agit de même ; enfermé dans un conduit élastique, si on le comprime sur un point, il s'écoule vers l'autre. De là le courant.

L'électricité, au lieu de courir en même temps vers les deux extrémités libres du fil induit, se réfugie tout entière vers la plus rapprochée du point où commence l'influence inductrice. C'est la voie la plus facile ; en avant, du côté où se dirige le courant inducteur, elle trouve la voie obstruée par le fluide qui surgit, et par les vibrations inductrices, tandis que, du côté opposé, le chemin est libre.

Dans le cas où on se sert d'un aimant, l'induction ne se faisant plus successivement avec la marche du courant inducteur, mais simultanément sur tous les points du cercle, la raison indiquée semble insuffisante. Ce n'est qu'une apparence : l'onde inductrice marche dans le sens du courant magnétique ; le fluide suscité par elle dans le fil induit la rencontre en avant comme obstacle, pendant qu'en arrière, son affaissement laisse la voie libre. Le courant induit a donc toujours lieu en sens inverse du courant inducteur.

Il est instantané, parce qu'il se fait avec la rapidité que met l'électricité dans ses mouvements, et que le fil induit n'émet plus aucun fluide tant que la puissance inductrice reste la même.

Quand on arrête le courant inducteur, il se produit, dans le fil induit, un courant direct ou de même sens que le courant inducteur. L'influence cessant, le fil induit reprend son état normal, le fluide qu'il avait perdu et qui reste massé sur une de ses extrémités retourne à sa place dans les électrosphères laissées en privation. Un nouveau courant naît de ce mouvement. Il est direct parce qu'il suit nécessairement la marche selon laquelle cesse l'influence, et celle-ci commence à cesser au point de départ du courant.

Après le premier courant induit, il s'en produit un second de même sens, si on augmente la puissance du courant inducteur. Les éléments du fil induit, pressés plus énergiquement par des ondulations supérieures en intensité, laissent échapper une nouvelle quantité de fluide, qui, se réfugiant comme le premier, vers une des extrémités, produit un second courant instantané. Si, au contraire, on affaiblit la puissance du courant inducteur, c'est un courant direct qui a lieu : les éléments induits, moins comprimés, par des ondulations plus faibles, reprennent une partie du fluide primitivement perdu, dont la marche dans le fil forme un courant. Au lieu d'augmenter ou d'affaiblir le courant inducteur, on peut se contenter de le rapprocher ou de l'éloigner légèrement du fil induit ; le même effet se produira. L'énergie des ondulations qui agissent sur le corps induit, croissant par le rapprochement et diminuant par l'éloignement, causera, dans le premier cas, un courant indirect, et, dans le second, un courant direct.

On connaît le rôle important que joue l'emploi des courants induits dans l'industrie, il n'entre pas dans notre plan de nous étendre sur ce point.

Courants thermo-électriques. — On nomme ainsi les courants électriques que l'on obtient par la chaleur. On se sert ordinairement, pour obtenir ce résultat, d'un circuit composé de deux lames métalliques de nature différente et soudées ensemble aux deux extrémités ou au moins à l'une, les deux autres étant reliées par un fil conducteur (fig. 24). *C* est une lame de cuivre ; *B* une lame de bismuth. Elles sont soudées ensemble en *S* et reliées par un fil conducteur en *R*. Si on chauffe la soudure *S*, un courant électrique se manifeste dans la lame de cuivre, allant de *S* en *R*, selon la flèche. Si, au lieu de chauffer la soudure, on la refroidit, un courant se produit également, mais,

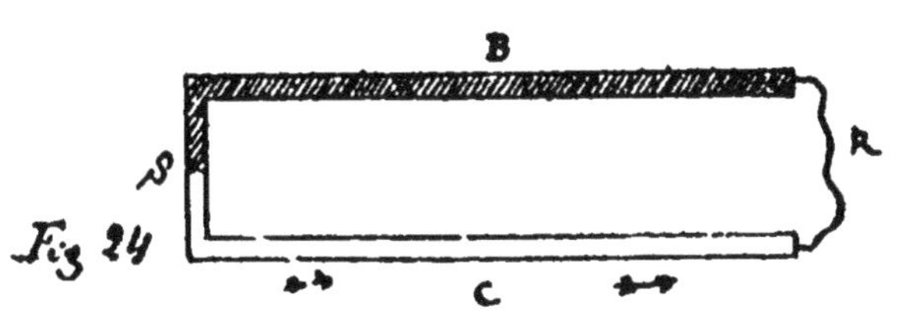

cette fois, dans un sens inverse ; il se rend de *R* à la soudure, en passant par *c*.

C'est le même phénomène d'induction que plus haut, avec cette seule différence que les ondulations inductrices sont dues à un foyer de chaleur, au lieu d'avoir pour source une masse électrique ou un aimant. Dans l'état habituel, l'électricité des corps conducteurs est en équilibre avec les ondulations qui, venant du milieu ambiant, pénètrent leur substance, et sont à peu près les mêmes de tous côtés. Mais si, pour une cause quelconque, il s'opère une modification partielle dans ces conducteurs, si ces ondes deviennent plus fortes ou s'affaiblissent d'un côté, l'équilibre est rompu, un dégagement d'électricité se produit.

Dans l'expérience précédente, en chauffant la soudure *S* on dirige sur elle des ondes plus énergiques qui produisent naturellement le même effet que celles d'une masse électrique ou des courants sur un conducteur. Des ondulations se forment dans les lames et en chassent le fluide. A défaut d'ondulations intérieures, car les ondes du dehors n'en produisent pas toujours dans les corps, les vibrations propres des éléments dans les lames, rencontrant de ce côté une résistance supérieure, refoulent le fluide des électrosphères du côté opposé; il en sort, et l'électricité ainsi dégagée, se réfugie vers l'autre extrémité *R*, en passant par la lame de cuivre, parce qu'étant le meilleur conducteur, elle présente la voie la plus facile. L'inégalité de conductibilité dans les deux lames est nécessaire pour qu'il y ait courant : autrement le fluide se masserait simplement sur l'autre extrémité, comme elle le fait quand l'induction agit sur un seul conducteur.

Quand on refroidit la soudure S au lieu de la chauffer, c'est le contraire qui arrive, les vibrations deviennent plus fortes en R que celles de la soudure S, affaiblies par le refroidissement ; la force des vibrations, ainsi que le fluide, se portent donc vers ce point, et le courant est opposé au premier : il va de R en S, toujours par la lame de cuivre. La force du courant, comme la quantité d'électricité dégagée, est proportionnée à la différence d'énergie dans les vibrations de chaque extrémité du couple.

Ce qu'il y a de remarquable dans ce genre d'induction, c'est que le fluide, au lieu d'être seulement relégué par les vibrations des conducteurs à l'extrémité opposée à l'influence, comme dans les cas précédents, forme un courant continu. La cause en doit être attribuée à la différence de conductibilité des deux lames ; on n'en voit point d'autre. Les ondes calorifiques suscitent dans les lames des vibrations dirigées, comme un courant, vers la soudure non chauffée. Ce sont elles qui poussent l'électricité vers ce point, mais ces vibrations ne sont point égales dans les deux lames : elles sont plus accentuées, plus puissantes par conséquent, dans le meilleur conducteur, parce que, perdant plus facilement son fluide, ses électrosphères se pénètrent davantage ; elles sont plus faibles dans la lame d'une conductibilité inférieure. Le fluide fuit tout entier par la lame de cuivre, et parce qu'elle est meilleure conductrice, et parce qu'il est entraîné par les vibrations plus fortes qui le poussent devant elles à mesure qu'il se dégage sous leur influence. Arrivé en *R*, il devrait s'arrêter en se partageant de chaque côté, entre les deux lames, mais les vibrations plus puissantes du cuivre le rejettent sur le bismuth, qu'il envahit ; puis, pour les mêmes raisons qu'auparavant, il est repris par le meilleur conducteur, et recommence sa course.

Si on désire avoir une preuve plus convaincante que le courant est dû à la seule différence de conductibilité dans les lames, il suffit de se servir d'un cercle de cuivre fermé, parfaitement homogène dans toutes ses parties. En le chauffant sur un point, du fluide est dégagé, comme dans toute induction ; mais il s'arrête à l'extrémité opposée, où le chassent les vibrations. Dans sa fuite, il se divise, sans doute, pour passer de chaque côté du point chauffé, puisque la conductibilité et les vibrations sont égales de part et d'autre. Lorsque le cercle est seulement tordu sur un point de peu d'étendue, cette torsion ne trouble son homogénéité que par une diminution de conductibilité, sur la partie tordue, et pour l'électricité et pour les vibrations qui lui sont communiquées. Cela suffit pour établir un courant semblable à celui de l'expérience précédente. Seulement il faut chauffer le cercle près de la partie tordue. Alors l'électricité fuit tout entière du côté où la conductibilité est la meilleure et le reste se passe comme plus haut. En le chauffant sur un point trop éloigné de la torsion, le fluide, s'éloignant de chaque côté, irait se cantonner sur la partie tordue et y demeurerait immobilisé par les vibrations égales de chaque côté.

Tant que la chaleur dirigée sur la soudure *S* ne varie pas, le courant demeure le même, sans augmentation, ni diminution, sinon, avec le temps, par la perte du fluide, du fait de l'atmosphère. Les ondes calorifiques ont, tout d'abord, fait sortir des conducteurs la quantité de fluide compatible avec les vibrations excitées ; pour en produire une nouvelle, il faudrait élever la température de la soudure *S*. La chaleur restant la même, la quantité de fluide ne change pas, le courant est constant. Si la chaleur diminue, les vibrations des conducteurs s'affaiblissent d'autant et une partie de l'électricité reprend sa place dans les électrosphères qu'elle avait dû quitter ; le courant devient plus faible. Elle cesse quand les deux soudures sont revenues à la même température.

La réunion de deux barreaux de conductibilité différente, soudés ensemble, de la manière indiquée, s'appelle un couple. Son courant est très faible ; mais on peut souder ensemble plusieurs couples, en nombre indéterminé. Si alors on chauffe ensemble les soudures de même nom, chaque couple donnera son contingent d'électricité, et la force du courant sera multipliée par le nombre des couples.

Melloni a profité de cette propriété pour construire son thermo-multiplicateur. Avec des barreaux de bismuth et d'antimoine d'une longueur de 30 centimètres environ, il a composé plusieurs séries de couples, les a disposés parallèlement les uns contre les autres, le dernier bismuth de la première série, étant soudé latéralement au premier antimoine de la seconde série, et ainsi de suite. Chaque couple est isolé de l'autre par une bande de papier verni. Le tout forme une pile de 25 à 30 couples de peu de volume. Elle sert à mesurer la chaleur.

On a essayé l'effet d'un jet de gaz comprimé sur le thermo-multiplicateur, croyant peut-être trouver, par ce moyen, un indice de la transformation du travail en chaleur et réciproquement. Dans une première expérience, on avait préalablement comprimé de l'air dans un vase à parois résistantes et muni d'un robinet. Comme le gaz s'était échauffé par la compression, on l'avait laissé refroidir jusqu'à la température ambiante. Lorsqu'on ouvrit le robinet, le jet de gaz frappant la pile accusa un refroidissement, c'est-à-dire un courant inverse. Dans une seconde expérience, on se servit d'un simple soufflet, et la pile accusa un courant direct semblable à celui que cause un foyer de chaleur. Les deux expériences étaient contradictoires. On ne put en donner une explication satisfaisante, parce qu'on ne connaissait pas le comment de la production de l'électricité. Le choc de l'air comprimé peut certainement, par lui-même, à raison des vibrations qu'il excite dans les conducteurs, occasionner en eux une perte de fluide ; mais la vraie cause des effets contraires obtenus dans ces deux expériences est, je crois, celle-ci : L'air comprimé dans le vase, a perdu, de ce fait, une partie de son électricité qu'on a laissée se dissiper par le refroidissement. Quand il frappe la pile, il est en privation, il excite ses vibrations dans les conducteurs, mais il attire à lui le fluide produit par son choc. Avec le soufflet, la compression moins grande est probablement trop faible pour faire sortir le fluide des électrosphères. Son choc excite des vibrations dans les conducteurs ; du fluide est dégagé. Si, cependant, il avait été légèrement mis en privation, l'électricité ne serait pas dissipée ; il l'emporterait avec lui et la déposerait sur les conducteurs de la pile ; ce qui ne pourrait qu'augmenter le courant direct.

Lumière électrique. — La lumière électrique a la même origine que celle de l'étincelle : elle est due aux vibrations du fluide comprimé ; son intensité est en rapport avec la condensation de la masse fluidique dans le milieu qu'elle est obligée de traverser.

On produit la lumière électrique de deux manières : par un courant interrompu qui force le fluide à franchir un certain espace rempli d'un gaz mauvais conducteur, comme l'air ; ou en rétrécissant, sur un point déterminé, la route que doit suivre l'électricité, par la substitution d'un fil plus fin au conducteur principal.

Le dernier moyen est généralement employé dans l'éclairage par l'électricité.

On établit d'abord un courant suffisamment puissant, et, aux endroits où l'on désire produire la lumière, on brise le fil conducteur, et on réunit les deux bouts séparés par un autre fil également conducteur, plus résistant, s'il le faut, à la volatilisation, mais beaucoup plus fin. En arrivant sur ce point, le courant se trouve resserré, comme une rivière dans un passage trop étroit, il se presse, se condense et passe avec plus de rapidité ; ses vibrations deviennent et plus puissantes et plus précipitées ; le fil est rendu lumineux. Le courant alors ressemble quelque peu à l'air comprimé qui fait vibrer la languette d'un instrument de musique, par laquelle il est arrêté et produit le son. Si le fil était trop fin pour la force du courant, les vibrations répulsives, devenues trop puissantes, briseraient le lien qui unit les éléments, les électrosphères chargées outre mesure se sépareraient ; il y aurait volatilisation.

Pour produire la lumière électrique avec un conducteur interrompu qui oblige le courant à traverser un gaz, on se sert d'un globe de verre dit : *œuf électrique*. Ce moyen possède un grand avantage pour les expériences de cabinet, parce qu'il est facile d'y varier à volonté la nature et la densité du gaz que doit traverser le courant, afin d'étudier la conduite de la lumière et des courants dans différents milieux. Le globe est porté sur un pied de cuivre ; deux tiges de laiton, terminées chacune par une boule pénètrent dans son intérieur, l'une par le haut, l'autre par le bas ; la tige inférieure est fixe, la tige supérieure glisse, à frottement doux, de façon à pouvoir rapprocher ou écarter leurs extrémités. Si on les place à une distance convenable, et qu'on fasse passer un courant, l'électricité franchit l'espace libre, à travers l'air qui remplit le globe, pour gagner la seconde tige. Elle forme alors une espèce de petit globe rappelant la figure d'un œuf. Sa lumière est blanche et éclatante, à l'instar de celle de l'étincelle. Et, en effet, elle n'est pas autre chose, avec cette modification, qu'au lieu d'être instantanée, elle est continue, le courant fournissant un fluide ininterrompu.

La lumière émise a pour cause, avons-nous dit, la résistance de l'air, mauvais conducteur, et sa pression qui oblige le fluide à se condenser et à vibrer plus énergiquement. Pour s'en convaincre, il suffit de diminuer la densité du gaz dans l'œuf électrique, à l'aide d'une machine pneumatique ; la lumière s'affaiblit en proportion de la raréfaction. Quand le vide atteint un ou deux millimètres, le courant ne présente plus qu'une lumière faible et violacée.

La lumière électrique varie de couleur selon la nature du conducteur que quitte le fluide, ou du gaz qu'il traverse. L'étincelle est jaune quand elle éclate d'une baguette de charbon ; argentée en sortant du cuivre ; cramoisie si elle s'échappe du bois ou de l'ivoire. Quand l'électricité traverse l'air ou simplement l'oxygène, à la pression ordinaire, sa lumière est blanche et brillante ; dans un air raréfié, elle est rougeâtre ; violacée dans le vide. Dans l'hydrogène elle est rougeâtre ; verte dans la vapeur de mercure et dans l'acide carbonique ; dans l'azote elle apparaît bleue ou pourpre. Cette variété tient aux éléments renfermés dans l'intérieur de la masse fluidique, et à la pression du fluide.

D'après leur forme et la différence de leur profondeur, les électrosphères des éléments ne peuvent donner toutes les vibrations ; chacune possède les siennes propres ainsi que le prouvent leurs couleurs variées dans le spectroscope. Une corde tendue ne saurait fournir que les vibrations en rapport avec sa longueur. Mais une extension des électrosphères par la chaleur ou l'électricité, peut les rendre ables d'autres vibrations qu'elles ne pouvaient avoir auparavant. L'électricité, en vertu de sa seule pression, peut donner la lumière brillante que nous lui connaissons ; mais aussi, par sa nature même, elle est susceptible d'adopter toutes les vibrations qu'elle reçoit des corps étrangers. Dans l'œuf électriqne, le courant emporte toujours avec lui des éléments du conducteur qu'il vient de quitter ; il les a détachés de la superficie en les chargeant. Le fluide amplifie et adopte les vibrations de ces éléments ; il en prend la couleur. Quand le gaz est raréfié, les éléments sont plus éloignés les uns des autres ; leurs courants circulaires se prolongent dans l'espace qui les sépare, et le fluide qui n'a plus ni la même vitesse, ni la même densité, est retenu par eux ; sa présence augmente suffisamment la densité des électrosphères prolongées, pour rendre sensible la lumière de leurs propres vibrations.

Avant l'apparition de la lumière dans l'œuf électrique, on remarque au pôle négatif une lueur violacée qui se prolonge le long de la tige ; ce qui n'a pas lieu pour le pôle positif. Ce phénomène est dû à l'induction. L'électricité de la tige négative est refoulée par l'influence du pôle positif déjà chargé par le courant avant que la lumière éclate. Son état de privation attire les particules chargées qui peuvent se détacher du pôle positif, ainsi que les éléments étrangers répandus dans le globe et même ceux de l'air qui ressentent également la même influence. Avant de toucher immédiatement la tige négative, ils se déchargent sur elle. La multitude des petites étincelles qui en résultent et qui sont continues, forment la faible lumière qui apparaît avant celle du courant. Ces éléments peuvent même s'unir quelquefois à ceux du conducteur, les brûler avec lumière. Au pôle positif, au contraire, les éléments qui le touchent se chargent et sont repoussés vers l'autre tige sur laquelle ils se déchargent.

Le vide réellement absolu, celui où ne se rencontreraient aucun élément, aucun atôme d'éther, est irréalisable de tous points. Les particules constitutives des parois du vase, se chargeraient de ce côté bien plus fortement encore qu'en face d'un corps en privation, puisque leurs vibrations ne rencontreraient absolument aucun obstacle ; elles déverseraient dans le vide leur électricité. Une partie des éléments eux-mêmes seraient entraînés avec le fluide, parce que de ce côté il n'y aurait aucun contrepoids aux vibrations qui les repoussent de la part des autres éléments auxquels ils sont unis. Mais supprimons, par la pensée, ces obstacles, et supposons le vide réalisé dans sa perfection ; comment se conduira l'électricité d'un courant en y pénétrant ? Elle se dilatera comme un jet de gaz lancé dans le vide, remplira le vase et s'y accumulera jusqu'à ce qu'elle ait acquis une tension capable de refouler celle de la tige négative dont elle doit vaincre la résistance avant de continuer le courant. Mais il n'y aura pas de lumière, le fluide n'étant pas suffisamment condensé.

Dans le vide produit par nos instruments, il reste toujours en réalité, d'abord l'éther à la densité du lieu, ensuite les éléments qui n'ont pu être éliminés, et enfin ceux qui se détachent soit des parois du vase, soit des substances qui forment ses ouvertures, soit du mercure dans le vide barométrique. Dans un tel milieu, l'électricité se dilatera encore, poussée par le courant, mais moins parfaitement que dans le premier cas. Gênée par la densité du fluide auquel elle se mélange, elle y pénètre presque en corps étranger, comme la fumée dans l'atmosphère. Sa puissance inductrice sur les éléments épars — car elle est dans un état sensiblement condensé et de vibration — les précipite dans son sein, et elle fait corps avec eux, se condense encore légèrement sous leurs courants circulaires prolongés. Leurs vibrations renforcées se réunissent, et une lumière faible apparaît. Sa couleur correspond aux éléments qu'elle contient pour les raisons citées plus haut.

La masse composée du fluide et des particules se tient dans la partie médiane du tube sans se mettre en contact avec les parois. Les vibrations de celles-ci et les siennes, étant opposées, donnent lieu à une répulsion qui la tient éloignée et qui contribue à maintenir l'électricité contre les éléments auxquels elle s'attache. Cependant, si on approche un conducteur, ou seulement le doigt des parois du vase, il y a induction ; la masse se dirige de ce côté, de même qu'un corps chargé vers un conducteur. L'induction qui pourrait être produite sur les parois du vase par les éléments chargés de l'intérieur, et qui tendrait à refouler le fluide de ces dernières en dehors, n'est pas assez forte pour combattre efficacement l'effet contraire exercé par le vide sur ces mêmes parois, d'autant plus qu'elles ne sont pas conductrices. Le voisinage d'un bon conducteur change la situation.

Quand on opère avec la bobine de Ruhmkorff, la lumière, dans le vide, prend un aspect particulier. Elle apparaît par couches détachées, présentant des zônes alternativement brillantes et obscures. La bobine, en effet, n'envoie pas le fluide par un courant continu, mais par décharges qui se succèdent plus ou moins rapidement. Chaque masse ainsi envoyée et accompagnée de ses éléments, se trouve séparée des autres par un léger intervalle et forme corps. Leurs vibrations opposées les empêchent de se réunir.

Quand on produit la lumière électrique au moyen d'un courant interrompu, la flamme, dans son trajet d'un pôle à l'autre, s'ils sont un peu écartés, se dispose en globe figurant assez bien un œuf dont les deux pointes reposeraient chacune sur un pôle. Les aigrettes produites par l'électricité qui s'échappe des pointes, ou des mâts de nos vaisseaux, et auxquelles on a donné le nom de feux Saint-Elme, nous donnent déjà une idée de ce qui se passe alors. Si un courant s'échappe librement dans l'air par l'extrémité d'un conducteur, le fluide s'écoule par une infinité de filets plus ou moins divergents. Chaque élément du conducteur, à cette extrémité, laisse couler le sien ; ils se trouvent tous séparés par l'air qui est entre eux ; leurs propres vibrations unies à celles des éléments qu'ils peuvent renfermer, et celles de l'air qui les sépare, produisent entre eux une répulsion qui les éloigne de plus en plus les uns des autres. Dans la flamme, où le fluide est plus abondant, l'électricité se réunit en une masse circulaire à peu près creuse. Les rayons électriques rencontrent moins de résistance à la propagation de leurs vibrations du côté extérieur que vers le centre d'où ils sont repoussés et par le croisement de leurs propres vibrations, et par celles de l'air qui y est renfermé ; ils se réunissent donc vers la circonférence. Il en résulte que la flamme forme une espèce de cylindre creux dont la répulsion intérieure tend à élargir continuellement les parois. Elle le fait d'abord, mais bientôt ces parois se concentrent de nouveau sous l'influence du pôle négatif vers lequel elles convergent. Sa forme ovoïde est constituée.

Dans ce mode de production de la lumière électrique, on remarque encore que la substance du pôle positif décroît lentement et se creuse, tandis que celle du pôle négatif augmente. Il y a donc transport des molécules du premier sur le second. Si les conducteurs sont deux corps métalliques de couleur différente, on reconnaît bientôt, par les dépôts, que le transport a lieu dans les deux sens ; seulement c'est du pôle positif au pôle négatif qu'il est le plus abondant.

A l'extrémité du conducteur positif, les éléments de sa surface, que la pression des autres ne retient pas dans leur position, sont détachés du corps et par leurs propres vibrations que surexcite la présence du fluide qui les remplit, et par la poussée du courant. Ce dernier les entraîne avec lui, et cela d'autant plus facilement, qu'étant chargés eux-mêmes, ils éprouvent une impulsion dans le même sens, c'est-à-dire vers le pôle négatif. Ils sont déposés sur lui ; là, l'électricité les abandonne pour suivre sa course, et ils demeurent attachés au conducteur par l'adhésion chimique. S'ils se détachent du pôle positif de manière à se trouver en dehors du courant, entre les parois lumineuses, ils se rendent encore d'eux-mêmes vers le pôle négatif, en vertu de leur état chargé ; car ils emportent avec eux l'électricité du courant qui les remplit.

Quant aux éléments de la surface du cône négatif,

l'ébranlement causé par le passage du courant, les vibrations puissantes qu'il a excitées dans leur électrosphère, l'impulsion qui les sollicite vers le pôle positif, doit également en détacher une certaine quantité, moins grande, il est vrai, qu'au pôle contraire, parce que les causes n'ont pas la même énergie.

En se séparant du conducteur ils sont à l'état négatif ; d'abord, parce que tout élément qui quitte un corps se trouve naturellement dans cet état, sauf, comme dans le cas précédent, quand ils sont détachés par un courant positif, parce qu'alors leur électrosphère est remplie de son électricité ; ensuite, à cause du courant qui refoulait leur fluide vers l'intérieur du conducteur dont ils faisaient partie. De ce chef, ils éprouvent donc une impulsion qui les porte vers le pôle positif. L'influence exercée par les couches lumineuses qui les environnent, agissant sur eux, comme sur son centre, de tous les points de la circonférence à la fois, s'annule elle-même par son opposition et ne peut gêner leur course. S'approcheraient-ils même du fluide en marche qu'ils n'arriveraient probablement pas à le toucher, ses vibrations répulsives sont trop vives et l'électricité ne quitterait pas le courant pour se jeter sur eux : elle suivra toujours de préférence la voie qui lui est frayée, comme la plus facile. Ils rouleraient, pour ainsi parler, contre le courant jusqu'au pôle positif, ainsi que le font les éléments négatifs dans l'électrolyse.

Chaleur produite par l'électricité. — Dans certaines circonstances, l'électricité peut émettre une très forte chaleur, la susciter dans les corps à un degré capable d'amener la fusion des métaux, l'inflammation de l'éther, de l'alcool, de la poudre, etc. Par elle-même, toutefois, elle n'en possède aucunement. La chaleur n'est pas une propriété inhérente à telle ou telle substance matérielle ; au point de vue physique, elle est uniquement un mouvement vibratoire particulier, susceptible d'être communiqué à tous les corps. L'éther de l'espace, qui n'est autre chose que le fluide électrique, nous transmet le mouvement vibratoire et calorifique du soleil ; mais parce qu'il ondule seulement et ne vibre pas, il est lui-même sans chaleur, tandis que les corps ne peuvent exister sans vibrations, sans quelque chaleur, par conséquent. Si dans l'étincelle et dans l'éclair, l'électricité accuse une chaleur considérable, c'est que là la pression d'une atmosphère élastique la place dans un état qui la force à vibrer énergiquement. Ces quelques notions donnent la clef des effets calorifiques de l'électricité.

Sous la décharge d'une batterie, un fil de fer devient rouge blanc, s'oxyde, brûle avec une lumière éclatante. La quantité de fluide qui pénètre le fil étant surabondante par rapport à la faiblesse de son diamètre, se comprime fortement. De plus, à cause de l'imperfection de sa conductibilité, l'électricité, dans sa course à travers les électrosphères des éléments, est ralentie ; elle se tasse dans chacune d'elles pour forcer le passage ; les éléments eux-mêmes, ébranlés par ces chocs répétés, vibrent énergiquement comme le fluide ; de là, chaleur et lumière. Si la décharge est assez forte, le mouvement vibratoire des éléments du conducteur, uni à la tension intérieure du fluide, éloigne suffisamment ces derniers, l'un de l'autre, pour qu'il y ait fusion ou même volatilisation. Moins le fil est bon conducteur, plus est grand le ralentissement et par suite la compression et le séjour du fluide dans chacune des électrosphères. L'intensité des vibrations suit la même proportion. Aussi l'étain, le plomb, le platine, l'or, l'argent sont-ils plus facilement volatilisés que le laiton.

Si on verse de l'éther ou de l'alcool un peu chaud dans un vase, et qu'on fasse passer, à travers le liquide, l'étincelle d'une bouteille de Leyde, il s'enflamme. Le peu de conductibilité de la liqueur détermine, ainsi qu'il a été dit plus haut, la décomposition de celles des molécules qui sont traversées par le fluide. L'oxygène de l'air se précipite sur les éléments séparés pour se combiner avec eux, parce qu'ils sont, ou à l'état privatif comme sortant d'une combinaison, ou chargés par le passage de l'étincelle. La flamme, avec son calorique, est le résultat des réactions survenues. Lorsque les éléments s'unissent, l'électricité qu'ils perdent est d'abord refoulée et condensée dans la partie extérieure de leur électrosphère : sa tension la fait vibrer avec chaleur et lumière. Le fluide et le calorique produit par les premières combinaisons se portent à leur tour sur les molécules voisines, déterminent également leur décomposition qui est suivie de nouvelles réactions. Ainsi la chaleur et la flamme s'entretiennent d'elles-mêmes.

On peut varier de mille manières ces expériences qui, toutes, procèdent de la même cause. Enveloppez, avec un chiffon de coton, le bouton d'une bouteille de Leyde; saupoudrez ce coton de résine pulvérisée, et faites jaillir l'étincelle, aussitôt la résine prend feu et allume le coton. En faisant passer l'étincelle à travers la mèche encore fumante d'une chandelle, elle se rallume. Des petites cartouches de poudre font explosion quand on les fait traverser par une étincelle électrique. Dans l'inflammation et la détonation du pistolet de Volta, l'hydrogène se charge, parce que, en qualité de meilleur conducteur, le fluide de l'étincelle se répand sur lui, de préférence à l'oxygène ; il y a alors impulsion entre ces deux éléments ; ils se combinent avec flamme et l'expansion subite du gaz causée par la chaleur produite, détermine l'explosion.

Tourniquet électrique. — Le tourniquet électrique (fig. 25), est un petit appareil composé de plusieurs rayons métalliques recourbés à leur extrémité, tous dans le même sens, terminés en pointe et fixés à une chape commune mobile sur un pivot.

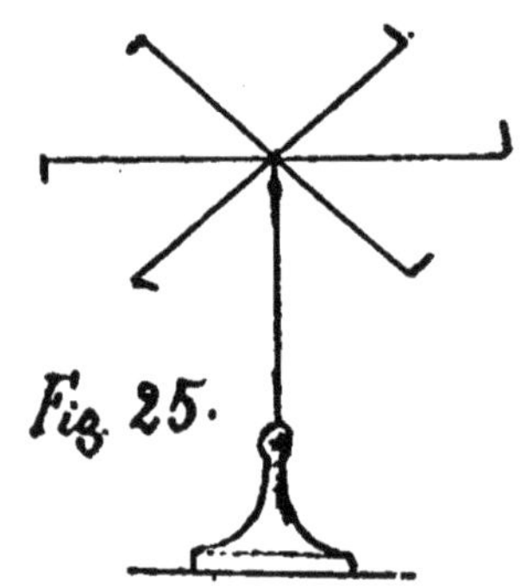
Fig. 25.

Cet appareil étant placé sur une machine électrique, ou mis en communication par le pivot avec un courant, les rayons et la chape prennent un mouvement de rotation rapide dans la direction opposée aux pointes. L'électricité en passant par l'intérieur des conducteurs, assimile le tourniquet électrique au tourniquet hydraulique ; son mouvement a la même cause. Le fluide resserré sur la pointe, exerce sur ce point contre l'atmosphère une poussée dont la puissance est en rapport avec la force du courant. Cette poussée a son contre-coup en arrière et active le mouvement.

Insufflation. — Quand le fluide d'un courant s'échappe par une pointe, il chasse l'air devant lui avec assez de force pour que son agitation soit non-seulement sensible à la main, mais capable de coucher et même d'éteindre la flamme d'une bougie. La puissance qui pousse le fluide a été indiquée plus haut (Pouvoir des pointes).

Si après avoir posé une bougie sur une machine électrique en fonction, on lui présente une pointe métallique, la flamme se couche du côté opposé à la pointe, comme si un souffle en partait pour la repousser. Il semble de prime abord que le contraire devrait se produire : la flamme chargée par la machine devrait être attirée par la pointe et se diriger vers elle à la manière de tout corps chargé vers celui qui ne l'est pas. Cet effet est la répétition, sous une autre forme, de ce qui se passe avec le tourniquet électrique. Sous l'influence de la pointe conductrice le fluide qui s'écoule par la flamme se masse de son côté ; l'effort qu'il fait contre l'air pour se diriger sur elle a sa réaction en arrière sur la colonne lumineuse, et la courbe en sens inverse. Quand un corps est chargé, l'électricité qui repose sur sa surface fait un peu corps avec lui : ses couches inférieures au moins sont légèrement retenues par la prolongation des courants circulaires des éléments. L'effort qu'elle doit faire pour en sortir quand elle est appelée sur un autre point entraîne le corps entier dans son mouvement. Dans la flamme il n'en est pas ainsi ; elle ne peut être retenue par les courants des éléments qui sont eux-mêmes remplis du fluide qu'ils viennent de perdre dans la combustion. Elle est donc parfaitement libre par rapport à eux, elle suit seulement la voie que lui fraye leur ascension. En se portant vers la pointe, elle n'entraîne pas la flamme avec elle, mais la réaction de son effort la repousse en arrière.

Transport par les courants. — On a déjà vu le transport des éléments par les courants dans la lumière électrique, en voici d'autres exemples plus concluants encore.

Si dans un tube rempli d'eau acidulée et couché horizontalement, on dépose un globule de mercure, et qu'ensuite on fasse passer un courant électrique dans ce tube, le globe de mercure s'allonge et s'avance dans le sens du courant. La vitesse de sa marche augmente avec la force du courant. Quand ce dernier est assez puissant, le globule se divise en plusieurs autres qui marchent dans le même sens. Le fluide, dans son cours, rencontrant le mercure, le frappe et le pousse en avant, comme le ferait tout autre liquide, dans la proportion de sa densité. Parce qu'il pénètre dans l'intérieur de la masse mercurielle, qu'il traverse les électrosphères de tous les éléments qui la composent, il exerce sur chacun d'eux une pression suffisante pour forcer le passage ; mûs par ces secousses réitérées, ils s'écartent les uns des autres dans le sens de la poussée, et le globule s'allonge. Quelquefois les éléments, se séparant, forment ainsi plusieurs globules distincts.

Une autre expérience vient corroborer l'existence de cette action des courants. Un petit fil de cuivre recourbé, que l'on fait surnager sur un liquide, sur du mercure, par exemple, pour lui donner plus de mobilité, est mis en contact avec les deux conducteurs d'une pile, l'une de ses extrémités avec le conducteur positif, l'autre avec le négatif, en sorte qu'il ferme le circuit. Au passage du courant, le fil de cuivre est repoussé ; il s'éloigne légèrement des deux conducteurs avec lesquels il était en contact avant l'arrivée du courant. Le choc du courant en l'atteignant a produit cet effet.

Pour obtenir une répulsion, il n'est pas nécessaire que le fluide frappe le corps expérimenté ; le choc seul des ondulations, qu'il produit dans l'air par ses vibrations, suffit. Lorsque deux fils de laiton assez gros, dont l'un est parfaitement mobile sur un axe de support, à la façon d'une aiguille de boussole, sont mis en présence, séparés seulement par un faible intervalle, si on charge celui qui est immobile, il doit y avoir impulsion de l'un vers l'autre, à cause de l'induction ; cependant, le premier choc des ondulations émanées de la charge électrique, repousse le fil mobile, et il tourne sur son axe. Pour qu'il y ait impulsion, en effet, il faut que les vibrations soient établies dans le corps induit : or, elles ne le sont pas encore, quand la première ondulation l'atteint, son effet naturel sur lui est une pression qui le repousse.

Ces expériences sont une preuve péremptoire que le fluide électrique ou l'éther est pondérable comme toutes les autres substances matérielles. Lorsqu'il vient frapper un corps quelconque, il lui communique un mouvement dont la quantité est mesurée par sa densité et sa vitesse. Ainsi s'expliquent les mouvements vibratoires imprimés aux molécules des corps par les ondes de la lumière et de la chaleur.

CHAPITRE IV.

Magnétisme.

AIMANT.

La puissance magnétique réside dans l'aimant. Ce nom vient du grec αδαμας *indomptable*, dont on a fait également le mot *diamant*. Les anciens appelaient ainsi, non seulement l'aimant, mais tout corps remarquable par sa dureté, tel que l'acier. Ils nommaient encore l'aimant *pierre de magnésie*; sans doute parce qu'il se rencontrait plus particulièrement dans les environs de cette ville. De ce dernier nom on a fait le terme *magnétisme* pour désigner la propriété particulière de l'aimant. L'aimant attire le fer et d'autres substances, tels que le nickel, le cobalt et le chrome, mais plus faiblement.

Il y a deux sortes d'aimants : 1° l'aimant naturel, ou pierre d'aimant, le seul connu de l'antiquité. C'est un oxyde de fer, en chimie, *oxyde magnétique*. Sa formule est Fe^3O^4, ou $FeO+Fe^2O^3$, un équivalent de protoxyde et un équivalent de sesquioxyde de fer combinés ensemble. On le trouve un peu partout ; mais il abonde surtout en Suède et en Norwège, où il est exploité comme minerai de fer. Ce minerai n'attire pas toujours le fer, il n'est doué qu'accidentellement de cette propriété.

2° L'aimant artificiel. C'est un barreau d'acier trempé. Il ne possède pas naturellement la puissance attractive comme l'oxyde magnétique ; mais on la lui communique facilement, soit par le contact d'un barreau semblable déjà aimanté, soit par un courant électrique. A cet effet, on enroule symétriquement le barreau tout entier, ou, au moins, ses deux extrémités, d'un fil de laiton convenablement isolé ; puis on met les deux bouts de ce fil en communication avec les pôles d'une pile en activité. Plus simplement encore, il suffit d'introduire le barreau dans l'axe d'une bobine pendant le passage du courant. Il en sort doué de la propriété des aimants, propriété qui demeure en lui d'une manière permanente.

Le barreau aimanté attire le fer, mais non avec une égale force sur tous ses points. Si, en effet, on le roule dans de la limaille de fer, celle-ci adhère abondamment à ses deux extrémités, puis diminue rapidement à mesure qu'elle se rapproche de la partie médiane du barreau, où l'adhérence est nulle. On a donné le nom de *ligne neutre* à cette dernière partie. Les deux extrémités, où la force attractive atteint son maximum, s'appellent les pôles de l'aimant, l'un le pôle austral, l'autre le pôle boréal. Deux pôles de même nom se repoussent toujours, tandis que deux pôles de nom contraire s'attirent. Une lame ou une aiguille aimantée mobile sur un pivot où elle est posée par le milieu, s'oriente d'elle-même de manière à tourner l'un de ses pôles, et toujours le même, vers le nord, l'autre vers le sud. C'est ce qui a fait assimiler la terre à un immense aimant. Toutefois on verra plus loin qu'elle ressemble plutôt à une bobine ; mais l'effet est le même sur l'aiguille de la boussole. Parce que les pôles de nom contraire s'attirent, le nom de pôle austral a été donné à celui de l'aimant qui se tourne vers le nord, et de pôle boréal à celui qui regarde le sud.

Extérieurement le barreau, après avoir subi l'opération de l'aimantation, est resté le même qu'auparavant : nulle espèce de changement ne paraît aux yeux, ni même à l'examen du chimiste. Cependant une telle puissance, qu'il ne possédait à aucun degré, ne peut lui avoir été communiquée sans qu'une modification profonde ne se soit produite dans l'intime de sa substance. Quelle est-elle ?

THÉORIE D'AMPÈRE.

Ampère, après avoir remarqué que les impulsions et les répulsions des aimants ressemblaient à celle des courants électriques dans les solénoïdes, pensa que leur cause devait être identique. Impossible, cependant, de supposer qu'une quantité quelconque d'électricité fût communiquée au barreau par l'aimantation : si l'aimant était sillonné par un courant électrique, il serait chargé, et il ne l'est pas ; on pourrait en soustraire le fluide, et on n'en trouve pas ; il ne réside en lui pas plus d'électricité après l'opération qu'auparavant. Alors il fut amené à supposer des courants circulaires persistant autour de chaque élément dans les substances magnétiques.

Il ne se trompait pas : ce sont précisément les courants circulaires dont l'existence a été démontrée plus haut. Ils sont nécessaires pour constituer les éléments, non seulement magnétiques, mais de tous les corps. Partant de ce fait, il raisonne ainsi : tant que les substances magnétiques ne sont pas aimantées, la position variée des éléments fait que ces courants particuliers sont dirigés dans tous les sens, et la résultante de leur action sur les corps extérieurs est nulle. Par l'influence directrice d'un autre aimant, ou d'un courant électrique, ils sont orientés et tournés dans le même sens, celui du courant directeur. C'est donc simplement un virement de position qui a lieu dans les éléments de la substance aimantee.

L'existence d'un mouvement élémentaire de cette nature dans le barreau, lorsqu'on l'aimante, ne peut plus être l'objet d'un doute depuis les recherches de La Rive, de Wertheiu et de Goule : lorsqu'une tige de fer doux est soumise à l'aimantation par influence, elle rend un son très prononcé dû aux vibrations des éléments mis en mouvement ; le fil de fer perd de son élasticité, ce qui accuse une modification dans l'agencement des molécules ; son diamètre diminue pendant que sa longueur augmente. Ces découvertes, en venant appuyer la manière de voir d'Ampère, deviennent, en même temps, une confirmation de notre système au sujet de la constitution des éléments chimiques.

Néanmoins, cette théorie qui fait, et à juste titre, vu l'état de la science à son époque, beaucoup d'honneur à son auteur, n'est pas complète. Un point a échappé à Ampère ; car si elle suffit à rendre compte de plusieurs effets du magnétisme, les autres lui sont contradictoires.

Tous les phénomènes du magnétisme reposent sur ce double principe : entre deux courants de même sens, il y a impulsion de l'un vers l'autre ; entre deux courants de sens contraire, il y a répulsion. Que ce soit des courants réels d'électricité, ou simplement des courants dans les éléments, il importe peu, le résultat doit être le même. Examinons donc la théorie d'Ampère à la lumière de ces deux principes dont la certitude constatée par les expériences ne laisse place à aucun doute.

D'après lui, les éléments ferrugineux de l'acier, naturellement semblables à de petites bobines, se placeraient bout à bout, ou pôle à pôle, leur axe parallèle à celui du barreau, en sorte que, sur ses surfaces, la réunion de tous ces petits courants particuliers, dirigés dans le même sens, celui du courant électrique employé pour l'aimantation, équivaudrait à un seul enveloppant l'aimant. Le barreau ressemblerait alors à une bobine dont les extrémités polaires, garnies par les pôles des éléments, seraient couvertes de courants circulaires.

Or, avec une telle disposition, on se rend bien compte de deux ou trois des phénomènes manifestés dans les aimants : 1° l'impulsion entre deux barreaux placés l'un contre l'autre dans le sens de leur longueur, avec les pôles de nom contraire en regard, ou entre ces mêmes pôles contraires, mis en opposition l'un à l'autre ; 2° la répulsion entre ces mêmes barreaux, placés comme précédemment, mais avec les pôles de même nom réunis ; 3° la direction donnée par eux à un courant électrique. Les autres faits, non moins nombreux, lui sont manifestement opposés.

Prenons, en effet, deux barreaux droits aimantés ; rapprochons-les, face contre face, dans toute leur longueur, le pôle boréal contre le pôle austral ; partout les courants en contact sont de même sens, et il y a impulsion, Jusqu'ici l'accord existe entre le fait et la théorie d'Ampère.

Maintenant faisons glisser l'un des barreaux sur l'autre, jusqu'aux deux tiers environ de leur longueur (fig. 26) ; les courants en contact sont toujours les mêmes, marchent dans le même sens, selon Ampère ; cependant, il y a répulsion au lieu d'impulsion. C'est un premier désaccord.

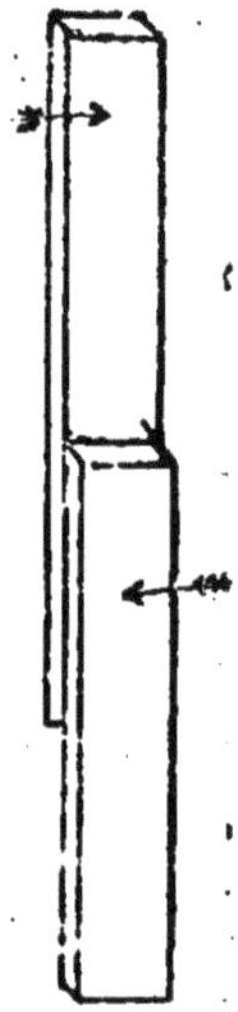

Fig 26

Le même résultat se constate, si on renverse l'expérience. Rapprochez les barreaux face boréale contre face boréale, les courants sont de sens opposé, la répulsion qui se manifeste alors devrait toujours avoir lieu, quelles que soient les parties de ces mêmes faces en contact ; malgré cela, c'est une impulsion que l'on trouve, si on les fait glisser comme précédemment. Second désaccord.

Si vous mettez les deux barreaux en croix, la partie boréale de l'un sur la partie australe de l'autre, comme dans la figure 27, les courants seront croisés à angle droit, selon la théorie d'Ampère. Nulle impulsion, nulle répulsion ne peut avoir lieu, entre deux courants placés de cette sorte ; la force de direction peut seule agir. Cependant, une impulsion se produit : les barreaux adhèrent fortement ensemble. Faites glisser le barreau de dessus vers la partie boréale de l'autre, tout en lui conservant la position croisée ; ce sont toujours les mêmes courants marchant chacun dans le même sens que plus haut, croisés de la même manière ; mais cette fois, ce n'est plus une impulsion, c'est une répulsion que l'on constate.

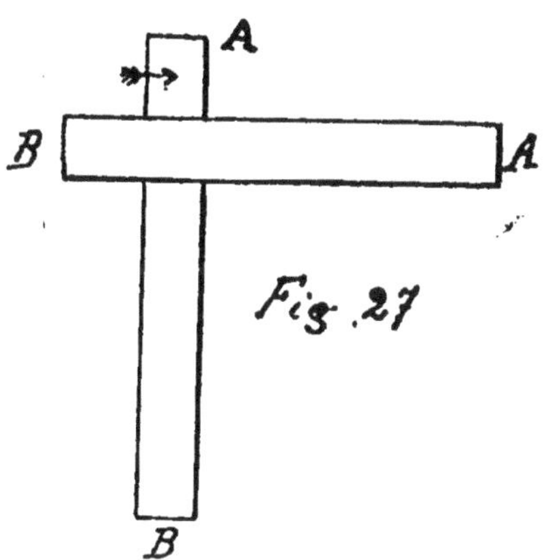

Fig. 27

Une dernière expérience. Approchez le pôle austral du barreau *C* (fig. 28) de l'une des faces quelconque du barreau *D*; vous aurez en contact, toujours selon la théorie Ampère, des courants circulaires, ceux du pôle *A*, avec des courants droits, ceux de la surface *BA*. Or, des courants circulaires, mis en présence de courants droits qui les traversent de cette sorte, ne peuvent donner ni impulsion ni répulsion ; et, pourtant, dans le cas présent, vous constatez une forte impulsion. Une répulsion aurait lieu, si le même pôle était placé contre la partie australe de *D*.

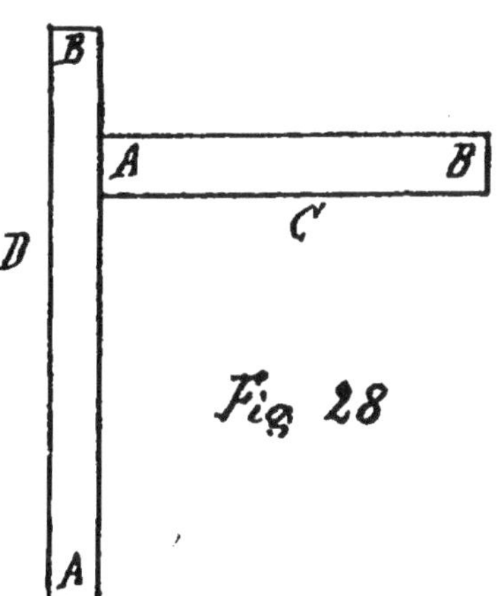

Fig 28

Enfin, si les courants de l'aimant ressemblent à ceux d'une bobine, le premier devra se conduire avec la seconde de la même manière qu'avec un autre aimant. Or, quand on veut obtenir un fantôme magnétique, si on se sert d'un aimant recourbé en fer à cheval pour marquer l'action de l'un des pôles, la limaille, au droit des côtés du barreau, se dispose en lignes droites, dans un sens perpendiculaire à son axe, tandis qu'avec une bobine, elle se place en lignes parallèles à son axe. Si on rapproche une boussole d'une bobine, l'aiguille se placera en face d'elle sur une ligne parallèle, tandis que si on la met près d'un barreau aimanté, elle tournera sa pointe vers lui.

Concluons : l'aimant ne peut être complètement assimilé à une bobine. La théorie Ampère a été, il est vrai, un réel progrès pour la science, surtout en ce qu'elle a fait connaître les courants qui entourent chaque élément chimique, et, par une suite nécessaire, leur électrosphère, bien que cette conclusion n'ait pas été tirée. Mais elle a un défaut, puisqu'elle ne répond pas à tous les phénomènes magnétiques ; et ce défaut réside dans le mode d'orientation qu'elle fait prendre aux éléments sous l'influence du courant électrique.

THÉORIE VRAIE DES AIMANTS.

Pour qu'une théorie des courants dans les aimants puisse être acceptée par la science, elle doit renfermer trois conditions essentielles : 1° quand les parties des pôles contraires, parties qui s'étendent de la ligne neutre au pôle, sont en présence, quelle que soit la position qu'on leur donne, les courants en regard doivent toujours avoir la même direction, puisque l'expérience démontre qu'il se produit alors une impulsion ; 2° si les parties des pôles semblables sont rapprochées, les courants doivent être de sens opposé, car, dans ce cas, une répulsion se manifeste sans faute ; 3° enfin, les courants de l'aimant doivent s'accorder avec les phénomènes de direction, soit entre deux aimants, soit entre un aimant et un courant électrique.

Ces conditions seront pleinement réalisées, si les éléments de la surface du barreau, après aimantation, au lieu de diriger leur axe parallèlement au sien, ainsi qu'on l'a cru jusqu'à présent, le placent perpendiculairement, sauf sur les faces polaires où ils seront parallèles à l'axe. De cette manière, les éléments offrent partout leurs pôles à la superficie : le pôle boréal, dans la partie boréale de l'aimant, le pôle austral dans la partie australe. Avec cette disposition (fig. 29) toute difficulté disparaît dans l'exposé des phénomènes magnétiques. De quelque manière que vous rapprochiez deux aimants, il y aura toujours en contact, deux pôles ; s'ils sont de même nom, les courants étant de sens opposé, engendreront une répulsion ; s'ils sont de nom contraire, les courants semblables donneront une impulsion. Quant aux éléments des couches intérieures, ils seront groupés comme dans la théorie d'Ampère et ils présideront à la direction imprimée aux courants électriques.

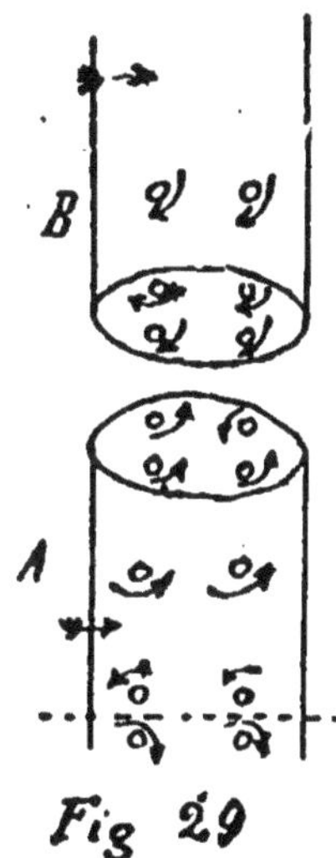

Fig 29

La cause de ce mode de groupement des éléments, dans le barreau, se comprend fort bien, lorsqu'on opère avec des aimants. Ces derniers excitent naturellement, dans l'acier soumis à leur influence, des courants semblables aux leurs ; mais elle est plus difficile à saisir, quand on se sert, pour l'aimantation, d'un courant électrique. On ne voit pas, tout d'abord, comment un courant, dont l'influence directive tend à transformer le barreau en hélice, donne naissance, au contraire, à des courants circulaires, et surtout à des courants circulaires de sens opposé dans les deux moitiés du même barreau, bien que lui-même conserve une direction identique dans les deux. Evidemment, une telle orientation des éléments n'est pas celle qui se présente la première à l'esprit ; celle d'Ampère, au contraire, paraît si naturelle, à première vue, qu'on ne voit pas, sans quelque surprise, les éléments du corps aimanté présenter, sous l'influence d'une hélice, leur pôle à la surface, et de plus les pôles opposés sur chaque moitié du barreau. Cependant il en est ainsi : les faits ne permettent pas d'en douter. A quoi cela tient-il ? Il y a donc, dans la production de ce phénomène, une circonstance particulière sur laquelle ne se fixe pas d'abord l'attention et qui rend ce résultat obligé.

Pour la découvrir, il importe de se rendre un compte exact de la marche du courant électrique, comparée à celle des courants élémentaires qui subissent son influence, et avec leur position relative, afin de voir clairement le résultat définitif des forces mises en jeu.

Il existe quatre modes principaux d'aimantation : 1° envelopper le barreau tout entier d'une hélice, ou le plonger dans l'axe d'une bobine en activité ; 2° couvrir d'une hélice ses deux extrémités seulement ;

3° ne soumettre que l'une de ses extrémités à l'influence d'un courant ; 4° enfin, se servir d'un corps déjà aimanté, soit par le frottement, soit par le simple contact dans toute la longueur du barreau, ou même uniquement sur un de ses bouts, surtout quand il s'agit d'aimanter par influence un fer doux.

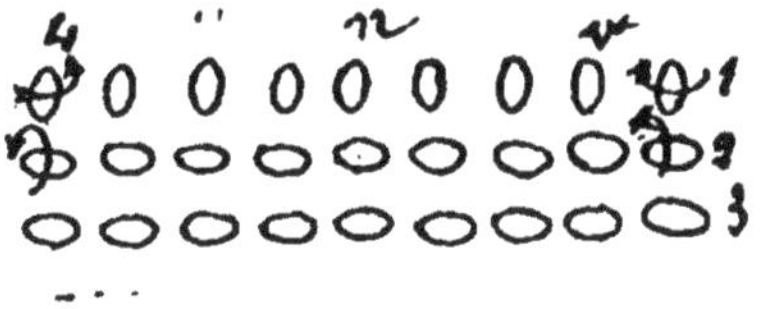

1° Avec la première méthode, les éléments du barreau sont sollicités à mettre leurs propres courants circulaires en accord avec le courant électrique ; à prendre par conséquent la position indiquée par Ampère. Toutefois, ceux de la couche extérieure (fig. 30), ne peuvent se maintenir dans cette situation. En voici la raison : pris entre deux courants de même sens, l'un au-dessus, celui de l'hélice, auquel ils conforment leur propre courant dans la partie supérieure qui en est la plus rapprochée ; l'autre au-dessous, celui des éléments de la couche inférieure, auquel le leur se trouve, par le fait, opposé ; ils éprouvent en haut une impulsion, et en bas une répulsion qui, toutes deux, les portent vers l'hélice. Ne pouvant pas se séparer des autres éléments auxquels ils sont unis, ils se voient forcés de se redresser sur un de leurs pôles, de manière à se mettre autant que possible d'accord avec cette double influence. L'élément *1*, par son pôle austral, restera uni au pôle boréal de l'élément *2* de la colonne inférieure ; son pôle boréal sera tourné vers l'hélice et ses courants sur le côté gauche tournés vers *n* seront de même sens que le courant électrique et, en même temps, que ceux de l'élément *2* et de toute sa colonne. A l'autre extrémité, l'élément *4* devra se dresser sur son pôle boréal, qui demeurera uni au pôle austral *5*, et, en même temps, présenter vers *n* ses courants semblables à ceux de l'hélice et de la colonne *5*. Inversement à l'élément *1*, c'est son pôle austral qui paraîtra en haut ou à l'extérieur. Ainsi le barreau sera partagé en deux parties égales ; dans l'une apparaitront les pôles sud, dans l'autre les pôles nord.

On pourrait donner pour motif à l'égalité du partage fait, dans le sens de la longueur du barreau, entre les pôles sud et les pôles nord, que, à partir du milieu neutre *n*, les tours de l'hélice étant plus nombreux et, par suite, la force agissante plus puissante sur la gauche pour la partie *n 1* des éléments, et sur la droite pour les éléments *n 4*, ces derniers doivent tourner leurs courants semblables à l'hélice vers la droite, et les premiers vers la gauche ; tous, par conséquent, vers la ligne neutre *n*. Mais en réalité, la cause prédominante de ce partage est, à mon avis, l'inégalité de puissance des pôles de chaque élément. Par suite de l'accroissement successif des forces qui se manifestent toujours dans les aimants, du point neutre aux extrémités dans la colonne *2 5* qui conserve la position indiquée par Ampère, le pôle boréal de chaque élément de *2* à *n* est plus puissant que le pôle austral ; tandis que de *n* à *5* c'est le pôle austral qui a le plus de force. Dès lors, l'élément *1* de la première colonne est repoussé, comme on l'a vu, par l'élément inférieur qui lui oppose ses courants contraires ; mais son pôle boréal, le plus puissant, est aussi le plus énergiquement repoussé ; c'est donc lui qui se redressera, et son pôle austral s'appuiera sur le pôle boréal de l'élément 2 qui l'attire plus fortement. Il présentera donc son pôle boréal à l'extérieur, et sera encore maintenu dans cette position par l'influence des courants contraires de l'élément *v*, lequel opère le même mouvement simultanément avec lui. Il en sera de même pour tous les éléments de cette colonne jusqu'au point neutre *n*. L'inverse aura lieu pour les éléments de cette colonne de *n* à *4* ou le pôle austral est devenu à son tour le plus fort et le plus vivement repoussé, par son rapprochement de l'autre extrémité.

Quant aux couches intérieures du barreau, elles devront conserver la disposition Ampère. Les conditions où elles se trouvent ne sont plus les mêmes que pour la première couche. Les éléments soudés par les pôles contraires forment comme une file de petites bobines parallèles à l'axe du barreau ; sur tous les autres côtés, ils sont en face de courants opposés aux leurs qui s'annulent et les maintiennent immobiles.

A l'intérieur, les éléments sont disposés comme il vient d'être dit ; à l'extérieur, ils présentent un de leurs pôles, le pôle austral sur une moitié du barreau, le pôle boréal sur l'autre. Telle est donc la véritable constitution de l'aimant, celle qui répond à toutes les exigences des faits, aussi bien qu'aux données des forces mises en jeu.

2° La seconde méthode d'aimantation consiste à n'envelopper de l'hélice que les deux extrémités du barreau. Elle est particulièrement employée dans la production des électro-aimants. La tige de fer doux donne à chaque bout le pôle conforme au sens du courant électrique, et ces pôles se continuent le long de la tige jusqu'au point de rencontre qui devient la ligne neutre, ou, du moins, aussi loin que s'étend l'influence du courant.

3° Si l'hélice ne recouvre qu'une extrémité du barreau, deux cas peuvent se présenter : ou l'influence du courant électrique se prolonge jusqu'à l'autre bout, ou elle s'arrête en route, soit à cause de la faiblesse du courant, soit par suite de la longueur de la tige. Dans le premier cas, deux pôles contraires sont formés comme précédemment. Au bout occupé par l'hélice, surgit le pôle exigé par le sens du courant ; à l'autre, le pôle contraire. Là, en effet, pour les colonnes plus profondes, celles qui sont disposées selon l'axe, il n'y a aucune difficulté ; c'est le pôle inverse au premier qui apparaît à l'extérieur. Mais par là même qu'il termine le barreau, il est devenu le plus puissant de l'élément et force ceux de la couche supérieure à tourner au dehors le pôle de même nom. Les conditions où se trouvent les éléments extérieurs sont donc les mêmes que quand l'hélice couvre la tige entière, sauf, sans doute, l'énergie de la force dirigeante qui est plus faible à l'extrémité non enveloppée. Dans le second cas, il n'y a qu'un seul pôle, celui suscité par le courant électrique ; il se prolonge aussi loin que l'influence ; la puissance vibratoire ne se portant que vers une extrémité, c'est toujours sur le même pôle des éléments qu'elle domine, et le même pôle, par conséquent, qui se dresse à l'extérieur.

4° Enfin, quand on développe le magnétisme dans un barreau d'acier à l'aide d'un aimant, plusieurs méthodes peuvent être employées. L'explication d'une seule d'entre elles, celle de la simple touche, suffira pour montrer le mécanisme qui préside à l'organisation des particules de l'acier. Elle consiste à faire glisser, sur toute la longueur du barreau, l'un des pôles d'un aimant puissant. Après quelques frictions répétées dans le même sens et avec le même pôle, le barreau est aimanté.

Ce procédé, le moins régulier de tous, bien qu'il atteigne le but qu'on se propose, donne lieu à des anomalies dont l'éclaircissement attirera mieux l'attention sur le fonctionnement des forces, dans la formation des aimants.

Supposons, pour plus de simplicité, qu'on ne frotte, avec l'aimant, que la face supérieure du barreau, l'aimantation sera un peu moins forte, mais absolument la même quant à la distribution des pôles et à l'agencement des particules. Dans ce cas, le pôle A de l'aimant, posé sur l'extrémité X du barreau (fig. 31), devrait régulièrement, semble-t-il, susciter sur ce point un pôle contraire, c'est-à-dire un pôle B. Les éléments extérieurs du barreau X Y, devraient montrer alors leur pôle B au dehors, selon la règle ; les éléments intérieurs, figurés ici par 1, se placeraient pôle à pôle sur une ligne verticale, le pôle B tourné vers l'aimant provocateur qui l'appelle. En faisant glisser A sur toute la longueur X Y, l'aimant agira de même sur tous les points ; et alors, le résultat devrait être celui-ci : la

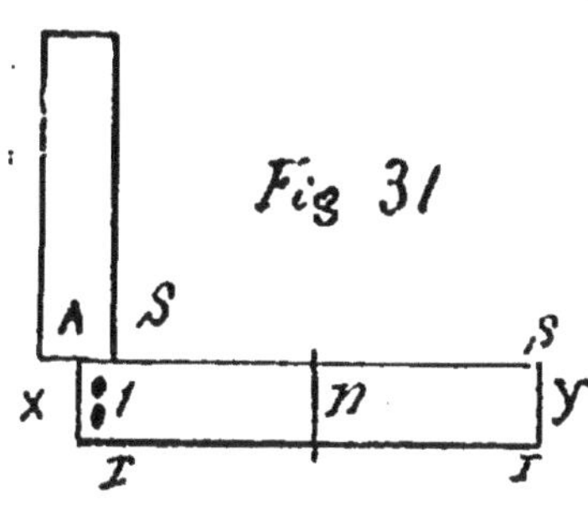

surface frottée SS donnant un pôle B et la surface inférieure II, un pôle A. Le barreau serait aimanté dans le sens de son épaisseur. Cependant il est loin d'en être ainsi : la partie $X\,n$ du barreau frottée par le pôle A de l'aimant, donne en réalité un pôle semblable A et la partie $n\,Y$ frottée par le même pôle, et dans les mêmes circonstances, donne un pôle B. Les particules intérieures, au lieu de former des lignes verticales, se placent en lignes parallèles à l'axe, le pôle A tourné vers X, et l'aimantation est établie dans le sens de la longueur.

L'explication d'une telle anomalie se trouve dans la marche de l'aimant sur la longueur du barreau, et dans ce fait, que la puissance d'un aimant va croissant du point neutre vers les extrémités.

Quand le pôle A de l'aimant excitateur c (fig. 32), est posé sur l'extrémité x du barreau, il y suscite réellement un pôle B; l'élément 1 de l'intérieur, tourne également son pôle B en haut vers le pôle A de l'aimant, position réclamée et par l'aimant et par le pôle de l'élément supérieur de la surface. Mais quand on fait glisser l'aimant et qu'il atteint, par exemple, la distance D, son influence, à mesure qu'il s'avance, entraîne après elle le pôle B de l'élément qui tourne pour se placer dans sa direction. Il en est ainsi successivement des autres 2, 3, etc., et lorsque l'aimant est arrivé en y, tous les éléments intérieurs sont tournés dans le même sens, formant des lignes parallèles à l'axe du

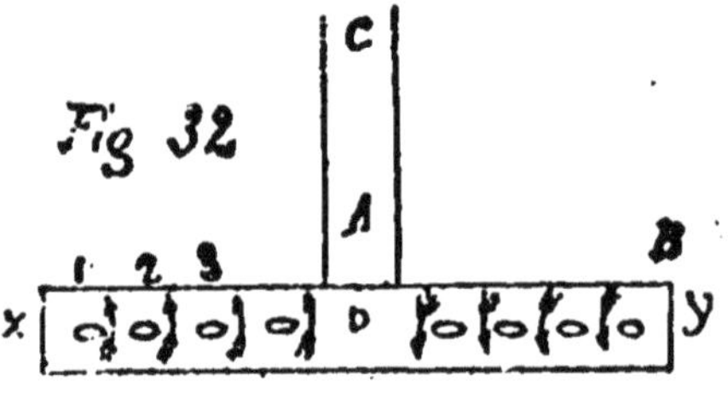

barreau, le pôle *A* tourné vers *x* et le pôle *B* vers *y*. D'un autre côté, par le fait de l'accroissement de puissance de la ligne neutre vers les extrémités, dans la partie *x D* du barreau, c'est le pôle *A* des éléments intérieurs qui est le plus fort, et le pôle *B* dans la partie *D y*. Dès lors, les éléments de la couche superficielle doivent obéir à l'impulsion supérieure, se disposer de manière à être unis par leur pôle opposé à celui qui est le plus puissant dans la couche inférieure qu'ils touchent. On a ainsi partout à la surface des pôles *A* de *x* en *D*, et des pôles *B* de *D* en *y*.

Si, maintenant, au lieu de promener le pôle de l'aimant sur une des faces du barreau, on se contente de les superposer l'un à l'autre, dans le sens de leur longueur, le pôle *A* de l'aimant sur le côté *x* du barreau, les choses sont simplifiées. L'aimant amène en même temps tous les éléments de la surface touchée du barreau à présenter au dehors leurs pôles opposés aux siens. Quant aux éléments intérieurs, l'élément *1* tourne son pôle *B* vers *y* ; à cause de l'influence du pôle *A* de l'élément supérieur auquel il s'unit et en même temps du pôle *B* de l'élément *2* qui appelle son pôle *A* ; le pôle *B* de l'élément *2* est obligé de se placer de même, pour s'unir au pôle *A* de l'élément précédent *2* ; et ainsi des autres : les colonnes intérieures seront donc disposées comme dans les cas précédents.

Points conséquents. — Si dans la méthode de simple touche, au lieu de faire glisser le pôle *A* de l'aimant d'un mouvement régulier et continu le long du barreau d'acier, on l'arrête un instant sur un endroit, en *D*, par exemple ; un point conséquent s'y produit, c'est-à-dire un pôle contraire au premier *x* ; et quand ensuite on continue de faire marcher l'aimant, il se forme en *y* un pôle de même nom qu'en *x*. On a ainsi trois pôles dans le barreau, deux pôles *A*, l'un en *x* l'autre en *y*, et un pôle *B* en *D*. Quand le pôle *A* de l'aimant est arrêté en *D*, les éléments intérieurs du barreau, dans la partie *x D*, tournent vers lui leur pôle *B*, ceux de la partie *D y* prennent une position inverse afin de diriger aussi vers lui leur pôle *B*, appelé par son influence. Par suite, leur pôle *A* regarde l'extrémité *y*, comme le même regarde *x* dans les éléments de la première partie. L'arrêt de l'aimant permet au point *D* du barreau de s'aimanter plus profondément, plus complètement ; les pôles *B* des éléments de chaque côté acquièrent plus de force, et lorsque l'aimant continue sa marche, il n'a pas assez de puissance pour retourner comme auparavant, les éléments mieux fixés. Ils restent dans cette position et l'on a les trois pôles indiqués plus haut.

Pour obtenir ces points conséquents avec l'emploi de l'hélice, il suffit de renverser le sens de ses tours, aux endroits où on veut les produire.

Aimants brisés. — Lorsque l'on brise un aimant sur un point quelconque de sa longueur, chaque partie divisée devient un aimant complet possédant ses deux pôles contraires. Les deux extrémités primitives conserveront celui qu'elles avaient auparavant ; les deux nouvelles, produites par la brisure, prennent les pôles contraires. Brisez en *D*, par exemple, le barreau aimanté $x\,y$ (fig. 32), les éléments intérieurs ne changent pas de position ; seulement à l'extrémité D, pour la partie $D\,y$, c'est leur pôle A qui du plus faible devient le plus fort, par sa position extrême ; c'est, au contraire, le pôle B pour les éléments de la partie $D\,x$. Les particules de la surface subissent cette nouvelle influence, retournent leur pôle extérieur pour l'unir au plus puissant qui l'appelle au-dessous ; et un pôle A est formé en D pour l'aimant $D\,y$; un pôle B pour l'aimant $D\,x$.

Ces faits montrent, dans les éléments du fer doux, une grande mobilité qui leur permet de tourner sur eux-mêmes pour présenter n'importe quelle face sans troubler l'union qui les agglomère. Mais aussi leur retour immédiat à la première position, quand cesse l'influence, soit de l'électricité soit de l'aimant, prouve qu'ils ne sont pas indifférents à tel ou tel mode de groupement ; que celui de l'aimantation n'est pas celui que réclame la nature dans leur agrégation.

Dans l'acier, le mouvement des éléments offre plus de difficultés, à cause, sans doute, de la présence du carbone qui, leur étant uni, les retient plus fortement dans leur position respective. Seulement, une fois le changement effectué, il devient plus stable, parce que le même carbone qui, lui aussi, a pris une nouvelle position, les retient encore. Leur stabilité persiste indéfiniment, si on a soin de munir le barreau d'une armure dont la force agit sur lui continuellement comme un autre aimant. Chauffés au rouge, les éléments ferrugineux reprennent leur orientation naturelle. La raison en est dans la dilatation qui rend leurs mouvements plus libres.

Distribution de la force dans les aimants. — La puissance d'un aimant, avons-nous dit plus haut, va grandissant du nœud, où elle est très faible, vers les extrémités. Voici la raison de ce phénomène assez surprenant et inexpliqué jusqu'ici.

La force a pour mesure la quantité de mouvement du corps agissant, et cette quantité de mouvement n'est autre chose que la vitesse du corps multipliée par sa densité. Dans les ondes émanées de l'aimant, qui représentent ici le corps agissant, la vitesse est la même pour toutes, quelle que soit la position qu'occupent, dans le barreau, les éléments qui leur donnent naissance. La différence de leur force ne peut donc venir que d'une variété dans la densité des électrosphères, ou de l'union des ondes de plusieurs éléments en un seul faisceau, ce qui revient au même. Or, ces deux choses existent pour les aimants précisément dans le sens indiqué par l'accroissement des forces constaté en eux par l'expérience. Elles sont la conséquence obligée de leur constitution.

La figure 33 représente les colonnes parallèles des éléments intérieurs d'un aimant. On peut les considérer comme autant de longues bobines où les courants circulaires sont de même sens dans toutes. Chacune d'elles, par le fait, a ses propres courants en opposition sur tous les côtés avec les autres qui l'environnent. La répulsion qui en résulte

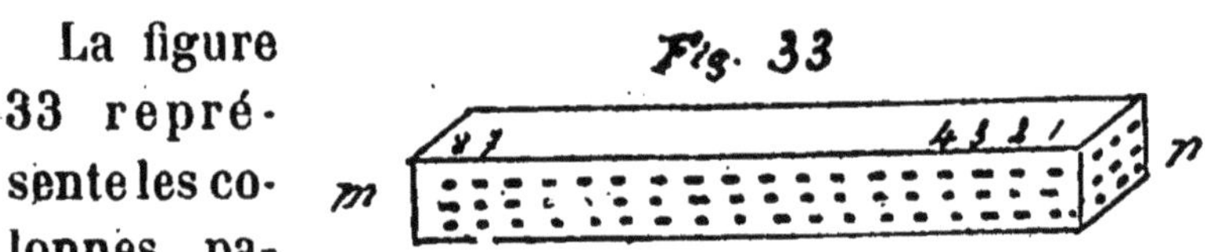

presse les électrosphères de ses éléments qui sont élastiques, tend à rétrécir leur diamètre et à les allonger en refoulant leur fluide dans le sens de la longueur des colonnes. Dans cette direction, le fluide est encore arrêté par la résistance égale des éléments qui précèdent et suivent, excepté sur les deux extrémités du barreau. Le fluide de l'élément extrême *1* se réfugie donc, en quantité proportionnelle à la poussée, dans la partie extérieure de son électrosphère qui est libre; cette partie devient plus dense. L'autre moitié de l'électrosphère, qui est à l'intérieur, est raréfiée et rendue moins résistante d'autant. Alors le fluide de l'élément suivant *2* se porte aussi de ce côté, où il se condense. Il en est ainsi des autres. Seulement, comme un phénomène semblable se produit à l'autre bout de la même colonne, à l'extrémité opposée du barreau, la condensation ou l'allongement des électrosphères, pour tous les éléments, se forme du côté de l'extrémité la plus voisine ; du côté *m* pour une moitié, du côté *n* pour l'autre moitié du barreau. Ainsi l'électrosphère de l'élément *1* sera plus dense, ses ondes plus puissantes que celles de l'élément *2*, parce qu'elle reçoit la pression des éléments *2*, *3*, *4*, etc., tandis que celle de *2* ne reçoit la pression que des éléments *3*, *4*, etc.

De plus, l'énergie des vibrations se porte toujours du côté où elles éprouvent le moins de résistance à leur propagation, et cela en proportion de la différence des oppositions ; c'est le principe que nous avons déjà cité bien des fois. Or, aux extrémités de chaque colonne, les vibrations n'ont que l'atmosphère à vaincre, tandis qu'à l'intérieur, elles rencontrent de tous côtés des vibrations opposées. Leur puissance se dirige donc surtout vers ces extrémités.

Du milieu de la colonne au bout le plus rapproché, chaque élément qui la constitue ajoute sa poussée et sa force vibratoire au suivant; en sorte que les poussées s'ajoutant, le fluide devient de plus en plus dense ; l'énergie des vibrations, en se confondant, est rendue de plus en plus considérable sur les pôles qui regardent l'extrémité.

En conséquence de ce fait, la longueur du barreau doit augmenter la puissance de l'aimant. Toutefois, cette augmentation a des bornes assez restreintes, car elle dépend de la capacité dont jouissent les éléments, considérés individuellement, à développer et l'étendue et la densité de leur électrosphère.

La force de chaque élément est minime; mais leur multitude agissant de concert, et dans le même sens, sur un objet, donne à l'aimant total une puissance relativement considérable.

Concentration des forces. — Quand on charge les pôles d'un aimant en les mettant en contact avec un morceau de fer doux, les forces de tous les éléments se portent vers ce dernier et diminuent sur les autres points. Si la charge est assez considérable pour épuiser sa puissance, les forces actives des éléments situés en dehors des faces polaires deviennent aussi faibles que possible. Au lieu de placer le fer doux contre les pôles de l'aimant, on peut l'appliquer sur le barreau, à quelque distance de ces derniers; le résultat est le même : les forces de l'aimant se concentrent sur le fer doux et les particules des faces polaires perdent leur énergie comme celles des autres points.

Ce phénomène du transport et de l'accumulation des forces sur un point unique, procède de la cause énoncée plus haut, au sujet de l'accroissement progressif de puissance à partir de la ligne neutre jusqu'aux pôles, dans les éléments d'un aimant, et la confirme.

L'énergie des ondes de chaque particule se porte vers l'endroit où leur formation est la plus facile. Or, sous l'influence de l'aimant, le fer doux s'aimante lui-même ; au point de contact, les courants circulaires des éléments, dans l'un et l'autre, sont de même sens ; leurs ondes rencontrent un fluide animé d'un mouvement identique au leur ; elles n'éprouvent, pour se former, aucun obstacle; il est, du moins, beaucoup moindre que dans le milieu ambiant lui-même. Dès lors, l'énergie des ondes voisines, y compris celles des faces polaires, lorsque le contact n'a pas lieu sur elles, se retourne vers le fer doux. Cette facilité grandit avec l'énergie des ondes du fer ; plus elles sont puissantes, plus aussi les ondes de l'aimant sont aidées à suivre leur mouvement. D'un autre côté, les ondes du fer doux, empruntant leur énergie de celles de l'aimant, augmenteront de force avec la puissance de ce dernier. La réaction est réciproque.

Quel que soit, sur les autres parties de l'aimant, l'affaiblissement des forces, occasionné par la concentration, elles existent néanmoins toujours dans une certaine mesure. Les courants circulaires ne cessent pas dans les éléments ; ils donnent nécessairement naissance à des ondes dans le milieu ambiant ;

et, ces ondes ne peuvent évidemment pas être sans une force quelconque. L'aiguille d'une boussole légère les accuse toujours.

Un aimant abandonné à lui-même perd peu à peu sa force. Ses particules constituantes, que l'aimantation a placées dans une position forcée, tendent à reprendre une à une leur orientation naturelle. Pour obvier à cet inconvénient, on les munit d'une armure, en reliant les pôles contraires par une barre de fer doux. Alors, les ondes de tous les éléments, poussées sans cesse et vivement vers les pôles, les obligent à conserver la position qui favorise leur mouvement, et que l'aimantation du fer doux suffirait seule à leur faire prendre.

Si on plonge un aimant, de forme angulaire, dans de la limaille, on remarque que celle-ci s'attache plus vite et plus abondante sur les arêtes. Là, en effet, les éléments formant la crête sont plus découverts que ceux des faces ; ils peuvent mieux développer leur électrosphère, sous la poussée des éléments précédents. Leurs vibrations sont également renforcées par le concours de celles des éléments voisins, lesquelles trouvent en eux une route plus facile, parce qu'ils n'ont que l'atmosphère à vaincre. Ils sont donc plus puissants.

Direction. — Lorsqu'on approche un courant rectiligne mobile auprès de l'une des faces latérales d'un aimant, il se place immédiatement de lui-même en travers ; si on le détourne, il reprend aussitôt la même position, absolument comme il le fait en présence d'une bobine ou d'une hélice. Cela suppose, dans l'aimant, en dehors des courants circulaires, l'existence d'autres courants rectilignes qui l'enveloppent tout entier. Ils subsistent réellement, aussi bien que dans la théorie Ampère ; seulement ils n'appartiennent qu'aux couches intérieures du barreau. Les courants circulaires de la surface ne pouvant avoir aucune influence sur un courant rectiligne, ce dernier obéit uniquement aux courants intérieurs dont l'action demeure entière sur lui. Il se place dans le même sens qu'eux.

Par suite, un aimant mobile placé près d'un courant rectiligne, se mettra en croix avec lui, se tournant de manière à ce que ses courants intérieurs soient de même sens. Mais approché d'une hélice animée d'un courant électrique, il dirigera son axe sur une ligne parallèle à celui de l'hélice, plaçant ses pôles du côté nécessaire pour que les courants de celle-ci soient de même sens que les siens sur les faces en regard.

BOUSSOLE.

Avec ce qui précède, nous avons la clef de la direction de la boussole. La terre avec les courants circulaires qui enveloppent sa sphère, ressemble à une immense bobine de forme ronde. Ces grands courants, au sein desquels est plongée l'aiguille aimantée, comme une petite bobine dans les courants latéraux d'une grande, sont sans influence sur les courants circulaires propres aux éléments superficiels de l'aimant, parce qu'ils représentent, par rapport à eux, des courants rectilignes ; mais leur action se fait sentir sur ses courants intérieurs dont la disposition est semblable. L'aiguille se met donc en croix avec eux, son axe dans le sens de l'axe magnétique de la terre ; son pôle austral est tourné vers le nord, afin que les courants de sa face inférieure soient de même sens avec les plus rapprochés du globe. Ceux-ci sont, en effet, les plus puissants, ce sont donc eux qui l'emportent et déterminent la direction des pôles de l'aiguille. La force directive est assez faible dans l'espèce, parcequ'elle est combattue par les courants plus élevés, en communication directe avec la face supérieure de l'aimant, à laquelle ils sont contraires. La seule différence des deux influences opposées, qui ne peut être que minime, constitue la force efficace de l'orientation du pôle austral vers le nord.

La déclinaison de l'aiguille aimantée est loin d'être uniforme, soit sur la surface du globe, soit dans le temps. On divise ses nombreuses variations :

1° *En régionales*. Actuellement, dans l'Europe et l'Afrique, elle est occidentale, la pointe australe de la boussole est dirigée à l'ouest du méridien. Dans les deux Amériques elle est orientale.

2° *Séculaires*. Elle varie avec le temps pour les mêmes régions. A Paris, avant l'année 1700, l'aiguille était à l'est ; en 1700, elle coïncidait avec le méridien ; la déclinaison était 0° ; à partir de ce moment, elle devient occidentale, et, en 1814, elle atteint 22°34. Depuis ce temps, l'aiguille revient lentement vers l'orient, et en 1875, sa déclinaison occidentale n'était plus que de 17°21.

3° *Locales.* Elle n'est pas partout semblable, sur le même méridien.

4° *Annuelles.* A Paris, l'aiguille paraît rétrograder vers l'est de l'équinoxe du printemps au solstice d'été. Dans les neuf mois suivants, elle s'avance au contraire vers l'ouest.

5° *Diurnes.* Elle change pour le même lieu à certaines heures du jour. Dans nos contrées, l'aiguille marche tous les jours de l'est à l'ouest, depuis le lever du soleil jusque vers une heure après midi, et retourne ensuite vers l'est jusqu'à dix heures du soir, où elle a repris la position qu'elle occupait le matin. A Paris, l'amplitude de cette variation serait, en moyenne, de 13 à 15 minutes pour les mois d'avril, mai, juin, juillet, août et septembre. Pour les autres mois, elle serait seulement de 8 à 10 minutes. Certains jours, cette variation atteint jusqu'à 25 minutes ; d'autres, elle ne dépasse pas 5 minutes. De plus, elle décroît des pôles à l'équateur : il existe même une ligne, près de l'équateur, où cette variation diurne n'existe pas.

6° *Accidentelles.* Les causes qui troublent accidentellement les variations diurnes sont : les aurores boréales, les éruptions volcaniques, la foudre.

Jusqu'à présent, la force qui commande la boussole est restée un mystère pour la science. On a bien supposé l'existence d'un aimant puissant au centre de la terre ; mais il a fallu renoncer à cette hypothèse qui, outre la gratuité complète de son existence, est incapable d'expliquer les faits. Voici une théorie dont la base repose sur des données scientifiques, et qui répond assez bien aux variations constatées par l'observation. Qu'on me permette de la proposer, en attendant quelque chose de plus certain.

La déclinaison de la boussole avec toutes ses variations tient à des courants qu'il faut avant tout connaître. J'en compterai trois principaux dont la marche et l'influence sont permanentes. Le premier est celui formé par l'ensemble des grands courants circulaires primitifs, cause de la pesanteur et de la concentration, sous forme de sphère, des matières terrestres. Il est le plus considérable par sa force comme par son étendue dans l'espace, puisqu'il atteint les limites de l'influence de notre globe ; dans son sein sont renfermés, et la terre avec son atmosphère, et la masse du fluide éthéré qu'il pousse et condense dans la direction du centre de celle-ci, pour lui constituer une espèce d'électrosphère ne faisant qu'un tout avec elle. Sa marche, régie par les courants semblables du soleil, au milieu desquels il se trouve, est dirigée de l'est à l'ouest, dans l'espace qui sépare les deux astres. Son centre se confond naturellement avec celui de la terre ; son axe, toujours parallèle à celui du soleil, fait sur l'axe de la terre un angle de 23°28. Il est le véritable courant magnétique.

Le deuxième, que j'appellerai diurne, est dû à l'action des rayons solaires sur le sol. Ceux-ci y font naître un courant électrique, à l'instar de ceux que les physiciens constatent dans les corps et particulièrement dans les métaux exposés, sur un point de leur surface, à l'excitation de la lumière et de la chaleur. Il suit la marche du soleil ; tourne autour de la terre de l'orient à l'occident : son axe est celui même de la terre.

Le troisième, plus faible que les deux premiers, va des pôles à l'équateur, nous lui donnerons le nom de perpendiculaire, parce qu'il l'est en effet pour les deux autres. Sa raison d'être sera indiquée dans la météorologie *(Aurores)*.

Traçons maintenant une hémisphère de notre globle, prise de telle sorte que le méridien de Paris la coupe en deux parties égales (fig. 34). Ce méridien

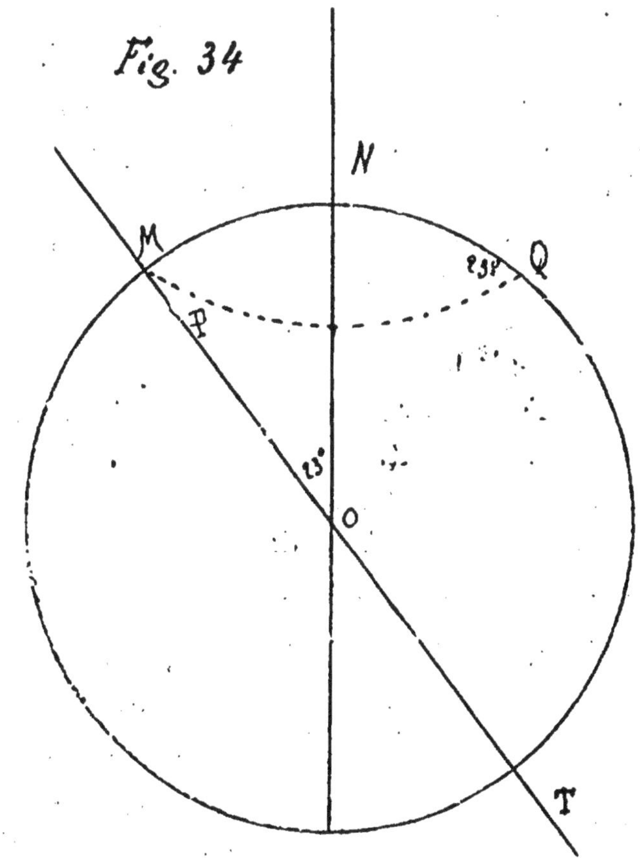

N O, renferme dans son plan l'axe terrestre. *M Q* est le cercle polaire éloigné de 23° 28 du pôle. *M T* est

l'axe magnétique, ou des grands courants ; on le suppose, pour le moment, passer précisément par le point *P* du cercle polaire. Lorsqu'il est placé ainsi, la distance angulaire qui le sépare de l'axe terrestre, ou du pôle nord, est la plus grande possible pour Paris ; en le fixant en avant ou en arrière, sur un autre point du cercle polaire, cette distance diminuerait. Or, la distance des lignes *MN*, vues de Paris, donnerait un angle de plus de 40°.

Si donc les seuls courants magnétiques existaient, l'aiguille de la boussole qui regarderait nécessairement l'axe magnétique *M. O. T.*, ferait, à Paris, un angle dépassant 40° avec le pôle nord. Cependant la déclinaison la plus considérable connue, arrivée en 1814, année pendant laquelle, sans doute, les positions relatives étaient celles de la figure 34, ne fut que de 22° 34'. Il y a donc une autre force opposée, c'est celle des courants diurnes qui appellent l'aiguille vers le nord. La boussole doit prendre une position intermédiaire correspondant à la différence des deux influences opposées qui la sollicitent. Il faut aussi tenir compte de l'influence du courant perpendiculaire.

L'axe magnétique étant supposé passer par le méridien indiqué dans la figure 34, si on s'éloigne de Paris vers l'est, la déclinaison doit diminuer peu à peu, comme la distance angulaire sous laquelle sont vues les lignes *M* et *N*. Elle sera nulle sur le méridien qui passe par *O*, où les deux axes sont l'un derrière l'autre sur une même ligne. Plus loin, elle passe à l'orient.

Les choses étant telles, la déclinaison normale pour

toutes les contrées serait facile à trouver après avoir reconnu le point fixe où passe l'axe magnétique sur le cercle polaire. Mais ce point est-il fixe ? Les variations séculaires ne permettent pas de le croire. D'où provient alors le déplacement ? Les grands courants, que nous avons dit être les vrais courants magnétiques, embrassent avec la terre son électrosphère entière ; ils marchent dans le sens des courants solaires et leur axe ne saurait être autrement que parallèle à celui du soleil. Une seule chose pourrait sembler le déranger de cette position, la rotation de la terre qui se fait autour d'un axe différent et qui entraîne avec elle son électrosphère dans le même mouvement, quoique plus lentement à proportion de la distance. D'abord, le mouvement de la matière éthérée dont les atômes sont sans liaison entre eux et dont la densité est extrêmement faible, ne saurait en rien troubler la marche des ondulations et les déplacer de leur axe. Il n'influe en rien sur celles qui nous viennent du soleil en traversant notre électrosphère. L'axe magnétique doit donc être considéré comme immobile dans l'électrosphère terrestre, et indépendant de la rotation. En est-il de même dans la partie solide du globe ? Evidemment non : la nature du milieu a changé. Les ondulations éthérées y pénètrent plus difficilement, y circulent plus lentement, et une fois établies, se déplacent avec moins de facilité et de promptitude ; elles continuent leur route commencée sans égard à la rotation qui les emporte. Les courants magnétiques avec leur axe ont été établis dans le sein de la terre dès le commencement de sa formation ; ils y sont demeurés dans une position fixe jusqu'au moment où elle prit son mouvement rotatoire. S'ils pouvaient se déplacer au sein des roches terrestres avec le cours de la rotation, l'axe magnétique y demeurerait toujours dans sa même position relative avec celui du soleil, et le cercle polaire tournerait contre lui ; l'aiguille aimantée, emportée avec la terre dans son mouvement, irait de l'occident en orient en douze heures et reviendrait à l'occident dans les douze heures suivantes; ce qui n'est pas. La partie de l'axe magnétique enfermée dans la terre ferme est donc seule emportée par le mouvement de cette dernière, ainsi que la boussole et tout ce qui tient au sol. L'axe, demeurant ainsi fixé sur un point déterminé du cercle polaire, ne se rencontre avec sa position normale qu'une fois par jour et pour un instant. La déclinaison demeure immobile comme lui.

Cependant la séparation quotidienne et forcée de cette portion de l'axe magnétique, d'avec sa position normale, ne laisse pas de produire sur elle un certain effet. Il se traduit par un léger déplacement sur le pourtour du cercle polaire, qu'elle finit par parcourir en entier avec le temps, de même qu'elle le parcourrait en un jour, si elle n'était pas emportée par la rotation. La déclinaison séculaire en est la conséquence. Elle est occidentale, quand l'axe magnétique occupe la moitié du cercle polaire placée à l'ouest du pôle nord, par rapport à nous, orientale quand il occupe l'autre moitié.

Le temps que met l'axe à faire le tour du cercle polaire, peut se déduire des observations connues, au sujet de la déclinaison, si elles sont exactes. En 1666, la déclinaison était nulle à Paris; l'axe magnétique coupait par conséquent le cercle polaire sur un point placé, pour nous, en face du pôle. En 1814, elle avait atteint son degré le plus occidental; l'axe avait parcouru un quart du cercle polaire vers l'ouest. Il fera donc un tour complet en 592 ans. Sa déclinaison étant nulle deux fois chaque tour, elle le sera de nouveau pour nous vers 1962; puis passera à l'est pour revenir ensuite sur ses pas.

La déclinaison réelle en divers lieux n'est pas toujours d'accord avec la normale déduite des données que nous venons d'indiquer. Ce sont les variations locales. Leur raison d'être doit tenir à la conformation du sol, et surtout à la nature des terrains. Les uns sont plus sensibles à l'action des rayons solaires, produisent sous leur influence une électricité plus abondante, rendent les courants diurnes plus puissants et, par là, inclinent l'aiguille vers le nord. Une élévation de température produit le même effet. D'un autre côté, la différence de conductibilité des terrains peut infléchir les courants, qui, au lieu de suivre autour du pôle une courbe régulière *A* (fig. 35), décrivent une ligne tourmentée *B*. Ces inflexions influent, là où elles se rencontrent, sur la direction de l'aiguille. Cette dernière observation s'applique également aux courants perpendiculaires.

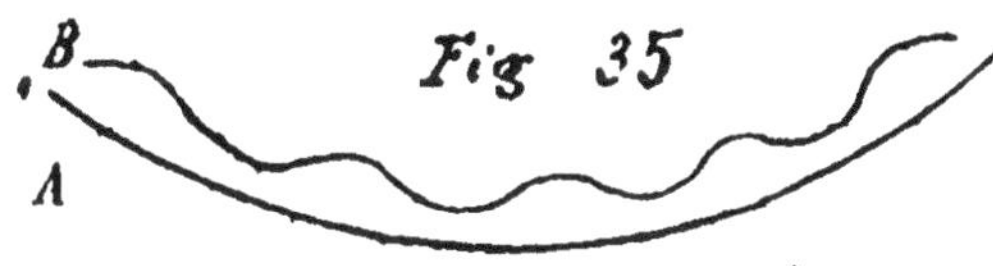

Les variations annuelles s'expliquent par l'accroissement de la température en certaines saisons. Du printemps à l'été, l'électricité produite dans le sol par les rayons du soleil va en augmentant; les courants diurnes deviennent plus forts, et l'aiguille incline vers le nord. Elle revient vers l'ouest avec le déclin du soleil parce que la quantité d'électricité produite s'affaiblit.

Pendant la journée, l'inverse se produit, du matin au milieu du jour, pendant la croissance de la température, l'aiguille décline vers l'ouest. Le soleil alors évapore l'humidité déposée dans le sol et dans l'atmosphère par la fraîcheur de la nuit ; l'évaporation enlève au sol de l'électricité et diminue l'intensité des courants diurnes.

Les variations accidentelles sont dues à l'électricité produite : 1° par les éruptions volcaniques; elles sont le résultat de réactions chimiques qui ont lieu subitement et sur une assez grande échelle au sein de la terre pour ébranler le sol sur une étendue considérable. Les gaz et les vapeurs qu'elles exhalent se refroidissent et se condensent dans l'atmosphère en y rendant libre une grande quantité d'électricité; 2° les aurores boréales sont dues à une accumulation d'électricité vers les pôles, dans les parties élevées de l'atmosphère; elle y occasionne des courants supérieurs, et active, par son écoulement dans le sol, les courants perpendiculaires. La boussole est alors agitée par deux influences dont les supériorités sont intermittentes.

Inclinaison. — L'inclinaison se mesure à l'aide d'une boussole spéciale dont l'aiguille peut se mouvoir librement dans un plan vertical. Quand on la place de telle sorte que le plan vertical dans lequel l'aiguille se meut coïncide avec le méridien magnétique, le pôle austral de celle-ci s'abaisse vers l'axe magnétique. L'angle qu'elle forme alors avec l'horizon s'appelle l'inclinaison.

Son mouvement repose sur un principe unique : elle se comporte avec l'axe magnétique comme elle le ferait en présence d'une hélice en activité.

Dans un autre plan que celui qui vient d'être indiqué, l'aiguille s'abaisse encore, mais de moins en moins, à mesure que son plan approche de la perpendiculaire au méridien magnétique, où l'inclinaison est de 90 degrés. Dans cette dernière position, en effet, ses courants sont d'accord avec les courants magnétiques, autant qu'ils peuvent l'être : la force qui tend à la faire baisser vers l'axe magnétique est annulée par son pivot qui ne lui permet pas ce mouvement. Dans les situations intermédiaires la force qui l'appelle, agissant de biais sur elle, peut se décomposer en deux autres ; l'une qui l'attire dans la direction du pôle magnétique et qui est détruite par la résistance de son axe de suspension ; l'autre qui tend à l'abaisser sur l'horizon et produit son effet. Cette dernière diminue à mesure que le plan de la boussole approche de la perpendiculaire.

L'inclinaison varie avec le temps et le lieu. En 1671, elle était, à Paris, de 75 degrés ; depuis, elle a toujours été en décroissant, et, aujourd'hui, elle est de 65 degrés environ.

Supposons le pôle magnétique placé sur le méridien de Paris, ce qui eut lieu vers l'année 1666 ; ses courants se confondront avec les courants diurnes et leur rapprochement les rendra plus puissants. Dans ces conditions, l'aiguille aimantée devra se placer sur une ligne parallèle à l'axe magnétique. Paris étant au 48e degré 51 minutes de latitude et le pôle magnétique au degré 23° 28', l'inclinaison sera de 72° 30' et probablement un peu plus. Cet angle, en effet, a été calculé comme si la terre était parfaitement ronde, tandis qu'elle est renflée à l'équateur d'un 82e. L'abaissement de la ligne horizontale du côté du pôle, qui en est la conséquence, même à Paris, rapproche la verticale de l'axe magnétique et augmente d'autant l'angle d'inclinaison. Rien donc d'étonnant si elle atteint 75; d'autant plus que la pesanteur agit plus fortement sur l'extrémité inférieure de l'aiguille et tend à relever légèrement l'autre. C'est la plus grande inclinaison que puisse donner la boussole à Paris.

Quand le pôle magnétique s'éloigne du côté de l'occident sur le cercle polaire, il s'abaisse par rapport à nous ; l'inclinaison doit diminuer, mais dans une proportion moindre que l'abaissement de l'axe magnétique. En voici la raison : l'aiguille de la boussole ordinaire sollicitée par les courants magnétiques et les courants diurnes, prend une direction intermédiaire commandée par leur influence respective ; or, c'est avec cette direction que l'on fait coïncider le plan de la boussole d'inclinaison. Dans cette position, son plan, au lieu d'être réellement dirigé selon le méridien magnétique, est incliné sur lui ; l'aiguille ne peut donc s'abaisser autant que l'axe magnétique, même s'il agissait seul sur elle. Quand celui-ci sera derrière le pôle terrestre, il aura, pour nous, son abaissement le plus grand, mais masqué par le pôle de la terre, l'influence de ce dernier dominera sur l'aiguille d'inclinaison, et probablement elle ne descendra pas au-dessous de 40 degrés, si elle les atteint.

L'inclinaison varie avec les latitudes d'une manière assez régulière. Pour celui qui va du pôle à l'équateur, l'axe magnétique se rapproche graduellement de la ligne horizontale. L'aiguille doit suivre ce mouvement. On constate, en effet, que vers le pôle boréal, l'inclinaison est de 90 degrés en plusieurs endroits : par exemple, sur le pôle magnétique, et près de lui, pour être parallèle à son axe, l'aiguille doit être verticale. Il en sera de même sur le pôle terrestre où dominent les courants diurnes ; sur la ligne qui unit les deux pôles, dans les endroits où l'influence contraire de leurs courants circulaires devient égale sur la boussole. A l'équateur magnétique, son axe est horizontal et l'inclinaison nulle. Dans l'autre hémisphère, c'est le pôle boréal de l'aiguille qui marque l'inclinaison, parce que c'est elle qui est influencée par le pôle austral de l'axe magnétique.

IMPULSIONS ET RÉPULSIONS.

Entre deux corps aimantés, ces phénomènes ne s'exercent que par les courants circulaires des éléments superficiels. Il y a impulsion toutes les fois que les points en contact ou les plus rapprochés possèdent des courants de même sens ; ce qui arrive quand ces points appartiennent à des pôles contraires. Il y a répulsion quand ils font partie de pôles du même nom, parce qu'alors les courants sont opposés.

Entre un aimant et un corps étranger, l'impulsion exige un certain degré d'aimantation probablement produit dans ce corps par l'influence magnétique. Il faut, en effet, pour subir l'impulsion, que le corps étranger possède des courants circulaires semblables à ceux de l'aimant, et il n'en possèdera qu'autant que les éléments de sa surface, au moins une certaine quantité, auront pris la disposition spéciale aux aimants ; afin que l'impulsion soit sensible, ils doivent être en nombre suffisant pour constituer une force capable de déterminer un mouvement de sa masse.

La puissance d'un aimant dépend : 1° de la différence des résistances offertes à la propagation de ses ondes, par le corps qu'il influence, et par le milieu ambiant. Elle diminue avec l'éloignement, parce que l'intensité des ondes s'affaiblit elle-même à mesure que grandit la distance qui les sépare de leur foyer ; 2° de la quantité des courants circulaires, ou des particules aimantées, concourant au phénomène. Chaque particule possédant une action individuelle, la puissance totale est la somme de leur nombre, comme la force d'un câble est en raison du nombre de ses fils. Toutes les particules du barreau, depuis la ligne neutre, jusqu'à l'extrémité du pôle agissant, concourent au même but dans une certaine proportion, par le transport d'une partie de leur force sur le point influencé. La longueur de cette partie du barreau, jusqu'à une certaine limite cependant, ainsi que sa grosseur, contribuent donc à l'accroissement de sa puissance effective.

Je passe sous silence l'énergie que l'on suppose ordinairement développée plus vigoureusement dans chaque élément, par une aimantation plus forte. Une telle aimantation, à mon avis, accroît seulement le nombre des éléments influencés dans la masse du barreau; elle n'augmente en rien l'énergie des courants élémentaires, pris en particulier; il faudrait pour cela qu'elle augmente la densité de leur électrosphère ; et, elle ne peut le faire qu'en leur fournissant de l'électricité, ce qui n'a pas lieu, croyons-nous. Son résultat est d'aimanter le barreau plus complètement, plus profondément et de multiplier, par là, le nombre des éléments ou des courants actifs. C'est à ce titre uniquement qu'elle peut compter parmi les causes qui favorisent la puissance des aimants. Ici nous supposons le barreau parfaitement aimanté.

3° Enfin, du corps influencé. L'influence des deux corps étant réciproque, si le second ne possède que les deux tiers, je suppose, des courants actifs que contient le premier, l'impulsion sera diminuée d'autant : ces deux tiers seuls produiront le phénomène dans le second, et le premier ne rencontrera, lui aussi, que pour la valeur des deux tiers de ses courants, un passage plus facile à la marche de ses ondes.

Le fer doux est de tous les corps connus, celui qui s'aimante par influence le plus promptement et le plus complètement. Mais aussitôt que l'influence magnétique ou électrique est interrompue, son aimantation disparaît avec la même rapidité, sans qu'il en conserve aucune trace, quand il est parfaitement pur. Cette propriété l'a fait choisir, de préférence, pour la construction des électro-aimants.

Parmi les autres corps, quelques-uns se prêtent

aussi, mais avec plus de difficulté et moins parfaitement, au changement d'orientation de leurs éléments, sous l'influence des aimants. On les désigne sous le nom de substances magnétiques. Tels sont : le cérium, le titane, le palladium, le platine, l'osmium, le lanthane, le molybdène, l'uranium, etc. D'autres semblent, au contraire, éprouver une répulsion en présence des aimants. On les appelle substances diamagnétiques, le bismuth, l'antimoine, le zinc, l'étain, le cadmium, le mercure, le plomb, l'argent, le cuivre, l'or, le tungstène, etc.

La répulsion qu'éprouvent ces derniers en face des deux pôles d'un aimant ne saurait être attribuée à des courants contraires dont ils seraient animés. S'ils étaient opposés à l'un des pôles, ils seraient, par là même, conformes à ceux de l'autre, et poussés vers lui. D'autre part, la présence d'un aimant ne peut susciter en eux des courants opposés aux siens, la force d'un courant tendant toujours à diriger les autres dans son propre sens. Reste donc à chercher une autre cause à la répulsion. Je ne vois que la résistance qu'ils offrent à se laisser traverser par les ondes magnétiques ; résistance qui engendrerait une certaine répulsion, par ce fait, que les ondes rencontreraient une voie plus libre dans le milieu ambiant. La réaction du choc produit contre ces substances ferait reculer l'aimant.

Dans les corps composés, et surtout dans les corps organiques, la combinaison des éléments, le mode plus fixe d'association des molécules, offrent un obstacle insurmontable à l'orientation magnétique.

Des expériences ont été faites sur les gaz. Il semble

que leurs éléments dégagés de toute combinaison, même de ute cohésion, parfaitement libres de leurs mouvements, devraient se prêter plus facilement que tout autre corps, à l'orientation sollicitée par l'influence magnétique. Il n'en est rien. Si beaucoup d'éléments, dans les corps, sont arrêtés par les liens de la cohésion ou de la combinaison, dans les gaz, ils pèchent, au contraire, par une trop grande mobilité. Il faut de la fixité, et, en même temps, une certaine mobilité dans les éléments d'un corps, pour former un aimant, même passager. Le fer doux et l'acier possèdent ces deux propriétés : leurs éléments sont liés par une forte cohésion qui les empêche de se séparer, assez serrés pour ne pouvoir passer d'un poste à un autre, et assez mobiles relativement à l'orientation qu'ils sont susceptibles de prendre vis-à-vis l'un de l'autre sans détruire l'union. Quand, sous l'influence magnétique, les éléments superficiels se sont placés dans l'ordre convenable, les autres sont forcés de se ranger en conséquence, comme on l'a vu plus haut, prenant une situation qui n'est pas celle réclamée par la nature. Dans un gaz, il n'en est pas ainsi : les éléments n'étant pas liés ensemble, ne prennent jamais une position combattue par la nature. Si les plus rapprochés de l'influence magnétique présentent leur pôle contraire, les autres prendront de suite, par rapport à eux, la position naturellement réclamée par leurs courants, et l'aimantation devient impossible. Parce qu'ils peuvent indifféremment changer de lieu, il se fera, dans la masse, un mouvement confus qui déplacera même ceux qui avaient d'abord obéi à l'influence. Si on remarque quelque impulsion, elle sera due aux éléments de la première couche, mais leur force isolée est très faible ; ils ne reçoivent, en effet, aucun secours des autres qui ne sont ni disposés pour cela, ni unis avec eux, ce qui est nécessaire pour le transport et la concentration de leur force. De plus, la disposition des couches intérieures vis-à-vis des premiers, en leur présentant leurs courants semblables, enlève encore une partie de leur force individuelle, en les attirant vers elles, puisqu'un élément qui tourne ses courants de manière à les mettre d'accord avec ceux d'un autre, en attire la force à lui.

La flamme d'une bougie, la lumière électrique, sont vigoureusement repoussées par les aimants. Il n'en saurait être autrement. Il y a là deux ondes puissantes, celle de la lumière et celle de l'aimant ; toutes deux s'avancent à l'encontre l'une de l'autre ; de plus, la marche circulaire de l'onde magnétique a peine à développer son mouvement giratoire au sein de la flamme qui s'y oppose d'autant plus fortement qu'elle est plus puissante. D'où répulsion obligée.

Les ondulations des aimants traversent, sans se déformer, à peu près tous les corps ; mais parce qu'elles ne le font pas sans avoir des résistances à vaincre, une épaisseur un peu considérable peut les éteindre avant leur sortie. On vérifie le fait en interposant un corps entre un aimant assez puissant et une boussole. Dès lors que l'aimant agit sur cette dernière, c'est que ses ondes ont réellement traversé le corps, sans que leur mouvement ait cessé d'être circulaire.

FANTOMES.

La disposition des fantômes confirme notre théorie magnétique. Elle parle aux yeux.

On appelle fantôme l'ordre symétrique que prend la limaille de fer sous l'influence d'un barreau aimanté. Pour l'obtenir, appliquez un barreau, disposé horizontalement, sur une feuille de carton ou simplement de papier sur laquelle vous semez de la limaille de fer en assez petite quantité pour que les lignes soient bien distinctes ; frappez légèrement sur la feuille pour aider le mouvement des grains de la limaille. Ceux-ci, aimantés par influence, se placent

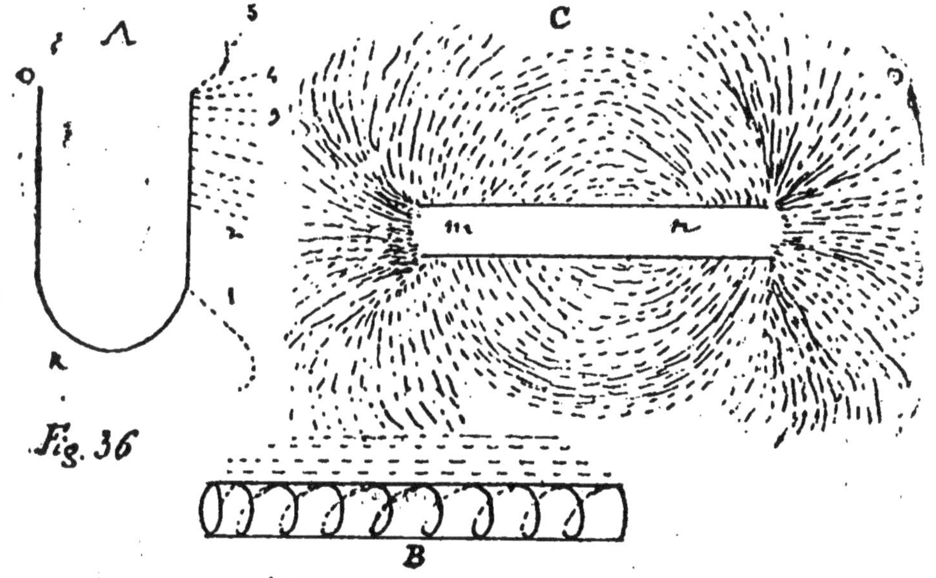

bout à bout, les pôles contraires en contact, et forment des lignes régulièrement espacées.

La figure 36 représente en *A* un fantôme pris sur la face latérale de la branche australe d'un aimant recourbé. Grâce à cette forme de l'aimant, la limaille, étant soustraite autant que possible à l'influence de l'autre pôle, montre la direction de ses lignes lorsqu'elle subit l'action d'un seul pôle.

On remarque, en premier lieu, que les grains de la limaille s'attachent au barreau par l'un de leurs pôles ; ensuite qu'ils se disposent en lignes perpendiculaires à l'axe de l'aimant et droites. Pour qu'il en soit ainsi, il faut que la surface du barreau soit couverte de petits courants circulaires. Des courants directs ne pourraient avoir aucune action sur les courants circulaires des pôles de la limaille. Placez, en effet, une bobine ou une hélice *B* dans les mêmes conditions que le barreau, et animez-la par un courant électrique, elle aimantera aussi la limaille ; mais parce qu'elle n'a pas sur sa surface de courants circulaires, elle n'attirera pas les grains qui, de leur côté, ne s'attacheront pas à elle. Ils seront seulement dirigés comme par des courants droits, lui présenteront le flanc, au lieu d'un pôle, de manière à mettre leurs propres courants intérieurs en accord avec les siens. Ils s'uniront entre eux par leurs pôles contraires, se placeront devant elle en lignes, non perpendiculaires, mais parallèles à son axe.

Cette disparité de conduite dans la limaille rend sensible la différence de constitution des deux acteurs, l'aimant et la bobine.

Bien que la surface des grains aimantés soit entièrement recouverte de courants circulaires, et que l'impulsion s'exerce ainsi sur tous les points de leur surface, c'est le pôle qui se dirige sur l'aimant ; parce que les pôles sont les endroits où réside la plus grande somme de force, ils obéissent à l'influence la plus puissante.

Chacun des points du barreau a sa force, son action individuelle ; aussi voit-on la ligne *1* droite d'abord, commencer à se courber lorsque, descendue assez bas dans sa prolongation oblique, elle est atteinte par l'influence du pôle boréal *R* de l'aimant. Les lignes *2* sont droites, mais obliquent vers le bas, parce que le pôle austral des grains qui les composent et qui est le plus éloigné, est repoussé par tous les points du barreau, et que ces points sont plus nombreux, ou plus puissants dans la partie supérieure. Les lignes *3* sont perpendiculaires à l'aimant parce que le pôle austral des grains éprouve une répulsion égale de chaque côté. La partie du barreau qui les chasse en bas est beaucoup plus courte que l'inférieure dont la force tend à les relever ; mais elle est aussi de beaucoup la plus forte. Il y a compensation. Les lignes *4* commencent à se relever ; la puissance de la partie inférieure de l'aimant l'emporte. Enfin, la ligne *5* se recourbe vers son extrémité supérieure, ses pôles austraux sont attirés par l'influence du pôle boréal *O* de l'aimant.

La courbe telle qu'on la voit dans le fantôme complet *C* est l'effet de l'influence du pôle opposé qui attire à lui les pôles supérieurs des grains de la limaille. Les lignes forment une courbe régulière au lieu de se diriger directement vers l'autre pôle du barreau, parce qu'elles sont en même temps repoussées par les parties *m n* ; elles s'élèvent jusqu'à ce que le pôle contraire de l'aimant l'emporte définitivement, ce qui arrive quand elles sont au-dessus de la ligne neutre. Plus les lignes se rapprochent du point médian du barreau, moins leur courbe est accentuée.

Les espaces vides qui séparent les lignes de limaille ne sont pas causés par une inaction de l'aimant dans ces intervalles ; son énergie se fait sentir partout sans interruption, et n'est pas moins grande dans ces endroits que sur le tracé des lignes : tous les éléments du barreau ont leurs courants circulaires qui étendent individuellement leurs ondes dans l'espace, sous une forme sphérique qui ne laisse aucun point en dehors de leur atteinte. L'expérience, du reste, montre que les lignes peuvent aussi bien se former dans les espaces vides qu'ailleurs. Leur séparation vient de la répulsion qu'elles exercent les unes sur les autres. Elles sont composées de petits aimants unis bout à bout ; ces éléments ont leur axe placé parallèlement avec celui des grains des autres lignes, les pôles de même nom tournés du même côté ; ces lignes doivent donc se repousser mutuellement. L'intervalle disparaît quand la limaille est en grande quantité, parce que la force répulsive de ces petits aimants est trop faible pour être efficace sur une masse tant soit peu considérable.

CHAPITRE V.

La Chaleur.

SA NATURE.

Les mots *chaleur* et *froid*, comme ceux de son, de lumière, de bleu, de rouge, etc., servent à exprimer deux choses bien distinctes, mais que, dans le langage ordinaire, nous confondons aisément. Nous les appliquons d'abord à la sensation que nous éprouvons, et à laquelle ils appartiennent en propre ; ensuite à la cause de cette sensation, c'est-à-dire à l'état particulier des corps qui la provoquent. Nous disons d'une cloche, qu'elle rend tel son, que le son traverse les airs ; d'un corps, qu'il est lumineux, qu'il a telle couleur, qu'il est froid ou chaud ; tandis qu'en réalité, le son, la couleur, le froid ou le chaud, ne sont qu'en nous. Dans le corps, il y a seulement un mouvement vibratoire particulier, produisant la sensation en nous, par les ondes qui viennent frapper nos organes.

Le corps humain a besoin pour conserver la santé et même la vie, d'une certaine élasticité dans les molécules de ses organes, afin d'assurer la régularité de leur fonctionnement ; d'une fluidité déterminée dans le sang qui les nourrit. La chaleur lui procure ces propriétés en maintenant un écartement convenable entre les molécules du sang et des organes. Quand la température du corps ou de l'une de ses parties baisse, nous éprouvons la sensation du froid ; quand elle augmente, c'est une sensation de chaleur que nous ressentons. Si, à un certain degré, la dilatation s'accentue outre mesure, nous disons qu'il fait trop chaud ; si elle arrive au point de détruire les organes en en séparant complètement les éléments, la sensation devient une souffrance très pénible, celle de la brûlure. La Providence a ménagé en nous cette variété de sensations agréables ou douloureuses, pour nous forcer à veiller à notre conservation sans qu'il soit besoin d'en appeler au raisonnement qui serait beaucoup moins sûr, et viendrait presque toujours trop tard. La sensation ne peut être l'apanage que d'une substance sensible, par conséquent immatérielle.

Considérée dans les corps, la chaleur est uniquement, comme nous venons de le dire, un mouvement vibratoire qui a son siège dans les molécules ou les éléments. Quand un corps émet de ces vibrations d'une intensité supérieure à celle dont nos membres sont le siège, il est chaud pour nous, parce qu'il augmente encore la dilatation moléculaire de notre corps. Dans le cas contraire, nous le trouvons froid. Ce mouvement ayant la propriété d'écarter les molécules, dilate les corps proportionnellement à son intensité ; c'est la base des thermomètres qui nous indiquent directement la dilatation du mercure ou de tout autre liquide, et indirectement, par le fait, le degré de puissance de ses vibrations ; en d'autres termes, la température.

L'énergie calorifique des ondes diminue comme le carré des distances, à mesure qu'elles s'éloignent de leur foyer, parce que leur volume ou leur masse s'affaiblit dans la même proportion. La cause en a été indiquée dans le chapitre préliminaire. (*Intensité des ondes.*)

Toutes les vibrations ne sont pas calorifiques. Chaque catégorie possède ses propriétés particulières fondées généralement sur la différence de leur longueur. Il y a les vibrations des corps, telles que celles qui produisent le son ; les vibrations des courants circulaires autour des éléments et des astres, lesquelles président à la pesanteur. Il y a les vibrations des courants électriques ; nous les avons vues causer l'attraction, la répulsion et l'électricité des courants induits ; ces trois effets, toutefois, peuvent être également produits par toutes les vibrations. Il faut encore compter les vibrations propres aux électrosphères des éléments, et celles du spectre solaire, etc.

Ces dernières ont été divisées en chimiques, lumineuses et calorifiques. Il ne faudrait cependant pas prendre cette division dans un sens absolu. On les a nommées ainsi à cause de l'une de leurs propriétés, la plus apparente, ou plutôt qui a été connue la première. L'action chimique d'abord constatée pour les ondulations obscures plus courtes que celles de la lumière, leur a valu leur nom ; mais cette propriété a été depuis reconnue appartenir aussi aux rayons dits lumineux et calorifiques. Tous sont actifs sur ce point, suivant la nature de la substance impressionnée. Leur pouvoir dépend de la facilité avec laquelle les éléments peuvent les absorber. Une ondulation est absorbée par un élément, quand elle suscite dans son électrosphère des vibrations de même longueur ; alors, sa quantité de mouvement est consommée par le travail exécuté, et elle ne va pas plus loin ; elle est éteinte, quant à la partie de sa sphère qui a frappé l'élément. C'est à la catégorie des rayons obscurs, dits chimiques, qu'appartiennent ceux dont on se sert aujourd'hui pour photographier les objets à travers certains corps opaques. Ils possèdent la propriété de traverser les chairs et le bois à l'exclusion des os et des métaux, ainsi qu'il en est, à l'égard de quelques substances, pour toutes les ondulations en général.

La lumière, au contraire, étant une sensation, est attachée, comme le son, à la rapidité de succession des vibrations ; elle est donc exclusivement réservée aux vibrations d'une fréquence déterminée. Au-delà, comme en deçà de cette fréquence, la sensation lumineuse cesse. Si l'absence de perception vient de l'insensibilité de notre âme à l'action des vibrations trop ou trop peu fréquentes, celui-là seul qui a établi les rapports existants entre elle et ses vibrations pourrait les modifier ; si elle vient de l'imperfection de notre organe, à cause de son incapacité à transmettre ces ondulations au cerveau, il pourrait se rencontrer des personnes incapables d'être impressionnées par quelques-unes, ou même susceptibles de percevoir celles qui dépassent légèrement, soit en plus, soit en moins, la fréquence ordinaire.

Peut-être existe-t-il des animaux pour lesquels un certain nombre de rayons, obscurs pour nous, sont lumineux. La Providence a ménagé à chaque espèce les facultés propres à l'accomplissement des fonctions auxquelles elle les a destinés.

On a rendu lumineux des rayons ultra-violets, en leur faisant traverser des dissolutions de quinine, ou des verres d'urane ; des rayons obscurs au-delà du rouge, en les recevant dans le vide sur une feuille de platine platinisée, c'est-à-dire, recouverte de platine pulvérulent. Ces expériences ne rendent certainement pas lumineuses des vibrations qui ne le sont pas par elles-mêmes, ou qui ne possèdent pas la fréquence voulue. C'est à tort qu'on a prétendu attribuer ce changement à la réfraction qui est absolument impuissante sur ce point : elle ne saurait rendre plus ou moins fréquente n'importe quelle ondulation, ce qui serait pourtant nécessaire pour obtenir un tel résultat.

Examinons les faits : quelques ondulations voisines du rouge ou du violet sont obscures sur l'écran ordinaire où elles sont reçues, et deviennent lumineuses dans certaines solutions, ou si on les reçoit dans le vide sur une feuille de platine platinisée. De deux choses l'une : ou leur obscurité sur l'écran tient à ce que ce dernier ne peut les reproduire, ce qui arrive à une multitude de substances, au charbon, par exemple, pour toute lumière, tandis que les solutions et la feuille de platine les reproduisent parfaitement, et alors ces ondulations font réellement partie de celles qui sont lumineuses par elles-mêmes ; elles ne sont obscures que par le fait de l'écran, ou parce que la traversée de l'atmosphère les avait affaiblies. Celles qui deviennent visibles après avoir traversé certaines solutions, peuvent avoir excité, dans ces substances, des vibrations semblables à elles-mêmes, il est vrai, mais devenues un peu plus puissantes, à raison de la densité de ce milieu. Pour s'assurer si c'est bien à l'écran seul, dans le premier cas, ou à un accroissement d'intensité, dans le second, qu'il faut attribuer ce phénomène, il suffirait, après avoir isolé ces rayons dits obscurs, de présenter l'œil sur leur passage. S'ils sont réellement lumineux par eux-mêmes, on éprouvera une sensation de lumière, et le défaut de l'écran sera constaté. Dans le cas contraire, on pourra croire à l'accroissement de leur intensité.

A l'égard des vibrations calorifiques, l'épreuve de la sensation est insuffisante et même trompeuse dans bien des cas : un même corps paraitra froid à une main plus chaude que lui ; il sera, au contraire, réputé chaud, si la main qui le touche est plus froide. Elle est, de plus, incapable d'apprécier les chaleurs minimes, telle, par exemple que celle d'une vibration isolée. Pour connaitre ces vibrations, le plus sûr est, avant tout, de se former une idée précise des qualités qui leur sont essentielles.

Dilater les corps, telle est la propriété principale de la chaleur. La dilatation des particules de nos organes nous donne la sensation calorifique; celle des liquides ou des gaz, dans les thermomètres, nous donne leur température, et, par elle, celle du milieu ambiant. Or, cette dilatation d'un corps a pour cause les vibrations de ses éléments. C'est parce qu'ils vibrent, et que les ondulations qui en naissent sont opposées l'une à l'autre, que les particules d'un gaz se repoussent mutuellement, que celles d'un corps s'écartent l'une de l'autre. Si une ondulation étrangère vient frapper une substance, sans exciter de vibrations dans ses électrosphères, cette substance ne se dilate pas, elle ne s'échauffe pas. Un corps n'est donc chaud que par ses propres vibrations.

Pour éprouver une ondulation, on se sert généralement du thermo-multiplicateur ; et, si elle produit un dégagement d'électricité, on la proclame calorifique. Pourquoi ? L'électricité n'est, ni un signe certain, ni un produit nécessaire de la chaleur. On fait ce raisonnement : toutes les ondulations calorifiques causent une émission de fluide dans le thermo-multiplicateur ; donc toute ondulation qui donne ce résultat, est calorifique. La conclusion serait logique dans ce cas seulement : si les seules ondulations de ce genre étaient capables d'impressionner ainsi l'instrument ; or, toute ondulation, calorifique ou non, amène ce résultat par le seul effet de la pression qu'elle exerce sur les électrosphères du conducteur qu'elle vient frapper.

Puisque matériellement la chaleur n'est qu'une vibration, que les corps ne possèdent de calorique que par leurs vibrations propres, la condition essentielle pour qu'une ondulation mérite le nom de calorifique, c'est d'être émise par une électrosphère, soit d'élément simple, soit de molécule chimique, ou, plus exactement, d'être semblable, par sa longueur, à celles que les éléments ou les molécules sont capables de produire. On pourrait en ajouter une seconde : le pouvoir d'être absorbée et répétée par les éléments; car une propriété non moins essentielle de la chaleur est de se transmettre : un corps froid, placé dans un milieu plus chaud, en prend bientôt la température. Mais cette seconde qualité n'est qu'un simple corollaire de la première qui suffit seule pour déterminer si une ondulation est, ou n'est pas calorifique. L'une ne va pas sans l'autre ; si une ondulation est de même longueur que celles émises par certaines électrosphères, elle est par là même capable d'être transmise à ces dernières et reproduite par elles.

Les ondes ne sont donc calorifiques qu'autant qu'elles excitent des vibrations semblables à elles-mêmes, dans les éléments. Parce qu'elles sont de longueur variée, il s'ensuit que l'une peut être calorifique pour un corps et ne pas l'être pour tel autre, parce que l'étendue de ses électrosphères les rend incapables de la reproduire.

Quelques conclusions : 1° un corps, même un simple élément, possède toujours une certaine chaleur, parce qu'il ne peut subsister sans vibrations ; 2° le froid absolu n'existe pas dans notre univers, dont les espaces, remplis par le fluide éthéré, sont sillonnés par les ondulations émanées des corps et des astres ; 3° l'absence complète de chaleur n'a dû exister que dans le temps qui s'est écoulé entre la création de la matière, et la formation de la lumière. La substance matérielle était alors sans mouvement, sans vibrations.

TRANSMISSION DE LA CHALEUR.

La chaleur se communique, à travers l'espace, d'un

corps à un autre, par l'intermédiaire des ondulations de l'éther. Un objet, placé dans un appartement dont la température diffère de la sienne, en acquiert peu à peu le degré. Il lui emprunte de son calorique, si le milieu est plus chaud ; il en perd, s'il est plus froid. Mais, arrivé à la température de l'appartement, il la conserve aussi longtemps que lui, sans jamais ni la surpasser, ni lui devenir inférieur.

Il faut du temps à un corps pour élever sa température d'un degré, pour atteindre celle d'un foyer auquel il est exposé, et cependant les ondulations calorifiques agissent sur lui immédiatement, pleinement ; elles excitent, dès le premier instant, dans ses éléments, des vibrations semblables à elles-mêmes par la vitesse, la longueur et la fréquence ; autrement, les premières, se trouvant en désaccord avec celles de l'objet, seraient repoussées, ou réfléchies, et deviendraient incapables de l'échauffer. Ce qui manque à ces vibrations, mises en mouvement par le foyer, ce qu'elles n'acquièrent que successivement, c'est l'intensité.

L'intensité d'une onde réside dans sa quantité de mouvement qui a, pour formule, sa vitesse multipliée par sa masse. Quant à la vitesse, nous l'estimons la même, et pour l'onde émanée du foyer, et pour celle excitée dans le corps par son influence. Nous n'avons donc pas lieu de nous en préoccuper. Seule, une différence de masse peut être cause de l'infériorité de la seconde. Deux facteurs concourent à former cette masse : le premier est la longueur de la vibration qui produit l'onde. Prenons pour exemple le diapason : plus ses branches s'écartent de leur position normale, plus est grande la colonne d'air qu'elles chassent devant elles, plus aussi devient volumineuse et puissante l'onde formée, et, cette supériorité de masse sur les autres ondes, nées de vibrations plus courtes, elle la conserve sur tout son parcours. Mais puisque, dans le cas présent, les vibrations, de part et d'autre, ont la même longueur, ce premier facteur ne lève pas la difficulté, elle demeure entière. Reste donc le second : la densité du milieu où se forme la première onde. Nul doute possible au sujet de l'influence de cette densité sur la masse de l'onde. Un timbre frappé par son marteau et sur le même point, donne toujours des vibrations de même longueur. Si on le place sous une cloche dans laquelle on fait le vide, l'intensité du son va en diminuant dans la proportion du vide effectué. L'air étant moins dense où se forme la première vibration, la masse de gaz poussée par elle, est moins considérable, l'onde moins puissante, et l'intensité du son diminue dans le même rapport. Or les ondes calorifiques, aussi bien que celles de la lumière émanée des corps, se forment dans les électrosphères des éléments. Si elles sont plus intenses dans le foyer, c'est que les électrosphères y sont plus denses ; si elles croissent en puissance, avec le temps, dans le corps exposé à la chaleur, c'est que celle-ci accroît peu à peu la densité du fluide dans les électrosphères. Le mécanisme de cette action est assez simple ; on va le voir.

La figure 37 représente un élément *A* avec ses courants circulaires *B*. *C*. La flèche indique le sens de leur marche ; la courbe *1* est une des ondulations calorifiques qui viennent la frapper de l'extérieur. L'ondulation *1* en tombant perpendiculairement sur l'élément, active la course de ses courants circulaires (v. 11); elle leur donne une force nouvelle tout en excitant dans l'électrosphère des vibrations semblables à elle-même. Les courants circulaires devenus plus forts pèsent davantage sur le fluide de l'électrosphère et augmentent sa condensation. Ils s'étendent plus loin du noyau central A, et réclament, par là même, un surcroît de fluide pour remplir leur enceinte agrandie.

Fig 37.

D'un autre côté, l'ondulation calorifique *1*, a épuisé, dans ce travail, la quantité de mouvement dont elle disposait; elle s'éteint, laissant dans le sein de l'électrosphère qu'elle a pénétrée, le fluide qui composait son onde, et que, de l'extérieur, elle poussait devant elle. Les courants fortifiés le retiennent; il sert à remplir leur nouvelle capacité, aussi bien qu'à augmenter la densité totale de l'électrosphère. Chacune des ondes calorifiques apporte son contingent de force et de fluide, et l'élément devient bientôt capable de fournir, de son côté, des ondes de même intensité.

Ce résultat serait bientôt atteint si un autre fait ne venait pas le contrarier. L'élément soumis à l'influence des ondulations calorifiques vibre lui-même; il émet également des ondes qui poussent le fluide de son intérieur, en dehors de l'action de ses courants, lequel constitue, par le fait, une perte pour son électrosphère. S'il gagne d'un côté, il perd donc de l'autre. La différence entre l'acquit et la perte est en sa faveur tant qu'il n'a pas atteint la température des ondes qui l'influencent, parce que les siennes ont moins d'intensité, contiennent moins de fluide, mais cette différence diminue à mesure que s'élève sa température. Quand il est parvenu à celle du milieu où il se trouve, sa perte égale ce qu'il reçoit, et alors il demeure forcément stationnaire. Naturellement il ne peut acquérir que la température correspondante à l'intensité que possèdent les ondes calorifiques auxquelles il est soumis, à la distance où il se trouve de leur point de départ.

L'action des ondes calorifiques ne s'exerce que sur les éléments qu'elles frappent directement ; par conséquent, sur ceux-là seulement qui couvrent la superficie des corps. Mais cette première couche, par ses vibrations propres, communique, à son tour, sa chaleur à la suivante, et celle-ci aux suivantes jusqu'à ce que le corps entier ait acquis la même température dans toute sa profondeur.

Si le corps est placé dans un milieu plus froid que lui, ses ondes sont plus intenses que celles de ce milieu ; il perd du fluide plus qu'il n'en reçoit, et sa température s'abaisse jusqu'au niveau de celle où il est plongé ; arrivée à ce point, elle demeure stationnaire, parce qu'alors sa perte égale son gain.

Avant d'aller plus loin, répondons à deux objections qui doivent s'être présentées à l'esprit du lecteur. La première est celle-ci : nous venons de dire que les ondes augmentent le fluide des électrosphères, et plus haut, au sujet de la production de l'électricité par ces mêmes ondes, nous avions prétendu qu'elle leur en faisait perdre. La contradiction n'est qu'apparente. Les deux faits sont également vrais, selon les circonstances. La production de l'électricité a lieu particulièrement quand l'onde, au lieu de s'arrêter sur les éléments superficiels en excitant des vibrations dans leur électrosphère, pénètre dans l'intérieur du corps sous forme d'ondulations; celles-ci pressent les couches, les unes contre les autres, et en expriment le fluide. Quand elles se consomment en faisant naître des vibrations dans les électrosphères des éléments de la superficie, si ceux-ci sont bons conducteurs, le premier choc exerce une pression sur eux, et cette pression peut, à la vérité, expulser une petite quantité de fluide ; mais une fois la vibration établie, ce qui se fait instantanément, l'élément n'en perd plus, ses courants se fortifient par l'apport des ondes qui se succèdent, et il commence à acquérir du fluide.

En un mot les ondes qui pénètrent les corps en y créant des ondulations produisent de l'électricité; celles qui excitent des vibrations dans les éléments, les échauffent sans émission extérieure d'électricité.

En second lieu, les éléments, surtout quand ils sont libres, à l'état de gaz, devraient aussi recevoir, semble-t-il, un accroissement de la part de leurs courants circulaires; ils sont de véritables ondulations qui frappent les électrosphères et y excitent des vibrations; comme elles sont incessantes, les éléments devraient grossir indéfiniment. Il est vrai que les éléments gagnent du fluide par le fait de leurs courants circulaires ; mais ces courants excitent en eux des vibrations par lesquelles ils perdent le fluide à mesure qu'il leur vient : les ondes qu'ils émettent sont égales à celles qu'ils reçoivent. Ces deux forces s'entretiennent mutuellement, ainsi qu'il a été démontré en son lieu. D'un côté, les ondes des courants qui se forment dans l'intérieur de l'électrosphère, et elles sont les plus puissantes, ne peuvent être plus fortes que celles des vibrations de cette électrosphère, puisque la densité du fluide est la même pour les deux ; elles ne peuvent donc rien ajouter à leur densité. D'un autre côté, les courants existant toujours, l'électrosphère ne peut cesser d'exister. Ce mécanisme si simple en lui-même, constitue un mouvement perpétuel de sa nature, qui assure la stabilité de l'œuvre du Créateur.

CHALEUR SPÉCIFIQUE.

On appelle *chaleur spécifique* d'un corps, la quantité de calorique qu'il absorbe pour s'élever de la température de zéro à un degré, comparativement à celle qu'absorbe, dans le même cas, un poids égal d'eau.

Une expérience assez simple pour que tout le le monde puisse la répéter, donne un aperçu général de la variation qui existe sur ce point entre les différents corps. Si on mélange un kilogramme de mercure à cent degrés, avec un kilogramme d'eau à zéro ; la température du mélange, au lieu de descendre seulement à cinquante degrés, ainsi que le demanderait un égal partage du calorique, descend à trois. L'eau a donc absorbé, pour monter de trois degrés, une quantité de chaleur suffisante pour élever la température d'un même poids de mercure à 97 degrés.

C'est environ trente-deux fois plus de chaleur que ce dernier qu'elle absorbe pour une même élévation de température.

Par une autre expérience, on a constaté que les corps, en se refroidissant, restituent au milieu dans lequel ils se trouvent, toute la chaleur absorbée. Or, la quantité de calorique, ainsi restituée, varie beaucoup avec les diverses substances. Chauffez, dans un bain d'huile à 180 degrés, des petites boules de fer, de cuivre rouge, d'étain, de plomb, etc., toutes exactement de même poids ; quand elles ont atteint chacune la température du bain, posez-les sur un gâteau de cire jaune refroidie, de 12 millimètres environ d'épaisseur; la boule de fer fond la cire rapidement et traverse le gâteau ; le cuivre le traverse aussi, mais plus lentement ; l'étain pénètre dans le gâteau sans le traverser ; le plomb n'arrive pas même à la demi-épaisseur. Les boules avaient la même température, rayonnaient des ondulations d'une égale intensité, et, cependant, en se refroidissant, elles n'ont pas donné la même quantité de calorique, puisqu'elles ont fondu une masse très différente de cire. Avec la même température, elles possédaient donc une quantité de chaleur variable pour chacune d'elles.

Les choses étant ainsi, comment le calorique s'accumule-t-il dans les corps? Pourquoi plus dans l'un que dans l'autre? Comment et sous quelle forme y est-il retenu ? Autant de questions intéressantes pour la science et auxquelles il n'a pas encore été répondu. Pour le faire, reportons-nous à ce qui a été établi dans l'article précédent sur la transmission de la chaleur. Là est la clef de leur solution.

C'est la densité des électrosphères qui donne aux ondes calorifiques leur intensité, et le fluide qui la forme est celui qu'apportent peu à peu les ondes plus puissantes de l'extérieur ; en sorte que la chaleur d'un corps augmente, quand la quantité du fluide s'accroît ; elle diminue avec sa déperdition. Voilà comme s'accumule le calorique dans les corps ; il réside sous la forme de fluide condensé dans les électrosphères des éléments, et il y est retenu par les courants circulaires également fortifiés par sa présence, puisque, à l'intérieur, leurs propres ondes tirent leur force de sa densité. Ce n'est donc pas de la chaleur proprement dite qui est amassée pour faire peu à peu irruption au dehors, c'est une provision de fluide qui sert à alimenter les ondes. Avec lui, les éléments peuvent fournir des ondes calorifiques supérieures en intensité à celles du milieu ambiant jusqu'à ce que la provision soit épuisée.

Dès lors que les éléments seuls absorbent le fluide en l'emmagasinant dans leur électrosphère, et qu'ils sont d'une grosseur variée, on conçoit que les uns en réclament plus que les autres, pour atteindre une densité ou une chaleur déterminée. L'électrosphère des éléments supérieurs en volume est plus développée ; il faut plus de fluide pour combler son étendue parce qu'il y a plus d'espace à remplir.

La quantité de fluide absorbée par le même élément, pour s'élever d'un nouveau degré, n'est pas identique à toutes les températures, elle s'accroît à mesure que celle-ci s'élève. La densité des électrosphères, en effet, suit les lois de la pesanteur, puisqu'elle est régie par des courants circulaires. Semblable à celle de l'atmosphère, elle va en diminuant du centre à la circonférence ; elle ne peut augmenter sans que le fluide, ou l'électrosphère gagne en hauteur. Ainsi l'électrosphère s'agrandit insensiblement mais réellement à chaque degré plus élevé de température, et la quantité de fluide nécessaire à cette élévation s'accroît de plus en plus. Les expériences ont mis ce fait hors de doute.

La molécule, qui est une combinaison chimique de plusieurs éléments, a une capacité plus grande que son élément principal supposé isolé, mais moindre que la somme des capacités individuelles de chaque élément qui entre dans sa composition. La molécule d'eau, par exemple, absorbe plus de fluide, pour élever sa température d'un degré, que l'oxygène, son élément principal. Le séjour de l'hydrogène dans son électrosphère, dilate cette dernière dans la mesure de la place occupée par ses éléments ; l'espace plus considérable qu'elle occupe nécessite une surabondance proportionnelle de fluide pour accroître sa densité. C'est, sans doute, à cette expansion que la molécule aqueuse doit d'être plus légère que l'air atmosphérique : elle a, par la combinaison, gagné plus du côté du volume que du côté du poids.

Quelle est maintenant la part des éléments de l'hydrogène dans le fluide absorbé par la molécule aqueuse ? En se combinant, ils se sont plongés dans l'électrosphère de l'oxygène. Le fluide, dans les parties engagées de chaque électrosphère, s'est trouvé, en fait, doublé pour chaque élément, et comme ils ne peuvent en retenir que selon la force de leurs courants circulaires, le surplus s'est échappé au dehors. C'est l'électricité fournie par la combinaison. Il résulte de cet état, que le fluide apporté par les ondes extérieures se partagera entre les parties engagées de l'hydrogène, de telle sorte que chacune admettra seulement la quantité voulue pour conserver, entre elles et l'oxygène, la proportion requise par la combinaison ; autrement, la décomposition aurait lieu. On peut donc croire que la totalité du fluide absorbé par la molécule, sera approximativement égale à celle que l'oxygène seul absorberait avec une électrosphère aussi grande que la molécule. Quand la molécule n'est unie à aucune autre par la cohésion, une partie de l'électrosphère des éléments secondaires peut émerger en dehors de l'électrosphère principale ; dans ce cas, cette partie, étant libre, absorberait du fluide comme si l'élément était isolé.

Les expériences ont prouvé ce résultat, en faisant constater que les gaz composés absorbent plus de chaleur que les gaz simples ; mais moins cependant que ne le feraient les éléments qui les composent, s'ils étaient à l'état libre.

En conséquence, les corps solides doivent avoir une chaleur spécifique moindre que les liquides parce que les électrosphères de leurs éléments ou de leurs molécules sont plus profondément engagées par la cohésion. En fait, ils se montrent tels.

Quant à la somme de la chaleur spécifique, soit d'un gaz, soit d'un corps, on l'a cherchée d'abord pour chacun en particulier, puis on les a comparés l'un à l'autre, volume à volume, poids à poids, et des capacités relatives ont été établies. Mais les chiffres trouvés par ce moyen, le seul qui soit aujourd'hui à notre portée, fournissent seulement des rapports de volume ou des rapports pondéraux, dont il faut nous contenter ; ils sont loin d'exprimer la chaleur spécifique réelle des éléments. La trouvera-t-on un jour ? C'est à l'avenir de répondre, car la difficulté n'est pas facile à surmonter. L'élément seul emmagasine le fluide dans son électrosphère ; la capacité totale d'un volume ou d'un poids est la quantité absorbée par un de ces éléments, multipliée par le nombre que contient le volume ou le poids. Pour connaître la capacité relative d'un élément par rapport à un autre d'espèce différente, il faudrait pouvoir compter le nombre des éléments qui forment ces volumes et ces poids comparés ; et comment compter des unités insaisissables, invisibles, même à l'aide des instruments d'optique les plus puissants ?

Si vous comparez la capacité calorifique de deux volumes égaux, l'un d'oxygène, l'autre d'hydrogène, par exemple, vous trouverez, pour chacun, une capacité à peu près égale. Mais le volume d'hydrogène contient beaucoup plus d'éléments que celui d'oxygène, parce qu'ils sont plus petits : d'un côté, leur extrême légèreté, de l'autre, leur pénétration dans l'électrosphère de l'oxygène où ils sont comme noyés, dans la formation de la molécule aqueuse, en font foi. De plus, à la même température, avec des vibrations de même intensité, et sous une pression égale, ils ne doivent pas être plus écartés les uns des autres que ceux de l'oxygène ; ils sont donc plus nombreux dans le même volume. Ainsi on a comparé la capacité d'un certain nombre d'éléments d'oxygène, avec celle d'un nombre plus grand, mais inconnu, d'éléments d'hydrogène. Les chiffres trouvés ne sauraient évidemment indiquer de combien la capacité d'un élément de l'un surpasse celle d'un élément de l'autre.

Pour le dire en passant, l'infériorité de volume dans les éléments d'hydrogène, indique que la molécule d'eau en contient plus de deux, contrairement à ce qu'admet la chimie.

Il en est du poids comme du volume. L'hydrogène est estimé 16 fois plus léger que l'oxygène parce qu'il en est ainsi entre deux volumes égaux de ces gaz. Mais dès lors qu'il y a plus d'éléments dans le volume d'hydrogène, il est manifeste qu'il en faut plus de 16 pour faire contrepoids à un élément d'oxygène. C'est le même défaut que plus haut, découlant de la même source : le volume.

S'il est difficile de déterminer la vraie capacité calorifique, il ne le serait pas moins de vouloir fixer la quantité de chaleur à dépenser pour élever d'un degré, soit un élément, soit un corps. Pour les éléments, cette quantité varie avec les espèces ; elle dépend du nombre des ondulations qu'ils sont capables d'absorber et de leur intensité. Les unes sont acceptées, les autres repoussées, réfléchies ; plusieurs peuvent simplement les traverser. Quelques-unes ne seront absorbées que successivement à mesure que l'électrosphère, agrandie par l'élévation de température, devient capable de les reproduire.

S'il s'agit d'un corps, les éléments de la superficie seuls, immédiatement influencés par la chaleur, doivent transmettre aux couches intérieures le fluide qu'ils ont d'abord reçu ; ce qu'ils font par leurs vibrations. Il faut alors tenir compte de leur conductibilité calorifique. Dans les corps composés, la difficulté s'accentue : ce ne sont plus de simples éléments, unis seulement par la cohésion, mais des molécules qu'il faut chauffer. La quantité de calorique à dépenser dépend des espèces d'éléments dont les molécules sont composées, du nombre de ces éléments qui n'est pas connu. Il faut encore compter avec leur état de combinaison qui a modifié leur capacité, soit pour recevoir le calorique, soit pour le transmettre à l'intérieur du corps. Ces corps réfléchissent quelques ondulations, ou se laissent traverser par d'autres ; et ces ondulations ne les chauffent pas.

On peut seulement déterminer la quantité de tel ou tel combustible qui doit être consommée pour élever à un degré voulu la température de chaque corps.

Dans le refroidissement, les choses se passent à l'inverse de l'absorption. Les électrosphères des éléments, par les ondes, plus intenses que celles du milieu ambiant qu'elles émettent, perdent peu à peu leur fluide. Celles de la surface épuiseraient rapidement le leur ; mais à mesure qu'elles le perdent, elles reçoivent celui des particules intérieures qui le leur transmettent également par leurs vibrations. Bientôt le corps a restitué tout le fluide, toute la chaleur acquise.

DILATATION.

L'augmentation de volume dans les corps, sous l'influence de la chaleur, a, pour cause, l'accroissement des électrosphères par l'absorption du fluide, Les éléments occupent plus de place.

La dilatation n'est pas la même pour tous les corps. Parmi les corps simples, ceux qui sont formés des plus petits éléments, doivent se dilater davantage. Avec le même volume, ou le même poids, leurs éléments sont plus nombreux. Chacun ayant son accroissement propre et tenant plus de place, l'étendue générale du corps est naturellement plus considérable.

Dans les corps composés, la molécule constituée de plusieurs éléments, tient plus de place ; il y en a moins, la dilatation doit être inférieure ; d'autant plus qu'une grande électrosphère n'exige pas, pour atteindre une même densité, un développement proportionnellement aussi grand qu'une petite.

Notons ici une particularité. Il est bon de la connaître ; elle peut avoir une certaine influence sur l'étendue de la dilatation. Le développement des électrosphères oblige les noyaux des éléments à s'écarter légèrement les uns des autres ; les parties engagées des électrosphères se retirent également dans une certaine proportion. Mais ce retrait doit être mesuré sur l'isochronisme des vibrations au moins pour ces parties, sous peine de rompre l'union. Il sera donc plus ou moins grand, pour chaque degré de chaleur, selon la longueur des vibrations que donnent ou peuvent donner les éléments unis par la cohésion.

Quant aux gaz, ils doivent être mis à part, et non comparés, sur ce point, aux autres corps. Leur dilatation, ou plutôt leur expansion ne procède pas du même principe. Leur constitution diffère de celle des solides et des liquides. Dans ceux-ci, les éléments sont unis ; ils ne se séparent pas. Dans les gaz, au contraire, les éléments sont séparés, indépendants les uns des autres. Le développement des électrosphères a lieu comme dans les solides, mais il n'est pour rien dans leur expansion. Ils s'éloignent seulement les uns des autres, sous la poussée de leurs propres vibrations dont l'énergie croît avec la chaleur.

RAYONNEMENT DE LA CHALEUR.

Si nous approchons le doigt à une faible distance d'un point incandescent, la chaleur vient le frapper comme un trait parti directement du foyer. Ce trait s'appelle rayon de chaleur. Son émission par le foyer et son parcours dans l'espace, se nomment rayonnement de la chaleur. En réalité, la transmission de la chaleur ne se fait pas ainsi sous forme de traits isolés. Les éléments échauffés vibrent ; leurs vibrations engendrent des ondulations sphériques qui se propagent dans l'espace, à l'instar de celles de l'eau excitées par le jet d'une pierre. De cette manière, nul point de l'espace ne saurait échapper à leur atteinte ; ce qui n'arriverait pas, si le rayonnement consistait seulement en traits particuliers ; en s'éloignant du foyer, ils s'étaleraient forcément en éventail, autour de ce foyer, comme les rayons d'une roue, et laisseraient, entre eux, des espaces vides. Quand l'onde calorifique nous touche, elle le fait toujours et nécessairement par l'extrémité de l'un des rayons de sa circonférence ; c'est ce qui lui donne l'apparence d'une flèche arrivant en ligne directe de son point de départ.

La chaleur parvient du soleil jusqu'à nous, par l'intermédiaire de l'éther, qui est le transmetteur des ondes. Sa marche est soumise aux lois des ondulations : elle doit se ralentir ou s'accélérer, selon la densité du milieu traversé. Son intensité diminue comme le carré des distances parcourues. Elle se propage parfaitement dans le vide le plus parfait de nos machines, comme dans le milieu interstellaire, parce qu'elle y rencontre le même fluide que nous ne pouvons éliminer.

Quand les ondes calorifiques frappent un corps, la partie de leur sphère qui l'atteint est absorbée, réfléchie, ou simplement transmise. Le reste continue sa route.

Elles sont absorbées, quand l'électrosphère des éléments atteints est capable, dans l'état où elle se trouve, d'émettre des vibrations isochrones avec elles ; alors, les ondes suscitent ces vibrations et sont elles-mêmes éteintes par le travail consommé. Leur fluide sert à élever la température du corps en augmentant la densité des électrosphères. Le nombre, la longueur des ondes calorifiques absorbées par un corps, varient donc avec la nature des éléments dont il est composé, avec l'extension des électrosphères et les modifications que peuvent subir celles-ci, dans les diverses combinaisons, dans la cohésion.

Elles sont réfléchies quand les électrosphères sont incapables de reproduire des vibrations correspondantes, ou quand elles sont frappées sous une certaine inclinaison qui ne leur permet pas de les reproduire. Alors les ondes calorifiques sont repoussées comme une bille de billard par la bande. Leur angle de réflexion est égal à leur angle d'incidence. La réfraction par réflexion doit avoir lieu pour elles, comme pour la lumière et pour les mêmes raisons. Nous les indiquerons en traitant cette question dans l'optique.

La transmission de la chaleur par les corps est le pouvoir dont jouissent certains d'entre eux, de la laisser passer à travers leur substance, de même que les corps transparents sont traversés par la lumière. Les ondes calorifiques ne sont, alors, ni réfléchies, ni absorbées par les électrosphères qu'elles ne font pas vibrer. Elles forment seulement des ondulations qui continuent leur marche à travers la substance, comme à travers le milieu éthéré de l'espace. Pour cela, la substance du corps doit être capable de les reproduire et de les transmettre. Dans l'absorption, les ondulations sont reproduites par les électrosphères, mais ne peuvent passer outre, arrêtées, sans doute, par le noyau de l'élément qui refuse de se plier à leur mouvement. Les ondulations calorifiques n'étant pas de même longueur, et le mouvement des atomes composant les ondes, n'étant pas de même sens pour toutes, ainsi qu'on le constate dans la lumière, un corps pourra laisser passer les unes et non les autres, dans un sens et non dans un autre ; ce qui donnerait lieu quelquefois à une réfraction, soit simple, soit multiple de la chaleur. Le fait est très probable, pour ne pas dire certain, mais difficile à constater. Dans quelques corps, elles sont transmises, mais elles ne le traversent pas entièrement, surtout, s'ils sont de quelque épaisseur. La difficulté de former les ondulations dans la substance de ces corps, demande une dépense de force qui les a bientôt épuisées. La chaleur transmise n'échauffe pas les corps.

Ces différentes propriétés des corps d'arrêter les rayons calorifiques en les absorbant, de les réfléchir ou de les laisser passer en plus ou moins grande quantité, selon la longueur ou même le sens des ondulations, expliquent plusieurs phénomènes, tout en donnant lieu à diverses applications.

Parce que l'oxygène et l'azote jouissent d'un grand pouvoir diathermane ou de transmission, les couches supérieures de l'atmosphère sont toujours à une température très basse, malgré les rayons solaires dont elles sont continuellement frappées. Cependant la propriété diathermane n'est pas la seule cause de leur refroidissement. Il y en a une autre plus puissante encore, qui tient à la hauteur où ces gaz se trouvent. Il en sera question dans la météorologie. L'eau, au contraire, absorbe beaucoup de chaleur, en laisse très peu passer à travers ses couches. Aussi la surface des lacs et des mers s'échauffe et se refroidit selon les variations de la température atmosphérique, tandis qu'à une certaine profondeur, sa température reste constante. Le sel gemme, recouvert de noir de fumée, arrête complètement la lumière et laisse passer la chaleur; propriété utilisée pour séparer l'une de l'autre. On peut encore se servir, à cet effet, de lames ou de dissolutions d'alun; elles jouissent de la propriété opposée : elles arrêtent la chaleur et se laissent traverser par la lumière. Le verre livre passage à la chaleur lumineuse du soleil, et peu à la chaleur obscure qui rayonne du sol échauffé. Les jardiniers en profitent pour conserver une chaleur bienfaisante à leurs plantes en les couvrant de cloches ou de châssis. On doit aussi tenir compte de ces propriétés dans le choix des vêtements. Le noir laisse passer la chaleur du soleil et celle du corps. Le blanc, au contraire, renvoie les rayons solaires et conserve la chaleur du corps.

Conclusions. — Vu la variété des éléments, des combinaisons et des corps, ainsi que la différence de longueur des ondulations, chaque corps peut absorber, réfléchir et transmettre un nombre plus ou moins considérable des ondulations multiples qui l'atteignent, sans qu'il soit facile de constater soit leur nombre, soit celles qui participent à l'absorption, à la réflexion ou à la transmission.

Parce que les électrosphères sont aptes à émettre simultanément plusieurs sortes de vibrations, un corps en donnera toujours une certaine quantité de celles qui sont propres à sa température ; mais il peut aussi ne pas fournir, dans le même temps, autant de vibrations calorifiques, qu'un autre à la même température, puisqu'il y en a de plusieurs grandeurs. Ces particularités sont importantes à retenir pour les expériences.

CHANGEMENTS D'ÉTAT.

Dans la nature, les différentes substances se présentent à nous sous trois aspects : elles sont solides, liquides ou gazeuses. Beaucoup sont susceptibles de prendre successivement chacun de ces trois états. Le fer est une substance solide ; mais il devient liquide par la fusion, gaz par la volatilisation. L'eau, substance liquide, revêt la forme solide par la congélation, la forme gazeuse par l'évaporation. Un gaz se liquéfie par la pression et le froid.

La fusion, la vaporisation, l'évaporation, à laquelle on peut joindre la volatilisation, réduisent les solides en liquide et en gaz, La solidification, au contraire, ramène les gaz et les liquides à l'état solide. Quelques mots sur chacun de ces phénomènes, afin de montrer le mécanisme qui préside à leur production.

Fusion. — La fusion est le passage de l'état solide à l'état liquide. La chaleur, en augmentant la densité des électrosphères encastrées les unes dans les autres par la cohésion, les oblige à se séparer peu à peu ; la force de l'impulsion, cause de leur pénétration réciproque, doit céder à la résistance de la densité. Il arrive un moment où ces électrosphères, sans cesser d'être encore engagées et liées ensemble, le sont assez faiblement pour permettre aux particules de glisser les unes sur les autres par le seul effet de leur pesanteur. Le corps est devenu liquide ; il est fondu. Une température plus élevée dégagerait complètement les électrosphères ; il y aurait volatilisation ou réduction du corps à l'état gazeux.

Sous une pression constante, la fusion commence à une température déterminée, toujours la même pour les substances semblables : mais différente pour chaque espèce de corps. Le suif fond à 33 degrés, la cire jaune à 61, le soufre à 111, l'étain à 228, le plomb à 336, l'argent à 1,000, l'or à 1,250, l'acier à 1,350, le fer doux à 1,550, etc. Cette disposition tient à la puissance de cohésion des particules, qui est généralement en rapport avec la profondeur de pénétration des électrosphères. Plus elle est grande, plus doit être augmentée la densité des électrosphères, afin qu'elle soit assez forte pour les repousser suffisamment.

Un accroissement de pression élève la température de fusion. C'est une force ajoutée à celle de l'impulsion, qui unit les molécules. La densité des électrosphères doit croître en proportion, pour être à même de vaincre l'une et l'autre.

La glace fait exception. Sous le rapport des changements d'état, elle offre une conduite tout opposée à celle des autres corps. La pression facilite sa fusion qui demande alors moins de chaleur; et on verra plus loin qu'elle retarde sa formation.

Pour former la glace, les molécules aqueuses doivent prendre, entre elles, une position déterminée, semblable à celle des cristaux, mais qui augmente le volume de la masse, sans doute à cause des pores nombreux et des vides qui en résultent. La pression vient en aide à la chaleur, parce qu'elle tend à détacher ces molécules de leur position, en les poussant dans les vides.

Quand la fusion d'un solide commence, quelle que soit l'intensité de la chaleur à laquelle on l'expose, sa température cesse de s'élever, et reste égale à celle de la fusion, jusqu'à ce qu'elle soit complète. Au commencement de la fusion, ce que les permières particules fondues reçoivent en plus de calorique, elles le perdent en le communiquant, par leur rayonnement intérieur, à la partie qui n'a pas encore tout-à-fait atteint le point de fusion. Cette partie, en effet, est à une température moins élevée, ses vibrations sont moins puissantes et offrent, par là même, une voie plus facile à la propagation de celles de la portion déjà fondue, laquelle possède une température supérieure. Ces dernières dirigent donc tout le surplus de leur énergie de ce côté. C'est seulement quand la fusion est complète, et que toutes les molécules, ayant atteint la même température, reçoivent de tous côtés des ondes d'égale intensité, qu'elles ne perdent plus rien, et s'élèvent à une température supérieure.

Tous les solides ne sont pas susceptibles d'être fondus. Un grand nombre se décomposent sans passer par l'état liquide. La cause n'en est pas bien connue ; mais on peut supposer que leurs particules ne sont pas assez fortement liées pour résister à la température que demanderait leur fusion, elles se séparent avant de l'avoir atteinte. Le calcaire en offre un exemple frappant : à une température relativement médiocre, il se décompose en acide carbonique et en chaux sans que ces deux molécules soient détruites ; et cependant, on parvient à le mettre en fusion. Il suffit, pour cela, de le soumettre à une pression suffisante pour empêcher la séparation de ses deux molécules constituantes, tout en l'élevant à une haute température. Les électrosphères de cette composition ne sont pas engagées, sans doute, assez profondément ; probablement aussi leurs vibrations, allongées par la chaleur, perdent l'isochronisme, ce qui nécessite la séparation des molécules. Ce dernier motif doit être assez fréquent dans les corps composés, et particulièrement dans les corps organiques, à cause de la variété des éléments combinés, et, par le fait, des vibrations dont les molécules sont le siège.

Evaporation. — On nomme évaporation, la production lente des vapeurs, qui se fait à la surface d'un liquide au-dessous du point d'ébullition. La production des vapeurs pendant l'ébullition s'appelle *vaporisation*.

L'évaporation de l'eau, telle qu'elle a lieu sur les rivières et sur les mers, à la pession atmosphérique, a deux causes. La première est la propriété que possède l'air de se mouiller au contact du liquide, en s'unissant à ses parcelles par la cohésion ou la simple adhérence.

En second lieu, les molécules de l'eau sont fort peu adhérentes entre elles, ce qui tient à la faible pénétration de leurs électrosphères. La pression du poids de l'air paraît être la seule cause de la cohésion des molécules aqueuses ; car, dans le vide, son évaporation est presque instantanée. Sous la pesanteur atmosphérique elle se fait encore, mais elle est beaucoup moins rapide quoique très appréciable. Les molécules de la surface n'adhèrent à la couche sous-jacente que par un point, et faiblement; leur côté supérieur est à découvert, sans aucune adhérence qui puisse concourir à les consolider. Dans le vide, leur fluide se porte vers ce point, où rien ne l'arrête, et où ses vibrations se développent plus facilement ; la cohésion avec la couche inférieure en est affaiblie d'autant, et les vibrations répulsives qu'elles reçoivent obliquement de la part des autres molécules achèvent de rompre leur union avec la masse. Sous l'atmosphère elles sont maintenues par sa pression, mais les gaz de l'air qui peuvent s'unir avec elles par l'adhérence, s'en emparent, puis s'élèvent, emportés par la molécule liquide plus légère; d'autres éléments gazeux remplacent les premiers et remplissent la même fonction.

La chaleur, en affaiblissant d'un côté la cohésion des molécules de l'eau, et en augmentant, de l'autre, la puissance du gaz, donne plus de rapidité et d'abondance à l'évaporation.

Si l'atmosphère est agitée, l'activité de l'évaporation est plus que doublée. Chaque couche de l'air, venant rapidement se mettre au contact de l'eau, en emporte sa part. Voilà pourquoi, par le vent, pour peu que l'air soit sec, les chemins sont vite privés de leur humidité.

Les liquides ne sont pas les seuls corps qui, sous la pression atmosphérique, laissent s'échapper de leur surface une partie des particules qui les constituent. La plupart des solides sont dans ce cas; seulement leur perte est beaucoup moindre, l'adhésion étant généralement plus forte chez eux. Nous en avons une preuve dans les corps odorants; un grand nombre, sinon tous, le sont à quelque degré, soit pour l'homme, soit pour les animaux. L'odeur, en effet, a, pour unique cause, une émanation de leur substance qui agit sur l'odorat et excite la sensation.

Dans les solides, les particules de la superficie adhèrent moins fortement aux autres que celles des couches intérieures. Elles supportent, comme toutes, le poids de l'atmosphère, mais elles ne sont pas soumises à la pression des molécules superposées, tandis qu'elles sont exposées à recevoir toutes les impressions du dehors. Dans ces conditions, il n'est pas possible que les influences multiples, qui tendent à détacher complétement ces particules, n'y parviennent pour un nombre plus ou moins grand dans un temps donné, suivant la nature du corps ou la puissance de la cohésion.

Parmi les causes qui influent sur l'élimination des parcelles superficielles dans les solides, on peut compter :

1° L'électricité. Quand ce fluide quitte un corps, soit sous forme de courant, par exemple, dans la formation de la lumière au moyen de l'œuf électrique ; soit sous forme d'étincelle, il emporte avec lui des parcelles de ce corps. C'est même la présence de ces parcelles qui détermine la nuance de la lumière produite. Quand un corps est électrisé, le fluide se répand sur sa surface, charge les molécules sur lesquelles il repose et cause ainsi leur séparation. Or, un changement de température, un contact étranger, des vibrations excitées par une cause quelconque, ne serait-ce que par des rayons calorifiques ou lumineux, peuvent amener ce résultat, dans une certaine mesure.

2° L'humidité de l'air, en se déposant sur les corps, adhère aux molécules, les attire à elle, et peut en détacher ainsi une certaine quantité, les emporter avec elle en s'évaporant, ou, du moins, les laisser, une fois détachées, se répandre dans l'atmosphère. Aussi les fleurs rendent-elles plus de parfum après la rosée du matin que dans le reste de la journée. La terre elle-même, et bien d'autres corps, offrent une odeur plus marquée quand ils sont humides.

3° Les gaz aériens, par leur adhésion aux corps, et l'électricité qu'ils leur fournissent de ce chef, peuvent également, au moins dans une certaine mesure, remplir une fonction semblable à celle de l'humidité, surtout s'il s'en trouve qui peuvent former une combinaison avec eux.

Une élévation de température, en relâchant le lien de la cohésion, favorise l'émanation; le froid, au contraire, affermit l'union des molécules.

On pourrait donner à ce phénomène des solides, le nom d'*évolatilisation*, pour le distinguer de la véritable volatilisation qui se produit dans le corps entier, par un excès de chaleur, ou par une surabondance de fluide dans les courants électriques, de même que pour l'eau on l'a nommée évaporation, pour le distinguer de la vaporisation. Les circonstances sont les mêmes.

ÉBULLITION.

L'ébullition est la production rapide des vapeurs en bulles ordinairement visibles. Elles se forment dans le sein même de la masse liquide, tandis que l'évaporation n'a lieu que sur la surface. En voici les lois avec leur explication.

1° Pour une pression donnée, l'ébullition ne commence qu'à une température fixe, qui varie d'un liquide à l'autre, mais qui est toujours la même pour un même liquide, tant qu'il est placé dans des conditions identiques, de pression et de contact avec les autres corps.

La différence de température pour l'ébullition de chaque espèce de liquide, tient à la puissance de cohésion de leurs molécules. Plus cette dernière est forte, plus la densité des électrosphères doit être considérable pour la vaincre. Or, cette densité ne s'obtient, dans le cas présent, que par une élévation de température. La ténacité de l'adhérence moléculaire étant toujours la même dans les liquides absolument semblables, la température de leur ébullition ne saurait varier.

2° La température d'ébullition augmente avec la pression. Il n'y a pas seulement alors à vaincre la cohésion pour réduire le liquide en vapeur ; il faut de plus soulever le poids qui pèse sur lui. Si ce poids augmente, c'est un travail supplémentaire ajouté, qui demande un accroissement proportionnel de force, ou de densité, c'est-à-dire de température.

3° Quelle que soit l'intensité de la source calorifique, du moment que l'ébullition commence, la température du liquide demeure stationnaire.

Aussitôt qu'une molécule est parvenue à la température voulue, elle se sépare des autres en reprenant sa liberté par sa transformation en vapeur ; elle emporte avec elle, dans son électrosphère, la quantité de fluide ou la densité qui est normale à son nouvel état ; elle laisse, par conséquent, dans l'électrosphère des molécules qu'elle abandonne, un certain vide qu'il faut remplacer par un fluide nouveau ; elle la refroidit donc, dans une certaine mesure, ce qui retarde d'autant le moment de sa vaporisation. Plus la chaleur du foyer est grande, plus aussi est prompte et abondante la vaporisation, parce que la quantité de fluide fourni aux molécules est multipliée.

Plusieurs causes font varier le point d'ébullition dans un même liquide : la pression, dont nous avons dit un mot plus haut ; la présence dans le liquide, ou l'absence de gaz plus volatils que lui ; de sels ou substances moins volatils.

De l'eau complètement purgée d'air a pu être portée jusqu'à 138 degrés, sans que l'ébullition se manifestât. A l'état liquide, les molécules adhèrent ensemble ; elles sont donc toujours placées de manière à mettre en face leurs courants circulaires de même sens; leurs vibrations principales sont isochrones. Quand le liquide est parfaitement tranquille, on conçoit que, malgré une chaleur plus que suffisante pour les vaporiser, les molécules conservent encore leur position, maintenues qu'elles sont, par la pesanteur, par la pression des couches supérieures, et par une position favorable, de tous les côtés, à leur maintien. Il n'y a pas de raison pour qu'elles se séparent d'elles-mêmes sans un secours étranger.

C'est là certainement un équilibre bien instable que le moindre effort réduira à néant ; mais cet effort est nécessaire pour changer leur position relative. Quand il se produit, comme les molécules ne sont plus liées ensemble, le choc reçu leur fait prendre une orientation différente, l'une par rapport à l'autre ; alors, leurs courants ne s'accordent plus, leurs vibrations se mettent en opposition, et elles se repoussent mutuellement, ainsi que le feraient les éléments d'une masse gazeuse.

Quelques bulles d'air, traversant le liquide, suffiront pour amener ce résultat ; une molécule échappée dérange les autres sur son passage. Si on plonge, dans le liquide ainsi chauffé, un corps quelconque, le gaz attaché à sa surface se dégage vivement sous l'influence de la chaleur, se précipite à travers la masse liquide et agite les molécules. Un choc contre les parois du vase, produirait probablement le même effet. Si, au contraire, le corps plongé dans le liquide a été préalablement purgé de son gaz, il ne produit aucun résultat.

Une telle expérience n'est pas sans danger; elle exige des précautions car alors la masse entière se vaporise en même temps ; il y a explosion.

Ceci nous explique pourquoi la présence de l'air dans l'eau, ou seulement adhérent aux parois intérieures du vase qui le contient, ne permet pas d'élever sa température au-dessus du point d'ébullition. Ces gaz, dont la chaleur spécifique est de beaucoup inférieure à celle de l'eau, s'échauffent plus vite. On les voit s'élever du fond du vase où ils reçoivent les premiers l'atteinte du calorique, traverser le liquide sous forme de bulles parce qu'ils entraînent avec eux des molécules aqueuses qu'ils ont transformées en vapeur par la chaleur qu'ils leur communiquent, puis vont se condenser dans la masse après s'être refroidis, ou s'échappent dehors. Quand les bulles deviennent plus abondantes, elles occasionnent ce bruissement bien connu qui précède l'ébullition. Leur marche à travers l'eau, tout en contribuant à élever plus rapidement sa température, communique aux molécules aqueuses un mouvement qui ne leur permet pas de se maintenir en place quand elles ont atteint le degré voulu pour leur transformation en vapeur.

Lorsque des substances peu ou point volatiles sont en dissolution dans l'eau, elles retardent son ébullition. Comme elles ne se vaporisent pas avec l'eau, les molécules liquides, pour se réduire en vapeur, ont à effectuer un travail supplémentaire : outre leur adhésion réciproque, elles doivent encore vaincre celle, généralement plus forte, qui les lie à ces corps.

Les matières simplement en suspension dans les liquides n'ont aucune influence sur le point de leur ébullition. Cela se comprend : quand même les molécules du liquide auraient, avec ces matières, une adhérence un peu plus forte que celle qui les unit entre elles, cette adhérence n'affecterait en rien la portion du liquide qui ne les touche pas immédiatement. Quant aux substances en dissolution, toutes les molécules du liquide sont en contact d'union avec elles.

SOLIDIFICATION.

Quand un corps en fusion se refroidit, les électrosphères de ses éléments perdent peu à peu, par les ondulations qu'elles envoient dans l'espace, et leur densité et leur quantité de mouvement. Elles repassent, en sens opposé, par toutes les phases qu'elles avaient traversées en s'échauffant. Le corps reprend sa forme solide.

Dès que la solidification commence, la température

cesse de baisser. Elle reste constante dans la portion encore liquide jusqu'à ce que la solidification soit consommée. Les électrosphères en se pénétrant davantage pour se solidifier perdent une quantité de fluide qui se répand dans la partie liquide et la maintient au même niveau de température; elle compense ce que celle-ci perd par le rayonnement. Les molécules déjà solidifiées ne fournissent plus, ou beaucoup moins de fluide par la pénétration de leurs électrosphères; leurs ondulations sont d'une intensité inférieure à celle des autres encore liquides; alors, une partie de ces dernières, la plus rapprochée du solide, ne recevant plus, de sa part, une quantité de fluide égale à celle qu'elle lui communique par ses vibrations, se refroidit à son tour, et se consolide; et ainsi, de proche en proche, jusqu'à ce que toute trace de fusion ait disparu.

CRISTALLISATION.

On donne le nom de cristallisation à la forme géométrique déterminée, prismes, cubes, rhomboèdres, etc., que prennent d'eux-mêmes les corps dans leur formation, lorsque les molécules qui les composent se déposent lentement et librement les unes sur les autres. Les courants circulaires, dont la force directive et impulsive va les unir, ont alors toute leur liberté d'action : ils dirigent chaque molécule, et l'obligent à placer ses propres courants en parfaite harmonie avec ceux des autres molécules sur lesquelles elle se dépose. Leur position réciproque sera donc symétrique et toujours identique pour le même corps. La forme géométrique qui en résulte dépend de celle des molécules.

La cristallisation ne peut avoir lieu dans un corps composé de molécules dissemblables. Une différence de composition moléculaire en entraîne ordinairement une correspondante dans la forme de la molécule. Leurs courants, aussi bien que leurs faces, ne peuvent coïncider complètement : et ainsi la forme rigoureusement géométrique devient généralement impossible, à moins qu'une similitude fort approchante ne se rencontre dans la disposition des éléments combinés, et dans la forme des molécules ; autrement leur dépôt, même effectué dans les conditions les plus favorables, ne produirait qu'un solide plus ou moins vitreux. Si le dépôt se fait dans un liquide après dissolution, les molécules semblables pourront se rechercher et s'unir de préférence, parce que l'impulsion entre elles est toujours plus forte qu'avec les autres dont les courants et même les vibrations offrent toujours une certaine différence. Le résultat serait alors un mélange de petits cristaux variés, comme dans les granits.

La voie la plus favorable à la cristallisation est, sans contredit, le dépôt lent après une dissolution. Les molécules, une fois détachées du liquide par son évaporation, sont en suspension dans son sein, parfaitement libres de leurs mouvements ; elles obéissent sans difficultés à l'appel des courants de celles qui sont déjà déposées, aussitôt qu'elles en sont assez rapprochées pour être atteintes par leur influence, et se déposent sur elles en conséquence. Quand même, il n'y aurait pas dissolution préalable, si les molécules d'un corps réduit à l'état gazeux par la volatilisation, se déposent dans l'eau ou tout autre liquide, leur suspension, en modérant leur chute, les fait participer aux mêmes avantages.

La fusion n'offre pas les mêmes garanties. La cohésion qui existe toujours entre les particules d'un liquide, et l'état pâteux de la matière en fusion, au moment où elle commence à se solidifier par le refroidissement, sont des obstacles aux mouvements des molécules ; ils les empêchent de prendre la position particulière, nécessaire à une complète cristallisation. Cependant, le bismuth, l'antimoine, le plomb, donnent quelques cristaux par cette voie; mais il faut remarquer que ces cristaux se trouvent à l'intérieur et non à la superficie; ensuite, que ces corps sont simples, tous composés de mêmes éléments. Pour prendre la position cristalline ils n'ont à opérer qu'un mouvement fort restreint, comparativement à une molécule compliquée. Par le refroidissement, les parties extérieures de ces substances se condensent les premières, laissant un vide dans le milieu de la masse. Là, les éléments, non encore refroidis, sont comme à l'état gazeux, à peu près isolés ; leurs mouvements sont libres.

Dans une fusion composée de molécules variées, la cristallisation n'est pas possible. Lorsque la masse commence à s'épaissir, ces molécules déjà unies à d'autres qui ne leur ressemblent pas, ne peuvent s'en séparer pour aller rejoindre leurs semblables, comme cela est possible dans les solutions. Elles forment alors une masse vitreuse.

Le zinc et le magnésium se cristallisent assez bien

à l'aide de la volatilisation et d'une condensation graduelle de leurs vapeurs; mais cette voie n'est pas toujours facile, elle a aussi plus d'un inconvénient : avec des corps non simples, les molécules, n'étant pas retenues par un liquide, tomberaient souvent trop vite, en vertu de leur propre poids, et ne pourraient pas toujours prendre la position voulue. Une fois placées et unies, les courants n'ont plus la force de les faire changer de place.

GLACE.

L'eau distillée se solidifie à zéro. Les électrosphères, devenues moins denses, se pénètrent davantage; les molécules se resserrent et forment un corps dur; l'eau prend alors le nom de glace. Par une espèce d'anomalie, bien que les molécules soient plus condensées, la glace occupe une place plus grande que le liquide. C'est qu'elle est un cristal d'une forme particulière, constituée d'aiguilles non régulièrement accolées, comme les colonnes des autres cristaux, mais disposées entre elles de manière à dessiner des figures variées. La neige, les dessins formés par l'humidité congelée sur les vitres, nous donnent une idée des ramifications multiples que présentent ces aiguilles.

Une telle disposition laisse nécessairement bien des petits vides dans la masse. L'accroissement de volume qui en résulte rend la glace plus légère que l'eau, et lui permet de flotter à sa surface. Sa densité par rapport à l'eau est d'environ 0,930. S'il n'en était pas ainsi, si la glace, devenue plus compacte et plus pesante, s'enfonçait au fond des fleuves, toute la masse de leurs eaux se congèlerait rapidement sous l'influence de sa basse température. Tout ce qui a vie, dans leur sein, périrait.

La force expansive de la glace, lorsqu'elle prend, est énorme : elle est capable de faire éclater une bombe de plusieurs centimètres d'épaisseur. C'est elle qui brise les vases, les tuyaux des conduites, dans lesquelles on a laissé l'eau se congeler, les roches, lorsque le liquide s'est infiltré dans leurs fissures, les pierres qui en sont imbibées. Cette force n'est que la résultante des impulsions exercées par les courants circulaires des molécules et qui les oblige à prendre une position fixe et déterminée. Prise en particulier, dans une molécule, cette force est infiniment petite; mais la réunion de plusieurs milliards de ces petites forces, agissant en même temps, en fait une puissance considérable. Du reste toutes les forces de la nature ne sont pas autrement constituées ; elles sont toujours la réunion, sur un même point, d'une multitude d'actions extrêmement minimes, prises individuellement.

Plusieurs causes peuvent retarder la congélation de l'eau.

1° La privation d'air en dissolution. — Une eau purgée d'air, et parfaitement tranquille, descend au-dessous de —12° sans se convertir en glace. Mais il suffit alors d'un léger choc pour déterminer immédiatement le commencement de la solidification.

Pour prendre leur place de cristallisation, les molécules liquides doivent faire une évolution sur elles-mêmes. C'est un mouvement supplémentaire. A zéro, l'état des molécules est arrivé au point où elles peuvent se fixer ; seulement le pouvoir des courants circulaires est encore incapable, à lui seul, de mouvoir les molécules pour les amener à la position qu'elles doivent occuper. Le choc, en ébranlant la masse dans son intimité, y supplée.

La présence d'un gaz volatil, dans l'eau, ne permet pas d'abaisser ainsi sa température sans que la congélation se produise. Quel est le rôle du gaz dans ce phénomène ? Il est assez difficile de le préciser, parce qu'on ignore ce qu'il devient, la manière dont il se comporte dans le fait de la solidification de l'eau. Toutefois on peut dire que ces gaz, dont la chaleur spécifique est de beaucoup inférieure à celle de l'eau, se refroidissent plus vite, accélèrent l'abaissement de température du liquide et, par là même, sa congélation. D'un autre côté, l'eau, en perdant du calorique, absorbe une plus grande quantité de gaz ; celui-ci, en pénétrant dans la masse, y occasionne naturellement un certain ébranlement moléculaire, capable de contribuer à l'impression du mouvement réclamé pour la formation de la glace. Peut-être aussi, les éléments gazeux déjà absorbés subissent-ils quelque déplacement ; ne serait-ce que celui-ci : l'action de pénétrer plus profondément dans les électrosphères de l'eau, par suite de la perte de calorique qui a amoindri l'intensité des vibrations répulsives. Il faut si peu de chose pour commencer une évolution moléculaire, qu'on ne pourrait affirmer l'inefficacité de ce faible déplacement pour déterminer la congélation.

Ajoutons un dernier motif qui pourrait bien être le véritable. Les éléments gazeux, en adhérant à la molécule aqueuse, attirent à eux une partie de sa force ; son électrosphère pénètre un peu moins dans celle des autres molécules, la cohésion est moins forte, le déplacement plus facile. De plus, les courants des éléments gazeux viennent en aide à ceux de la molécule et déterminent le mouvement.

Quand la congélation commence au-dessous de zéro, la partie liquide remonte immédiatement à zéro, et conserve cette température, quel que soit le froid auquel elle est exposée. C'est la répétition de ce que nous avons vu plus haut, au sujet de la solidification des matières en fusion. La portion liquide reçoit le fluide dégagé par celle qui se coagule, fluide qui est d'autant plus abondant que le froid est plus grand, parce qu'alors la congélation se fait et plus profonde et plus rapide.

2° Les sels. — Si au lieu d'un gaz volatil, l'eau contient des sels en dissolution, la congélation ne se produit plus à zéro ; une température plus basse devient nécessaire ; ainsi, l'eau de la mer ne gèle qu'à — 2°. En se consolidant, l'eau abandonne le sel qui est rejeté, sans doute parce que sa présence ne peut s'accorder avec la cristallisation aqueuse ; la glace n'en contient point. Cette exclusion nécessite évidemment l'action d'une force supérieure à celle de la simple congélation ; d'autant plus que l'adhérence du sel avec les molécules aqueuses est assez prononcée. Où trouver cette force ? Il paraît assez probable que les choses se passent de cette manière : les forces des molécules de l'eau sont partagées ; elles se portent vers le sel, dans la mesure de sa cohésion ; à zéro température, la densité des électrosphères est assez atténuée pour que les molécules aqueuses puissent se pénétrer jusqu'à la cohésion d'un solide, mais la force des courants, combattue par l'adhésion du sel, n'est pas encore assez puissante pour forcer les molécules à opérer le mouvement voulu. Il faut un froid plus intense, une nouvelle diminution de densité dans les électrosphères. Alors, à un appel supérieur qui les force enfin à se pénétrer, les courants deviennent suffisants, les molécules se rangent et se pénètrent ; la force des courants se porte dans ce sens, au détriment du sel dont la cohésion diminue d'autant ; l'électricité, produite par la pénétration des molécules aqueuses entre elles, se répand sur le sel, le charge, et achève de le détacher ; il tombe, de son propre poids, dans la partie inférieure encore liquide.

Si le sel fond la neige et même la glace, c'est une répétition inverse de ce qui se passe dans la congélation. Il s'unit, par la cohésion, aux molécules de la neige, et l'électricité dégagée, en augmentant la densité de ces dernières, leur rend de la chaleur, les liquéfie.

3° Dans des tubes très capillaires, on peut faire descendre l'eau à — 20° sans qu'elle se congèle. Les molécules de l'eau, immédiatement en contact avec les parois du tube, y adhèrent plus fortement qu'elles ne le font entre elles ; par suite, l'adhérence des suivantes avec ces premières est aussi fortifiée (Hydrostatique). Ainsi, à cause du rapprochement des parois, toutes les molécules de l'eau, que contient le tube, ont une adhérence plus énergique dans la direction des parois. Cette force, jointe à la tranquillité dont elles jouissent, les maintient immobiles, et met obstacle à leur groupement en cristal.

4° Une agitation rapide ne permet pas aux molécules de se fixer par la congélation. La quantité de mouvement dont elles sont animées est plus forte que l'impulsion qu'elles exercent l'une sur l'autre.

5° Sous une forte pression, la congélation ne se fait pas. Le groupement cristallin n'a pas lieu, faute de place pour son développement, à moins que la masse soit assez puissante pour briser le vase qui la comprime.

ÉTAT SPHÉROÏDAL.

Si l'on verse quelques gouttes d'eau sur une plaque métallique chauffée au rouge, à plus de 200 degrés, le liquide ne s'étale pas sur le métal ; il ne le mouille pas, comme il le ferait à la température ordinaire ; mais il prend la forme de globules aplatis. L'eau ne touche pas la plaque, elle demeure suspendue à une faible distance de sa surface. De plus, elle est animée d'un mouvement giratoire assez rapide, court sur le métal, ou sautille légèrement sur place. Malgré la grande chaleur au milieu de laquelle elle est plongée, sa température ne s'élève guère qu'à 95°, et elle se réduit en vapeur, beaucoup plus lentement que par l'ébullition.

L'explication de ce phénomène, assez singulier à première vue, se trouve dans l'énergie même des radiations calorifiques du métal, et de la vapeur produite. Le premier effet de la chaleur est de vaporiser une couche du liquide, du côté qui regarde la plaque, c'est-à-dire, au-dessous de la goutte d'eau. La tension de la vapeur qui ne peut s'éloigner vers le métal, dont les vibrations opposées aux siennes le repoussent, soulève l'eau, et la goutte suspendue sans aucun contact avec quelque corps que ce soit, prend naturellement la forme sphéroïdale, comme toute portion de liquide en suspension dans l'air. Si la quantité d'eau était un peu forte, la vapeur la traverserait et la diviserait en globules. La répulsion de bas en haut qu'éprouvent les globules de la part de la vapeur, est un peu supérieure à la pesanteur, puisqu'elle les soulève ; c'est ce qui rend leur forme un peu aplatie. La première couche de vapeur, en s'écoulant, laisse la goutte s'abaisser ; une seconde se forme immédiatement et la relève, une troisième et une quatrième, etc., en se succédant, font alternativement s'élever et s'abaisser les globules liquides qui oscillent vivement sur eux-mêmes. Comme la vapeur fuit latéralement en glissant sur la courbe du globule, si elle passe plus abondante d'un côté, ce qui est presque inévitable, elle le chasse, par ses vibrations répulsives, du côté opposé, et il roule en sautillant sur la plaque. Les molécules inférieures du liquide plus fortement chauffées remontent, les supérieures plus froides descendent ; ce double mouvement imprime à la masse le mouvement giratoire que l'on remarque. La vapeur, en se formant, emporte une partie du fluide des couches intérieures, ce qui empêche leur température de monter aussi rapidement.

FONCTION DE LA VAPEUR DANS LES MACHINES.

La vapeur possède sa tension comme tous les gaz. C'est par elle qu'elle agit. Chaque particule de vapeur engendre dans l'espace, par les vibrations de son électrosphère, des ondulations calorifiques, dont la marche est toujours en opposition avec celle des autres particules. De là, entre elles, une répulsion qui est en raison de la quantité de mouvement contenue dans leurs ondulations, ou de leur intensité. La somme de toutes ces répulsions individuelles constitue la tension générale de la masse. Elle croît donc avec la température de la vapeur. D'un autre côté, la quantité de mouvement ou l'intensité de chaque ondulation décroît comme le carré des distances. D'où il faut conclure que la puissance de tension, pour un même nombre de vésicules vaporeuses, augmentera ou diminuera dans la même proportion, selon qu'elles seront plus ou moins rapprochées l'une de l'autre ; en d'autres termes, selon la densité de la masse. L'expérience confirme ces données.

Resserrée dans un cylindre muni d'un piston mobile, la vapeur, par sa tension, presse ce dernier, le pousse devant elle ; elle lui transmet, de ce fait, une quantité de mouvement qu'elle perd nécessairement elle-même.

La vapeur se refroidit dans la proportion du travail opéré. Exposée à l'air libre, elle s'abaisse rapidement au niveau de la température ambiante : elle perd, en effet, son fluide par les ondes qu'elle produit et ne reçoit presque rien. Lorsqu'elle est enfermée dans un cylindre, dont les parois ont atteint son degré de chaleur, son refroidissement s'opère lentement ; car, si elle perd du calorique par ses ondes, elle en reçoit autant de la part des particules qui l'environnent, et des parois du cylindre. Mais si elle met en mouvement un piston, sa température baisse subitement. La tension de la vapeur qui meut le piston est le résultat de la poussée des ondes des particules vaporeuses opposées l'une à l'autre ; celles-ci sont donc, en définitive, la seule force agissante. La quantité de mouvement qu'elles transmettent au piston, elles la perdent ; une partie des ondes est arrêtée dans sa course, est éteinte, et ne contribue pas à entretenir la température de la vapeur ; de là, une baisse immédiate de chaleur dans la masse, baisse proportionnelle au travail consommé.

A cette perte importante de calorique, pour la vapeur, s'en joint une autre, moins considérable, peut-être, mais non moins inévitable. Quand le piston s'enfonce dans le tube qui l'enveloppe, la vapeur le suit ; elle occupe un espace plus étendu ; ses particules plus écartées les unes des autres, reçoivent de leurs voisines des ondes affaiblies par la distance qui, moins intenses, réparent imparfaitement leur perte. Puis, la portion engagée dans le conduit, en échauffe les parois : de là, double perte qui contribue encore à l'abaissement de sa température. On conçoit qu'après ces diminutions de son calorique, la vapeur ait besoin de repasser par le foyer pour réparer ses pertes et devenir capable de recommencer son travail.

Il y a encore dans les machines d'autres sources de perte assez sensible à l'égard de la chaleur ; on peut les atténuer dans une certaine mesure, mais non les supprimer complètement. Les parois du cylindre et des conduits de la vapeur sont une des principales. Elles émettent, au dehors, des vibrations, et par conséquent du fluide, à travers un milieu moins chaud qui est incapable de leur rendre l'équivalent de ce qu'elles perdent. Pour réparer le déchet de fluide qu'elles éprouvent, la couche extérieure en emprunte aux couches plus profondes, et celles-ci à la vapeur. C'est, en définitive, toujours sur cette dernière que retombe la perte subie.

Telle est la loi générale qui régit les rapports entre la chaleur et le travail effectué. C'est la simple communication de mouvement que nous avons rencontrée dans tous les phénomènes.

La puissance de tension de la vapeur dépend de l'intensité des ondes produites par les vibrations des particules vaporeuses ; elle doit donc croître avec la chaleur. Les expériences, en constatant la réalité du fait, nous ont appris que cette puissance augmentait suivant une loi beaucoup plus rapide que la température. A 100 degrés, la tension de la vapeur est d'une atmosphère; à 120°6, de 2 atmosphères ; à 201°9, de 16 ; à 230°, de 28.

Si la molécule aqueuse n'émettait qu'une seule vibration à la fois, et qu'il s'en trouvât seulement deux en présence, leur tension croîtrait certainement dans une proportion régulière avec la température. S'il en est autrement, cela tient à plusieurs causes.

La première est la nature composée de cette molécule. Elle est, en effet, constituée d'un élément d'oxygène et de plusieurs éléments d'hydrogène, le nombre de ces derniers n'est pas connu, on sait seulement qu'il est invariablement le même pour toutes. Ces éléments émettent simultanément des vibrations et des ondes qui leur sont propres et dont l'intensité croît régulièrement avec la température. Cependant, celle des éléments secondaires augmente dans une proportion moindre, à cause de leur dépendance par rapport à l'élément principal. Toutes ces ondes contribuent, pour leur part, à la tension qui doit ainsi croître d'autant plus rapidement que les éléments sont plus nombreux, les vibrations variées, plus rapides.

En second lieu, dans une masse de vapeur, chaque molécule reçoit l'influence répulsive, non d'une seule, mais de toutes celles qui l'environnent et dont les ondes peuvent atteindre les siennes. La molécule *1* (fig. 38) reçoit celles des molécules *2*, *3*, *4*, etc., dont l'action agit dans le même sens sur elle. Il en est de même de toutes les autres molécules. L'augmentation de puissance répulsive donnée à une molécule par un degré de température doit donc être multipliée par ce nombre, dans le résultat général.

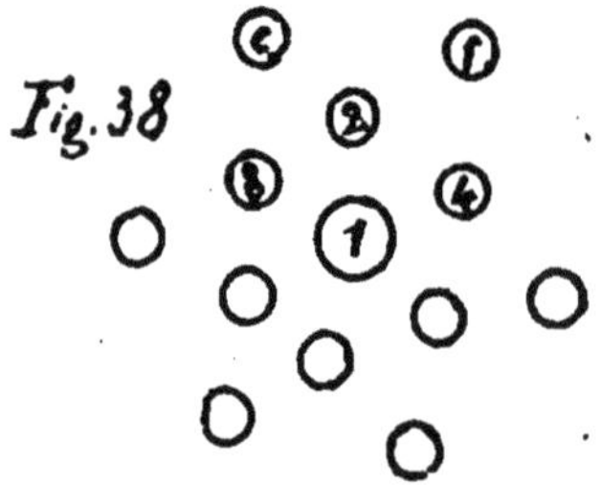

D'autres causes, d'une importance secondaire, peuvent encore influer sur l'accroissement de la tension. Bien des ondes, en tombant trop obliquement sur les molécules, sont réfléchies; alors elles font double emploi ; elles exercent une demi action répulsive sur celles-ci, et une pleine action sur celles qu'elles atteignent ensuite directement. Quelques ondes peuvent simplement traverser les molécules ; dans ce cas, elles exercent leur action répulsive sur toutes les molécules dont elles rencontrent directement les ondes dans leur course.

Il n'est pas étonnant, après cela, si l'accroissement de tension dans la vapeur suit une loi beaucoup plus rapide que l'élévation de la température.

DISSOCIATION.

Apres avoir montré l'action de la chaleur dans la dilatation et le changement d'état des corps, il nous reste à l'exposer dans leur décomposition. Nous allons le faire par l'explication du phénomène connu sous le nom de dissociation.

Lorsque, dans un vase où le vide a été fait, on chauffe fortement un corps, du carbonate de chaux, par exemple, à la température de 860 degrés, il se décompose en chaux solide et en gaz acide carbonique. Mais la décomposition est limitée ; elle s'arrête, lorsque l'acide carbonique, dégagé, exerce, sur le reste du carbonate, une pression de 85^{mm} environ. Si alors on retire de l'appareil une partie de cet acide, la décomposition recommence pour s'arrêter de nouveau quand le gaz a repris sa tension de 85^{mm}. En chauffant ensuite le carbonate à 1,040 degrés, la décomposition continue et devient plus considérable ; mais toujours limitée, elle s'arrête quand le gaz acide atteint une pression de 520^{mm}. Si, après cela, on laisse refroidir le tout, le carbonate se recompose de lui-même, de telle sorte qu'il repasse par les mêmes phases en sens inverse. Revenu à 860 degrés, la quantité de gaz et sa tension sont précisément les mêmes qu'elles étaient à ce degré, au commencement de la séparation des molécules. C'est à ce mode de décomposition qu'on a donné le nom de dissociation.

La décomposition des corps par la chaleur a les mêmes causes et suit les mêmes phases que la dilatation : l'accroissement de densité et de profondeur des électrosphères, et le retrait progressif de ces dernières qui est la conséquence. A un degré déterminé pour chaque espèce de substances, les éléments recouvrent leur entière liberté.

Le commencement de la décomposition, dans la dissociation, n'a pas lieu à la même température pour tous les corps ; elle varie avec leur nature, selon la ténacité de leur combinaison. Si, pour le carbonate de chaux, elle commence à 860°, pour l'eau, qui est une des combinaisons les plus stables, elle ne se déclare qu'à 1,000 degrés, etc.

Ce que l'électricité accomplit sur le champ, quand elle peut pénétrer dans les molécules d'un corps, la chaleur ne l'exécute que lentement. Les ondes calorifiques amènent, peu à peu, le fluide dans les électrosphères, augmentent leur densité jusqu'à ce qu'elles soient forcées de se séparer. Il faut pour cela une température assez élevée pour que la densité correspondante des électrosphères ne leur permette plus de demeurer engagées les unes dans les autres.

La dissociation commence à 860 degrés pour le carbonate de chaux ; d'où il faut conclure tout d'abord que cette température suffit pour décomposer complètement ce corps, à l'air libre. Dans le vase clos, au contraire, le gaz produit par la décomposition partielle, ne pouvant s'échapper, pèse de toute la puissance de sa tension sur le reste du corps, et arrête la séparation de ses molécules ; la dissociation est suspendue. Il faut, pour obtenir un second dégagement, élever la température jusqu'à ce qu'une densité supérieure des électrosphères procure aux molécules unies le pouvoir de surmonter l'obstacle. Ce second dégagement s'arrête aussi bientôt ; parce que la pression du gaz, outre que celui-ci est devenu plus dense, croît plus rapidement que la température. En opérant ainsi, la dissociation complète exige une température considérablement supérieure à celle où elle s'effectuerait à l'air libre.

Si, après dissociation plus ou moins complète du corps, on laisse refroidir le tout, voici comment les choses se passent : les molécules, dont la chaleur spécifique est moindre, se refroidissent plus vite, leurs vibrations deviennent moins puissantes que celles des autres, et ces dernières, poussées sur elles par la tension, tendent à se combiner ; mais toutes ne peuvent le faire. Quand un certain nombre se sont combinées, la densité du gaz a diminué d'autant, sa tension est amoindrie, et ses molécules restantes possèdent alors encore assez de chaleur pour la vaincre, d'autant plus qu'elles ont reçu le fluide dégagé par celles qui se sont unies ; leur combinaison est donc devenue impossible. Un refroidissement plus grand, renouvelle le même phénomène, et ainsi de suite jusqu'à reconstitution complète du corps.

Mais lorsque la dissociation est en pleine voie, si on permet au gaz produit de s'échapper dans un récipient, par un conduit disposé à cet effet, des réactions chimiques se manifestent dans ce conduit. La pression a cessé, au moins en grande partie ; seulement les éléments gazeux, de nature et de capacité calorifique différentes, se refroidissent inégalement. Ceux dont les vibrations sont demeurées plus intenses, les imposent aux plus refroidis ; l'isochronisme s'établit entre eux, et la combinaison s'effectue, autant qu'elle peut se faire, dans la rapidité de l'écoulement du gaz.

Quand un gaz neutre se trouve mélangé aux éléments dissociés, la combinaison s'opère plus difficilement et moins complètement. A cela on peut assigner deux causes : en premier lieu, il suffit que les éléments de ce gaz soient interposés entre ceux qui doivent se combiner, pour empêcher la différence d'intensité de leurs ondes d'obtenir son effet. En second lieu, bien que ce gaz ne puisse former de combinaison avec les deux autres, la disparité de sa capacité calorifique peut créer, entre lui et les premières, une impulsion qui combatte celle qu'elles ont ensemble. D'un autre côté, sa présence produit une tension, qui met obstacle à la reconstitution complète du corps.

SOURCES DE CHALEUR.

Tout ce qui augmente la densité des électrosphères, cause de l'intensité des ondes émises par les vibrations des éléments, est une source de chaleur. Elles sont multiples. Les principales sont :

1° Les corps chauds par eux-mêmes, comme le soleil, les corps en ignition, ou simplement chauffés, et, en général, tous les corps, sont des sources de chaleur pour ceux dont la température est inférieure à la leur, parce qu'ils augmentent la densité des électrosphères de ces derniers, au moyen du fluide apporté par les ondes plus intenses de leurs vibrations.

2° L'électricité. Le rôle de cet agent est prépondérant pour la production du calorique dans les corps qu'il peut traverser. Il est, en effet, le seul fluide capable d'augmenter par lui-même la densité des électrosphères qui en sont uniquement composées. Toutes les fois que l'électricité traverse un corps, pour peu qu'elle s'y attarde, elle élève sa température, parce qu'elle gonfle les électrosphères de ses éléments en les emplissant par son séjour. Si elle est trop abondante pour passer facilement dans le fil conducteur qu'on lui présente, elle s'y presse, s'y entasse, pour ainsi parler, et les vibrations du fil acquièrent, avec cette nouvelle densité, une intensité proportionnelle, qui peut aller jusqu'à l'incandescence, et même à la volatilisation.

On utilise cette propriété pour la lumière. Il suffit, pour cela, d'amincir le fil conducteur dans les endroits où on veut la produire. C'est par la même raison qu'un conducteur médiocre s'échauffe sur son passage ; que la foudre met le feu aux matières ténues et inflammables, ne lui offrant pas une conductibilité suffisante ; que les liquides des piles s'échauffent, indépendamment des réactions qui se produisent dans leur sein. Evidemment, dans ce dernier cas, les vibrations calorifiques, excitées par le passage de l'électricité, sont une perte sèche pour le fluide du courant.

3° *Les combinaisons chimiques.* Quand les éléments s'unissent pour former une molécule, il y a confusion des électrosphères, densité exagérée, et par suite, vibrations intenses, calorifiques et lumineuses, qui épuisent rapidement le trop plein du fluide. Si la combinaison se fait lentement, comme, par exemple, dans l'oxydation du fer exposé à l'air libre, la chaleur est insensible, elle se dissipe à mesure qu'elle est produite. D'ailleurs, pour ce qui est du fer, bon conducteur, l'excès d'électricité, au lieu de rester dans l'électrosphère pour se consumer en vibrations, se répand et disparaît dans la masse du métal.

Dans la cohésion des éléments ou des molécules, pour constituer les corps, la pénétration des électrosphères, et, par suite, la perte de fluide étant moindre, la chaleur produite l'est aussi.

Les combinaisons chimiques sont la source ordinaire où nous allons puiser la lumière et la chaleur de nos foyers. Sous l'influence d'une flamme, le carbone et l'hydrogène du bois, de la cire, de l'huile, etc., se combinent avec l'oxygène de l'air ; ces premières combinaisons occasionnent une chaleur et une lumière nouvelles, d'autres réactions suivent, et la combustion se continue d'elle-même.

4° *La pression.* Que la pression élève la température du corps comprimé, l'expérience du briquet à air suffit pour le prouver amplement. Si, à l'aide d'un piston, muni à son extrémité d'un morceau d'amadou, on comprime vivement l'air renfermé dans un tube de verre, le gaz s'échauffe jusqu'au point d'allumer l'amadou, de brûler l'huile dont le piston est graissé, et déterminer la détonation d'un mélange d'oxygène et d'hydrogène qu'on aurait substitué à l'air dans le tube.

La production de la chaleur par la pression est une répétition, un peu affaiblie, de ce qui se passe dans l'acte de la cohésion des molécules ou des éléments. Les électrosphères sont obligées, par la force qui les pousse, de se pénétrer plus ou moins profondément, quand il s'agit d'un gaz, plus qu'elles ne le sont déjà, si c'est un solide qui est comprimé. De là, accroissement proportionnel de densité, dans leur fluide, d'intensité dans les ondes émises par leurs vibrations. C'est la même cause qui élève jusqu'au rouge la température d'une éponge de platine, quand l'air pénètre subitement, et se condense dans ses pores.

On pourrait introduire, dans le tube destiné à la pression du gaz, un fil conducteur ; le faire passer à l'extérieur, à travers les parois de verre, un peu au-dessous du niveau où le piston doit s'arrêter ; d'où il communiquerait avec un petit accumulateur adapté au fond extérieur du tube. Si on amincissait ce fil dans une faible étendue de sa partie extérieure, peut-être l'électricité, produite par la pression du gaz, en passant par le fil pour se rendre à l'accumulateur, suffirait-elle pour produire une lumière instantanée et allumer une mèche ou un mince morceau de bois préalablement soufré.

5° *Le choc.* Le choc n'est autre qu'une pression vive et instantanée. Quand le corps atteint est déplacé, comme la bille sur un billard frappée par la queue du joueur, il y a transmission de mouvement et très peu de chaleur produite. Il en sera de même, si le corps est très élastique, parce qu'il reprend immédiatement sa première forme : la pénétration des électrosphères ne dure qu'un instant. Mais si le corps frappé est immobile et sans beaucoup d'élasticité, ses éléments sont comprimés, et le résultat est semblable à celui de la pression. Les électrosphères s'enfoncent les unes dans les autres d'une quantité proportionnelle à la force du choc, leur densité est accrue, et le corps est échauffé. La chaleur qui en résulte peut aller jusqu'au rouge dans le fer.

En Angleterre, en 1863, pour essayer des plaques de fonte destinées au blindage des frégates cuirassées, on les exposait à une courte distance, au tir des canons Armstrong. Au moment où les boulets, frappant les plaques, se trouvaient subitement arrêtés, la chaleur développée par la pression de leurs molécule, les portait à la température rouge. Le même phénomène se renouvelle, avec moins d'intensité, dans une roue métallique que l'on fait tourner à grande vitesse : si on l'arrête brusquement, les particules qui la composent, lancées par la force acquise du mouvement, se pressent les unes contre les autres et s'échauffent.

6° *Le frottement.* Dans le frottement, il y a pression et, en même temps, tiraillement des particules ; par suite, vibrations intérieures de la masse. La pression produit son effet habituel ; les vibrations, de leur côté, ne peuvent avoir lieu entre les éléments, sans que leurs électrosphères ne se pénètrent un peu plus ; elles sont donc l'occasion d'un accroissement de densité du fluide, d'intensité dans les ondes.

La chaleur produite par le frottement et le choc, particulièrement dans les corps élastiques qui recouvrent ensuite leur état primitif, doit être plus vite dissipée que celle provenant d'un échauffement au feu. Dans ce dernier cas, toutes les électrosphères sont gonflées d'un fluide puisé à l'extérieur, et la chaleur dure jusqu'à ce qu'il soit consommé par le rayonnement. Dans le premier, la plénitude des électrosphères vient du propre fluide du corps ; elle doit cesser, lorsque le corps, ayant repris son premier état, ne vibre plus. Il doit même être en privation de ce qu'il a perdu par le rayonnement calorifique, s'il n'a pas emprunté un fluide nouveau dans le milieu ambiant.

FORCE, TRAVAIL, RÉSISTANCE.

Au point de vue dynamique, ces trois choses : force, travail, résistance, sous quelque forme qu'on les conçoive, sauf la résistance de pure inertie, ne sont jamais qu'une quantité de mouvement. La matière, n'ayant d'autre attribut que l'inertie, n'est capable que de recevoir du mouvement et de le communiquer. Voilà pourquoi nous ne craignons pas d'émettre ces affirmations : la force vive ou agissante, est une quantité de mouvement appliquée à un objet ; le travail est un mouvement reçu ; la résistance, en dehors de l'inertie, est une certaine quantité de mouvement contraire à celui que la force vive tend à donner.

Force. — Selon le plan arrêté de ce travail, nous parlons uniquement ici de la force purement matérielle, laissant de côté la puissance que le Créateur a départie, selon le rôle qu'il lui a assigné, à l'être immatériel ou spirituel, actif de sa nature. Il était dans l'ordre que le supérieur eût une action sur l'inférieur.

Analysez telle force que vous voudrez, toujours elle se résoudra en une quantité de mouvement déterminée. Dans la vapeur, l'action est tout entière renfermée dans le mouvement des ondes répulsives émises par ses molécules ; on l'a vu. La poudre agit de même, par celles du gaz produit dans l'inflammation. Le vent, par la puissance et la vitesse de la colonne d'air ébranlée ; le marteau, par sa masse et sa vitesse ; tous, par la quantité de mouvement qu'ils possèdent. Ce premier point n'a pas besoin de plus ample démonstration : chacun est à même de le comprendre.

Travail. — Le travail physique n'est qu'un déplacement des corps ou de quelques-unes de leurs parties, opéré par la force. C'est un mouvement reçu. Le chêne renversé par la tempête est couché, au lieu d'être debout ; les parties du rocher attaquées par la mine, sont disjointes et souvent lancées au loin ; la vapeur met en mouvement le piston qui entraîne avec lui tout le mécanisme ; la dilatation du métal par la chaleur, écarte ses molécules ; le sculpteur enlève à la pierre une portion de sa substance ; etc.

La difficulté n'est pas dans ces deux premiers points : *force* et *travail*. Elle réside tout entière dans les résistances qui se présentent. Sans elles, il ne faudrait à la force que la quantité de mouvement requise pour mouvoir les objets inertes, et on sait combien, le plus souvent, cette quantité est loin de suffire.

Résistances. — En dehors de l'inertie, les résistances, avons-nous dit, ne sont elles-mêmes qu'une quantité de mouvement opposée à celle de la force. Elles peuvent se réduire à quatre principales : l'inertie, la pesanteur, l'adhérence ou l'affinité, le frottement.

1° *Inertie*. C'est la résistance que tout corps apporte au mouvement ; elle est toujours la même dans quelque circonstance que se trouve le corps. Les autres obstacles étant écartés, elle est proportionnelle à la masse, c'est-à-dire, au nombre des atomes à mouvoir : il faut mille fois plus de force pour ébranler un millier d'atomes que pour en mouvoir un seul. Considérée isolément, cette résistance est relativement faible. Nous avons fait une exception pour elle, parce qu'elle n'est pas due à un mouvement.

2° *Pesanteur*. Un poids est suspendu à un fil ; je le pousse horizontalement de façon à le mouvoir dans un sens ou dans l'autre ; une force assez minime suffit. Mais si je veux l'élever d'autant, lui imprimer un mouvement de bas en haut, une force beaucoup plus considérable devra être dépensée. Dans le premier cas, je n'avais que l'inertie à vaincre ; dans le second, je trouve en plus la pesanteur. Or, la pesanteur est le résultat des courants circulaires de la terre ; elle est représentée par la quantité de mouvement avec laquelle les ondes de ces courants poussent le poids vers le centre de la terre; il faut donc, pour lui imprimer une marche ascendante, lui communiquer une somme de mouvement correspondante à sa masse d'abord, pour vaincre l'inertie, somme qui est semblable à celle employée dans le premier cas; et de plus, une autre somme égale à celle qui agit sur lui en sens contraire, si je veux seulement arrêter sa chute, et une plus forte, quand il s'agit de l'élever en haut. Je fais abstraction ici du poids de l'atmosphère qui pèse sur lui.

3° *Adhérence et affinité.* Nous donnons le nom d'adhérence au lien qui unit entre elles les molécules d'un corps ; et d'affinité à celui qui combine les éléments en molécules. La première n'est qu'un diminutif de la seconde. Toutes deux naissent d'un même principe ; c'est pourquoi nous les réunissons.

Elles sont produites par les courants et les vibrations des électrosphères, ainsi que nous l'avons démontré. Ces courants et ces vibrations constituent une certaine quantité de mouvement qui pousse les éléments et les molécules d'un corps les uns vers les autres, et les maintient unis. Pour détruire le lien qui en résulte entre eux, il faut lui opposer une autre quantité de mouvement, contraire et supérieure.

La tempête brise un arbre, on doit trouver, dans

la masse et la vitesse de la colonne d'air, une puissance, c'est-à-dire, une quantité de mouvement supérieure à celle qui relie ensemble toutes les molécules du tronc au point de la brisure. Si elle le déracine, cette force doit être suffisante pour soulever les terres, désunir ses parties, si elle est compacte ; enfin, briser les racines plus ou moins fortes, et une multitude innombrable de fibres fixées au sol ; toutes choses qui se résument en pesanteur et adhérence ; par conséquent, en mouvement.

Généralement, la tempête ne posède pas une telle quantité de mouvement par elle-même, mais en agissant sur la partie supérieure de l'arbre, le tronc fait l'office d'un bras de levier, et alors la puissance du vent se multiplie par la longueur de l'arbre, à partir du sommet jusqu'au point de la brisure. Il sera rendu compte de cette multiplication de la force, plus bas, quand nous parlerons du levier.

La résistance du mouvement qui cause l'adhérence est aussi celle que rencontrent, et le marteau du forgeron qui veut tasser, déplacer les particules du métal pour lui donner une autre forme ; et le ciseau du sculpteur qui enlève des portions de la pierre qu'il taille, etc.

4° *Frottement.* La résistance opposée au frottement a sa source dans l'adhérence des molécules. Une masse angulaire *A* (fig. 39) est placée sur un chemin *P*, *Q*. Son poids détermine, à l'endroit où elle repose, une dépression *c*, en concentrant les particules qui la supportent. Si on veut la faire glisser vers *P*, sans la soulever, elle est arrêtée par le bourrelet *x* de la voie. Toutes les molécules qui composent cette partie, et qui se soutiennent mutuellement, opposent une résistance égale, d'un côté, à leur masse, de l'autre, à la quantité de mouvement contenue dans

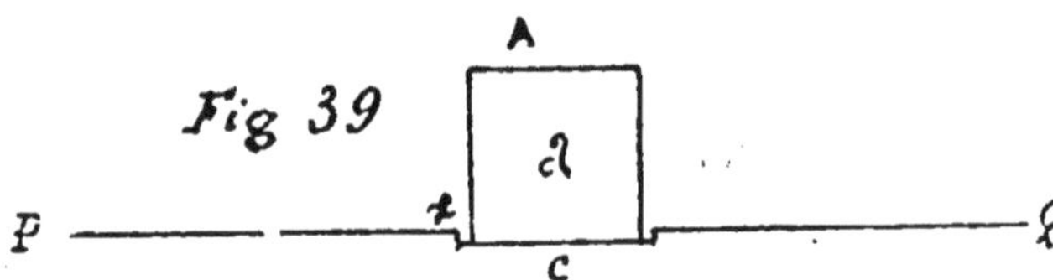

leur adhérence. Pour avancer, le corps A doit arracher ces molécules au sol, et les pousser devant lui. Il faut donc, pour opérer ce travail, dépenser une quantité de mouvement supérieure à celle que représente l'obstacle.

Cet exemple nous donne une idée de la puissance des freins. Ils ne pénètrent pas, à la vérité, dans la substance du corps qu'ils pressent, aussi profondément que le corps de la surface précédente, disposée ainsi pour la facilité de la démonstration ; néanmoins leur pression tasse toujours, plus ou moins, les molécules atteintes par lui. Pour avancer en glissant, le frein doit enfoncer au même niveau les suivantes, ou les arracher ; vaincre, par conséquent, la résistance qu'opposent à ce tassement, ou à leur séparation, leurs vibrations : ce qui demande la dépense d'une force égale à leur résistance.

Traîner un corps un peu lourd, demande toujours un déploiement de force considérable. Si l'industrie n'avait d'autre moyen de transport, elle serait singulièrement entravée. Aussi, dès la plus haute antiquité, a-t-on suppléé à cet inconvénient par l'emploi des roues, soit qu'on les adapte au corps lui-même, soit qu'on place celui-ci sur un char. La voie sur laquelle les roues sont appuyées, est déprimée par le poids qu'elle supporte, mais elles ont le grand avantage de n'avoir pas besoin de déchirer les molécules, et de les pousser devant elles pour avancer. En tournant elles les abaissent par leur seule pesanteur, sans qu'il faille employer d'autre force ; ce qui fait disparaître la plus grande partie de l'obstacle. Je dis la plus grande partie, parce que les roues rencontrent encore une certaine difficulté de la part du tassement du terrain causé par le fardeau qu'elles supportent, tassement qui exige la dépense d'une certaine force. En effet, la partie non abaissée sur laquelle elles s'avancent, oppose toujours, à leur mouvement de rotation, un obstacle qui doit se mesurer sur la surface occupée par les roues, sur la profondeur de l'abaissement, sur la résistance du terrain au tassement. La difficulté peut même grandir notablement, si les roues, pour une cause ou pour une autre, enlèvent dans leur mouvement, une partie de la terre qui s'attache à elles, car, alors, il faut l'arracher et la soulever.

Si la voie est ascendante, c'est la pesanteur qu'il faut vaincre, puisque la masse doit être élevée à chaque pas.

Le frottement sur l'essieu est grandement adouci par les corps gras. Les molécules de ces substances se détachent facilement les unes des autres, et, roulant sur elles-mêmes, amoindrissent les difficultés du fonctionnement des pièces, et préviennent le déchirement des molécules du bois ou du fer.

LEVIER.

Le levier est d'un grand secours pour manier les lourds fardeaux. Avec lui la résistance de la pesanteur est notablement affaiblie. Aussi est-il d'un usage journalier dans certaines professions.

Il y a plusieurs espèces de leviers, selon l'usage auquel ils sont destinés ; mais tous reposent sur le même principe. Le plus simple, pour la démonstration, est celui de la figure 40.

Une barre inflexible *B*, *C*, reposant sur un appui *S*, plus ou moins rapproché de l'une de ses extrémités, est supposée parfaitement mobile sur *S*, comme le fléau d'une balance. Les deux parties de la barre *B*, *A* et *A*, *C*, séparées par l'appui, se nomment bras du levier ; *B*, *A*, où se trouve la résistance à vaincre, est le bras de la résistance ; *A*, *C*, où est placé le poids, s'appelle le bras de la puissance. Ici la résistance est représentée par la masse *R*, et la puissance par le poids *P*.

Fig. 40

L'expérience a prouvé que, pour se faire équilibre, la pesanteur des poids placés à chaque bout du levier, doit être en raison inverse de la longueur des bras auxquels ils sont appliqués. En d'autres termes, le poids *P*, étant supposé de 1 kilogr. aura une puissance égale à 1 kilogr. multiplié par autant de fois que la longueur *A*, *C*, contient celle de *B*, *A*, Si la longueur *A*, *C*, est quatre fois plus grande que *B*, *A*, le kilogr. *P*, fera équilibre à 4 kilogr. placés en *B*.

Pourquoi cette multiplication de la puissance par le seul fait de la longueur du bras de levier? La matière, par le fait même de son inertie, ne peut jamais transmettre une quantité de mouvement supérieure à celle qu'elle possède. Un kilogr. ne peut faire équilibre à 4. Il doit se trouver ici une force particulière qui vient s'ajouter au poids en le multipliant; et cette autre force, qui grandit avec le bras de levier, ne peut résider qu'en lui; elle doit être excitée directement par le poids, puisqu'elle lui est toujours proportionnelle. Nous n'en voyons point d'autre, si non celle qui produit et entretient la cohésion de ses molécules.

La charge du poids *P*, courbe le bras de levier *A*, *C*; la courbe peut être insensible, mais le tirage est réel : les rangées de molécules qui le composent sont écartées dans la partie supérieure d'une quantité proportionnelle au poids. Dans la figure 40, l'écartement est marqué d'une manière exagérée pour faciliter la démonstration *T*. Les molécules ainsi déviées de leur position normale, tendent à y revenir avec une force égale à celle qui pèse sur elles; en sorte que, outre l'action du poids, la première rangée attire à elle la seconde, avec une force égale au poids, celle-ci agit de même sur la troisième, etc. Or, toutes ces forces étant dirigées dans le même sens que le poids *P*, tendent à relever le bras de la résistance *B*, *A*. Il y a donc, en réalité, autant de forces particulières égales à *P*, qu'il y a de rangées de molécules. L'effet contraire se produisant sur le bras

B, A, le résultat effectif de la traction de *P* sera le quotient des deux bras divisés l'un par l'autre, multiplié par *P*. Ce qui est conforme aux données de l'expérience.

Nous avons calculé comme si les molécules supérieures *T*, étaient seules influencées. Il n'en est rien, cependant : les molécules inférieures *I*, sont, par le même effet de courbe, resserrées les unes contre les autres. Leur résistance empêche l'écartement des molécules supérieures *T*, d'obtenir tout son développement. Il se fait, entre les deux rangées, un partage ; mais comme le rapprochement des molécules inférieures a pour effet une poussée de bas en haut, tendant à relever le bras *B, A*, aussi bien que l'écartement des premières, l'effet des deux rangées réunies forme exactement la force représentée par le poids *P*, et le résultat est identique.

La traction se multipliant à mesure qu'on approche du point d'appui *S*, si le poids *P*, surpasse la force de résistance du levier, il se rompra près de cet appui, là où la traction a atteint sa plus grande puissance ; en supposant toutefois la force du levier égale sur tous les points de sa longueur.

CHAPITRE VI.

Optique.

LUMIÈRE : SA NATURE.

La lumière a une double source; les vibrations des corps à l'état d'ignition, et l'électricité comprimée. Ces vibrations engendrent des ondulations dans l'éther de l'espace, lesquelles, venant frapper le nerf optique, donnent naissance à la sensation lumineuse et au phénomène de la vision en mettant l'âme en communication avec les objets extérieurs, placés à distance.

Que la lumière soit due à des ondulations de l'éther, nul ne le révoque en doute aujourd'hui. L'hypothèse de l'émission est abandonnée, et avec raison. Outre les difficultés inextricabes, qu'elle comporte en elle-même, elle est impuissante à rendre compte des faits variés de l'optique. Comment, avec elle, expliquer les couleurs si nombreuses? Il faudra donc dire qu'il y a autant d'atomes lumineux, différents par leur nature, que de couleurs fondamentales; mais alors comment cette masse d'atomes divers, émanés du soleil, contient-elle toujours, en s'étendant dans l'espace, une proportion semblable de ces atomes variés, sur tous les points? Comment une dispersion, si prodigieuse, ne laisse-t-elle jamais le moindre vide, malgré un espace allant toujours croissant comme le carré des distances ? Par quel moyen les ferez-vous se croiser en tous sens, sans jamais se heurter ni changer, par là-même, de direction ? Et s'ils en changent, pourront-ils, malgré cela, nous indiquer la véritable position du corps qui les envoie ? Par quel procédé passent-ils à travers les corps transparents, pourtant si compacts ? Si vous prétendez que ces corps sont tellement criblés de pores que ces atomes peuvent les traverser en tous sens, et en ligne droite, sans laisser, à leur sortie, le moindre intervalle entre eux ; autant vaudrait dire que ces corps n'ont pas de substance. Comment rendre compte de la réfraction ? Que deviennent ensuite ces atomes ? etc.

Les ondulations qui se développent dans l'espace, sous une forme sphérique, autour du corps vibrant, n'ont aucun de ces inconvénients. Elles s'étendent partout, comme celles de l'eau, sans laisser un point de l'espace inattaqué ; s'entrecroisent, sans dévier de leur marche ; traversent les substances transparentes avec leurs pores, et encore mieux, si elles en sont dépourvues. Et quand elles s'éteignent, elles ne laissent rien après elles.

Le rayon lumineux, traversant l'espace, n'est pas une parcelle de matière lancée au loin comme une flèche ou un boulet ; c'est une simple transmission du mouvement, ou, si vous le voulez, une transmission des ondes lumineuses, ainsi que cela a lieu pour le son, qui offre tant d'analogie avec la lumière. Quand j'entends le son d'une cloche lointaine, d'un instrument de musique, ce n'est pas une parcelle sonore qui, émanée de ces objets, vient frapper mon oreille. La cloche vibre sous le choc du battant, la corde sous l'archet, et ces vibrations, semblables à celles du diapason, font naître, dans l'air, des ondulations qui se propagent de proche en proche, jusqu'à moi. On frotte vivement, avec la pointe d'une aiguille, l'extrémité d'une pièce de bois ; mon oreille, appliquée contre l'autre extrémité, perçoit parfaitement le bruit de cette opération. Est-ce une parcelle de l'aiguille ou du bois qui parcourt l'intérieur de la poutre, dans toute sa longueur, pour venir m'apporter le son ? Evidemment non. Les fibres du bois ont été ébranlées, et les vibrations suscitées par le frottement se sont transmises, de fibres en fibres, jusqu'à mon oreille. Or, l'éther qui remplit l'espace, est, pour la lumière. ce que l'air est pour le son. Il est l'agent transmetteur des ondes formées par les vibrations des corps lumineux.

Une preuve saisissante de la nature ondulatoire de la lumière, est donnée par ses interférences. Si on laisse tomber deux pierres, à quelque distance l'une de l'autre, sur une nappe d'eau, il se produit, autour de chacun des points où sont tombées les pierres, des cercles d'ondulations. Ces deux systèmes de cercles, en s'avançant progressivement, se rencontrent bientôt, et se traversent mutuellement. Quand le renflement de l'un se confond avec celui de l'autre, les deux forces, qui soulèvent l'eau, s'ajoutent, et le bourrelet est doublé en hauteur. Si, au contraire, le renflement de l'un coïncide avec la dépression de l'autre, les deux forces, agissant en sens opposé, se détruisent, et il n'y a ni renflement, ni dépression : l'eau reste en repos à son niveau normal. C'est une interférence. Les points d'interférence suivent, sur la nappe d'eau, des lignes aussi régulières que le mode de progression des cercles ondulés.

Comme on en peut juger par ce simple exposé, les ondulations, soit d'un liquide, soit d'un gaz ou d'un fluide, peuvent seules donner lieu à un tel phénomène. Or, il se réalise parfaitement dans la rencontre de deux rayons lumineux semblables. Ils interfèrent ensemble, donnant sur leur parcours, en se juxtaposant, des lignes alternatives de lumière et d'obscurité; c'est-à-dire de repos et de mouvement dans l'éther.

Placez, à quelque distance l'un de l'autre, deux foyers lumineux, et vous obtiendrez cet effet. Seulement, il est nécessaire que ces deux foyers émettent une lumière simple et absolument semblable; sans cela, les ondes ne seraient ni uniformes, ni de même grandeur. Une lumière blanche, comprenant, par là même, plusieurs couleurs, et des ondulations de dimension différente, est celle qui conviendrait le moins: une couleur détruirait l'effet produit par l'autre. On obtient sûrement le résultat cherché, en se servant d'un seul foyer à lumière simple, rouge, par exemple, si on le fait refléter par deux miroirs métalliques, placés sous un angle très obtus, il remplira l'office de deux corps lumineux dont la similitude, au point de vue des ondes, ne laissera rien à désirer. Si la lumière procède par ondulations, ces deux foyers auront chacun leur système d'ondes, comme les deux pierres jetées sur la surface d'un lac. Elles se croiseront et produiront alternativement des points de renflement et d'effacement ou de repos, c'est-à-dire, des bandes de lumière rouge et des bandes obscures. C'est ce qui a lieu réellement. Un tel phénomène démontre le mouvement ondulatoire de la lumière ; il ne saurait s'expliquer autrement.

LES COULEURS.

Le prisme, grâce à son pouvoir réfringent, décompose parfaitement la lumière, en séparant les différents rayons lumineux, et en les plaçant à la suite les uns des autres, par ordre de longueur et de fréquence de leurs ondulations. C'est ce qu'on appelle le spectre solaire. Par son moyen, on a découvert que la lumière se compose de sept couleurs distinctes : le rouge, l'orange, le jaune, le vert, le bleu, l'indigo, et le violet. Chacune de ces couleurs est simple, et ne peut se diviser en d'autres. Cette séparation a permis de calculer la longueur et la fréquence des ondulations dans chacune d'elles en particulier.

Il existe une grande analogie entre la lumière et le son. Tous deux ont, pour cause, les ondulations du milieu ambiant : celles de l'éther donnent la lumière ; celles de l'atmosphère, le son. La diversité des couleurs et des tons musicaux, est due à la rapidité plus ou moins grande des ondulations. Quand l'organe visuel est frappé par les ondes 496 millions de millions de fois, dans l'espace d'une seconde, nous avons la sensation du rouge ; avec 728 millions de millions de fois, dans le même temps, nous avons celle du violet. Les nombres intermédiaires donnent la sensation des autres couleurs. De même pour le son, le choc de 522 ondes atmosphériques, par seconde, sur l'ouïe, produit la sensation de l'ut musical ; 783, celle du sol, etc. A chaque couleur, à chaque ton correspond un nombre d'ondes qui leur est propre. C'est donc le nombre des ondulations qui se succèdent dans l'éther, par seconde, qui détermine la couleur, comme celui qui parcourt l'atmosphère, dans un temps égal, produit le ton.

Un mélange d'ondulations lumineuses de différente rapidité, entraîne une variation correspondante dans les teintes. Toutes réunies donnent le blanc, qui est aussi le résultat du mélange du vert avec le rouge, du bleu avec l'orangé, du violet avec le jaune. Ces couleurs sont dites, à cause de cela, complémentaires l'une de l'autre.

Dans les corps lumineux ou sonores, il n'y a jamais autre chose qu'un mouvement vibratoire ; la couleur et le son résident dans la sensation, c'est-à-dire dans l'âme, seule capable de sentir. Un fait vraiment admirable et surprenant, pour celui qui l'examine de près, c'est que sans nous y tromper, naturellement et nécessairement, sans une intervention quelconque de notre volonté, nous rapportons la couleur et le son, aux corps vibrants qui en sont la cause, et non à d'autres. C'est la loi imposée par le Créateur qui est le maître d'établir, entre ses créatures, les rapports qui lui plaisent, et qui sont conformes à son but, afin que nous puissions entrer en relation avec les corps extérieurs.

Toutes les ondulations de l'éther ne sont pas aptes à produire la lumière. Il en est de même de celles de l'atmosphère à l'égard du son. Le spectre solaire nous a révélé l'existence de deux sortes d'ondulations se trouvant dans ce cas : les unes plus longues et moins fréquentes, au delà du rouge ; les autres, au contraire, trop courtes et trop fréquentes en deçà du violet. On les nomme rayons obscurs. Les premières produisent une chaleur supérieure à celle des autres; et elles sont dites : *rayons calorifiques*; les secondes s'appellent *rayons chimiques*, parce qu'ils jouent un rôle principal dans les réactions.

L'appareil de notre organe visuel est, sans doute, incapable de les recevoir pour les transmettre au cerveau. Il s'en faut de beaucoup, en effet, que chaque corps, particulièrement ceux d'une constitution organique, soit propre à former dans l'intérieur de sa substance, pour les transmettre au-delà, toutes les espèces d'ondulations. D'ailleurs, ces rayons ont une autre destination : si la chaleur affecte aussi notre âme, en lui causant une sensation, cette sensation diffère, par sa nature, de celle de la lumière, et lui arrive par d'autres voies.

Il existe une énorme différence entre la longueur des ondulations lumineuses, et celle des ondulations sonores. Un milieu comme l'éther peut seul produire les premières. L'ondulation, en effet, se compose d'une onde et d'une dépression, toutes deux causées par le va-et-vient de la substance vibrante ; ce qui ne permet guère à l'épaisseur de l'onde, prise sur le rayon de sa course, d'occuper un espace plus grand que la dépression. Si les unités substantielles, dont la réunion constitue le volume de l'onde, sont de simples atomes, l'onde, et par le fait, l'ondulation entière, pourront être réduites à la plus petite longueur possible. Si, au contraire, ces unités sont des éléments, lesquels sont composés eux-mêmes de milliers d'atomes, l'ondulation ne pourra jamais atteindre l'exiguité de la première ; car celle-ci tiendrait plusieurs fois dans l'épaisseur d'un seul élément. Les ondes sonores étant composées des éléments aériens, ou même d'autres éléments réunis en corps solide, on comprend la raison de la supériorité si considérable de leur longueur. Il faut donc considérer comme infiniment probable, que les ondulations chimiques et lumineuses sont nées des vibrations des électrosphères élémentaires qui, composées elles-mêmes du fluide éthéré ou d'atomes, sont aptes à donner les plus courtes possibles. Quand elles traversent un milieu gazeux ou un cristal, elles sont transmises par les électrosphères et même par le noyau des éléments, sans que l'ensemble du corps de ceux-ci ait besoin d'être changé de place, puisqu'ils ne forment pas les ondes. Rien, bien entendu, n'empêche l'éther de devenir le siège d'ondulations aussi longues que l'on voudra.

VISION.

Dans l'acte de la vision des objets, deux particularités essentielles sollicitent particulièrement la curiosité du savant et du philosophe. Par quel procédé nous sont indiquées la direction précise et la place des objets? Comment se produit la sensation ?

Direction et place des objets. — Le fait certain, c'est que, sans qu'il soit besoin de réflexion ou de raisonnement de notre part, nous voyons les choses dans la direction et la place qu'elles occupent réellement. Une indication aussi sûre, aussi prompte, ne saurait venir que du messager qui nous annonce la présence de l'objet extérieur, c'est-à-dire, de l'ondulation lumineuse. Parlons d'abord de sa direction.

Les ondulations se développent sous une forme sphérique, l'objet qui en est la source par ses vibrations se trouve toujours à leur centre; comme elles frappent nécessairement l'organe visuel dans le sens de leur rayon, il est tout naturel que nous placions l'objet dans la direction où se fait le choc; direction qui est bien réellement celle où il est placé. Qu'il en soit ainsi en fait, il est facile de le vérifier.

Nous percevons toujours les corps dans la direction du rayon qui en émane et frappe notre organe. Un arbre est devant moi, les ondes lumineuses partant de sa racine, frappent mon œil dans sa partie supérieure; celles venant de la cime, l'atteignent dans sa partie inférieure ; et, cependant, je vois le pied de l'arbre en bas et la cime en haut, parce que telle est la direction du rayon des ondes lumineuses. Cela est si vrai que si, par un artifice quelconque, on dérange, pendant sa course, la direction du rayon des ondes, l'œil est induit en erreur, et change également l'objet de place : il le voit dans la nouvelle direction du rayon, bien qu'il n'y soit pas en réalité. Placez une lampe, ou tout autre objet, devant un miroir, les ondulations, émanées de cette lampe, se réfléchissent en touchant la glace, leur forme demeure la même, mais leur marche est changée ; elles s'avancent maintenant dans un sens opposé ; elles reviennent sur elles-mêmes en faisant avec la glace un angle égal à celui de leur incidence. Si vous vous placez de manière à ce que ces ondes réfléchies pénètrent dans votre œil, vous voyez la lampe dans la nouvelle direction du rayon, par conséquent derrière la glace.

Si, par une disposition particulière de plusieurs glaces, comme dans le kaléidoscope, les ondes lumineuses, parties d'une seule fleur, éprouvent un certain nombre de réflexions variées, avant d'arriver à votre œil, les unes viendront le frapper dans une direction, les autres dans une direction différente, et vous voyez alors autant de fleurs qu'il y a d'ondes réfléchies atteignant votre œil, et chacune dans la direction précise des rayons de ces ondes. Ce seul exemple démontre péremptoirement ce que nous nous proposions de prouver.

Connaître la direction dans laquelle est situé l'objet que nous voyons, est quelque chose, sans doute, mais cela n'est pas suffisant pour les besoins ordinaires de la vie. Il faut, de plus, savoir le point précis qu'il occupe. L'appareil visuel est admirablement constitué pour l'indiquer géométriquement. L'organe est double (fig. 41); les deux yeux sont fixés à quelque distance l'un de l'autre, en sorte que la même onde, partie de l'objet, venant frapper en même temps leur nerf optique, les deux images formées sont perçues chacune dans un rayon différent de la même sphère.

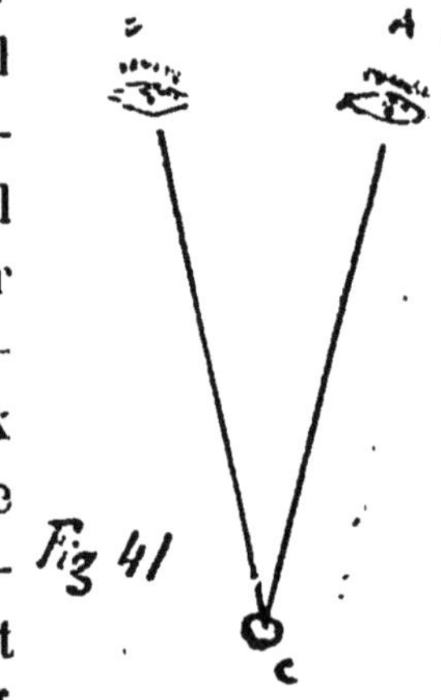

Soit *C* cet objet, l'œil *A* le voit dans le rayon *A*, *C*, l'autre le perçoit dans le rayon *B*, *C*. Les deux extrémités de ces rayons se rencontrant en *C*, forment un triangle dont la base est la distance des deux yeux ; la place de l'objet est déterminée par la confusion des deux images, et la distance géométriquement fixée par le triangle *A*, *B*, *C*.

Avec un œil unique, la situation s'apprécie de la même manière. Le nerf optique, en pénétrant dans l'organe de la vision, se divise en une multitude innombrable de minces filets qui s'épanouissent en rose sur le fond de l'œil. L'onde lumineuse frappe chacun de ces filets ; ce sont autant d'images du même objet qui vont se confondre en une seule au centre de l'ondulation, et y fixer l'objet. La base des triangles, bien que beaucoup plus étroite, suffit cependant pour déterminer la distance.

La preuve que c'est bien la longueur du rayon qui fixe la distance, se trouve dans un fait bien connu des physiciens. Quand la courbe des ondes subit une déformation par les différents milieux qu'elle traverse, leur centre est rapproché ou éloigné selon que la courbe est devenue plus ou moins ouverte (V. *Réfraction*). Dans une courbe moins accentuée, ou plus ouverte, le rayon est allongé, l'objet semble plus loin. Le contraire a lieu pour une onde dont la courbe est moins ouverte, l'objet paraît plus rapproché, parce que le rayon est raccourci. La réfraction en donne de nombreux exemples. C'est tout le secret de nos lunettes. Dans une longue-vue, un œil seul fonctionne, et néanmoins la distance, le rapprochement, sont clairement perçus.

Si, dans un œil, tous les filets nerveux, épanouis au fond, étaient atrophiés, sauf un seul, serait-il encore possible, avec ce seul œil, ce seul filet nerveux, de fixer la place d'un objet perçu, d'en apprécier la distance ? Il est difficile de constater le fait; mais sans prétendre absolument qu'il en serait ainsi, on peut dire que cela est possible. La courbe des ondes s'ouvre, de plus en plus, en s'éloignant, la partie de l'onde qui vient frapper le filet restant du nerf optique, toute minime soit-elle, participe néanmoins à cette courbe. Il suffirait donc qu'elle soit transmise au cerveau dans cet état, pour modifier, dans ce sens, la sensation, et faire apprécier la distance, jusqu'au centre. Cela suppose seulement une extrême délicatesse dans l'appareil visuel et dans la sensation, mais non une impossibilité.

L'œil est donc, en même temps, et un organe de la vue, et un instrument géométrique très sensible, au moyen duquel, par une attention particulière de la Providence à l'égard de ses créatures, nous jugeons les données, instinctivement, ainsi qu'il arrive généralement en nous, pour tous les mouvements, actions, etc., nécessaires au cours de la vie animale, et qui, pour la sûreté de notre conservation, doivent se produire sans avoir besoin de recourir aux calculs de la science.

Afin que la vue d'un corps perçu par réflexion soit nette, il faut que la réflexion soit régulière pour les ondes lumineuses émanées de ses parties. Si celles venant d'une de ses parties se réfléchissent sous leur angle normal à la surface polie, et celles des autres sous des angles différents, à cause des courbes ou des aspérités de la substance réfléchissante, ces ondes seront dispersées, l'image confuse. Il y aura mélange, éparpillement des parties qui composent ce corps. C'est ce qui arrive souvent ; quelquefois même, on n'a aucun indice de la forme de l'objet perçu. Les rayons du soleil, réfléchis sur une surface insuffisamment polie, comme un morceau de verre usé et perdu dans la plaine, procurent la sensation de son éclat et non de sa forme. Réfléchis mille et mille fois dans toutes les directions par les éléments de l'air, nous ne percevons qu'un éclat général, très affaibli, répandu dans toute l'atmosphère, et non l'astre lui-même. Ces ondes lumineuses, précisément, parce qu'elles sont réfléchies, sont incapables de nous montrer le morceau de verre ou les éléments des gaz atmosphériques. Elles empêchent plutôt de les voir, dans le cas où ils seraient visibles sans elles : leur intensité efface la lumière plus faible de leurs vibrations propres.

C'est une erreur d'attribuer la vision des corps non lumineux par eux-mêmes, à une lumière irrégulièrement réfléchie, nommée lumière diffuse. Par là même qu'elle n'est que réfléchie, elle est incapable de nous donner d'autre sensation que celle du corps dont elles émanent, de ses couleurs, de son éclat. Les corps ne peuvent être vus que par des ondes dont ils soient eux-mêmes la source et le centre.

Sensation. — Tout n'est pas fini pour la science quand elle a suivi le mouvement ondulatoire jusqu'à l'organe visuel ; elle a encore le devoir de chercher ce qu'il devient ensuite, et l'effet produit ; d'affirmer ce qu'elle reconnaît vrai, et même de confesser simplement son ignorance, quand il y a lieu, quand elle est constatée. Un savant qui refuserait de remonter jusqu'à la cause première des phénomènes qui font l'objet de ses recherches, ne mériterait pas ce beau nom.

La fonction des ondes se continue encore après avoir frappé le nerf optique ; car il faut que le mouvement communiqué parvienne au cerveau, pour produire la sensation. Si, en effet, par un moyen quelconque, une rupture ou une simple ligature du nerf, faite sur un point de sa longueur, entre le cerveau et son extrémité, qui est exposée au choc des ondes extérieures, on l'empêche de transmettre à cet organe, le mouvement reçu, il n'y aura, ni sensation, ni vision. Arrivé au cerveau, centre obligé de nos relations avec les corps extérieurs, le mouvement matériel a terminé sa course. Que devient-il alors ? comment s'éteint-il ? La science l'ignore. Elle se borne à constater un fait indéniable : une sensation est produite en nous ; sensation de lumière, de couleur ou de son, selon le sens mis en activité.

Ici l'effet change de nature. Ce n'est plus un mouvement matériel qui est causé ; une substance douée de sensibilité est touchée. Je sens qu'une action venant d'un corps extérieur s'est exercée sur moi ; j'ai la conscience de cette sensation, je la perçois, je raisonne sur elle et sur son impression ; puis, j'agis selon son impulsion, ou je n'agis pas, à ma libre volonté. Or, la matière n'a ni sensibilité, ni perception, encore moins de raisonnement ou de volonté. Elle est inerte, reçoit fatalement le mouvement et lui obéit de même, sans en avoir la conscience. Il y a donc là une substance de nature entièrement différente, nature active, sensitive, raisonnable ; un être spirituel, l'âme en un mot. C'est le *moi* toujours présent, toujours le même, au sein d'un corps, dont les parties constituantes sont dans un perpétuel changement, ne font que passer un instant pour faire ensuite place à d'autres. La couleur, le son, étant des sensations, résident donc dans l'âme ; elles ne sont pas dans le corps qui est insensible, capable seulement d'être mis en mouvement.

Comment la matière agit-elle sur une substance de nature si foncièrement différente, sur une substance spirituelle ? Je l'ignore. Son mode d'action est un mystère pour moi, mais le fait est là, indéniable : l'âme, dans la réception de la sensation proprement dite, est passive, elle subit, d'une manière quelconque, ignorée, le choc de la matière. Le doute, sur l'action réciproque de ces deux substances entre elles, n'est pas possible.

Au moins remarque-t-on quelque rapport, quelque point de similitude entre l'effet et la cause, entre un mouvement ondulatoire et la sensation d'une couleur ? Je n'en vois point, absolument point. Je sais que si les ondulations lumineuses viennent frapper mon œil 728,000 milliards de fois par seconde, le choc me donne la sensation du violet ; si elles le frappent seulement 496,000 milliards de fois dans le même espace de temps, c'est le rouge que je vois. Mais j'ignore pourquoi et comment un mouvement matériel régulier me procure de telles sensations. Si je considère qu'un mouvement de même nature, quand il m'arrive par l'intermédiaire de l'ouïe, me donne une sensation de son, et une tout autre encore quand il m'est transmis par un autre sens, je ne puis que constater le fait, et confesser ma complète ignorance sur la raison intrinsèque de différence aussi profonde, sinon qu'une substance spirituelle ne peut subir que des modifications ou des impressions conformes à sa nature, et par là même, sans similitude avec celles de la matière.

C'est l'âme qui reçoit l'impression, et cependant, par une anomalie qui confond notre raison, nous sommes portés à l'attribuer tout entière à l'organe, à la partie insensible du corps immédiatement touchée. Il semble que c'est l'œil qui voit, l'oreille qui entend, le membre atteint qui sent, qui souffre, comme si l'âme n'était pour rien dans ces sensations. D'autre part, c'est l'éther ou l'atmosphère qui frappe directement l'œil ou l'ouïe, et, sans plus nous inquiéter de ces acteurs présents, que s'ils n'existaient pas, sans même soupçonner souvent leur existence, nous rapportons immédiatement le coup au corps éloigné qui en est la première cause.

De son côté, l'âme agit sur le corps. Comment ? Je ne le sais pas davantage. Elle veut, et l'action du corps suit. C'est moi, être intelligent, qui agis librement, et j'ignore comment je m'y prends, quel nerf je dois ébranler et dans quelle mesure ; je puis même ne rien connaître de l'existence et du rôle des nerfs, et le mouvement commandé ne s'en produit ni moins sûrement, ni d'une manière moins précise. Avouons-le, sur ce point, l'homme est à lui-même un profond mystère : il ne lui sera pas donné de le dévoiler en cette vie, car il ne dispose pour cela d'aucun moyen d'investigation.

Quant à la raison extrinsèque, ou plutôt à la cause finale de ces phénomènes mystérieux, nous la connaissons. Dieu, le Créateur, qui donne la vie à qui il lui plaît, dans la mesure déterminée par sa sagesse, qui établit, entre les créatures sorties de ses mains, des rapports de subordination propres à ses desseins, a voulu être connu, aimé et glorifié par la matière inintelligente elle-même. Pour réaliser ce que l'on qualifierait d'impossibilité, si on ne le voyait pas en acte, il a fait l'homme, substance spirituelle, intelligente et libre, unie à un corps matériel; il a lié et subordonné, l'une à l'autre, ces deux substances si disparates, de telle sorte que chacune d'elles contribue nécessairement, pour une part, à la formation des actes de l'homme, et l'une ne peut agir sans l'autre, tant que dure leur union. La matière sent avec l'âme, avec l'âme elle sert et glorifie son Créateur. L'homme est ainsi le pontife de la création.

S'il renferme des mystères, et comment une telle créature n'en renfermerait-elle pas pour notre intelligence, si bornée ici-bas? confessons, du moins, que tout en lui est parfaitement coordonné pour la fin proposée, pour le mettre en relation avec la matière extérieure, pour veiller à sa conservation et même à son bien-être.

DIVISION DES CORPS PAR RAPPORT A LA LUMIÈRE.

Ils sont lumineux, éclairés, transparents et translucides.

1° *Les corps lumineux.* — Ils sont visibles par eux-mêmes, parce qu'ils émettent de la lumière, comme le soleil. On en compte de trois sortes : l'électricité comprimée, les flammes, les corps rougis au feu. L'électricité, lorsqu'elle est fortement comprimée par un gaz mauvais conducteur, tend à s'étendre ; ses efforts continus la mettent dans un état de vibrations énergiques ; les poussées qu'elle éprouve de toute part, allant s'entremêler et se confondre à son centre, déterminent dans celui-ci des vibrations de toutes grandeurs, que sa fluidité et son élasticité lui permettent d'ailleurs de prendre facilement. Aussi la lumière électrique comprend-elle l'échelle complète du spectre solaire.

Les flammes sont produites par les gaz que fournit un corps en combustion. Sous l'influence de la chaleur qui en résulte, les particules du corps se décomposent pour reformer aussitôt d'autres combinaisons. Les électrosphères des éléments qui se séparent dans ces conditions sont gonflées d'électricité (*Chaleur)*, et au moment de la nouvelle combinaison, le fluide, qui est forcé de quitter la partie engagée de ces électrosphères se répand dans les autres parties, fait effort pour s'échapper ; d'où ces vibrations que sa densité rend plus intenses. Elles sont encore excitées par les oscillations qu'exécutent les éléments combinés avant de s'arrêter définitivement dans leur nouvelle position respective.

La lumière des corps rougis au feu a également pour cause le gonflement fluidique des électrosphères de leurs éléments, non plus par la combinaison, mais par le seul effet de la chaleur. Lorsque ce gonflement est arrivé au degré convenable, ces électrosphères se comportent comme celles des éléments dans la flamme ; le fluide électrique, trop pressé, vibre. La variété des couleurs émises, dépend en partie de la nature des éléments.

2° *Les corps éclairés.* — J'appelle de ce nom ceux qui, pour être visibles, ont besoin de recevoir la lumière d'un corps lumineux. Sous l'influence de la lumière étrangère, les éléments de leur surface, ou plutôt leurs électrosphères, vibrent en reproduisant, pour leur compte, les vibrations qui sont en harmonie avec les mouvements qu'elles peuvent prendre, dans l'état où elles se trouvent, Les vibrations que les électrosphères des éléments rendent ainsi, sont moins intenses que celles qu'elles reçoivent, parce que leur fluide est moins dense. De là leur visibilité et leurs couleurs variées, les unes reproduisant les rayons rouges, les autres ceux du bleu, etc. Quant aux rayons lumineux excitateurs, après avoir frappé le corps éclairé, ceux qui suscitent des vibrations sont éteints : ils ont perdu leur mouvement en le communiquant ; d'autres peuvent également se perdre en pénétrant dans l'intérieur de la substance, en y créant probablement des mouvements confus ; d'autres, enfin, sont réfléchis ou transmis par la transparence. Les vibrations des parties éclairées cessent avec la cause excitatrice.

3° *Les corps diaphanes ou transparents.* — On appelle ainsi ceux au travers desquels on distingue les objets. Ils ne vibrent pas sous l'influence de la lumière, comme les précédents, leur substance ondule seulement, en transmettant les ondes lumineuses, comme l'éther, comme l'air, de même que les autres corps transmettent les ondes du son. Les rayons lumineux, émanés de l'objet perçu, viennent frapper notre organe visuel à peu près comme si aucun corps ne se trouvait interposé entre lui et nous. Il faut pour cela, surtout à cause de la délicatesse des ondes lumineuses, une grande régularité, une symétrie partout semblable dans la disposition des particules constituantes du corps transparent, particulièrement s'il a quelque épaisseur ; autrement les ondes subiraient l'influence des irrégularités et se déformeraient ou s'éteindraient en le traversant. Un ordre aussi parfait ne se rencontre guère que dans les verres et les cristaux.

Un corps parfaitement transparent, laissant passer toutes les ondes lumineuses, ne serait pas visible. Si on le voit ordinairement, c'est qu'il arrête et s'assimile quelques-unes des ondes qui le frappent, et alors celles-ci sont perdues pour la transparence, qui est toujours en rapport inverse de la visibilité de ce corps.

Le pouvoir, pour un corps, de transmettre les ondes de la lumière, n'emporte donc pas, avec lui, celui de transmettre également toutes les espèces d'ondes. Sa constitution peut lui permettre de se plier aux ondulations d'une longueur déterminée, et non aux autres, dans un sens, et non dans un autre. Aussi voit-on certains corps transmettre une seule couleur, ou quelques-unes seulement. D'autres laissent passer la lumière et non la chaleur, et vice versa.

4° *Les corps translucides.* — Ce sont ceux qui donnent passage à la lumière, mais sans que l'on puisse reconnaître la forme des objets. Plusieurs causes peuvent amener ce résultat : En premier lieu, un grand nombre des rayons lumineux qui les frappent peuvent être éteints par les vibrations qu'ils excitent dans les particules de ces corps, ce qui les rend très visibles eux-mêmes. En second lieu, les ondes lumineuses qui les traversent peuvent être réfractées dans tous les sens, par le dépoli, par le défaut d'homogénéité et de symétrie dans leur substance, par leur forme onduleuse, ou leur surface rayée.

RÉFRACTION.

La réfraction est un changement de direction que prend le rayon lumineux, quand il traverse un milieu différent, par sa densité, de celui de son point de départ. La déviation, dans la réfraction simple, n'a lieu que pour les rayons obliques à la surface du nouveau milieu ; le rayon perpendiculaire à cette surface, n'est jamais dévié. Lorsque les rayons obliques traversent un milieu plus dense, leur direction se rapproche de la perpendiculaire ; le contraire a lieu, quand le milieu est moins dense que celui qu'il vient de quitter. Un exemple :

Les rayons lumineux de l'objet *O* (fig. 42) traversent le cristal *DD*; celui qui tombe perpendiculairement sur lui *O, n, P'* continue sa route en ligne droite. Le rayon *O M* qui est oblique, dévie en se rapprochant de la perpendiculaire et devient *MT*. S'il sort du cristal pour rentrer dans l'air ambiant, milieu moins dense que le cristal, il dévie de nouveau; mais, cette fois, en s'éloignant de la perpendiculaire, il prend la route *TS*.

Tel est le phénomène connu sous le nom de réfraction. Il a pour résultat de changer, non en réalité,

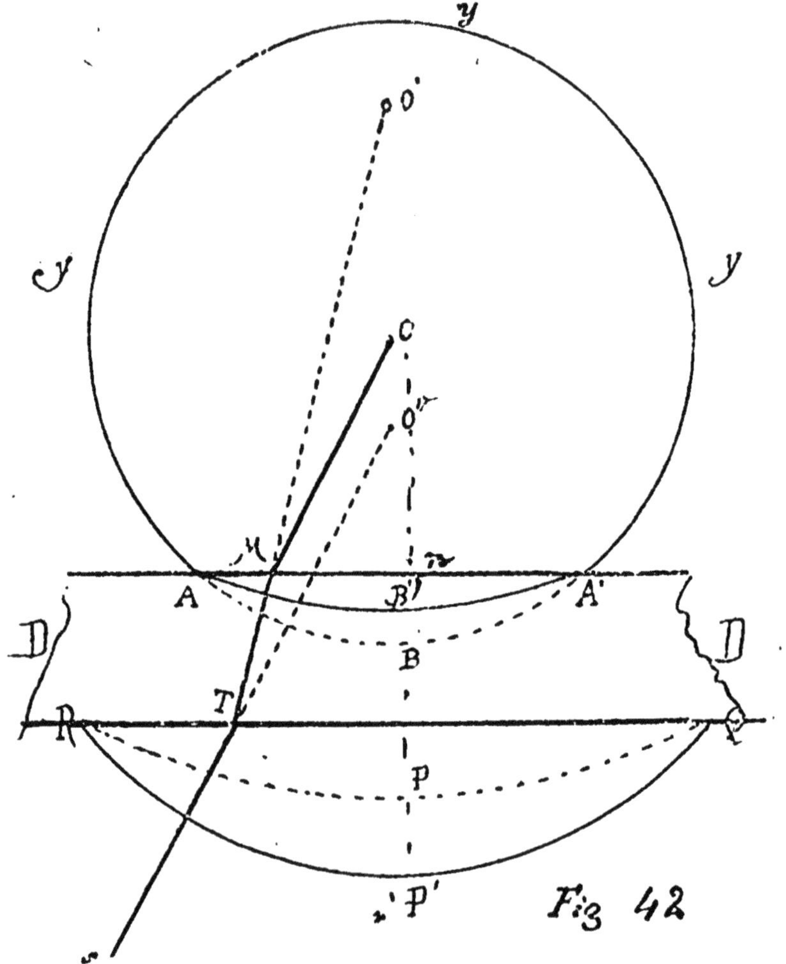

Fig 42

mais pour notre œil seulement, la position vraie des objets ; de les éloigner ou de les rapprocher. Parce que nous plaçons toujours l'objet perçu dans la direction et à l'extrémité du rayon qui frappe notre organe, en d'autres termes, au centre même de l'onde, O vu de T, à l'intérieur du cristal, paraîtra dans la direction TM, et en O', centre de l'onde T. Sa position par rapport à notre œil, sera plus éloignée que celle qu'il occupe réellement. Ce même objet O, vu de S, à travers le cristal, paraîtra dans la direction ST et plus rapproché ; l'œil le placera en O''. C'est ce phénomène de réfraction qui présente, comme brisée, une baguette plongée obliquement dans l'eau, la partie immergée semblant relevée et raccourcie. C'est par lui que nous voyons les astres dans une position plus élevée sur l'horizon que celle qu'ils occupent réellement.

Cette propriété des rayons lumineux est la base sur laquelle sont construits tous nos instruments d'optique. Rien de plus simple et de plus facile que son explication. Sa cause réside tout entière dans le ralentissement ou l'accélération de l'onde lumineuse quand elle passe dans des milieux de densité différente. Nous n'avons qu'à suivre sa course pour nous rendre compte du phénomène.

Du point O (fig. 42), partent des ondulations lumineuses qui vont traverser le cristal DD, soit donc l'une de ces ondes y, y, y, qui pénètre dans le cristal en AA' ; l'arc qu'elle y décrit devrait être normalement ABA' ; mais à cause du ralentissement qu'éprouve sa marche dans un milieu aussi dense, son point le plus avancé, parce qu'il a pénétré le premier, n'est, je suppose, qu'en B', au lieu d'être en B, et ainsi à proportion des autres parties de l'arc. Celui-ci sera donc en réalité $AB'A'$. La courbe de l'onde lumineuse s'est modifiée par le ralentissement de sa marche ; elle est plus ouverte ; son centre, par le fait, est reculé en proportion ; il devient *O'* au lieu de *O* qu'il était. Dès lors, tous ses rayons, à l'intérieur du cristal, devront aboutir à ce nouveau centre. Tous ceux dont l'œil serait frappé par cet arc de l'onde, verraient nécessairement l'objet, non en *O*, mais en *O'*.

Suivons maintenant la même onde *AB'A'* à sa sortie du cristal. Lorsqu'elle atteint les points *RQ* du cristal, son arc émergeant devrait être *RPQ*, si elle continuait à marcher du même pas que dans l'intérieur du corps *DD*; mais en retombant dans le milieu atmosphérique, elle reprend sa vitesse primitive. Son point le plus avancé, au lieu d'être seulement en *P*, se trouve déjà en *P'*, et l'arc qu'elle décrit est devenu *RP'Q*. Cette fois l'arc est plus fermé, son centre revient, non pas au point primitif et réel *O*, mais un peu plus bas, en *O''*. Le rayon *OMT* prend la direction *TS*. L'objet *O*, vu de *S*, semble placé en *O''*, et rapproché. Il sera vu à cette place de tous les points de l'arc *RP'Q*, parce qu'elle en est le centre.

Ces nouveaux centres, qu'ils soient plus éloignés ou plus rapprochés que le véritable, sont toujours sur une ligne perpendiculaire abaissée sur la surface du milieu *DD*, et passant par le centre réel *O*. Tous les points symétriques de l'onde qui en sont également éloignés, comme *A* et *A'*, *R* et *Q*, passant en même temps dans le même milieu, ralentissent ou accélèrent leur course de la même quantité. Ils conservent donc l'égalité réciproque de leur distance par rapport à la perpendiculaire *yP'* qui, coupant les arcs par le milieu, passe nécessairement par leur centre. Le rayon perpendiculaire à la surface du milieu réfringent ne peut donc jamais dévier.

Le centre O' de l'onde plongée dans le milieu réfringent, est d'autant plus éloigné que ce milieu ralentit davantage la marche de la lumière. Le centre O'' de l'onde sortante se rapproche davantage à mesure que croissent : 1° la profondeur du milieu DD, à cause de la différence qu'elle apporte dans la longueur, entre les arcs immergé $AB'A'$, et émergé $RP'Q$. 2° le ralentissement de la lumière dans le milieu réfringent.

Les différents centres de réfraction, se trouvent, avons-nous dit, sur le prolongement de la ligne perpendiculaire abaissée de l'objet visé sur la surface du milieu réfringent. Mais cela n'est vrai que quand les deux surfaces de ce milieu traversées par la lumière, celle de l'entrée et celle de la sortie, sont parallèles, ainsi que cela a lieu dans la figure 42. Si elles forment un angle entre elles, les centres des ondes réfractées à l'intérieur, seront bien toujours sur la perpendiculaire indiquée ; seulement ceux de la réfraction sortante, seront placées sur une ligne particulière qui se rapprochera d'autant plus du sommet du triangle, que l'onde aura été plus ralentie dans le prisme.

ABC (fig. 43), est un cristal à côtés non parallèles. Le foyer lumineux, dont les rayons doivent le traverser, est placé en m. Si nous prenons une de ces ondes, le rouge, par exemple, au moment où elle devrait être parvenue en D, dans l'intérieur du cristal, elle ne sera, à cause du ralentissement éprouvé, qu'en y, je suppose ; elle formera l'arc xye, dont le centre est en m^1. De l'intérieur du prisme, les rayons rouges de la lumière m seraient ainsi vus en m^1. Les autres couleurs apparaîtront plus bas, selon le degré de leur ralentissement.

Suivons maintenant la même onde à sa sortie du

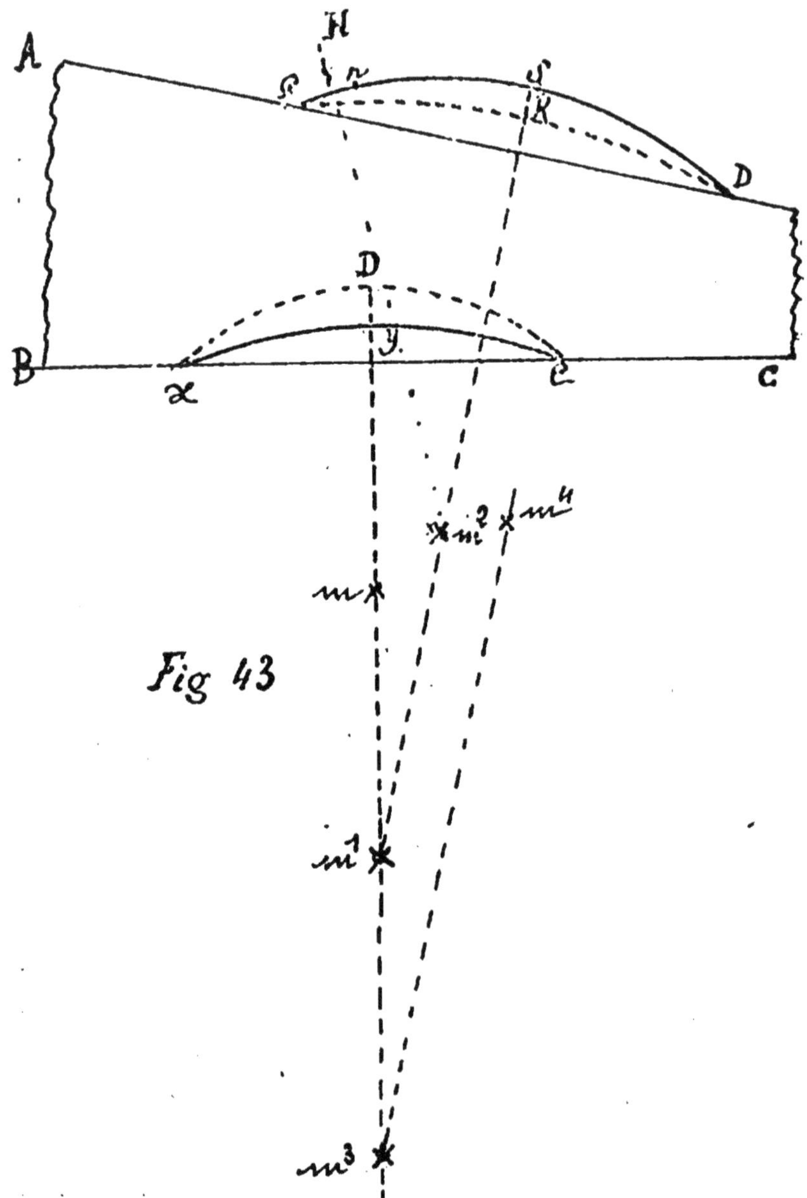

cristal. Si elle conservait au dehors la vitesse de l'intérieur, elle formerait l'arc GRD ; mais comme elle reprend sa vitesse primitive, en retombant dans le milieu atmosphérique, le point le plus avancé, au lieu d'être en *R*, sera en *S*, et on aura l'arc *GSD*, dont le centre sera en m^2 sur une ligne perpendiculaire à la face *A*, *D* du cristal, et aboutissant en m^1, elle fera donc avec la perpendiculaire *mD*, un angle égal à celui des deux faces du prisme, puisque les deux lignes sont perpendiculaires chacune à une de ses faces. Si donc le ralentissement de l'onde *xDe* était plus grand, comme il l'est en effet pour les autres couleurs et que son centre, au lieu de se trouver en m^1, fût en m^3, celui de sa réfraction sortante serait sur une ligne formant avec m^3 un angle égal à celui du prisme, et par conséquent plus rapproché de *C*; il serait un peu plus élevé que m^2, en m^4 à peu près. On aurait ainsi pour la direction de la partie *Gn* de l'arc *GSD*, la ligne m^2H; direction qu'elle suivrait en se propageant dans l'espace. Cette direction serait encore plus inclinée vers *A* pour l'arc dont le centre serait m^4; l'inclinaison s'accentuant avec le ralentissement de la lumière dans le prisme.

SPECTRE SOLAIRE.

On a donné ce nom à l'image allongée, représentant les sept couleurs que produit un faisceau de rayons solaires, après avoir traversé un prisme. Il n'est qu'une conséquence de ce qui précède.

Pour l'obtenir, il faut opérer dans une chambre noire, afin que la lumière diffuse ne vienne pas détruire la nuance des couleurs séparées. On dispose un prisme, non loin d'une étroite ouverture *O* (fig 44), pratiquée dans le volet, de manière à ce qu'un simple filet de la lumière solaire tombe sur lui obliquement, ainsi que l'indique la figure 44. Cette inclinaison du rayon est nécessaire pour accentuer l'écart de la réfraction et la séparation des couleurs. Une ouverture un peu considérable dans le volet, donnerait à chaque rayon des couleurs, un arc trop étendu qui exigerait pour leur séparation complète, au sortir du prisme, un éloignement fort grand. Les ondes composant le faisceau lumineux sont, en effet, brisées à leur passage par le trou du volet ; elles ne contiennent plus, de leur cercle primitif, qu'un faible segment égal au diamètre de l'ouverture. Ce segment conservera son

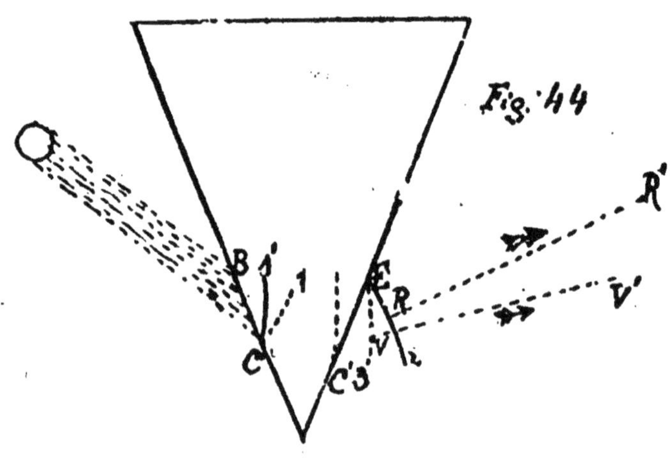

étendue dans tout son parcours, sans augmentation ni diminution. On peut constater le fait, en suivant de l'œil un trait isolé de lumière dans sa course à travers une poussière légère ; il va marquer, sur un écran, un point lumineux égal, par son étendue, à l'ouverture qui lui a livré passage. Sans cette particularité, le phénomène du spectre solaire ne se produirait pas.

Chaque segment des ondes composant le faisceau, en traversant le prisme, change de direction deux fois, la première à son entrée, la seconde à sa sortie. Suivons un de ces segments dans sa marche.

Lorsque le rayon a franchi l'ouverture *O*, il ne forme plus qu'un arc égal au diamètre de ce trou; cet arc atteint le cristal en *B*, par une de ses extrémités ; il ne l'a entièrement pénétré qu'en *C*, à ce moment, il devrait être *C 1*, parallèle à *BC* ; mais à cause du ralentissement, que nous supposons ici de moitié, l'extrémité *B* de l'arc est seulement en *1'*, quand l'extrémité inférieure arrive en *C*, et il devient *C 1'*. Sa direction est changée ; elle le sera une seconde fois quand il émergera du cristal en *C'*. Lorsque l'extrémité *C* de l'arc intérieur sort du cristal en *C'*, il reprend sa vitesse primitive, et parcourt une distance double de celle qui reste à faire à l'extrémité *1'* pour atteindre *E*, son point de sortie; il se trouve par conséquent en *2*, et l'arc devient *E 2*, dont le rayon ou la direction est *R R'*.

Si le ralentissement de la lumière, dans le cristal, était un peu moindre, l'extrémité de l'arc n'augmentant sa vitesse qu'en proportion, pourrait être seulement en *3* et non en *2*, formant l'arc *3E*, dont la direction est *V V'*.

Ainsi la réfraction suit la proportion du ralentissement de la lumière dans le cristal. Pour le rayon solaire qui comprend toutes les couleurs, celles-ci se ralentissent en traversant un milieu plus dense, dans une proportion inverse de la longueur de leurs ondes, et auront chacune, au sortir du cristal, une direction séparée, telle qu'on la voit dans la figure 45. Les rayons 1 2 représentent la marche des ondes les plus réfractées, celles du violet et de l'indigo; les autres rayons représentent les couleurs suivantes par ordre de réfraction. Au sortir du cristal, toutes ces ondes sont mélangées; pour percevoir les couleurs séparément, il faut les recevoir sur un écran assez éloigné pour que leurs arcs soient dégagés les uns des autres.

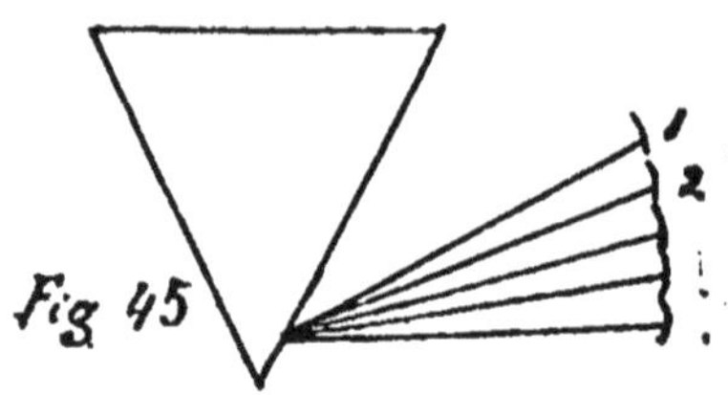

Fig 45

La réfraction grandit: 1° avec l'obliquité du rayon, pourvu cependant qu'elle ne soit pas telle qu'il ne puisse pénétrer dans le cristal; 2° avec l'ouverture de l'angle du prisme. La seule inspection de la figure 44 le fait assez comprendre.

La découverte du spectre solaire confirme le système des ondulations pour la lumière et la chaleur; en même temps, elle est une preuve palpable que le ralentissement de ces dernières, en passant dans les milieux plus denses, est en proportion inverse de la longueur des ondulations. Les services qu'elle a déjà rendus et qu'elle est susceptible de rendre encore, par la suite, à la science, sont importants, Avec elle on a pu reconnaître les propriétés particulières à chaque rayon lumineux au point de vue chimique, lumineux et calorifique; déterminer la présence et la nature d'éléments mêlés, en minime quantité, à d'autres substances; rechercher, jusque dans le ciel, les espèces d'éléments composant l'atmosphère du soleil, sa constitution et celle des étoiles.

LENTILLES.

Les lentilles sont une application, au profit de la science et de l'utilité publique, des principes énoncés plus haut. L'optique a mis utilement à contribution la propriété ralentissante des cristaux, en formant des lentilles à courbures variées. Avec leur secours, elle construit ces lunettes et ces différents instruments, si admirablement appropriés à l'étude de la lumière et des objets, soit en les rapprochant ou les éloignant, soit en les grossissant. Nous n'entrerons pas, à ce sujet, dans les détails donnés par les physiciens. Notre but est seulement de prouver l'exactitude de notre système, en montrant son fonctionnement dans les principaux phénomènes de la nature. Ici, un ou deux exemples suffiront pour faire comprendre les évolutions particulières et toujours purement mécaniques des ondes lumineuses, quand elles traversent un corps diaphane à surfaces courbes.

A une certaine distance (fig. 46), est placée une lumière, dont les ondes vont traverser la lentille TT. Une des ondes, qui, en pénétrant dans le cristal, devrait former la courbe $AB'C$, donne, à cause de son ralentissement, l'arc ABC, plus ouvert, au sortir de la lentille, cette même onde devrait régulièrement donner l'arc QQ', parallèle à ABC; mais l'accroissement de vitesse que reprennent ses deux extrémités, en rentrant dans le milieu ambiant, tandis que sa partie centrale est encore dans le cristal, lui fait prendre la forme RR', nouvelle courbe dont le centre

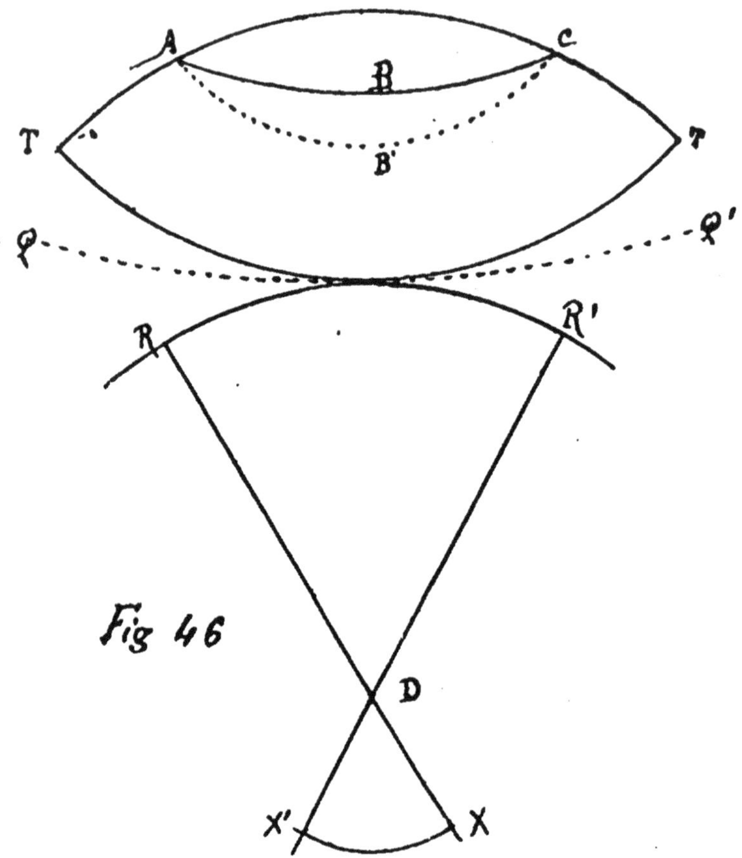

Fig 46

est en D. Après sa sortie de la lentille TT, l'onde lumineuse est donc devenue concave, de convexe qu'elle était auparavant. Ses rayons RD $R'D$, et tous les autres, convergent vers le centre D. Parce qu'ils sont à égale distance de ce centre, et qu'ils sont animés de la même vitesse, ils y arriveront en même temps. Leur réunion sur ce point constitue ce que l'on est convenu d'appeler le foyer de la lentille, foyer lumineux, si l'on opère avec la lumière, foyer de chaleur, s'il s'agit d'ondes calorifiques, foyer chimique pour les ondes chimiques. Passé ce point, les rayons continuant leur marche, toujours en ligne droite, se croisent, et la courbe de l'onde reprend sa forme convexe XX'. Alors l'image est renversée : les rayons, qui partaient du côté gauche de l'objet, vont marquer cette partie à droite, ceux qui sont partis du côté droit, le marquent à gauche. L'image sera d'autant plus agrandie que l'écran sera plus éloigné du foyer D.

Il pourrait arriver que, soit par la position éloignée de l'objet, soit par la courbure particulière de la lentille, ou la faiblesse de sa réfraction, l'onde conservât, après l'avoir traversée, la forme convexe de sa courbe. Dans ce cas, si le centre de l'arc sort du cristal avant ses extrémités, la convexité s'accentuera, et l'objet sera rapproché ; si, au contraire, ce sont les extrémités qui émergent les premières, tout en conservant la forme convexe, l'arc deviendra plus ouvert et l'objet paraîtra plus éloigné.

Quelquefois aussi, la courbe de l'onde peut devenir concave dans l'intérieur même du corps réfringent. La concavité alors s'accentuera encore davantage à sa sortie, si les extrémités sortent les premières du cristal.

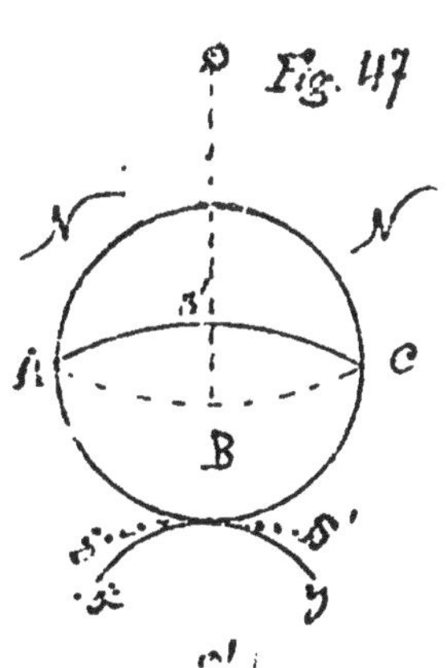

Une onde partant du centre O (fig. 47), vient former dans le cristal sphérique NN, l'arc $AB'C$, à cause du ralentissement éprouvé par le centre, qui est entré le premier, tandis que les extrémités atteignent la sphère seulement en

A et C, points extrêmes de son diamètre. A la sortie de l'onde, comme ses extrémités A et C émergent les premières et reprennent leur vitesse primitive, avant que les autres parties ne quittent successivement le cristal, au lieu de l'arc normal SS', on aura l'arc xy, dont le centre ou foyer est en O'. Passé ce centre, elle redevient convexe comme dans l'exemple précédent.

Ces quelques exemples suffisent pour faire comprendre, dans toutes les circonstances possibles, la marche des ondes lumineuses, la direction des rayons et des objets perçus à travers les corps réfringents, que leurs surfaces soient planes ou courbes. Lorsque l'on connait le degré de ralentissement de la lumière dans tel ou tel cristal, il est facile de calculer la forme précise qu'il convient de lui donner pour obtenir l'effet voulu, faire paraître un objet plus rapproché ou plus éloigné, plus gros ou plus petit qu'il ne l'est réellement.

MARCHE DE LA LUMIÈRE.

La marche de la lumière, dans l'espace et dans les corps transparents, soulève plusieurs questions demeurées jusqu'ici sans réponse, que je sache. Nous essaierons de leur donner une solution.

Quelle est la cause de la rapidité des ondes lumineuses, qui atteint plus de trois cent mille kilomètres par seconde, alors que les ondes sonores, qui leur ressemblent par la forme et le mode de propagation, parcourent, dans le même temps, au sein de l'atmosphère, seulement 340 mètres? Pourquoi les ondes lumineuses, quelle que soit la différence de leur longueur, accomplissent-elles le même chemin dans un temps égal? Comment se fait-il qu'en traversant un milieu plus dense que celui de leur origine, ces mêmes ondes ralentissent inégalement leur marche, en sorte que les plus courtes éprouvent un retard plus accentué ; tandis que le son, dans les mêmes conditions, accélère, au contraire, sa course? Enfin, d'où vient que la lumière, malgré le ralentissement éprouvé, reprend sa première vitesse en retombant dans le même milieu?

1° La vitesse de propagation des ondes dépend de deux causes : la rapidité du mouvement vibratoire, et la facilité avec laquelle le mouvement se transmet dans le milieu parcouru.

La rapidité de la vibration représente la vitesse directement imprimée aux atomes de la première onde. Les suivants ne marcheront pas plus vite évidemment : ils ne peuvent avoir que la célérité transmise par les précédents. Le temps d'une vibration croît en proportion de l'espace qu'elle parcourt; la moins longue est la plus rapide. Or, celles qui donnent naissance au spectre solaire, peuvent être les plus courtes, et, partant, les plus rapides possibles, soit parce qu'elles appartiennent aux électrosphères des éléments, les plus petits des corps vibrants, soit qu'elles viennent de l'électricité comprimée, laquelle est uniquement une masse d'atomes. Pour se faire une idée de la rapidité des vibrations lumineuses en particulier, il suffit de compter le nombre des ondes qui passent sur un point de l'espace, ou qui frappent notre œil, pendant une seconde. Ce nombre varie, selon les couleurs, de 500 à 700 millions de millions.

Le milieu traversé peut opposer, à la transmission du mouvement, certains obstacles qui retardent la marche des ondes. L'éther n'en offre point. Il est composé d'atomes incompressibles, libres, sans liaison aucune entre eux, ce qui lui permet de prendre immédiatement et entièrement, au seul contact, le mouvement communiqué.

Tel est le secret de la vitesse de la lumière ; l'extrême rapidité des vibrations et l'absence de toute cause de retard dans la transmission du mouvement. Cette transmission, du point de départ à une distance donnée, n'est pas instantanée, parce que les atomes se mettent en marche successivement, et que toute succession demande du temps.

Il en est autrement pour les ondes sonores. D'abord, les vibrations qui les engendrent, sont incomparablement plus longues et plus lentes. Leur longueur varie entre 21 mètres et un millimètre environ. On n'en compte que 16 environ pour les sons les plus graves et 37,000 pour les plus aigus. Il y a loin de la vitesse de la première onde sonore à celle imprimée à l'onde lumineuse. En second lieu, les ondes sonores, au lieu d'être formées par la réunion de quelques atomes, le sont par la condensation des éléments de l'air ; or, ces éléments, soit pour se resserrer, soit pour transmettre leur mouvement, doivent se pénétrer, quelque peu, par leurs électrosphères, et le chemin, fait pour cette pénétration, ne compte pas dans l'espace parcouru ; c'est un chemin de surcroît, un chemin et un temps perdus. De plus, les électrosphères, opposant une certaine résistance, ralentissent la vitesse de leur pénétration. C'est un nouveau retard dans la marche de l'onde. Aussi le son ne parcourt-il que 340 mètres environ par seconde.

2° La rapidité des ondes étant en rapport inverse de la longueur des vibrations, la vitesse supérieure des plus courtes compense exactement la longueur des autres ; et toutes fournissent une course égale dans un même espace de temps. Les expériences ont constaté ce résultat, aussi bien pour les ondes sonores que pour les ondes lumineuses.

3° Quand les ondes lumineuses traversent un milieu plus dense, un cristal, par exemple, elles éprouvent, dans leur marche, un ralentissement d'autant plus accentué que leur volume est moindre. Tel est le fait.

Trois choses sont à noter avant tout. Dans le corps traversé, ce ne sont pas les éléments de ce corps qui forment l'onde lumineuse, ils sont trop volumineux pour cela, mais seulement les atomes éthérés dont ils sont composés. On n'a pas à s'occuper, dans le cas présent, de l'ondulation prise dans son entier ; l'onde seule doit être considérée : elle seule agit, elle seule avance réellement, sans que sa marche soit influencée en rien par ce qui se passe derrière elle, par la conduite des atomes qui la quittent. Que d'autres ondes la suivent ou non, que l'intervalle qui les sépare soit ou devienne plus ou moins grand, change ou ne change pas, rien de tout cela ne peut influencer sur sa vitesse, son ralentissement ou son accélération. Enfin, nous appellerons *pas de l'onde,* le chemin que font les atomes qui la composent, depuis l'instant où ils ont reçu le mouvement, jusqu'à ce que, l'ayant transmis, ils s'arrêtent. Ce pas, nous le considérons comme égal au diamètre de l'onde pris dans le sens de sa marche.

Supposons maintenant le milieu dans lequel pénètre l'onde lumineuse, d'une densité double. Les atomes ne feront pas autant de chemin pour transmettre tout leur mouvement ; le volume de l'onde, dans laquelle le même nombre d'atomes seulement doit entrer, puisqu'ils conservent la même quantité de mouvements, sera réduit de moitié ; le pas sera raccourci ; il en faudra davantage pour atteindre le but. Comme la vitesse des atomes reste la même, l'onde sera en retard du nombre de pas à faire en plus.

Pour nous rendre compte du ralentissement supérieur des ondes les plus courtes, n'oublions pas que l'onde est un bourrelet enveloppant sphériquement le point vibrant. Ce bourrelet peut être considéré comme un cylindre suivant les mêmes règles qu'une sphère, par rapport à la diminution de son volume. Or, dans une sphère, le diamètre, qui représente ici le pas de l'onde, diminue d'autant plus proportionnellement, qu'elle est plus petite, quand on réduit son volume de moitié. Le pas des ondes diminuera donc dans une proportion inverse de leur volume, en pénétrant dans un milieu plus dense. Celui du violet se raccourcira plus à proportion que celui du bleu, ce dernier que celui du jaune, etc. Cette propriété des ondes, qui est nécessitée par leur forme, a permis de séparer les couleurs.

Le son, au contraire, accélère sa course dans un milieu plus dense, dans un solide, par exemple. Ses ondes, en effet, sont formées par la concentration de plusieurs éléments ; or, dans un solide, ces éléments sont déjà condensés, la pénétration de leurs électrosphères est un fait accompli. Si donc leur pas est moins long, ce retard est compensé, bien au-delà, d'abord par la facilité de transmission du mouvement, — il est plus tôt fait de pousser d'un seul choc une masse compacte, que de la pousser en réunissant ses particules éparses, — ensuite, par la diminution de la pénétration des électrosphères, diminution qui s'accentue avec la densité du milieu.

4° L'onde lumineuse, au sortir du cristal, reprend sa marche première. La rapidité du mouvement atomique n'avait pas changé, son pas seul avait été écourté. Quand elle rentre de nouveau dans l'atmosphère, milieu moins dense, l'atome est obligé de s'avancer aussi loin qu'auparavant pour transmettre tout son mouvement. Son pas et sa vitesse redeviennent ce qu'ils étaient avant son entrée dans le cristal.

DIFFRACTION.

La diffraction est une modification qu'éprouve la marche de la lumière quand elle rase le bord d'un corps solide, ou quand elle passe par une ouverture très étroite, ce qui est la même chose ; car, dans ce dernier cas, elle rase les bords du corps sur tout le pourtour de l'ouverture.

Quand un rayon solaire est introduit dans une chambre obscure par une ouverture de la grandeur d'un petit trou d'épingle, et qu'il est reçu sur un écran blanc, le point lumineux que l'on aperçoit sur l'écran est, à la distance d'un peu plus de deux mètres, plus grand que le trou d'épingle. Au lieu d'être entouré par une ombre, il est environné par une suite d'anneaux colorés, séparés par des intervalles obscurs. Les anneaux sont d'autant plus distincts que le rayon est plus petit. A mesure qu'on rapproche l'écran de l'ouverture, le point blanc central se contracte et finit même par disparaître entièrement. Alors les anneaux le recouvrent graduellement, de sorte que les nuances les plus vives et les plus intenses se manifestent successivement vers le centre. Si la lumière est simple comme le rouge, par exemple, les anneaux sont rouges et noirs alternativement et plus nombreux. Leur largeur varie avec la couleur : c'est dans la lumière rouge qu'ils sont les plus larges, et dans la violette qu'ils sont les plus étroits. Si l'on place sur le passage de la lumière un cheveu, un fil métallique très fin, ou même le tranchant d'un couteau, les rayons lumineux divergent et décrivent dans l'ombre, sur l'écran, les mêmes alternatives de bandes obscures et lumineuses.

La diffraction, avec tous ses effets lumineux, n'est, en réalité, rien autre chose qu'une pure réfraction, telle que nous l'avons exposée plus haut. Le gaz atmosphérique (v. chap. suivants) s'attache à tous les corps solides plongés dans son sein, en formant, sur leur surface, une couche plus ou moins épaisse, mais plus dense que le reste de l'atmosphère. Les rayons lumineux qui traversent ce milieu sont réfractés selon les règles de ce phénomène ; d'où cet empiètement sur l'ombre, ces divisions de couleurs, leurs interférences.

La couche gazeuse, fixée sur la surface des corps, diminue de densité à mesure qu'elle s'élève. Autour d'une ouverture cylindrique faite avec une épingle, elle forme un bourrelet qui la ferme entièrement, mais dont la densité d'épaisseur décroît jusqu'au centre. C'est pour n'avoir pas connu ce fait, ou pour n'y avoir pas songé, que l'on a rencontré tant de difficulté à l'explication de ce phénomène. L'arc du rayon lumineux qui traverse ce bourrelet dans sa plus grande épaisseur, en sort comme d'un prisme ; il infléchit légèrement sa marche du côté de la base du bourrelet ; les couleurs se séparent, selon le degré de réfraction qui leur est propre et que comporte la densité et l'épaisseur variée du gaz traversé, ce qui doit occasionner bien des interférences.

Le rayon qui passe au milieu de l'ouverture, n'ayant à traverser qu'un gaz, à peine plus dense que l'atmosphère, réfracte un peu, mais pas assez pour séparer les couleurs. A une certaine distance, les rayons réfractés plus forts, en s'écartant, ont quitté l'axe du trou et forment des cercles colorés autour de la lumière blanche du milieu, laquelle, à cause de la petite réfraction de ses rayons, couvre un espace plus étendu que le trou d'épingle. Si on approche l'écran, naturellement on rencontre les rayons moins écartés, le rouge ; le blanc se resserre et les autres couleurs se rapprochent, puis le premier disparaît pour faire place aux nuances variées. Autour d'un fil, les rayons lumineux s'inclinent de chaque côté vers le fil, et vont se croiser à quelque distance derrière lui.

DOUBLE RÉFRACTION.

Dans la réfraction simple, l'onde lumineuse ne se divise pas, sa marche n'est pas déviée en passant dans le milieu réfringent ; elle suit toujours la même route en ligne droite ; sa courbe seule se modifie. Dans la double réfraction, au contraire, l'onde lumineuse, en pénétrant dans le cristal biréfringent, se divise en deux ondes distinctes, dont l'une, au moins, dévie de sa route primitive.

Cette déviation est nécessaire pour la production de deux images, car alors chacune des deux ondes a son rayon, ou la ligne qui joint son centre à l'objet séparé de celui de l'autre. Or, l'image de l'objet reproduit par la réfraction étant toujours sur cette ligne (fig. 43), chaque onde aura séparément la sienne propre. Si la réfraction est la même pour les deux ondes, les images seront au même niveau ; si l'une est plus réfractée que l'autre, son image sera plus élevée, plus rapprochée de l'œil.

Si aucune des deux ondes n'était déviée, leur rayon se confondrait. Dans ces conditions, elles pourraient encore à la vérité donner deux images ; mais il faudrait, pour cela, que l'une d'elles fût réfractée plus que l'autre, et dans une proportion suffisante pour que les deux images ne fussent pas confondues, alors la plus réfractée serait au-dessus de l'autre, sur la même ligne. Mais on ne voit aucune raison pour que deux ondes semblables, suivant la même voie dans le même milieu réfringent, soient plus réfractées l'une que l'autre.

Le spath d'Islande possédant éminemment la propriété biréfringente, l'étude de la marche de la lumière dans sa substance, suffira pour nous donner la clef des phénomènes de la réfraction multiple dans les autres milieux.

Le spath (fig. 48) est un cristal de carbonate de chaux à forme rhomboèdre dont les faces sont inclinées de 105°5. Ces faces, au nombre de six, sont des rhombes qui se réunissent trois à trois, par leurs angles obtus, aux extrémités *CD* dont la ligne marque le petit axe.

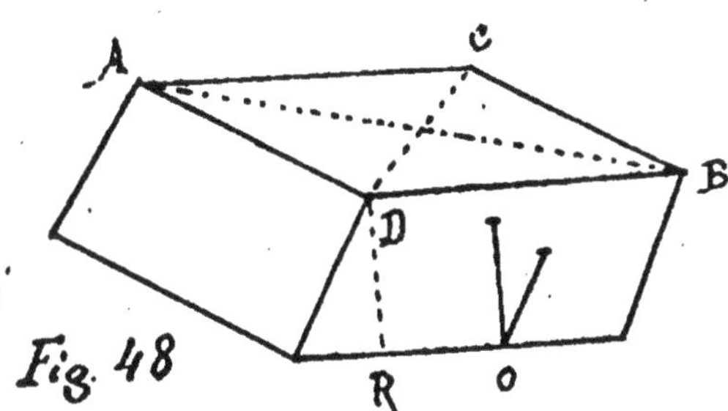

Fig. 48

Si vous regardez un objet, de petite dimension, à travers le spath, vous en voyez deux images, avec cette particularité, qu'en faisant pivoter le cristal sur lui-même, l'une des images demeure immobile, tandis que la seconde tourne autour de la première. L'image immobile est dite ordinaire, l'autre extraordinaire. Pour qu'elles soient toutes deux séparées, l'objet doit être assez petit; autrement, elles seraient en partie confondues, les bords paraîtraient seulement un peu étendus dans un sens.

L'existence des deux images suppose que le rayon lumineux, parti de l'objet, s'est partagé en deux ondes distinctes, possédant chacune son centre particulier.

A l'aide d'une lame de tourmaline, on découvre

que la lumière des deux images est polarisée dans deux plans différents, perpendiculaires l'un à l'autre. Celle de l'image ordinaire, dans le sens du grand axe *AB*; celle de l'image extraordinaire, dans le sens du petit axe *CD*.

Si on compare la position des deux images avec celle qu'occupe réellement l'objet, on découvre que l'image ordinaire est toujours sur la ligne perpendiculaire qui relie l'objet à la surface du cristal, qu'elle ne se déplace pas quand on tourne le spath, tandis que l'image extraordinaire est placée en dehors de la perpendiculaire susdite, et ne répond pas à la position réelle de l'objet. D'où il faut conclure que le plan de l'onde ordinaire traverse le cristal régulièrement, comme cela a lieu dans les gaz et les corps transparents ordinaires, mais que le plan de l'onde extraordinaire est incliné.

Quant à la position relative qu'elles occupent entre elles, les deux images sont placées sur une même ligne, parallèle au petit axe *CD*, l'extraordinaire, toujours, par rapport à la première, du côté vers lequel inclinent les faces latérales *AC*, *DB* du cristal, ainsi que l'indiquent les deux lignes *O*, et tourne avec elles. Sa position ou l'inclinaison du plan de son onde, est donc commandée par celle des couches. Cependant, dès lors que les deux images sont toujours sur une même ligne parallèle au petit axe, il résulte que le rayon extraordinaire ne suit pas précisément l'inclinaison des couches telle qu'elle nous apparait sur les côtés du cristal, mais celle que les molécules ont entre elles, dans le sens du petit axe, ce qui rend un peu plus grand l'angle d'inclinaison.

Si on tourne le spath de manière à faire coïncider les deux images d'un fil, et qu'on les regarde de biais, on les voit toutes deux, l'une au-dessus de l'autre, séparées par un petit intervalle. L'ordinaire est la plus élevée, la plus rapprochée de l'œil, par conséquent, la plus réfractée. Le ralentissement de la lumière est donc beaucoup plus grand pour cette dernière ; car, même avec un ralentissement égal pour les deux ondes, celle de l'image extraordinaire, qui a plus de chemin à faire dans le cristal, à cause de son inclinaison, devrait être la plus réfractée, la plus rapprochée.

La division de l'onde en deux branches entraîne l'affaiblissement de l'éclat dans les couleurs des images. Posez le spath sur un fil de couleur de deux ou trois centimètres de longueur ; puis, faites coïncider les images. Au milieu, où il y a superposition, l'éclat des couleurs n'est pas affaibli ; aux deux extrémités, où la superposition n'existe pas, l'éclat est beaucoup moindre, mais comme il est sensiblement le même pour les deux images séparées, il faut en inférer que la division de l'onde se fait en deux parties égales.

Une conclusion des faits précités est celle-ci : La densité n'est pas la seule cause du ralentissement de la lumière dans les corps, puisque dans le spath, l'un des rayons est plus ralenti que l'autre, malgré l'identité de densité. Cela n'est pas étonnant. La présence des éléments secondaires dans l'électrosphère principale, l'union des molécules entre elles, modifient profondément leurs vibrations et en même temps leur capacité de reproduire les ondulations venues de l'extérieur. Avec une telle constitution, on comprend que quelques corps, tout en restant transparents, prennent seulement, de l'extérieur, certaines ondulations, à l'exclusion des autres ; que d'autres les acceptent, mais seulement dans un sens déterminé, et cela même avec plus ou moins de facilité. Le spath est de ce nombre ; il n'admet les ondulations lumineuses que dans deux sens. En passant par lui, elles sont donc polarisées, c'est-à-dire, que la corde qui sous-tendrait leur arc serait parallèle, pour l'une au petit axe, pour l'autre au grand axe du cristal. L'onde qui est polarisée dans le sens du petit axe, traverse les molécules et leurs colonnes en suivant leur axe ; elle rencontre moins de résistance à sa marche ; l'autre, qui est polarisée dans le sens du grand axe du cristal, s'élève perpendiculairement, mais traverse les molécules en biais ; sa marche est plus contrariée, sa réfraction plus grande que celle de la première.

Il nous reste à décrire et à expliquer ce que deviennent les images de l'objet vu à travers deux spaths superposés.

Sur un point noir ou de couleur quelconque, mais assez foncé pour être bien vu dans ses dédoublements, posez un spath, de manière, par exemple, à ce que l'angle rentrant du petit axe soit tourné vers vous ; l'image ordinaire est de votre côté, l'extraordinaire, en avant, sur une ligne parallèle au petit axe. Cela fait :

1° Sur le premier spath, placez-en un second,

dans le même sens. Rien n'est changé, sinon que les deux images paraissent plus écartées. Tout doit se passer, en effet, comme s'il n'y avait qu'un seul spath, d'une épaisseur égale aux deux réunis.

2° Faites exécuter un demi-tour au spath supérieur : les axes correspondent encore ensemble, le grand avec le grand, le petit avec le petit ; mais l'angle saillant du spath supérieur est tourné vers vous, et l'inclinaison des couches, dans les deux cristaux, est opposée des quatre côtés. Dans cette position, on ne voit plus qu'une seule image. Cependant, l'image extraordinaire qui paraît éteinte ne l'est pas ; si on regarde obliquement, on reconnaît qu'elles existent toutes deux comme auparavant, seulement elles sont superposées et séparées par la différence de hauteur des points qu'elles occupent. L'accroissement de l'éclat, dans l'image restant apparente, suffirait à lui seul pour révéler leur superposition.

Les deux grands axes étant parallèles, l'image ordinaire, qui reste toujours sur la perpendiculaire, est demeurée immobile ; l'extraordinaire, qui, dans ses déplacements, suit le mouvement du côté incliné *CB* du cristal, s'éloigne de la perpendiculaire dans le premier spath, et revient sur ses pas dans le second, qui a ses côtés inclinés en sens inverse du premier, dont le côté *CB*, par conséquent, est sur le côté *AD* du premier. Quand les deux spaths sont de même épaisseur, le retour est égal à l'aller et les deux images sont sur une même ligne perpendiculaire. L'inclinaison contraire du second spath annihile celle du premier.

3° Faites maintenant coïncider le petit axe du

spath supérieur avec le grand axe du premier. Ceci peut se faire de deux manières : 1° En plaçant l'angle saillant près de vous, le spath inférieur conservant toujours sa position primitive. Les deux images paraissent toujours, mais avec inversion. Les ondes de l'image ordinaire qui, dans le premier spath, sont parallèles au grand axe, deviennent, pour le second, parallèles à son petit axe placé alors dans le même sens qu'elles ; elles suivent donc cette nouvelle route et leur image, d'ordinaire qu'elle était dans le premier, devient extraordinaire dans le second et mobile. Elle est alors naturellement déviée vers la gauche, selon l'inclinaison des couches. L'image extraordinaire du premier spath devient, pour la même raison, ordinaire dans le second. Elle n'éprouve aucune déviation, mais reste sur la perpendiculaire du lieu où elle paraissait en sortant du spath inférieur. 2° Si c'est l'angle rentrant que vous placez près de vous, la même inversion a lieu pour les images, seulement l'ordinaire, devenue extraordinaire, est rejetée à droite, au lieu de l'être à gauche, comme dans le premier cas ; elle suit l'inclinaison des couches et tourne comme elles.

4° Si les axes, au lieu d'être parallèles, se croisent ; si les angles d'un spath correspondent au milieu des côtés de l'autre, chaque système des ondulations du premier, à sa sortie, frappe, sous une égale obliquité, les deux plans ondulatoires du second. Elles se dédoublent alors, pour se partager entre eux, et il y a quatre images apparentes, deux ordinaires et deux extraordinaires. Leur éclat en est affaibli d'autant.

Tous ces phénomènes d'éloignement, de rapprochement et de dédoublement des objets dans la réfraction soit simple, soit double, établissent, d'une manière péremptoire, le fait que nous avons signalé tout d'abord. Les objets sont toujours vus dans la direction du rayon lumineux qui frappe notre œil, et à son extrémité, c'est-à-dire au centre même de l'ondulation dont il fait partie.

POLARISATION DE LA LUMIÈRE.

La polarisation est une modification particulière des rayons lumineux, en vertu de laquelle, une fois réfléchis ou réfractés, ils deviennent incapables de se réfléchir ou de se réfracter dans certaines directions. Lorsqu'un rayon lumineux rencontre une glace, sous un angle de 35°25', il se polarise en se réfléchissant, et il ne se réfléchit pas une seconde fois quand il touche, sous le même angle, une autre glace dont le plan est perpendiculaire à celui de la première.

On a donné le nom de polarisation à ce phénomène, parce qu'on supposait que les atomes composant le rayon avaient des pôles et des axes tournés en tous sens, avant la réflexion, et que, par elle, ils se tournaient tous dans la même direction. C'était une erreur. Les atomes n'ont point de pôles et ne peuvent en avoir. Le nom de polarisation est donc défectueux, mais il est consacré par l'usage.

Une autre hypothèse a été émise pour expliquer ce fait, d'autant plus embarrassant, qu'on ne peut ni voir, ni toucher les ondes lumineuses pour constater la modification qu'elles ont subie dans l'acte de la réflexion, on est obligé de rechercher dans la nature même des ondes et dans les faits analogues, une explication satisfaisante. Elles ont été assimilées à celles de l'eau. Il doit, en effet, y avoir une ressemblance marquée entre les ondes qu'elles parcourent, un liquide, un gaz ou un fluide. Dans l'onde aqueuse que l'on peut suivre de l'œil, on remarque un double mouvement dans les molécules qui la composent; l'un qui se fait dans le sens horizontal, parallèlement à sa marche; l'autre, qui lui est perpendiculaire. Or, il doit en être ainsi dans l'onde lumineuse, et on a dit : les atomes qui la composent se meuvent perpendiculairement au rayon, et cela dans tous les sens, mais la réflexion les ramène tous à accomplir ce même mouvement dans le même sens.

D'abord est-il bien certain que les atomes de l'onde lumineuse se meuvent perpendiculairement au rayon dans tous les sens? Dans l'onde aqueuse, on ne remarque guère que les deux mouvements indiqués et dans le même sens pour toutes les molécules; il serait même difficile d'expliquer l'existence d'un mouvement de sens différent, la pression latérale des molécules voisines serait un obstacle difficile à surmonter dans une onde de quelque étendue; car il ne faut pas compter ceux qui peuvent se produire après le passage de l'onde elle-même et derrière elle, quand les atomes, après avoir transmis leur mouvement, reprennent leur première place. Ces mouvements n'ont aucune influence sur la réflexion qui est subie par l'onde active, puisqu'ils ne se produisent qu'après elle. En second lieu, même en admettant, et la variété de ses mouvements, et leur redressement par la réflexion, en quoi cela pourrait-il nuire à la réflexion suivante? On ne le voit pas, on ne l'indique pas. La difficulté est seulement déplacée; elle reste tout entière. La réflexion n'a pas, pour cause, les mouvements que peuvent avoir, en particulier, les atomes composant l'onde, mais la marche en avant, j'allais dire, la projection de l'onde elle-même dans son entier, fonctionnant simplement, dans la circonstance présente, comme un corps élastique.

Je placerais donc plus volontiers la cause de ce phénomène dans la forme de l'onde. Quand l'électrosphère d'un élément vibre, il surgit du milieu de la partie vibrante, une onde, et cette onde est un petit bourrelet courbe, de la longueur de cette partie; elle est plus longue que profonde; elle s'avance dans l'espace en conservant le même plan que lui a donné la vibration jusqu'à ce qu'un obstacle le modifie. De toutes les électrosphères du corps lumineux surgissent des ondes semblables, et souvent plusieurs de la même, surtout quand elle est celle d'une molécule renfermant plusieurs éléments. Chacune de ces ondes a son plan particulier, qui est celui de la vibration dont elle sort. Elles peuvent se croiser, se mélanger, marcher de conserve, mais toujours elles gardent leur bourrelet propre et leur plan particulier. Dans un rayon lumineux, il se trouve une multitude de ces ondes dont les plans variés sont disposés entre eux comme les rayons d'une rose des vents. Dans la réflexion, ces ondes se conduisent comme une pierre qui ricoche sur l'eau, et pour les mêmes raisons. Pour obtenir ces ricochets, vous choisissez une pierre plate, puis vous la lancez vivement et très obliquement sur une nappe d'eau. Dans ces conditions, la force qui tend à faire plonger la pierre dans l'eau, est très faible par rapport à celle qui la pousse horizontalement ; si elle touche le liquide par sa face plate, la force plongeante n'est pas suffisante pour vaincre la résistance de toute la surface de l'eau atteinte, et elle rebondit ainsi qu'elle le ferait sur un corps élastique solide. Si, au contraire, elle tombe sur sa tranche, sa force plongeante suffit pour vaincre le mince filet du liquide qui lui est opposé et elle ne ricoche pas, elle s'enfonce.

En général, lorsqu'un rayon de lumière est réfléchi sur une glace, ou toute autre substance, il peut être réfléchi une seconde ou plusieurs fois, sur une autre surface, et donner deux images en traversant un corps biréfringent. Mais si ce rayon tombe sur une plaque de verre, sous un angle de 35°25', toutes les ondes de ce rayon, dont le plan est perpendiculaire ou à peu près, à la surface, touchent les électrosphères qui la composent par leur pointe et y pénètrent, comme la pierre dans l'eau quand elle y tombe sur sa tranche ; elles y excitent des vibrations et sont éteintes, ou elles traversent le verre, qui est transparent ; dans les deux cas, le rayon est diminué d'autant. Celles, au contraire, dont le plan est parallèle à la surface, frappent à la fois une trop grande partie des électrosphères ; elles ne peuvent y pénétrer et sont réfléchies. Quand, après cette première réflexion, le même rayon, dont le plan des ondes restantes est parallèle à la surface qu'il vient de quitter, va en frapper une autre sous le même angle, il se réfléchira encore, si le plan de la seconde glace est parallèle à la première et, par suite, au plan des ondes ; il ne se réfléchira pas, si le plan de cette seconde glace est perpendiculaire à celui de la première, parce qu'alors, les ondes la frapperont par leur pointe. Sur une surface polie, il faut souvent plusieurs réflexions, pour que toutes les ondes restantes soient bien parallèles.

Toutes les substances à surface plane et polie peuvent polariser la lumière, par réflexion, mais sous des angles d'incidence inégaux. Pour l'eau, cet angle est de 37°15' ; pour le verre, de 35°25' ; pour le quartz, de 32°28' ; pour le diamant, de 22° ; pour l'obsidienne, de 33°30'. Cette variété peut être attribuée à la différence des résistances offertes par les électrosphères des éléments de ces corps.

Avec une telle forme des ondes, on comprend très bien que les molécules du spath, ne puissent reproduire dans leur sein, les ondes venues de l'extérieur, sinon, selon certains plans déterminés ; parce que les mouvements de leur électrosphère sont embarrassés par les éléments secondaires qui les occupent, et par leur adhérence avec les molécules voisines. Comme l'agencement, entre elles, des molécules et des colonnes composant le spath, est parfaitement symétrique, puisqu'il est un cristal, l'onde qui a pénétré dans la première molécule, peut traverser tout le cristal, trouvant toujours devant elle des molécules présentant la même face et le même plan. Celles qui sont parallèles à son petit axe, ou à peu près, traversent le spath obliquement en suivant l'axe des colonnes moléculaires ; celles qui sont parallèles à son grand axe, le traversent perpendiculairement. Parce que ce corps peut seulement reproduire les ondulations orientées dans ces deux plans, toutes les ondes en sortent parfaitement polarisées, les unes dans le premier plan, les autres dans le second.

Après avoir polarisé un rayon lumineux par la réflexion, si vous lui faites traverser un spath en plaçant ce cristal sur son passage, de manière à ce que son petit axe soit parallèle au plan des ondes, il le traversera évidemment tout entier dans ce sens, et il donnera une seule image, l'extraordinaire. Si c'est le grand axe que vous établissez parallèlement au plan du rayon, celui-ci tout entier traversera le cristal selon cet axe, et il donnera encore cette fois une seule image, l'ordinaire. En dirigeant, au contraire, le plan du rayon lumineux entre les deux axes du cristal, il se dédoublera et donnera les deux images. Les ondes dont le plan sera le plus rapproché du parallélisme avec le grand axe, suivront cette voie ; les autres, dont le plan se rapprochera davantage du petit axe, prendront cette route, il en sortira alors deux rayons polarisés perpendiculairement l'un à l'autre.

Ce qu'on appelle polarisation, ne serait donc que le parallélisme des ondes composant un rayon lumineux.

Lorsqu'un rayon polarisé traverse, par exemple, un quartz taillé perpendiculairement à son axe de cristallisation, ce rayon est toujours polarisé à l'émergence, mais dans un plan différent. Le plan a tourné à gauche, quelquefois à droite, suivant l'espèce de quartz. Il en est de même pour les liquides; seulement avec eux, le plan de polarisation tourne d'une manière moins accentuée et variant avec la composition du liquide. C'est ce qu'on appelle la polarisation rotatoire. Elle n'est pas la même pour tous les rayons lumineux : dans le quartz, la rotation du rouge est de 17° 30', celle du violet de 44°5'.

Beaucoup de corps jouissent de cette propriété; seulement les uns tournent le plan à droite, les autres à gauche, et de différents degrés. Ces variations montrent assez qu'elles sont dues à la constitution des corps, à la différence de leurs molécules, à la disposition qu'elles prennent dans l'acte de leur cohésion. Ce dernier point est si vrai, qu'il suffit de soumettre le corps transparent à l'influence d'un aimant pour faire varier la rotation du plan, soit à gauche, soit à droite, selon le pôle que l'on fait agir. Son influence modifie la position des molécules; c'est la constitution de celles-ci qui force les ondes à incliner leur plan soit d'un côté, soit de l'autre; et si la rotation est moindre dans les liquides, cela tient, sans doute, à ce que les ondes ont moins de molécules à traverser que dans les solides.

D'ailleurs, ce ne sont pas précisément les ondes constituant le rayon lumineux qui changent elles-mêmes la direction de leur propre mouvement; elles ne traversent pas le corps transparent, elles le frappent seulement et communiquent leur mouvement aux molécules du corps qui, alors, forme des ondes semblables de leur propre substance. Ces molécules prennent le mouvement transmis, comme les ailes d'un moulin à vent prennent celui de l'air : frappées en biais, elles tournent parce que c'est le seul mouvement qu'elles soient capables de produire. Dans les électrosphères des molécules, les atomes poussés par ceux des ondes lumineuses, rendent de leur mouvement ce qu'ils peuvent, dans un sens quelquefois un peu différent, parce qu'il est le seul qu'ils soient susceptibles de prendre, dans leur position.

La propriété que possèdent les substances de tourner le plan de polarisation d'un nombre de degrés proportionnellement inverse à la longueur des ondes, donne lieu à de très beaux effets de lumière, tout en rendant de nombreux services à l'industrie. Si un rayon lumineux, après avoir été polarisé, passe à travers une plaque de quartz taillée perpendiculairement à l'axe, puis est regardé au travers d'un spath, les couleurs simples, dont le plan a tourné dans le quartz, de différents degrés, ne passent que successivement dans les deux plans du corps biréfringent, à mesure qu'on le fait tourner. Toutes les couleurs du spectre se montrent alors alternativement à l'œil de l'observateur. Dans chacun des deux plans du spath, se présente en même temps une couleur différente, mais dont l'une est toujours complémentaire de l'autre. Ce déplacement du plan de polarisation, parce qu'il varie avec les corps, permet aussi de reconnaître, dans les substances, des différences de composition là où l'analyse chimique n'en distingue aucune; de préciser les proportions des mélanges ou des dissolutions dans les liquides.

SOURCES DE LA LUMIÈRE.

La condition essentielle pour qu'il y ait sensation lumineuse, c'est que notre organe reçoive les impulsions des ondes de l'éther spéciales à ce phénomène. Ainsi point de lumière, rien de visible sans vibrations.

Tous les corps vibrent, sans doute, par les électrosphères de leurs éléments et de leurs molécules, mais, dans l'état normal, ces vibrations ne sont pas celles de la lumière ; pour les produire, les corps ont besoin d'être excités par des causes extérieures. Quelles sont ces causes ? Comment suscitent-elles ces vibrations particulières ? Si la science répond à peu près à la première question, elle est muette sur la seconde, et pour cause. Les connaissances que nous avons acquises dans les chapitres précédents sur l'électricité, sur la constitution des éléments et des corps, aussi bien que sur l'action de la chaleur, vont éclairer d'un nouveau jour cette question jusqu'alors si obscure.

Parmi les causes qui rendent les corps lumineux par eux-mêmes, ou simplement visibles, nous distinguons : l'électricité, les combinaisons chimiques, la chaleur et l'insolation. Quant aux astres, tels que le soleil et les étoiles, nous en parlerons dans la météorologie.

1º *L'électricité.* — Elle est la source principale de la lumière. Considérée dans sa substance, elle n'est rien autre chose que l'éther de l'espace, une réunion d'atomes sans liaison aucune entre eux ; or, cette substance est la matière dont sont composés tous les rayons lumineux et leurs ondes, sans perdre son état atomique. Ces ondes, condensées et projetées par les vibrations, se propagent dans l'espace éthéré de même nature qu'elles, traversent les gaz et même plusieurs solides, en continuant à se former dans le sein des électrosphères de leurs éléments, au moyen des mêmes atomes qu'elles renferment. C'est leur choc sur notre organe qui produit la sensation lumineuse. A ce point de vue, la matière électrique est la base obligée de toute lumière.

Considérée comme électricité proprement dite, c'est-à-dire, comme une masse d'atomes libres, contenue et condensée par la pression atmosphérique, elle nous donne la plus belle lumière.

L'étincelle et l'éclair sont deux exemples frappants de la lumière que peut donner l'électricité comprimée. Dans l'un et l'autre, c'est une masse de fluide qui se ramasse sur un très petit espace, à l'extrémité d'une pointe, écarte les couches atmosphériques, se précipite dans l'ouverture et se trouve isolée, retenue dans son état de condensation par tout le poids de l'atmosphère. Les efforts que fait ce fluide contre les couches élastiques du gaz, pour s'étendre, le mettent dans un état vibratoire énergique. Il se dilate, se resserre, et, la perte qu'il éprouve par ses vibrations, changeant continuellement sa densité, met en mouvement toutes les parties de sa masse. Il en résulte des vibrations innombrables et de toutes longueurs. Plus la densité et la pression sont grandes, plus vives sont les vibrations lumineuses et calorifiques.

La belle lumière de l'œuf électrique est causée par le fluide du courant qui s'élance à travers le gaz, d'un électrode à l'autre. Elle ressemble assez à une étincelle continue.

Lorsqu'un fort courant parcourt un fil conducteur et se trouve, tout-à-coup, enrayé par une portion de fil plus fin, il se presse, se condense pour le franchir, gonfle les électrosphères des éléments qu'il traverse : de là, les vibrations lumineuses qui éclairent nos édifices. Si le fluide était trop resserré, la poussée romprait l'union des éléments qu'il disperserait.

Le fluide répandu dans un tube où le vide a été fait, donne seulement une lueur phosphorescente, visible dans l'obscurité. Sa densité, très faible, est légèrement augmentée par la pression des vibrations élémentaires du tube qui l'écartent des parois, l'oblige à se réunir dans la partie médiane, et peut-être aussi par les éléments épars qui restent encore dans le vide sur lesquels il se fixe, retenu par le prolongement de leurs courants circulaires. Il vibre, mais ses vibrations manquent d'énergie.

On rapporte également à l'électricité la phosphorescence causée par le frottement et le clivage. Le frottement comprime le fluide des électrosphères des éléments qui deviennent momentanément lumineuses, excitent des vibrations dans la masse du corps frotté, et le fluide perdu se répand sur la surface où il vibre légèrement sous la pression atmosphérique, comme celui que développent les machines et qui recouvre les conducteurs. Le clivage arrache brusquement les électrosphères enclavées les unes dans les autres et elles laissent échapper leur fluide. L'étincelle du sucre que l'on frappe ne paraît pas avoir d'autre cause.

2° *Combinaisons chimiques.* — Toutes les lumières artificielles, obtenues par la combustion d'une substance solide, liquide ou gazeuse, sont dues à des combinaisons chimiques. A l'état normal, les électrosphères des éléments, composées d'une petite masse de la substance électrique plus ou moins condensée, vibrent toujours, mais leurs vibrations commandées par les courants circulaires, ne sont pas celles de la lumière. Lorsqu'il y a combinaison, les électrosphères se pénètrent profondément, le fluide, chassé des parties confondues, se réfugie dans la partie restée libre et en augmente considérablement la densité. Retenu par l'atmosphère qui l'empêche de s'échapper, il vibre comme l'étincelle, et devient lumineux. Sa lumière n'est pas ordinairement aussi complète que celle de l'étincelle, à cause de l'exiguité de sa masse ; il ne peut donner que les vibrations en rapport avec sa masse, et généralement celles que lui communiquent les éléments auxquels il est attaché. De plus sa densité n'est pas aussi considérable que dans l'étincelle. La combinaison d'une seule molécule donne une faible lumière, mais le nombre en accentue l'éclat.

Les lueurs du poisson et du bois pourris, celles du phosphore qui se manifestent même dans l'eau, viennent des combinaisons qui s'opèrent lentement dans ces substances. Dans les poissons et dans le bois pourris, une décomposition trop avancée met fin à la phosphorescence. Les matières décomposées absorbent l'électricité produite. Cela est si vrai que si on nettoie le poisson, les lueurs reprennent de plus belle.

Si le fluide, dégagé par la combinaison, se trouve en contact avec un bon conducteur, il se décharge sur lui et la lumière ne se produit pas. On a utilisé cette circonstance dans la lampe des mineurs. La flamme ou plutôt les molécules embrasées, en touchant une toile métallique, lui cèdent leur électricité, s'éteignent et deviennent incapables d'inflammer le gaz des mines. Ce n'est donc pas par le refroidissement du gaz brûlé, qu'elle agit, bien qu'elle produise indirectement cet effet, mais par la soustraction de l'électricité. Il est bon que cette toile communique avec le sol de quelque manière, sans cela elle pourrait se charger elle-même et, par suite ne plus remplir sa mission qu'imparfaitement.

3° *Chaleur.* — On a vu comment les ondes calorifiques, en excitant des vibrations dans les électrosphères des éléments, y laissent leur fluide. Peu à peu la densité de ce dernier s'accroît, les électrosphères se gonflent ; le fluide, retenu d'un côté par les molécules environnantes, de l'autre par l'atmosphère, finit par donner des vibrations lumineuses dont l'intensité augmente avec l'affluence de l'électricité. C'est ainsi que les métaux sont portés jusqu'au rouge blanc. La lumière dure jusqu'à ce que le corps chauffé ait perdu, par ses vibrations, le trop plein de son fluide, que les électrosphères soient revenues au point où elles ne sont pas encore lumineuses.

4° *Insolation.* — Sous l'influence des rayons solaires, ou seulement de la lumière diffuse, la plupart des corps émettent une lumière qui les rend visibles. C'est ce que j'appelle insolation. Pour se rendre compte de la variété des rayons lumineux rendus par les corps, il faut se rappeler ce qui a été dit à ce sujet. Toutes les vibrations lumineuses émises par les corps, le sont par les électrosphères des éléments, et chaque espèce d'éléments a ses vibrations propres selon sa grosseur et sa forme. Tout ce qui modifie leur état, modifie, par là même, leur pouvoir à ce sujet ; la chimie en est une longue démonstration. La combinaison en particulier est dans ce cas. La molécule n'a plus la même action que les éléments qui la composent, et elle n'agit que par ses vibrations ; celles-ci ont donc été changées ; elle en possède d'autres que ne possédaient pas les mêmes éléments constitutifs. Le groupement des molécules pour constituer les corps, est une seconde cause de modification dans l'état des électrosphères, modification moins profonde que la première, mais réelle, puisqu'elle ne se fait pas sans une certaine pénétration réciproque des électrosphères. Les exemples ne manquent pas. Le carbone de notre braise est incapable de fournir aucune vibration lumineuse sous l'action solaire, il reste noir, c'est-à-dire sans couleur proprement dite ; à l'état de cristal, dans le diamant, il devient très brillant. Le grand nombre des corps transparents ne le sont pas à l'état amorphe, etc.

Quand les rayons solaires frappent directement ou indirectement, par la lumière diffuse, la surface plane d'un corps capable de reproduire des vibrations lumineuses, les électrosphères de ses éléments vibrent sous leur action et deviennent visibles ; mais elles empruntent à ces rayons uniquement les vibrations lumineuses dont elles sont capables dans l'état où elles se trouvent. De là, la variété des couleurs dans les corps. Comme ces vibrations sont simplement commandées, qu'elles se produisent à l'instar de celles d'une corde tendue, sous l'influence de sons musicaux d'un autre instrument, elles cessent généralement avec l'influence. Dans quelques corps, cependant, elles continuent encore plus ou moins de temps, dans l'obscurité, ce qui rend ces corps visibles au sein des ténèbres. On les a appelés pour cela phosphorescents, à cause de leur ressemblance avec le phosphore.

Si ce phénomène dure peu de temps, une seconde ou deux, on peut croire qu'il n'est que la cessation lente d'un mouvement établi, semblable à celui des vibrations d'une cloche qui mettent quelque temps à mourir après le choc du battant. Quand il dure un temps assez long, il faut bien l'attribuer à quelques circonstances particulières, d'abord, à une disposition très accentuée, à l'émission des vibrations lumineuses ; en sorte que les électrosphères de ces corps, grâce, soit à la combinaison des molécules, soit à leur mode de groupement, prennent ces vibrations, pour ainsi dire, sous le moindre stimulant.

Ce stimulant, nous le trouvons dans la petite quantité de fluide laissée dans les électrosphères par les ondes solaires ; car les ondes lumineuses accroissent le fluide des éléments aussi bien que les ondes calorifiques, quoique moins abondamment, à cause de leur moindre volume. Les vibrations commencées continuent, après l'influence, jusqu'à la disparition complète du fluide acquis. La faiblesse des vibrations phosphorescentes exige un temps relativement assez long, pour l'épuisement du fluide ; car la perte, dans ce cas, est proportionnelle à l'intensité des vibrations.

Dans les sulfures de calcium et de strontium, la phosphorescence se prolonge, à la température ordinaire, jusqu'à trente heures. D'autres corps ne la possèdent que quelques heures, quelques instants.

Ces phosphorescences ne peuvent être attribuées à une action chimique, car elles se produisent dans le vide, comme dans un gaz avec lequel les éléments de la surface sont incapables d'entrer en combinaison. Une chaleur modérée peut, parfois, favoriser la phosphorescence, en aidant les réactions chimiques, pour celle qui y prend sa source. Dans les autres généralement, une élévation de température les abrège. La chaleur, en dilatant les corps, modifie les électrosphères ou encore, les vibrations calorifiques, plus puissantes, dominent celles de la phosphorescence et finissent par les remplacer et les éteindre.

La conductibilité a une influence considérable sur ce phénomène. Il est difficile qu'un bon conducteur devienne phosphorescent. Le fluide communiqué par les ondes lumineuses aux éléments de la surface, se partage entre toute la masse, et est dissipé à mesure qu'il survient. Dans un conducteur médiocre, le fluide reçu est conservé, communiqué aux couches sous-jacentes ; il peut alimenter les vibrations d'autant plus longtemps que la couche inférieure fournit le fluide, qu'elle a reçu, à la couche supérieure, à mesure qu'elle dépense le sien. Un mauvais conducteur, s'il est capable de phosphorescence, doit subir plus longtemps l'influence de la lumière, parce qu'il accepte difficilement le fluide des ondes; mais, en revanche, il conserve plus longtemps ses lueurs, parce que la surface ne communiquant pas ce fluide aux autres couches, elle en perd moins.

CHAPITRE VII.

Gaz.

NATURE DES GAZ.

On donne généralement le nom de gaz aux corps qui, sous la pression et à la température ordinaire, conservent l'état aériforme. Ils se distinguent des autres corps par une propriété qui leur est particulière : l'expansibilité, dont la cause est une répulsion constante entre les éléments ou les molécules qui les composent, et en vertu de laquelle, ceux-ci tendent sans cesse à s'éloigner les uns des autres.

Pour expliquer cette répulsion au point de vue dynamique, les physiciens modernes supposent que les molécules des gaz sont douées, dans tous les directions, d'un mouvement primordial extrêmement rapide qui les oblige à se disperser indéfiniment dans l'espace. Elles seraient, en outre, tellement élastiques, que le choc, qui se produit entre elles dans leur rencontre, ou contre les parois du vase où elles sont renfermées, ne leur fait perdre aucune parcelle de leur mouvement, mais en change seulement la direction.

C'est là une hypothèse toute gratuite, imaginée

pour les besoins de l'explication courante. Je ne crois pas qu'un homme sérieux puisse s'y arrêter un instant. Ne vaudrait-il pas mieux, en affirmant la certitude, parfaitement établie comme fait, de la propriété expansive des gaz, avouer simplement l'ignorance où l'on a été, jusqu'alors, de sa cause véritable? La science n'aurait assurément rien à y perdre, au contraire.

A cette expression: *mouvement primordial*, on ne peut assigner que deux sens. Ou elle signifie que les atomes matériels jouissent, par eux-mêmes, d'un mouvement propre, inhérent à leur nature, et, par conséquent, non communiqué; ou elle veut dire, que le Créateur a, dès le commencement, imprimé aux atomes, un mouvement, le même ou différent pour chacun.

Le premier sens, qui paraît bien être celui de quelques physiciens, est inadmissible au point de vue de la science expérimentale. Il est contraire à la nature même de la matière. S'il est un fait prouvé par la science, c'est l'inertie des corps: leur impuissance de se donner le mouvement par eux-mêmes, ou seulement de le modifier une fois reçu, est absolue, et ce mouvement, ils le perdent infailliblement en le communiquant. Or, cette hypothèse suppose, au contraire, en eux, un principe naturel et inamissible d'activité. Avec elle, toute combinaison, toute formation des corps devient impossible: les atomes, dès leur apparition dans le monde, se seraient éloignés les uns des autres, et répandus, de plus en plus, dans l'espace sans que rien pût les arrêter. Ce serait, pour expliquer un seul des phénomènes innombrables de la physique, admettre, tout d'abord, un principe destructeur de tous les autres.

On suppose que les atomes sont doués d'une élasticité parfaite, et il le faut pour expliquer leur mouvement continu, même après qu'ils ont choqué un corps. Mais c'est là encore une hypothèse impossible : l'élasticité consiste en ce que les parties du corps, qui possède cette propriété, se resserrent sous le choc, puis reprennent vivement leur position première, et font ainsi rebondir le corps ; or, un atome, par là même qu'il est atome, ou la dernière division des corps, n'est pas composé ; il n'a point de parties qui puissent se comprimer et repousser celui qui le choque. Les atomes ne peuvent être élastiques.

De plus, même en supposant une élasticité qui ne peut exister, quelle force trouverez-vous dans la nature, qui puisse les obliger à s'arrêter et à s'unir les uns aux autres ? Ce n'est pas la pesanteur, puisqu'ils conservent leur mouvement sous son influence. L'attraction peut-être ? Mais si l'attraction, qu'ils exercent entre eux, a une si grande puissance, comment se fait-il qu'ils ne se précipitent pas tous en une seule masse, pour y demeurer perpétuellement ? Du reste, nous avons dit ailleurs, ce qu'il fallait penser de l'attraction. La combinaison chimique elle-même, serait-elle capable de détruire ou au moins d'arrêter le mouvement des atomes ? La science expérimentale dit, non. Les éléments chimiques, en effet, sont composés d'une multitude d'atomes ; ceux-ci, à leur tour, sont unis entre eux par la combinaison, dans les gaz composés, et nous les voyons jouir parfaitement de la propriété expansive. Alors les corps se mouvraient seuls, obéissant, sans doute, au mouvement qui dominerait en eux par la réunion des molécules. Qui oserait admettre de telles conséquences? Elles découlent cependant du principe posé.

Quant au second sens, il est indubitable : puisqu'il y a du mouvement dans le monde inerte, il a été nécessairement communiqué, en premier lieu, par le Créateur ; mais la mention de cette vérité élémentaire n'explique en rien le fait dont il s'agit : la répulsion mutuelle des molécules gazeuses. Celui qui a été imprimé à la matière première n'a été ni un mouvement tel quel, ni celui dont il est question ici. Il n'a pas été particulier à chaque atome, mais un mouvement d'ensemble propre à l'organisation : l'ondulation de la masse qui devait d'abord donner la lumière et la chaleur.

Le mouvement que possèdent les éléments et les molécules, n'est pas inamissible ; les molécules le perdent en le transmettant aux autres : c'est un fait certain. Cependant, si vous arrêtez ces molécules, si vous les enfermez dans un vase sous une forte pression, elles demeurent immobiles, leur mouvement est perdu ; quand vous ouvrez le vase, elles se fuient mutuellement. Qui donc leur communique ce nouveau mouvement ? Si vous prétendez que leur mouvement est représenté, dans le vase, par la pression qu'elles exercent sur ses parois, du moins celles qui sont unies en corps solide, ont cessé de se mouvoir et n'exercent aucune pression. Malgré cela, aussitôt désunies, elles recouvrent leur répulsion naturelle. Pourquoi ce mouvement qui a bien l'air d'être spontané? Cette propriété ne peut venir que d'une cause particulière à leur constitution et que nous allons indiquer, à moins que l'on admette en elles une activité propre, ce qui est contraire à la nature matérielle ; car cette activité est précisément ce qui distingue l'être immatériel.

La véritable cause de la force élastique et expansive des gaz se trouve dans leur propre constitution, telle que nous l'avons exposée. Les éléments sont enveloppés d'une électrosphère, c'est-à-dire d'éther retenu et condensé par des courants circulaires. Cet électrosphère émet, dans toutes les directions, des ondulations, parce qu'elle vibre sous la pression des courants circulaires. L'énergie de ces ondulations est susceptible d'être exaltée par la chaleur, comme le froid la diminue. Enfin, de même que toutes les ondulations, celles des éléments décroissent en puissance à mesure qu'elles s'éloignent de leur foyer. Toutes les propriétés du gaz sont des conséquences naturelles de leur constitution ainsi entendue.

FORCE EXPANSIVE ET TENSION.

Les éléments gazeux sont, par leurs électrosphères, le siège de vibrations incessantes, qui engendrent, dans l'éther ambiant, des ondulations s'étendant sphériquement autour d'eux dans l'espace. Quand ces ondulations se rencontrent avec celles des autres éléments, de quelque côté que ce soit, elles sont toujours de sens inverse, l'une à l'autre ; il y a donc répulsion entre ces éléments, répulsion dont l'énergie est proportionnelle à l'intensité des vibrations. Voilà pourquoi les éléments gazeux, à l'état libre, tendent toujours à s'éloigner, les uns des autres.

Renfermés dans un vase, ils en poussent les parois avec la force dont ils se chassent mutuellement. Si vous ouvrez le vase, ils se dispersent. Placez une vessie, contenant une petite quantité d'air, sous la machine pneumatique, et faites le vide ; à mesure que la pression atmosphérique sur la vessie s'affaiblit, elle se gonfle ; les éléments intérieurs de l'air, obéissant à la répulsion qu'ils exercent les uns sur les autres, s'écartent et repoussent les parois de la vessie qui s'arrondit, comme si l'on insufflait un gaz dans son intérieur.

La pression qu'un gaz exerce contre les parois du récipient où il est comprimé, s'appelle tension. Elle est toujours la même sur tous les points de la masse ; c'est une conséquence obligée de la constitution des éléments. Chacun de ceux-ci étant d'une mobilité parfaite, par rapport aux autres, s'il est pressé un peu plus fortement d'un côté, il se rejette sur ceux qui l'environnent, les repousse également tout autour de lui ; ceux-ci en font autant à l'égard du reste de la masse, et le repos, qui d'ailleurs s'établit très rapidement, ne peut avoir lieu que quand les éléments sont placés entre eux, de manière à éprouver une pression égale de tous les côtés.

La force répulsive ou la tension n'est pas la même pour tous les gaz ; elle varie avec leur nature. Chaque espèce d'éléments ou de molécules ayant son poids, son volume, sa forme et son électrosphère particuliers, l'action des vibrations subit naturellement le contre-coup de ces différences : elles sont plus énergiques ou plus nombreuses dans les uns que dans les autres.

Pour un même gaz, elle croît : 1° avec la température qui augmente l'intensité des vibrations ; 2° avec la densité ; les éléments sont plus rapprochés ; les ondes, dont la puissance décroît comme le carré des distances, agissent avec plus de force.

Si on considère un élément gazeux individuellement, sa puissance répulsive sera toujours en rapport direct avec l'intensité de ses ondes, et par suite, de sa température, puisque ce sont elles qui constituent cette force par leur quantité de mouvements. Mais, si les éléments sont réunis en nombre, comme dans une masse gazeuse quelconque renfermée dans un vase, les conditions sont singulièrement modifiées ; la proportion, entre l'accroissement de température et la force de tension, se multiplie, parce que chaque élément éprouve la répulsion, non d'un seul, mais de tous ceux qui l'environnent. (V. *fonction de la vapeur*).

COMPRESSIBILITÉ.

L'expansibilité des gaz a, pour conséquence, leur compressibilité. Pour réduire leur volume, il suffit d'opposer à la force répulsive de leurs vibrations, une force inverse plus considérable.

D'après la loi de Mariotte, la température restant la même, le volume d'une masse donnée de gaz est en raison inverse de la pression. En d'autres termes : le volume du gaz étant X sous la pression atmosphérique, deux atmosphères le réduiront de moitié, trois atmosphères le rendront trois fois moindre, etc. Les expériences ont démontré que cette loi était généralement exacte à peu de chose près, sauf lorsque le gaz approche du point de sa liquéfaction où sa compressibilité devient plus grande.

Ce résultat ne semble pas, tout d'abord, concorder avec la constitution des éléments, telle qu'elle a été indiquée plus haut. Si la puissance des ondes diminue comme le carré des distances, et cela n'est pas douteux, il paraît évident que l'énergie répulsive grandit de même par le rapprochement qui se fait des éléments dans la diminution du volume, et doit exiger, pour être vaincue, une puissance croissant dans le même rapport. L'expérience dément ce calcul en montrant, par les faits, que le rapport entre la résistance et la diminution de volume est en proportion simple.

Dans la pression des gaz, leur condensation entraîne deux conséquences, qui ressortent également de la constitution de leurs éléments. Elles expliquent, et l'anomalie dont nous venons de parler, et l'affaiblissement particulier de la résistance à l'approche de la liquéfaction.

1° Par la condensation, les électrosphères des éléments se rapprochent ; elles perdent une partie de leur fluide par la puissance des vibrations qu'elles reçoivent. Leur densité, et par suite l'énergie de leurs vibrations répulsives, sont affaiblies. Cette perte et cet affaiblissement, grandissant avec la pression à mesure que les électrosphères se pénètrent davantage, doivent compenser, à peu de chose près, l'accroissement de répulsion qui résulterait sans cela du rapprochement des éléments.

2° La proximité des éléments donne plus de prise à l'action des courants circulaires qui tend à les unir, action qui se fortifie avec la profondeur de pénétration, avec le synchronisme des vibrations qui s'établit à l'intérieur. Il arrive même un moment où cette action l'emporte sur la répulsion. Alors, il y a adhésion des éléments et liquéfaction. Ainsi, d'un côté la perte du fluide affaiblit la répulsion ; de l'autre, la puissance d'adhérence, par les courants circulaires des éléments, et l'isochronisme qui s'établit peu à peu entre les vibrations, va croissante jusqu'à la liquéfaction et finit par annuler la force expansive.

On a remarqué que la compressibilité variait quelque peu avec la nature des gaz. Il en doit être ainsi. Les électrosphères étant aussi diverses que les espèces d'éléments et de molécules, leurs vibrations ne peuvent être absolument les mêmes ; d'un côté, les unes perdent plus facilement leur fluide sous la même pression ; de l'autre, la différence de volume est cause qu'une perte égale de fluide affaiblit plus la densité des uns que des autres.

Pour amener la liquéfaction d'un gaz, on a coutume de joindre le refroidissement à la pression, en abaissant le plus possible sa température. Le froid, en effet, diminue l'énergie des variations répulsives, comme la chaleur l'augmente. On a vu, dans notre chapitre sur la chaleur, le mécanisme de ce phénomène. Mais puisque l'action du froid est précisément de diminuer la densité des électrosphères, il ne serait pas inutile de l'aider en facilitant la sortie de l'électricité, à mesure qu'elle se produit ; la pression est un obstacle à son dégagement, et sa permanence au sein des électrosphères augmente l'intensité et le nombre des vibrations, élève la température du gaz et nuit au rapprochement des éléments. Cette précaution ne serait pas moins utile dans les expériences faites pour mesurer leur compressibilité. Son défaut entache naturellement d'inexactitude les résultats obtenus.

D'après les méthodes suivies jusqu'à ce jour, il faut une pression de 650 atmosphères, à la température de — 140°, pour liquéfier l'hydrogène ; de 273 à la température de — 130°, pour l'oxygène ; tandis que 50 atmosphères suffisent pour liquéfier l'oxyde nitreux, 36 pour l'acide carbonique et 4 pour le cyanogène, etc. Une telle différence entre la force répulsive des éléments simples et celle des molécules composées, doit avoir une cause intrinsèque due à la combinaison. On sait déjà que, dans ces dernières, une bonne partie de l'énergie des vibrations est concentrée dans l'intérieur ; car cette énergie se porte surtout là où elles rencontrent un mouvement semblable au leur ; et cela a lieu intérieurement entre les courants circulaires des différents éléments combinés, et les vibrations isochrones. Mais cela ne me paraît pas devoir suffire pour rendre compte du fait signalé. Les molécules, en effet, parvenues à la même température doivent fournir extérieurement des vibrations dont l'intensité soit en rapport avec cette température et opposer une résistance égale à celle des autres éléments placés dans les mêmes conditions. Si le contraire arrive, on peut l'attribuer à la propriété des molécules composées de perdre plus facilement leur fluide par la pression; et, en réalité, leur constitution s'y prête très bien. L'étendue de l'électrosphère permet au fluide pressé de se réfugier dans l'intérieur et de s'échapper par les éléments secondaires, généralement meilleurs conducteurs que le principal; leur nombre, en multipliant les sources d'écoulement, en rend la perte plus rapide et plus abondante. Cette étendue de l'électrosphère donne plus de latitude aux ondes extérieures pour la traverser et amoindrir d'autant la répulsion; elle rend aussi beaucoup plus facile l'établissement de l'isochronisme entre les vibrations des différentes molécules.

POIDS DES GAZ.

Pour fixer le poids réel d'un gaz relativement à un autre, il faudrait peser un nombre égal des éléments des deux gaz à comparer. Dans l'impossibilité où l'on est de constater ce nombre, on s'est contenté de peser des volumes égaux, pris dans des conditions identiques de pression et de température. Le litre a été choisi pour l'unité.

On a rempli un ballon du gaz à éprouver, et on l'a pesé; puis, après avoir fait le vide à l'aide d'une machine pneumatique, on a pesé de nouveau le ballon. La différence des deux poids a donné celle du gaz. Par ce procédé, on a trouvé qu'à la température de zéro, et sous la pression atmosphérique 0,76, un litre d'air pur pèse 1 gr. 293; un litre d'oxygène,

1 gr. 437 ; un litre d'azote, 1,263 ; d'hydrogène, 0,089 ; de gaz iodhydrique, 5,745 ; etc.

Ces chiffres étant supposés exacts, une conséquence s'impose. Elle vient corroborer ce que nous avons dit de la composition des éléments chimiques.

Les différences marquées qui existent entre les poids des gaz non composés, est une preuve que leurs éléments sont tout autre chose que de simples atomes ; qu'ils sont composés et variés de volume. Les atomes, unités matérielles, étant insécables, simples, par conséquent, sont tous les mêmes en volume et en poids. En admettre de plus et de moins pesants, serait affirmer en eux une quantité différente de matière, nier la notion même de l'atome.

Si les éléments des gaz non composés étaient des atomes, ils posséderaient la même quantité de matière et le même volume, leurs poids seraient absolument identiques. Le contraire étant constaté, il faut en conclure leur variété en grosseur ou en densité, et sans doute l'un et l'autre.

Je ne parle pas des gaz moléculaires ; on connaît les différents éléments qui entrent dans la combinaison de leurs molécules. Ils sont généralement plus pesants que les autres, puisque dans chacune de leurs molécules sont entassés plusieurs éléments divers.

Les poids des gaz, tels qu'on les a trouvés par la méthode indiquée, expriment seulement la quantité relative des atomes ou de la matière qu'ils contiennent sous un même volume. Ils ne disent rien du nombre relatif des éléments renfermés dans ce volume, ni du poids réel des différents éléments eux-mêmes. Pour tirer une conclusion à cet égard, il faudrait nécessairement connaître le nombre des éléments contenus dans tel volume ou tel poids.

DIFFUSION.

On appelle diffusion, le mélange spontané de deux gaz différents mis en contact, mais enfermés. Emplissez, chacun d'un gaz différent, deux vases juxtaposés et communiquant ensemble par une tubulure; ces deux gaz se mélangeront, quelle que soit la différence de leur poids, et bien que le plus léger soit dans le vase supérieur.

On sait que, même à température égale, les gaz ont une tension qui varie avec leur espèce. Les éléments de celui qui possède la plus forte, rencontrant dans ceux de l'autre une résistance moindre, sont poussés, par ceux qui les environnent, dans le vase qui contient les plus faibles et en chassent une partie qui vient les remplacer. Parce que la loi de l'équilibre des forces réclame une tension égale sur tous les points du vase, le mélange s'effectue jusqu'à ce que ce but soit atteint et que chaque élément éprouve de tous côtés la même résistance. Il s'accomplit d'autant plus rapidement que la différence de tension est plus considérable.

Dans ce nouvel état, les éléments des deux gaz conservent naturellement l'énergie propre de leurs vibrations et de leur tension ; à moins qu'une combinaison chimique ou même une simple adhésion n'intervienne entre eux. Le mélange, à lui seul, ne modifie en rien leur état particulier.

Lorsque les gaz ne sont pas hermétiquement enfermés, le mélange régulier, tel que nous venons de l'indiquer, n'a pas lieu. Les conditions ne sont plus les mêmes. Dans une enceinte plus ou moins restreinte, le gaz le plus léger ne peut se masser en haut : ses vibrations plus faibles, offrant moins de résistance au gaz inférieur ; celui-ci le pénétrera toujours et le forcera à se disperser dans la masse. Dans l'atmosphère, au contraire, il peut se disperser indéfiniment de tous côtés, et sa légèreté le fait monter sans cesse plus haut, supposé toujours qu'il ne s'opère aucune adhésion entre lui et les éléments atmosphériques, ce qui arrive aisément quand il s'agit d'un gaz composé. Il est donc probable que notre atmosphère est surmontée d'une couche d'hydrogène qui s'augmente journellement par la quantité de ce gaz que les réactions chimiques, si abondantes sur la surface du globe, mettent en liberté.

Une cause de l'inégalité de tension entre les gaz différents, même à température égale, a été donnée au sujet de leur force expansive. On peut en ajouter une autre qui trouve sa place ici. Les éléments émettent, en même temps, plusieurs vibrations de longueur et, par conséquent, d'intensité différente. L'analyse spectrale a mis ce fait hors de doute ; d'ailleurs, les nombreux courants circulaires qui les enveloppent, les pressent et les frappent de leurs ondes, sont capables d'éveiller en eux une multitude variée de vibrations ; mais chacun de ces éléments ne peut prendre que celles qui se trouvent en harmonie avec son électrosphère. Toutes ces vibrations peuvent très bien ne posséder pas la même intensité ; mais la réunion de leur action constitue la puissance totale de la tension. Ces vibrations variant avec la nature des éléments, la tension des gaz doit varier de même. Quels que soient donc les gaz mis à l'épreuve, la différence de leur force expansive occasionnera toujours leur mélange.

ABSORPTION.

L'absorption est la propriété que possèdent les gaz de pénétrer dans l'intérieur des corps. Nous ferons précéder l'examen de cette question par celui de ce que nous appellerons la *concrétion* des gaz, parce qu'elle nous en dévoile le principe. Nous parlerons ensuite de l'absorption proprement dite et de l'osmose qui en est une conséquence.

Concrétion. — Nous donnons ce nom à la couche de gaz qui adhère à la surface des solides, et qui est d'une densité assez supérieure à celle de l'atmosphère. Tout corps exposé à l'air est bientôt revêtu de ce gaz dont on peut constater l'existence en trempant un objet quelconque dans l'eau chaude : on voit une multitude de petites bulles s'échapper de cet objet. C'est le gaz que la chaleur et l'eau détachent de la surface du corps et qui traverse le liquide sous cette forme. Afin de ne pas s'exposer à confondre le gaz attaché à la surface avec celui que contiennent les pores, il est bon de se servir d'une baguette de verre.

On a vu plus haut *(compressibilité des gaz)*, que les vibrations des gaz moléculaires cédaient plus facilement à la pression que celles des simples éléments : cette vérité s'applique également aux corps composés.

de molécules. Quant aux métaux, la facilité avec laquelle ils perdent leur fluide les met dans la même condition. Telle est la cause de l'adhérence des gaz à leur surface. Les vibrations plus résistantes des éléments gazeux commandent celles des corps, au moins à la surface, et l'isochronisme qui s'établit précipite le gaz sur eux. Il en sera de même des gaz moléculaires, par la raison qu'ils éprouvent plus de résistance du côté de l'atmosphère que de celui des corps. En se rapprochant, les éléments gazeux tournent nécessairement leurs courants circulaires de façon à les mettre d'accord avec ceux des particules solides, et une adhérence se produit.

Par le fait de sa cohésion, la première couche du gaz qui recouvre la surface entière du corps, a perdu un peu de la résistance extérieure de ses vibrations, parce que leur force se porte de préférence vers le corps où elles rencontrent d'autres vibrations isochrones ; elle offre donc un accès moins difficile aux vibrations des couches suivantes de l'atmosphère, et une seconde couche de gaz vient se poser sur la première ; elle s'y unit par une adhérence un peu plus faible. Les couches se succèdent ainsi jusqu'à ce que l'affaiblissement de leurs vibrations, qui disparaît rapidement à mesure qu'elles s'éloignent du corps, ne soit plus suffisamment prononcé pour en retenir une nouvelle. Les premières couches doivent être assez compactes.

C'est la très légère adhérence des dernières couches qui a fait supposer une espèce de viscosité dans le gaz qui entoure les corps. Elle apparaît bien caractérisée dans ce fait ; si vous soufflez contre une bouteille, l'air, au lieu de s'échapper de chaque côté par la tangente, ce qu'il ferait naturellement si un lien quelconque ne le retenait pas comme enchaîné, suit le contour de la bouteille et va éteindre une chandelle placée du côté opposé.

Lorsque l'on plonge, dans un vase rempli d'eau chaude, une baguette de verre, on voit, pendant un temps assez long, de nombreuses bulles de gaz s'en échapper et monter à la surface du liquide. Si les éléments gazeux n'adhéraient pas fortement au solide, ils se détacheraient tous immédiatement, sans qu'il soit besoin de chauffer le liquide ; ils n'entreraient même pas, avec lui, dans l'eau.

Absorption. — Elle se fait par les solides et par les liquides.

1° *Par les solides.* — La plupart des corps solides sont pourvus intérieurement, de pores plus ou moins grands. Le gaz les remplit. Les premiers éléments se déposent d'abord sur la surface et à l'entrée des pores ; puis, poussés par les suivants, ils roulent jusqu'au fond, comme une boule de fer doux sur un aimant, comme les molécules liquides l'une sur l'autre, et finissent rapidement par remplir l'intérieur de la masse solide. Ils s'y amassent en si grand nombre, que leur densité doit ressembler à celle d'un liquide et quelquefois même d'un solide. Cela se comprend, puisqu'ils sont unis entre eux par la cohésion, et que leurs électrosphères se pénètrent mutuellement. Toutefois, la quantité absorbée dépend de la pression d'abord, puis de la nature des corps dont les pores peuvent être plus ou moins nombreux ou considérables par leur grandeur ; et ensuite de la nature du gaz. Quand ceux-ci perdent plus facilement leur fluide sous la pression, leur adhérence au corps est plus profonde, leurs couches déposées se tassent davantage parce que les électrosphères se confondent plus profondément. Il faut aussi, sans doute, tenir compte du volume des éléments gazeux. Toutes choses égales d'ailleurs, les gaz à éléments composés ou moléculaires doivent, d'après ce qui a été dit plus haut, pénétrer plus abondamment dans les pores.

Quelques exemples.

Un charbon rougi au feu d'abord, afin de lui faire perdre le gaz qu'il possède, et éteint en le plongeant sous une cloche remplie du gaz à expérimenter, absorbe 90 fois son volume de gaz ammoniac ; 35 fois son volume de gaz acide carbonique ; 9 fois seulement son volume d'oxygène. Il paraît qu'un charbon, bien pur, peut même absorber un poids de gaz égal au sien. Ces chiffres justifient pleinement ce que nous avons dit des gaz composés.

Le palladium forgé, après avoir subi, pendant quelques heures, une température de 90 à 97 degrés, pour le débarrasser complètement des gaz dont il peut être saturé, puis refroidi dans un courant d'hydrogène, en absorbe 643 fois son volume et 376 fois à la température ordinaire, pourvu qu'il ait été porté, dans le vide, à la chaleur rouge, pour le priver des gaz qu'il contenait d'abord.

Le cuivre en fil, chauffé au rouge, absorbe en volume 30 pour 100 d'hydrogène ; à l'état d'éponge, 60 pour 100 ; ses pores et sa surface sont plus considérables. L'argent absorbe surtout l'oxygène ; le fer, l'oxyde de carbone, 4 à 7 fois son volume.

L'absorption produit toujours un dégagement de chaleur : la condensation des gaz, en effet, ne peut se faire sans une perte de fluide proportionnelle à la pénétration des électrosphères. Ce fluide, outre qu'il enflamme le gaz, se répand dans le corps, s'il est conducteur, gonfle les électrosphères de ses éléments et exalte, par là-même, leurs vibrations calorifiques. Voilà pourquoi une mousse de platine, soumise à un courant d'hydrogène qu'elle absorbe en grande quantité, devient rouge, et le gaz est enflammé. Le platine absorbe 379 fois son volume de ce gaz, et le conserve froid. Il ne le laisse dégager qu'à une très haute température ; toutes choses qui prouvent une forte adhésion du gaz.

Les solides peuvent absorber plusieurs gaz en même temps ; et même quand un corps, déjà saturé d'une espèce de gaz, est placé au sein d'un autre, de nature différente, dont les éléments, par conséquent, possèdent une forme, des vibrations et une énergie dissemblables à celles du premier, il en absorbe une certaine quantité. Le premier gaz, en effet, n'est plus dans les mêmes conditions : il s'était fixé sur les parois extérieures et intérieures du corps, sous la pression, et surtout sous l'action particulière d'un milieu semblable à lui-même ; le milieu et l'action étant changés, l'absorption ne peut plus être la même. Il subit des vibrations différentes qui modifient l'état dans lequel il s'était établi ; alors une substitution partielle s'accomplit. Des éléments du premier gaz sont éliminés pour faire place à ceux du second, dans une proportion déterminée par la nature des deux gaz et par celle des corps. Le même partage a lieu, si on plonge le solide absorbant dans un mélange de plusieurs gaz. Ils se mélangent de façon à réaliser l'équilibre des forces entre eux.

2° *Par les liquides.* — Le phénomène de l'absorption des gaz se produit également dans les liquides, avec une différence cependant. Les liquides n'ayant point de pores dans lesquels les éléments gazeux puissent se loger, ces derniers adhèrent seulement aux molécules et se distribuent dans l'intérieur de la masse.

Quelle règle suivent-ils dans leur répartition au sein du liquide ? Comment se comportent-ils avec lui ? Questions d'autant plus difficiles à résoudre que les faits mis en avant se refusent à l'examen. Ce n'est pas un simple mélange des gaz avec le liquide ; un mélange admet toutes les proportions, et le liquide n'absorbe qu'une quantité minime et déterminée de gaz, refusant absolument le surplus. Si chaque molécule de l'eau s'unissait à un élément gazeux, on comprendrait que sa puissance d'adhérence fût épuisée par ce seul élément et ne pût en admettre un second de même nature ; mais on ne saurait croire que, par exemple, les 25 millièmes de son volume d'azote, qu'elle absorbe, contiennent autant d'éléments qu'il y a de molécules aqueuses. Pourquoi alors, celles qui n'en ont point reçu, sont-elles incapables de s'unir avec un de ces éléments, aussi bien que les autres ? Il semble donc qu'il faille conclure de ces considérations, que plusieurs molécules liquides se groupent autour d'un seul élément d'azote, et que la modification, résultant de cette union, dans leurs vibrations, les empêche de s'unir à un autre de même nature ; probablement à cause de l'isochronisme qui ne pourrait plus s'établir entre l'un et l'autre.

Dans l'eau saturée, il y aurait ainsi autant de groupes que sa masse en peut former, et l'absorption s'arrêterait, faute de puissance de sa part, à s'unir à plus d'éléments. Evidemment, dans ce cas, la répartition de l'azote serait uniforme dans le liquide. Un abaissement de température, en affaiblissant la puissance de cohésion et du liquide et du gaz, causerait, dans chaque groupe, la perte d'une ou de plusieurs molécules liquides qui, redevenues libres, pourraient admettre un nouvel élément autour duquel elles se rangeraient. Ainsi, serait expliquée l'augmentation de l'absorption avec l'abaissement de la température.

Un autre gaz, de forme et de vibrations différentes, demandant, par conséquent, d'autres conditions pour l'adhérence avec le liquide saturé d'azote, peut très bien s'adjoindre aux groupes déjà formés, dans la mesure réclamée par sa nature et celle du liquide.

Ces groupes ne seraient-ils pas ce qui constitue les petits globules de la vapeur et des nuages ? Produits dans l'air par la vapeur d'eau, ils flotteraient isolés, parce qu'ils refusent de mouiller le gaz atmosphérique, qui les sépare les uns des autres. Ils s'uniraient entre eux pour constituer les gouttes de pluie, seulement quand une condensation trop épaisse les forcerait au contact mutuel.

On remarque que les gaz composés sont absorbés en plus grande quantité. Les molécules, en effet, s'unissent beaucoup plus facilement entre elles que les simples éléments aux molécules.

La quantité du gaz absorbé dépend : 1° de la nature du gaz et du liquide ; 2° de la pression ; 3° de la température.

On vient de voir comment une baisse de température favorise l'absorption. Si elle est trop élevée, à 100 degrés, par exemple, elle fait disparaître tous les gaz d'un liquide, par le développement des vibrations répulsives. Le vide de la machine pneumatique produit le même effet; il fait disparaître la pression atmosphérique qui annule, en grande partie, la force répulsive des vibrations dans les éléments gazeux, aussi bien que dans les molécules liquides.

A la température moyenne de 10 degés et à la pression 0,76, l'eau dissout ou absorbe 25 millièmes de son volume d'azote ; 46 millièmes d'oxygène ; un volume égal au sien d'acide carbonique et 670 fois son volume de gaz ammoniac.

Le mercure est, de tous les liquides, le plus rebelle à l'absorption. Ses vibrations, sans doute, sont telles, qu'elles refusent de se soumettre à l'isochronisme avec celles des gaz. La même raison l'empêcherait également de mouiller les corps.

Osmose. — C'est le passage dû gaz à travers les diaphragmes. Elle est une conséquence de l'absorption par les solides.

Si une lame, assez mince, d'un corps poreux, de graphite, par exemple, ou de caoutchouc, est placée de manière à ce que l'une de ses faces donne dans le vide, et que l'autre soit en contact avec un gaz, elle absorbe d'abord ce dernier, comme dans le cas précédent. Mais lorsque les éléments gazeux l'ont pénétrée, les plus avancés se trouvent en face du vide. Leurs vibrations n'éprouvent aucune résistance de ce côté; leur énergie s'y porte avec le fluide de leur électrosphère et leurs courants circulaires qui maintiennent l'union, sont affaiblis d'autant du côté de l'adhérence, tandis que les vibrations répulsives de la lame y sont devenues plus fortes; de plus, le contrepoids de la pression atmosphérique leur manquant, l'adhérence est détruite; ils sont lancés dans le vide. Les suivants les remplacent et sont aussitôt rejetés comme eux. La diffusion continue ainsi jusqu'à ce que la tension devienne égale des deux côtés. Le gaz passe avec une rapidité qui dépend de la quantité des éléments, capable de traverser en même temps la lame, c'est-à-dire de la superficie de cette lame, de ses pores, de la tension et de la nature du gaz.

Ici pourrait se placer une objection: nous avons dit que, dans la cohésion, les vibrations des deux éléments unis devenaient isochrones. S'il est ainsi, il semble que la répulsion devient nulle, et on ne voit pas d'où vient la force qui rejette les éléments gazeux dans le vide.

L'isochronisme est nécessaire à la cohésion, parce que son défaut constituerait, de la part des vibrations opposées, une répulsion ordinairement suffisante pour empêcher l'union. Il a deux facteurs, la puissance supérieure de l'une des vibrations sur l'autre, et la pression atmosphérique; celle-ci venant à manquer, la première n'est plus assez forte pour le maintien de l'isochronisme dans les faibles cohésions, comme celle dont il est question ; elle ne l'est même pas pour l'eau dont les molécules se séparent dans le vide. D'ailleurs, les éléments émettent simultanément plusieurs vibrations ; l'isochronisme de la principale peut suffire pour l'adhérence, lorsqu'il est aidé de la pression atmosphérique qui combat l'action répulsive des autres. Sans cet auxiliaire, l'adhérence n'aurait pas lieu ; en disparaissant, il la détruit.

D'après les expériences de Graham, l'air qui a traversé, par ce moyen, une membrane de caoutchouc, renferme 40 d'oxygène et 60 d'azote pour 100.

Le vide n'est même pas nécessaire pour que la perméabilité se manifeste. Il suffit que la tension ne soit pas la même de chaque côté de la membrane. Dès lors que l'élément, parvenu à la superficie opposée, rencontre devant lui une résistance moindre que celle qui le pousse, il se détache. Si les deux faces de la lame perméable sont en contact, chacune avec un gaz différent, la tension n'est pas la même et l'absorption se fera de chaque côté ; les gaz se mélangeront.

Un ballon de caoutchouc, à minces parois, étant rempli d'acide carbonique, l'oxygène et l'azote y pénètrent ; et l'acide, de son côté, passe dehors. Toutefois, comme l'acide se dégage moins vite, lorsque la tension intérieure devient supérieure à celle du dehors, l'oxygène traverse de nouveau le caoutchouc et sort du ballon.

CHAPITRE VIII.

Hydrostatique.

L'hydrostatique est la science qui s'occupe des liquides.

Le liquide est un fluide *(fluere, couler)*. Le nom générique de fluide s'applique à trois espèces de corps : le fluide proprement dit, les gaz et les liquides.

Dans le fluide proprement dit, aucune adhérence n'existe entre les particules qui le constituent. Il ne semble pas composé. C'est probablement une réunion de simples atomes qui forme sa masse. Le seul fluide connu possédant ces qualités, est l'éther qui remplit les espaces interstellaires, et est l'agent transmetteur des vibrations des astres et des corps, ainsi que de la force dans le monde planétaire. L'électricité n'est rien autre chose, comme substance, que ce fluide, dans un état de condensation plus ou moins grande.

Le gaz est une réunion, soit d'éléments chimiques, lesquels sont eux-mêmes un composé d'atomes, soit de molécules formées d'éléments par la combinaison. Les particules gazeuses n'ont, entre elles, aucune adhérence ; elles se repoussent, au contraire, et tendent à se disperser de plus en plus.

Les liquides, qui font l'objet particulier de l'hydrostatique, et dont nous allons nous occuper dans ce chapitre, sont des corps dont les molécules composantes adhèrent entre elles, mais assez faiblement pour que le moindre effort les sépare. Elles roulent et glissent les unes sur les autres par le seul effet de la pesanteur, en sorte que les liquides prennent toujours la forme du vase qui les contient. L'adhérence de leurs molécules, bien que faible, comporte plusieurs degrés qui servent à caractériser leur différence de fluidité, depuis celle des éthers, jusqu'à la viscosité des huiles grasses.

Les liquides mouillent les corps. La mobilité de leurs molécules et la faiblesse du lien qui les unit leur permet d'adhérer aux solides et de s'infiltrer dans leurs pores, comme les gaz composés.

COMPRESSIBILITÉ DES LIQUIDES.

On a cru longtemps que les liquides étaient complètement incompressibles ; c'était une erreur : des expériences nouvelles, destinées à éclaircir ce fait, l'ont démontré. Ils peuvent être comprimés, mais légèrement ; beaucoup moins que les solides, parce que leur substance est à peu près dépourvue de pores, cause principale de la compressibilité. La facilité avec laquelle les molécules liquides se déplacent, leur fait prendre, entre elles, toutes les positions possibles et ne leur permet pas de laisser beaucoup de vide, si toutefois elles en laissent. Dans tous les cas, ces pores, s'ils existent, ne sont autre chose que les intervalles formés nécessairement par une masse de molécules; et ils sont grandement atténués ici par la pénétration réciproque des électrosphères. Ils sont si minimes, même comparativement au volume des molécules liquides, qu'ils sont incapables de favoriser la compressibilité. Celle-ci est due seulement à une confusion plus profonde des électrosphères, causée par la pression. C'est pourquoi elle est si peu considérable, même sous l'action la plus énergique.

La compressibilité devra donc être en rapport avec la fluidité des liquides. Elle augmentera pour ceux dont l'adhérence des molécules est la plus faible, dont les électrosphères, à l'état normal, se pénètrent le moins profondément. Les expériences faites, sur ce point, viennent confirmer cette manière de voir. Colladon et Sturm ont trouvé, pour une pression égale à l'atmosphère et à la température de zéro, les coefficients de compressibilité suivants : l'éther sulfurique diminue de 133 millioniémes de son volume; le mercure de 5 millioniémes; l'eau distillée, privée d'air, de 51 millioniémes; la même, non privée d'air, de 49 millioniémes. On remarque une différence entre le coefficient de l'eau privée d'air, et celui de l'eau contenant ce gaz; les éléments gazeux absorbés, étant interposés entre les molécules liquides, auxquelles ils adhèrent, gênent la pénétration des électrosphères.

Quand la pression cesse, les molécules reprennent immédiatement la pénétration normale qu'elles avaient entre elles, et qui est réclamée par leurs vibrations. La force seule les en faisait dévier. Le liquide recouvre le volume qu'il possédait avant la pression. C'est ce qui constitue son élasticité.

Sous la pression, les liquides se comportent comme les gaz : toutes les parties de la masse sont également comprimées; leur tension, contre les parois du vase qui les renferme, est la même partout, sauf celle qui est due à la seule pesanteur. Il n'en saurait être autrement : la mobilité de leurs molécules est suffisante pour amener, sur ce point, un résultat identique à celui que donnent les gaz. Une molécule liquide qui subit une impulsion plus forte, d'un côté, se jette sur les suivantes auxquelles elle la communique, et le repos ne peut s'établir que quand toutes, dans la même masse, sont disposées de manière à recevoir une pression égale de tous côtés. La presse hydraulique est fondée sur ce principe.

Presse hydraulique. — La presse hydraulique consiste en deux cylindres d'inégal diamètre *A* et *B* (fig. 49), réunis par une tubulure *T*, le tout rempli

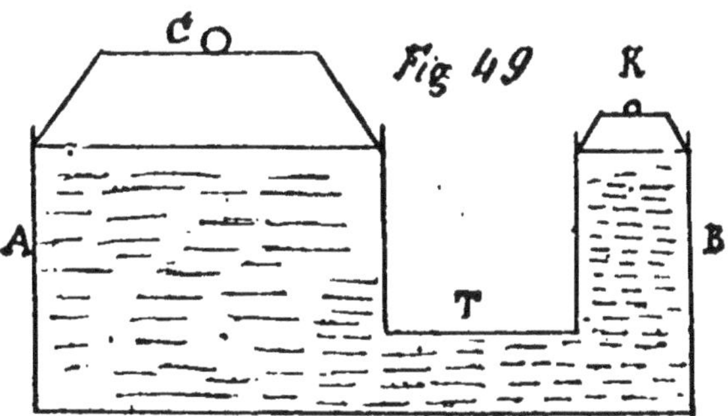

d'eau. Chacune des ouvertures est hermétiquement fermée par un piston *C* et *K*, qui repose sur l'eau et peut glisser à frottement doux. Nous supposons la surface supérieure du grand cylindre *A*, égalant cent fois celle du petit, *B*.

Si maintenant vous placez sur le piston du petit cylindre un poids, il pèsera sur l'eau et tendra à la faire remonter dans le grand cylindre. Si ce poids *K* est d'un kilogramme, par exemple, il faudra sur le piston du grand cylindre un poids de cent kilogr. *C*, pour lui faire équilibre. La pression exercée sur la surface du petit cylindre est, par la répartition égale qui s'en fait dans toute la masse liquide, centuplée contre le piston *C*, puisqu'il contient cent fois la surface *K*.

Ce phénomène ressemble à un paradoxe scientifique : la multiplication de la force ou de la quantité du mouvement initial. Une impulsion équivalant à un kilogramme est donnée aux molécules de la surface du petit cylindre, et cette impulsion est communiquée à la masse liquide, autant de fois qu'elle contient cette même surface. Cependant les molécules directement actionnées ne peuvent transmettre que la quantité de mouvement reçue, et elles doivent la perdre en la transmettant ; c'est la loi inflexible de l'inertie. Or, ici, elles la communiquent des centaines de fois ; et, de plus, la conservent encore intégralement pour elles-mêmes.

C'est que, dans le cas présent, l'effet produit n'est pas dû proprement à un mouvement reçu et transmis, mais à la compression de l'eau. Les poids posés sur chaque cylindre, compriment la masse du liquide tout entière ; toutes les électrosphères sont obligées d'augmenter leur pénétration dans la proportion du poids à supporter, et cette augmentation devient, vu la nature du liquide, nécessairement la même pour chaque molécule. Alors, en raison de leur élasticité, les molécules aqueuses, violemment rapprochées, tendent à reprendre leur écartement primitif; d'où une poussée, de leur part, contre les parois du récipient, égale à un kilogr. par surface semblable à celle du petit cylindre. Ce n'est donc pas précisément le poids qui agit, mais la force répulsive des vibrations, dans chaque molécule comprimée.

ADHÉRENCE DE L'EAU AUX SOLIDES.

Si on plonge dans l'eau un corps solide quelconque, bois, verre, métal, etc., quand on le retire, une couche du liquide adhère à sa surface; il est mouillé. Le mécanisme de ce phénomène est aisé à comprendre quand on connaît la facilité avec laquelle est repoussé en arrière le fluide des électrosphères dans les molécules composées, et même dans les éléments unis par la cohésion. D'abord, la mobilité des molécules aqueuses leur permet de présenter toujours leurs courants circulaires de même sens, à ceux du solide, ce qui constitue déjà un commencement d'impulsion; en second lieu, l'action des vibrations, secondée par la pression atmosphérique, rejette, en arrière, une partie du fluide des électrosphères, établit l'isochronisme à cause de l'affaiblissement des vibrations qui en est la conséquence, et complète l'impulsion. L'adhérence est consommée.

Cette facilité d'adhérence entre les éléments unis par la cohésion, se fait remarquer aussi bien dans les solides entre eux, lorsqu'ils peuvent être mis en contact parfait. Si l'on prend deux disques de verre poli, et qu'on les réunisse en les faisant glisser l'un sur l'autre, afin de chasser la petite couche d'air qui, sans cela, s'interposerait entre eux, leur adhérence sera telle qu'il faudra exercer, perpendiculairement à leur surface, un grand effort pour les séparer.

Ce n'est pas à la pression de l'air extérieur qu'il faut attribuer cette adhérence, puisqu'elle a lieu également dans le vide. Dans les verreries, lorsque les glaces polies sont de champ, en magasin, les unes contre les autres, il arrive qu'elles contractent entre elles une adhérence telle, que, souvent, deux de ces glaces sont incorporées l'une à l'autre, et que leur séparation entraîne presque toujours leur rupture.

Les deux moitiés d'une balle de plomb fraîchement coupée étant serrées, l'une contre l'autre, par les facettes planes, s'unissent assez fortement pour supporter un poids, relativement considérable. L'adhérence serait plus complète encore, si, réellement, tous les éléments des surfaces réunies arrivaient au contact ; mais, généralement, un très grand nombre en sont empêchées par l'interposition de corps étrangers, tels que gaz, poussière, souillures ; ou encore, par le défaut d'un poli parfait. Un autre obstacle se présente aussi : dans les solides, les molécules, fixées dans leur position, n'ont pas toujours une liberté suffisante de leurs mouvements, pour se présenter mutuellement leurs courants circulaires, marchant dans le même sens, ce qui est requis pour l'adhérence. Les différentes parties d'un métal fondu s'unissent parfaitement parce qu'elles sont liquides, et, par là-même, exemptes de ces inconvénients.

Dans l'eau et les liquides en général, la mobilité des molécules leur permet de se mettre en contact avec celles des solides, quels que soient, dans ceux-ci, le défaut de poli et les aspérités, et de leur présenter leurs courants circulaires.

Une élévation de température, en fortifiant les vibrations répulsives des molécules, diminue leur faculté d'adhérence. A un haut degré, elle la détruit totalement : une goutte d'eau, jetée sur un fer rouge, est repoussée ; loin de mouiller le fer, elle demeure suspendue au-dessus de lui sous la forme d'une petite boule.

Un fait, en particulier, de l'adhérence de l'eau aux solides, doit fixer notre attention, parce qu'il explique la capillarité, ou l'ascension des liquides dans les tubes capillaires. Si on plonge à demi dans l'eau une lame de verre, l'eau ne peut pénétrer dans l'intérieur de sa substance, mais on la voit se soulever contre les parois de la lame et former, contre elle, un bourrelet dont la courbe est concave vers la surface horizontale du liquide. Voici ce qui donne lieu à ce phénomène : la couche superficielle de l'eau, en mouillant la lame, touche, par le fait, les molécules du verre qui se trouvent immédiatement au-dessus d'elle; elle y adhère et les envahit bientôt complètement, par la force impulsive qui la porte vers elle, ainsi qu'on l'a vu plus haut. Elle monte donc d'un degré, entraînant avec elle la couche du liquide qui lui est unie. Là, elle arrive en contact avec la couche suivante des molécules du verre, qu'elle envahit comme la précédente. Elle monte ainsi de degré en degré, jusqu'à ce que le poids de l'eau soulevée par elle fasse équilibre à la force entraînante des molecules de la lame.

L'eau accumulée au-dessus de son niveau normal contre le verre, se place naturellement en talus, de manière à ce que la couche supérieure repose totalement sur l'inférieure, sans quoi, la pesanteur ferait rouler en bas les molécules non adhérentes au verre et non supportées par les couches inférieures du liquide. C'est ainsi que se place de lui-même le sable entassé en monceau, avec une différence, cependant, en faveur des molécules liquides, qu'elles se maintiennent plus facilement, à raison de leur union.

La colonne d'eau soulevée pourrait servir de base au calcul de la force d'adhérence entre le liquide et le verre. Quant à la puissance d'union des molécules de l'eau entre elles, on peut la mesurer, en calculant la quantité d'eau qu'une baguette de verre est capable de supporter à son extrémité sans la laisser tomber, ou mieux encore, en constatant, par la balance, le poids du liquide que soulève un corps plongé dans l'eau, quand on l'en retire, ou l'effort qu'il faut employer pour le séparer de la nappe liquide sur laquelle on l'avait placé.

L'adhérence de l'eau au solide est plus forte que celle des molécules aqueuses entre elles. La preuve en est dans ce fait que chacun peut vérifier à chaque instant : Prenez un corps à surface plane, polie et purgée de toute impureté ; choisissez de préférence un verre, afin d'être certain que le liquide n'est pas retenu par les pores ; posez cette surface sur l'eau et retirez-la perpendiculairement, pour permettre, à la couche adhérente, de se détacher plus facilement et plus complètement. La surface du solide qui a reposé sur l'eau, sera toujours mouillée, une couche de cette substance y demeure fixée par l'adhérence. Si cette couche se détache toujours du reste du liquide auquel elle appartenait, pour rester unie au corps solide, c'est évidemment que son adhérence avec celui-ci est plus forte.

On remarque, en outre, que la couche liquide immédiatement unie à la surface, n'est pas seule ; une seconde couche, plus ou moins épaisse, s'est détachée avec elle de la masse liquide et l'accompagne sur la surface du verre ; mais elle ne lui est pas adhérente, elle tient seulement à la première couche immédiatement unie au solide ; et quand on redresse celui-ci, elle s'écoule lentement et tombe en gouttes. Ce fait, qui est constant, montre que cette seconde couche est unie plus intimement à la première qu'à la masse dont elle s'est détachée. C'est une conséquence de l'adhérence plus étroite de la première couche solide ; une répétition de ce que nous avons vu se passer entre les gaz et la surface des corps. En adhérant plus fortement au verre, la première couche liquide perd un peu de son électricité ; d'un autre côté, son fluide intérieur se porte plus abondant vers le verre ; ses vibrations extérieures, c'est-à-dire celles qui sont dirigées vers la masse liquide, étant affaiblies dans la même proportion, permettent aux électrosphères de la couche suivante, de les pénétrer un peu plus profondément, et l'adhérence des deux couches se trouve fortifiée.

La connaissance de ces circonstances n'est pas inutile; elle servira à mieux saisir le mécanisme de la capillarité.

Quelques corps, en assez petit nombre, tels que le mercure, la cire, etc., ne sont pas mouillés par l'eau, probablement parce que l'isochronisme ne peut s'établir entre leurs vibrations et celles du liquide. L'action répulsive des vibrations opposées met opposition à l'union des deux corps en présence.

CAPILLARITÉ.

Si, au lieu d'une lame de verre, on place debout dans l'eau un tube de même substance, et de plus d'un centimètre de diamètre, ouvert par les deux extrémités, l'eau forme un ménisque tout autour, tant à l'intérieur qu'à l'extérieur, semblable au bourrelet produit sur les deux faces de la lame, ainsi qu'on l'a vu plus haut.

Dans le tube *A* (fig. 50), la base du ménisque intérieur est au niveau de l'eau du vase, parce que le diamètre du tube est trop grand. La partie du liquide non soulevée, obéissant à la seule pression atmosphérique, conserve son niveau normal, le même que la nappe extérieure.

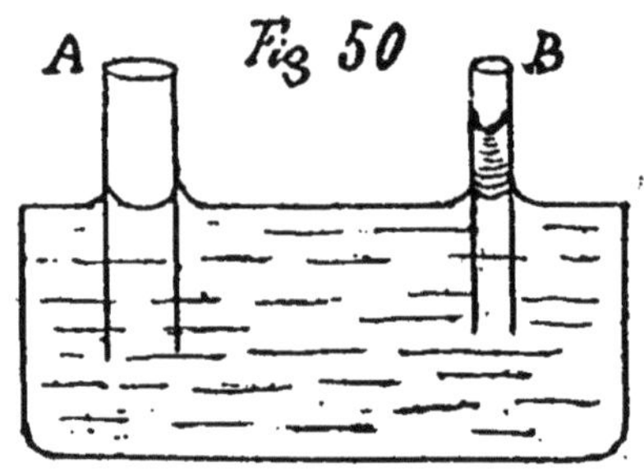

Dans le tube *B*, au contraire, dont le diamètre est plus petit que la base du ménisque intérieur, toute la colonne d'eau, qu'il renferme, participe au soulèvement. Son adhérence au tube diminue d'autant son poids sur la nappe d'eau, et, poussée par celle-ci qui supporte la pression atmosphérique, elle s'élève à proportion et de son adhérence, et de son allègement, au-dessus du niveau normal. Quand le tube est capillaire, la colonne d'eau à soulever est beaucoup moins étendue que la force qui la soulève; elle est plus puissamment entraînée, et le niveau peut s'élever très haut.

Lorsque le liquide ne mouille pas le tube, tel que le mercure, par exemple, le ménisque qui se forme, tant à l'intérieur qu'à l'extérieur, est convexe, au lieu d'être concave. Le niveau baisse au lieu de monter. Si le liquide ne mouille pas le tube, c'est qu'il y a répulsion entre leurs molécules; de là vient le résultat inverse constaté entre l'eau et le mercure. La partie supérieure de la colonne mercurielle intérieure, chassée par la répulsion du tube, et en même temps subissant l'attraction de ses propres molécules, se forme en demi-boule. La dépression de la colonne au-dessous du niveau normal, est due à la répulsion qui, agissant par les vibrations du tube et du liquide, se fait sentir jusqu'à une certaine distance. Quand le diamètre du tube est assez petit pour que l'action des vibrations répulsives embrasse toute la surface du mercure, elle appuie sur la colonne liquide entière, et ajoute sa pression à celle de l'atmosphère. Son énergie décroissant comme le carré des distances, elle sera d'autant plus puissante que le diamètre du tube sera moins grand. La colonne baissera en porportion.

La capillarité tient une place considérable dans la nature.

C'est par elle seule que se fait la circulation dans les végétaux ; qu'ils vivent, se nourrissent et croissent. En vertu de l'endosmose, les racines absorbent les sucs de la terre dissous dans l'eau des pluies, et la capillarité les fait monter par les trachées jusqu'au sommet des plus grands arbres, les distribue dans toutes les parties de la substance végétale.

L'eau pénètre dans les bois desséchés, les dilate de nouveau en leur rendant à peu près le volume qu'ils possédaient au temps de leur verdure. Voici comment s'opère ce résultat. L'eau, imbibée par l'effet de la capillarité, adhère aux molécules ligneuses, attire à elle, par le fait, une partie de leur énergie ; le lien qui les a unies en devient d'autant plus relâché ; leurs électrosphères se pénètrent moins profondément et il y a accroissement de volume. C'est grâce à cette détente dans l'engagement de leurs électrosphères, que le bois vert est plus souple et plus pliant que le bois sec. La puissance de dilatation, causée dans le bois sec par la puissance de l'eau, est formée de la somme de toutes les petites forces qui agissent dans chaque molécule ; elle est considérable.

Les anciens peuples l'employaient dans les carrières pour en tirer les blocs énormes dont ils construisaient leurs temples et leurs obélisques. Une rainure était creusée autour de la partie à détacher du rocher ; ils y enfonçaient des coins de bois, puis la remplissaient d'eau. Quand les coins étaient imbibés du liquide, leur renflement suffisait à lui seul pour faire éclater le rocher et en séparer la pierre convoitée. Ce qui eût demandé un travail long et pénible, s'accomplissait de lui-même en quelques heures. Aujourd'hui on se sert de cette propriété pour rendre les bois imputrescibles, inaltérables aux agents météoriques et inaccessibles aux attaques des insectes, en faisant pénétrer dans leur substance des liquides propres à cet effet. Par le dessèchement, ils perdent la partie liquide, mais les produits chimiques, qu'elle contenait, demeurent.

La diminution de ténacité dans les molécules, par suite de l'imbibition, est ce qui rend plus tendres les pierres. Quand elles possèdent encore toute leur eau de carrière, elles sont plus faciles à tailler.

C'est encore sur la capillarité que se fonde l'usage des chandelles, des bougies, des mèches de lampes. L'huile, le suif et la cire, fondus par la chaleur de la flamme, montent entre les filets des mèches, comme dans des tubes, et alimentent la combustion.

IMPULSION ET RÉPULSION.

L'adhérence et la non adhérence des liquides aux solides plongés en partie dans leur sein, donne lieu à des impulsions et à des répulsions entre les corps flottants ; mais elles ne se produisent que dans le cas où ces corps sont assez rapprochés pour que les ménisques, formés par les liquides autour d'eux, se touchent, et ne laissent plus de surface plane dans l'intervalle qui les sépare.

1° Quand deux corps flottants sont mouillés tous

les deux par le liquide, il y a impulsion entre eux, aussitôt qu'ils se trouvent à la distance indiquée.

Lorsque les corps x et y (fig. 51, I) ont atteint cette situation, la couche liquide qui les sépare, est entiè-

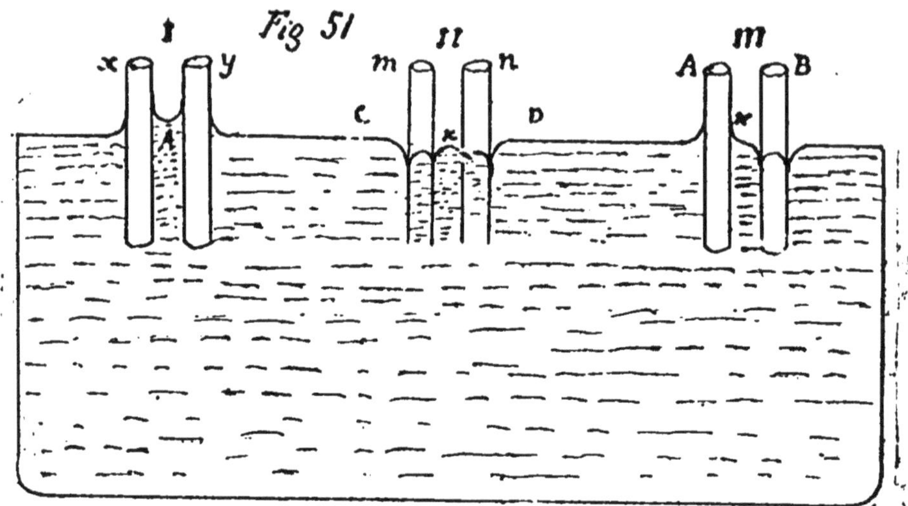

rement soulevée. La molécule A du milieu est attirée par la colonne liquide qui monte contre la paroi de y, et en même temps, avec la même force, par celle qui s'élève contre la paroi de x. Tirée dans les deux sens contraires, elle attire à elle, par une force égale, les deux corps x et y, qui sont ainsi sollicités à se rapprocher. Plus ils sont près, l'un de l'autre, plus sont grands, et le nombre des molécules tirées dans les deux sens, et la force qui entraîne les corps.

2° Quand les deux corps flottants ne sont mouillés ni l'un ni l'autre par le liquide, il se produit également une impulsion entre eux, dans les mêmes conditions de rapprochement.

L'action répulsive des corps m et n (fig. 51, II) sur le liquide, se fait sentir sur toute la surface qui les sépare; elle s'abaisse et son niveau devient inférieur à celui du liquide en *C* et *D*. Dès lors les répulsions du liquide sur les deux corps s'exercent sur une plus grande étendue vers les côtés *C* et *D*, sont, par là même, plus puissantes, et forcent les deux corps *m* et *n* à se rapprocher. Ajoutons à cela le poids du liquide lui-même, qui, étant plus élevé en *C* et en *D*, contribue au même mouvement.

3° Quand l'un des corps est mouillé par le liquide, tandis que l'autre ne l'est pas, il y a répulsion entre eux, toujours dans les mêmes conditions de rapprochement.

Dans ce dernier cas, la colonne liquide qui monte contre la paroi du tube *A* (fig. 51, III), se trouve sous l'action répulsive de *B*, et fuit en chassant devant elle le corps *A* avec lequel elle est unie.

PARTICULARITÉS HYDROSTATIQUES.

Si après avoir plongé un tube capillaire dans l'eau, on l'en retire avec précaution, il emporte avec lui la colonne liquide introduite dans son intérieur par l'immersion, et on remarque même qu'elle est un peu plus grande qu'elle ne l'était pendant le séjour du tube dans l'eau.

L'adhérence des molécules aqueuses de la colonne aux parois du tube, celle même qu'elles ont entre elles dans la partie médiane de la colonne où elles ne sont pas en contact immédiat avec le verre, est plus forte que la cohésion des molécules dans la masse liquide; quand on retire le tube, la colonne se sépare de cette masse et demeure dans le tube où elle se maintient par le seul effet de son adhérence;

si elle est plus grande que pendant l'immersion, il faut l'attribuer à une petite goutte de liquide qui est demeurée suspendue à l'extrémité inférieure du tube, selon ce qui arrive toujours quand un corps quelconque est retiré de l'eau. Le liquide avait cessé de s'élever dans le tube, quand les impulsions moléculaires de ses parois n'étaient plus assez puissantes pour entraîner une nouvelle couche alors qu'elle continuait à être retenue à la masse par la cohésion. Mais, quand le tube est retiré, la goutte qu'il a emportée avec lui, a brisé le lien qui l'enchaînait à la masse liquide, et rien ne l'empêche plus d'obéir à l'entraînement de la colonne.

Lorsque le tube capillaire est plus court que la colonne d'eau qui devrait s'élever dans son intérieur, le liquide ne s'écoule pas dehors pour cela, il s'arrête au sommet du tube où il prend alors la forme convexe, au lieu de la forme concave ordinaire dans les tubes plus grands.

L'eau, retenue par son adhérence aux parois du tube, ne peut s'écouler. D'abord, rien ne la sollicite plus à s'élever, le tube étant terminé, car ce sont les couches supérieures de ses parois qui font monter le liquide ; ensuite, la pression atmosphérique qui pèse sur la masse peut bien aider à son ascension, mais elle est incapable, par elle seule, de vaincre l'adhérence du liquide aux parois pour l'en expulser. Cette adhérence est en effet la même dans toute l'étendue de la colonne. Son effort se borne à la rendre convexe dans sa partie supérieure.

Une goutte d'eau placée entre deux lames horizontales, dont l'une forme avec l'autre un angle léger, si elle mouille les deux lames, s'avance rapidement vers le sommet de l'angle. On pourrait, pour cette expérience, se servir d'un tube posé horizontalement et dont l'ouverture intérieure affecterait la forme d'un cône régulier. Si, au lieu d'eau, on expérimentait avec du mercure, qui ne mouille pas le verre, le résultat serait inverse : le mercure s'éloignerait du sommet de l'angle et s'avancerait vers la plus grande ouverture.

La raison de ce phénomène est assez simple. Pour l'eau, l'attraction des parois des lames de verre agit plus fortement sur les molécules du milieu de la surface liquide, du côté du sommet de l'angle, parce qu'elles sont plus rapprochées ; l'attraction de la goutte est donc supérieure, de ce côté, à celle qui se produit de l'autre côté, parce que les molécules médianes de la surface sont plus éloignées des parois.

Pour le mercure, l'action vibratoire des molécules du verre est répulsive, et pour la même raison que plus haut, elle est plus forte du côté du sommet de l'angle, où la surface impressionnée est moins étendue, et il est repoussé vers la grande ouverture.

Certains insectes se maintiennent à la surface de l'eau sans s'y enfoncer, et peuvent même y courir aussi facilement qu'ils le feraient sur la terre ferme. C'est que leurs pattes, par l'effet d'une substance onctueuse, dont elles sont recouvertes, ne sont pas mouillées par le liquide ; et que, d'un autre côté, leur poids n'est pas suffisant pour forcer les particules aqueuses à s'écarter.

La même raison empêche une aiguille assez fine,

et enduite d'une matière grasse, de s'enfoncer quand on la pose doucement sur l'eau.

SOLUTION, DIFFUSION.

1° *Solution.* — Plusieurs corps, plongés dans un liquide, subissent une désagrégation de leurs molécules, qui se répandent et disparaissent dans la masse, sans en troubler la transparence. C'est à ce phénomène qu'on a donné le nom de solution ou de dissolution, du mot *solvere*. Un morceau de sucre fondu dans l'eau nous en donne un exemple.

1° Le liquide doit mouiller le corps à dissoudre.

2° L'adhérence du liquide aux molécules du corps doit être plus forte que celle des molécules de ce même corps entre elles, autrement, le liquide ne pourrait les désagréger; elle doit être aussi plus forte que celle qui réunit ensemble les molécules du liquide, sans quoi, il y aurait simplement mélange et non solution. C'est cette dernière propriété qui élève la température de l'ébullition du liquide ; il faut plus de chaleur pour détacher l'eau de la solution, que pour désunir ses propres molécules.

Quand un sel est mis dans un vase rempli d'eau, celle-ci adhère à ses molécules et les détache, les unes des autres, par la puissance supérieure de sa cohésion. Chaque molécule dissoute s'unit plusieurs molécules du liquide ; les unes plus, les autres moins, selon la nature du sel et la température. Les groupes dont les vibrations ont été modifiées par la cohésion, prennent, dans la masse, la position réclamée par l'équilibre des forces, ainsi qu'il arrive dans le mélange de gaz différents, et leur répartition devient, par là même, uniforme dans toutes les parties du liquide. Lorsque l'eau est entièrement occupée par ces groupes, elle est saturée ; elle n'a plus de molécules à fournir pour en former de nouveaux, et la dissolution s'arrête. Les modifications survenues aux vibrations des molécules assez fortement groupées dans la saturation, leur permettent bien encore l'isochronisme et, par suite, l'union avec les autres molécules liquides, mais non avec les autres molécules du sel. Cependant, une élévation de température peut leur rendre cette puissance et augmenter la quantité du sel dissous ; mais elle ne paraît pas le leur rendre, en face d'un simple élément. C'est sans doute de la part de celui-ci que vient l'obstacle.

La quantité de sel dissous augmente donc avec la chaleur ; c'est le contraire de ce qui arrive pour les gaz dont la quantité diminue avec l'accroissement de température. La raison de cette opposition doit être cherchée dans la diversité de nature entre un gaz et un sel.

Rappelons d'abord qu'un élément gazeux, aussi bien qu'une molécule, peuvent condenser, autour d'eux, plusieurs couches du liquide auquel ils s'attachent, et que ces couches sont d'autant plus nombreuses que leur électrosphère pénètre plus avant celle des molécules liquides, ou, si on l'aime mieux, que leur adhérence est plus forte. La raison en a été indiquée au sujet de la concrétion des gaz sur les solides.

Le nombre des molécules dissoutes pourrait peut-être aller, dans certaines circonstances, pour certains corps, jusqu'à égaler celui des molécules du liquide, celles-ci possédant chacune une particule de sel ; mais si les molécules salines étaient plus nombreuses, ce serait alors le liquide qui grouperait le sel, et on aurait une solution aqueuse dans un sel.

La manière inverse, dont se conduisent les gaz et les molécules non gazeuses dans les solutions, pourrait, semble-t-il, s'expliquer ainsi : L'élément gazeux perd plus difficilement son fluide que les molécules; c'est un fait. A une basse température, son électrosphère est amoindrie, son fluide, dont la densité croît plus rapidement, en allant vers le centre, est plus résistant à la pénétration ; celle-ci sera donc moins profonde, l'adhérence plus faible, il accaparera moins de molécules liquides, il y aura plus de groupes, un plus grand nombre d'éléments pourront être absorbés par le liquide. Une élévation de température, au contraire, agrandit son électrosphère, dont le fluide devient moins tenace par sa faible densité sur une plus grande partie de sa profondeur; il s'enfonce plus loin dans la molécule liquide. La puissance de son adhérence est augmentée, et avec elle le nombre des molécules groupées ; la saturation demandera moins de gaz. Mais, passé un certain degré, ses vibrations modifiées refusent l'isochronisme, et quand la répulsion devient plus forte que la pression du milieu ambiant, il cesse d'être mouillé et il s'échappe par sa propre légèreté.

Avec les molécules non gazeuses, comme celles d'un sel, l'effet opposé se produit. A une basse température, leur adhérence au liquide est plus forte, parce que leur électrosphère reste toujours plus profonde que celle d'un élément et qu'elles perdent plus facilement leur fluide ; elles sont donc capables, alors, de grouper un nombre supérieur de couches liquides ; mais c'est précisément cette force d'adhérence qui les en empêche en présence d'autres molécules de même nature ; celles-ci leur enlèvent les couches supplémentaires moins fortement unies. Les groupes se multiplient, deviennent plus nombreux qu'avec un gaz. D'un autre côté, la chaleur, en augmentant, relâche le lien qui unit les molécules des groupes et permet à une nouvelle portion de sel, de se faire place en s'emparant des moins adhérentes.

Les molécules gazeuses tiennent le milieu entre les gaz simples et les molécules non gazeuses, comme participant à la nature des uns et des autres. Elles sont plus nombreuses dans la saturation que les éléments, parce qu'elles s'unissent au liquide et perdent leur fluide plus facilement. Comme celles du gaz simple, leurs vibrations refusent l'isochronisme à un certain degré de chaleur.

Il y a deux sortes de solutions : la solution simple, celle où les corps dissous ne forment entre eux aucune combinaison ; et la solution complexe, celle où les corps dissous donnent lieu à des actions chimiques.

2° *Diffusion.* — Lorsque deux liquides dissemblales, capables de se mouiller, mais sans combinaisons chimiques, se trouvent en contact, ils se mélangent spontanément, avec plus ou moins de rapidité, selon leur nature. C'est la diffusion. Parce que la cohésion, qui se forme entre les molécules des deux liquides, ne diffère pas sensiblement de celle de leurs propres molécules, il ne se constitue point de groupes, et le mélange admet toutes les proportions. Seulement, leurs vibrations, toujours un peu disparates, les obligent à se confondre régulièrement pour l'équilibre des forces. La mobilité des molécules liquides ne permet à aucune de demeurer en repos, tant qu'elle reçoit une impulsion plus puissante d'un côté que de l'autre.

CHAPITRE IX.

Météorologie.

La science météorologique a pour objet l'étude des météores ou phénomènes qui se passent au-dessus de nous, dans le sein de l'atmosphère. Ils sont nombreux. Nous en choisirons seulement quelques-uns des plus importants : L'état électrique de l'atmosphère, sa température, les nuages avec la pluie et la neige, les orages et la grêle ; enfin, les aurores boréales, afin de montrer leur accord avec notre système qui jette sur eux une lumière nouvelle pour la science. La génération de ces phénomènes, comme celle de tous les autres, s'explique parfaitement par les seules lois mécaniques de la transmission du mouvement vibratoire.

ÉTAT ÉLECTRIQUE DE L'ATMOSPHÈRE.

Bien des recherches ont été faites, de nos jours, sur ce point, sans que la science soit arrivée jusqu'ici à une conclusion certaine, malgré l'habileté incontestable des expérimentateurs. Une connaissance fondamentale faisait défaut, celle de la nature et du mode d'action de l'électricité sur les corps. Nous commençons par cette question, parce qu'elle a presque toujours une place prépondérante dans la production des météores.

Avant tout, rappelons les principes. Que faut-il entendre par l'électricité, par l'état électrique d'un corps ?

La substance de l'électricité, avons-nous dit, n'est autre chose que l'éther qui remplit les espaces interstellaires, la matière à l'état atomique. Tous les corps en sont formés ; les éléments chimiques sont uniquement une petite masse de ce fluide condensée par des courants circulaires. Ce sont eux qui nous fournissent l'électricité. L'électricité proprement dite, celle que nous utilisons, est une certaine quantité de fluide éthéré, à l'état libre, isolé, c'est-à-dire ne faisant partie ni de la masse régulièrement répandue partout, ni de la constitution d'aucun corps.

Un corps est à l'état neutre, quand ses éléments possèdent la quantité de fluide réclamée par leurs courants circulaires, ni plus, ni moins. Il est positif quand ses éléments en possèdent trop, et ce surplus est rejeté dehors, répandu sur la surface extérieure du corps, où il est retenu par l'atmosphère. Il est négatif, quand ses éléments en possèdent moins, parce qu'une cause quelconque leur en a fait perdre.

L'état régulier de l'éther, substance électrique, est régi par la pesanteur. L'éther, ainsi que le gaz de l'air, ainsi que toute matière, obéit à la poussée des courants qui circulent autour de la terre. Il devient plus dense à mesure qu'on s'abaisse des hauteurs vers la surface du globe, et même dans ses profondeurs jusqu'au centre, il en existe au moins dans les vides laissés par les corps. Le fluide, contenu dans les éléments des corps, suit nécessairement la même progression : la densité des électrosphères, en effet, comprend, d'abord, celle du milieu ambiant et ensuite celle qu'y ajoute l'action de leurs propres courants circulaires dont la puissance elle-même augmente avec la densité du milieu éthéré dans lequel ils se trouvent.

La densité du fluide éthéré diminue donc comme celle de l'atmosphère, à mesure qu'on s'élève. Mais cette infériorité de densité dans les hauteurs, peut-elle être qualifiée du nom d'état négatif ? Je ne le pense pas. L'expression manquerait de justesse. Il n'y a pas là de fluide libre, de fluide en trop ; partout il est à l'état normal, voulu par la pesanteur, sauf le cas de perturbations locales et passagères dans notre atmosphère, causées par l'humidité, les nuages ou les courants. Il est habituellement neutre, et n'exerce aucune action propre sur les corps de la surface terrestre, il transmet les vibrations et ne vibre pas lui-même ; or, un corps n'agit sur un autre que par ses vibrations.

Ce qui a induit en erreur, c'est que la diminution progressive de la densité et de la pesanteur produit, non à distance, mais sur les corps qui s'élèvent, le même effet, à peu près, que l'approche d'un corps positif qui occasionne en lui une perte de fluide.

Si, de la surface de la terre, on élève brusquement un corps bon conducteur, dont l'électricité, plus mobile, se dégage aisément, il accuse un état positif. Le fluide de ses éléments est, en effet, devenu, par le seul fait de son élévation, plus abondant que ne le comporte sa nouvelle situation. Les deux pressions qui le contenaient sont affaiblies : celle de la pesanteur, par le lieu où il se trouve, celle de ses courants circulaires par la diminution de l'intensité de leurs ondes. La densité du fluide dans ses électrosphères doit donc diminuer dans une proportion correspondante. Le superflu, rendu à la liberté, ou se dissipe peu à peu dans l'air, ou descend vers la terre, s'il est en communication avec elle par un fil conducteur ; quand on le reçoit sur un électroscope, ce dernier accuse nécessairement une électricité positive. Les choses se passent comme si l'objet élevé était placé sous l'influence d'un corps chargé ; ce qui a fait croire que l'atmosphère l'était réellement, bien qu'il n'en soit rien. Le contraire aura lieu si, après complète déperdition de son trop plein, on ramène vivement en bas l'objet élevé. Il accusera un état négatif, parce qu'il ne possèdera plus la quantité de fluide voulue par la densité du milieu où il est abaissé. Il empruntera alors celui des corps voisins pour rétablir son équilibre.

Ces effets sont ceux de la théorie. Dans la pratique, ils peuvent subir bien des modifications causées par l'état local et transitoire de l'atmosphère. Dès le début de son ascension, l'objet, avec lequel on expérimente, commence à perdre de son fluide. Si l'air est assez chargé d'humidité, celle-ci s'en empare au fur et à mesure de sa production, et l'instrument n'indiquera rien. Ce cas doit être fréquent. Si l'humidité pour une cause ou une autre, tend à s'évaporer davantage, elle pourra emprunter au corps, même plus de fluide qu'il n'en perd normalement ; il devra alors en soutirer de l'instrument, avec lequel il est en communication, et l'électroscope indiquera une électricité négative. Quand, au contraire, les vapeurs se condensent, soit près du corps élevé, soit sur sa surface plus froide, elles le chargent [de la quanttté de fluide qu'elles émettent. Si le corps se trouve seulement à proximité de nuages pluvieux, à plus forte raison de nuées orageuses; ils agissent sur lui comme corps chargés, et l'instrument donnera des marques plus ou moins puissantes d'électricité positive. De simples courants locaux, dans l'air, sont capables d'apporter des variations dans la région atmosphérique où est élevé l'objet, et modifier le fonctionnement de l'appareil.

Le nuage qui s'élève, perd donc une partie de son électricité qui se dissipe par le rayonnement; il n'en devient que plus léger. Quand il s'abaisse, il est en privation; mais le milieu ambiant, ou le fluide que lui cèdent les vapeurs qu'il condense sur son passage, rétablissent promptement son équilibre.

Cette perte d'électricité, pour les personnes qui entreprennent l'ascension des hauteurs atmosphériques, affaiblit leurs organes, et n'est pas sans apporter des perturbations dans les fonctions vitales. Elle doit contribuer, pour une bonne part, dans les malaises et les accidents qui surviennent alors.

TEMPÉRATURE DE L'ATMOSPHÈRE.

La température de l'air va s'abaissant à mesure qu'on s'élève. Le fait est certain; toutes nos grandes montagnes sont couvertes de neiges perpétuelles. La hauteur où elles commencent varie avec la température moyenne des régions; mais elles se rencontrent sous tous les climats. Dans la Norwège, leur limite est marquée vers 700 mètres d'altitude; dans les Pyrénées et les Alpes, vers 2,700 mètres; dans les contrées les plus chaudes, elles n'apparaissent qu'aux environs de 5,600 mètres. Ce seul fait est une preuve sans réplique du froid qui règne dans les hautes régions de notre atmosphère. Les aéronautes connaissent bien ce progrès continu du refroidissement qui constitue, pour eux, un des plus graves inconvénients de leurs ascensions.

On a tenté de déterminer l'altitude où il fallait s'élever pour trouver un abaissement de température équivalant à un degré. Les expériences faites en différents climats, ont donné une moyenne de 180 mètres; mais l'écart est assez considérable selon les lieux. Il n'en saurait être autrement : le rayonnement du sol dans les pays chauds, et les colonnes ascendantes de l'air échauffé sur la surface du sol, retardent nécessairement le refroidissement des couches peu éloignées. En soi, l'abaissement de la température dans l'atmosphère est régulier, cela est indubitable, mais les expériences directes ne pourront jamais donner des chiffres positifs pour chaque région, à moins d'obtenir préalablement une immobilité complète des couches aériennes, ce qui est impossible. Quant aux degrés de froid des couches placées au-dessus de 180 mètres, la moyenne doit se rapprocher peu à peu; et, de fait, l'épaisseur des couches qu'il faut traverser pour atteindre un degré inférieur de chaleur, va toujours en s'amoindrissant à mesure qu'on s'élève davantage.

Quelle est la cause de cet abaissement progressif de la température atmosphérique? Le refroidissement étant général, naturellement la cause doit l'être aussi. On s'est arrêté, faute de mieux, au rayonnement des corps, que l'on dit croître avec la diminution de densité dans l'atmosphère. Cette cause est réelle, nul n'en peut douter; mais pour en apprécier convenablement les effets, et juger, en connaissance de cause, de son efficacité, dans la circonstance présente, il est bon, avant tout, de se rendre un compte exact de son fonctionnement.

Les éléments des corps, par leurs vibrations, engendrent, dans l'espace, des ondulations pour lesquelles ils perdent une partie de leur fluide; perte qui est toujours en rapport avec l'intensité des ondes émises, qui diminue d'autant la densité de leurs électrosphères, et, par suite, la puissance de leurs vibrations calorifiques. Tel est le rayonnement. Il est le même pour tous les éléments, à toutes les hauteurs. Mais si les éléments perdent ainsi, à chacune de leurs vibrations, d'un autre côté, ils gagnent, en absorbant le fluide des ondes, qui, émanées des corps, ou des éléments environnants, viennent les frapper. Il y a refroidissement quand, dans cet échange, la perte surpasse le gain; dans le cas opposé, il y a augmentation de chaleur. La différence entre la perte et le gain, dans les couches supérieures de l'atmosphère, peut-elle expliquer l'abaissement de leur température? Tout est là.

Quand les rayons calorifiques du soleil traversent l'atmosphère, ils communiquent aux électrosphères des éléments de l'air, une certaine quantité de fluide qui élève leur température. Ils en perdent bien en même temps, par leurs vibrations, mais non autant qu'ils en reçoivent, parce que leur perte, de ce chef, est seulement proportionnelle à leur température actuelle, laquelle est inférieure à celle des rayons solaires. Leur chaleur doit donc augmenter.

Les éléments gazeux des couches inférieures de l'air, sont à peu près compensés de leurs pertes individuelles par le rayonnement du sol et du milieu ambiant dont la température est égale à la leur. Je dis : *à peu près*, parce que les éléments de l'air ne se touchent pas, et que l'intensité des ondes décroît comme le carré des distances. La compensation parfaite ne se comprend guère sinon entre les éléments unis par la cohésion. Ce qu'ils reçoivent directement des rayons solaires, est donc, à peu de chose près, tout gain pour eux.

Quant aux couches plus élevées de l'atmosphère, la compensation que les éléments reçoivent du milieu ambiant, est moindre, parce que la distance qui les sépare les uns des autres est augmentée par la dilatation. Par contre, ils acquièrent davantage de la part des rayons solaires, qui sont moins affaiblis, ayant à traverser des couches, et moins nombreuses, et d'une densité inférieure. Ajoutons qu'ils sont plus longtemps exposés à l'influence du soleil. On peut donc admettre, avec beaucoup de vraisemblance, que l'ardeur des rayons solaires compense au moins, pour eux, la faiblesse du rayonnement ambiant. Alors, toutes les hauteurs de l'atmosphère devraient acquérir le même degré de chaleur ; ce qui, en fait, n'est pas.

Dans tous les cas, le rayonnement ne paraît pas une cause suffisante pour expliquer le phénomène dont il s'agit. La cause prépondérante, à notre avis, pour ne pas dire la seule, de l'infériorité de température dans les couches supérieures de l'air, serait la perte de fluide que leur position élevée a fait subir aux éléments gazeux, et que rien ne vient compenser. Dans ces conditions, même avec un gain égal à ceux des éléments inférieurs, ils ne pourraient jamais atteindre leur degré de chaleur. Leur température ira donc toujours en s'abaissant avec l'accroissement d'élévation. Cette cause suffit amplement, à elle seule, pour obtenir ce résultat.

Après la disparition du soleil sous l'horizon, le refroidissement sera beaucoup plus rapide dans les couches supérieures qu'à la surface de la terre. Les pertes éprouvées par le rayonnement sont plus grandes, parce qu'elles sont beaucoup moins compensées par celui du milieu ambiant. L'abaissement de température des régions élevées, entraîne celui des couches inférieures, desquelles elles reçoivent les ondes, sans leur en rendre d'équivalentes. Voilà pourquoi, sans doute, l'interposition d'un nuage assez bas, ralentit, dans ces dernières, le refroidissement, en interceptant les communications vibratoires avec les premières.

Nous ne dirons rien des autres causes qui peuvent modifier l'état calorifique de l'air. Leur action n'est que locale, accidentelle et temporaire.

NUAGES.

Les nuages sont ces masses de vapeurs aux formes

changeantes et capricieuses qui flottent au gré des vents, à toutes les hauteurs de l'atmosphère. D'où viennent-elles? Quelle forme ont-elles revêtue pour apparaître semblables à de petits corps opaques, ou plutôt translucides, et visibles, sans cesser de demeurer suspendues dans les airs, sans constituer de l'eau proprement dite, puisqu'ils ne se réunissent pas, malgré leur agitation dans une masse assez compacte ; puisque les nuages se laissent traverser, sans mouiller d'une manière bien sensible?

La source des vapeurs atmosphériques est connue de tous. Ce sont les mers, les lacs, les rivières, les terres humides. De chaque point des surfaces liquides, se détachent continuellement des molécules aqueuses qui se répandent dans l'air sous forme gazeuse. De nombreuses expériences ont montré qu'une masse d'eau, dans la zone tempérée, perdait, en moyenne, par l'évaporation, 0,81 centimètres de son épaisseur dans l'espace d'une année. La chaleur, de quelque source qu'elle provienne, du sein de la terre, ou des rayons solaires, active l'évaporation, aussi bien que les vents. Ceux-ci chassent l'air qui s'est saturé en se reposant sur l'eau, et le remplacent par de nouvelles couches qui se chargent de vapeurs à leur tour, pour être aussitôt remplacées par d'autres. A l'équateur, l'air échauffé par la haute température de ces contrées, s'élève sans cesse dans l'atmosphère, emportant avec lui l'humidité qu'il a puisée au contact de la mer, et s'écoule ensuite vers les pôles ; en bas, les courants, connus sous le nom de vents alizés, amènent, à sa place, un air plus sec qui se sature à son tour, pour prendre ensuite le même chemin ; et ce travail ne cesse pas un seul instant. C'est là, bien certainement, la source la plus abondante des vapeurs répandues journellement dans l'espace aérien.

L'eau réduite en gaz peut s'élever jusqu'aux plus grandes hauteurs, sa densité, par rapport à l'air, étant comme 1 à 0,722, presque moitié moindre. Ses molécules peuvent rester isolées, au milieu de l'atmosphère, aussi bien que tous les autres gaz dont elle possède alors les mêmes vibrations répulsives. Dans cet état, sa présence, en quelque quantité que ce soit, ne saurait troubler la limpidité de l'air, puisqu'elle n'est pas moins transparente que lui.

Lorsque, dans une région, l'air est saturé, et que le froid a diminué la puissance des vibrations répulsives des vapeurs, celles-ci s'attachent, par une légère cohésion, aux éléments gazeux de l'atmosphère ; se distribuent entre eux, assez régulièrement, choisissant, de préférence, autour d'elles, ceux qui n'en possèdent pas encore, ou qui en possèdent moins. Ce choix est commandé par la force impulsive : la multiplicité des adhérences en diminue la force, la puissance des éléments étant obligée de se partager entre chaque molécule de vapeur qu'elle supporte ; celles-ci vont donc vers ceux où les porte une impulsion supérieure.

Si plusieurs de ces molécules s'attachent au même élément gazeux de l'air A (fig. 52), elles se placeront naturellement à égale distance les unes des autres. La raison en est simple : en présentant leurs courants circulaires de manière à ce qu'ils soient de même sens que ceux de l'élément, au point d'attache, ce que nécessite l'adhérence, elles se présentent forcément, l'une à l'autre, leurs courants opposés ; elles sont obligées alors de s'éloigner jusqu'à ce qu'elles éprouvent, sur les côtés en regard, une égale répulsion. Si elles deviennent assez nombreuses pour se toucher, ou à peu près, cette répulsion les empêchera toujours d'adhérer ensemble. Leur indépendance individuelle, entre elles, sera donc conservée, il n'y aura pas de formation d'eau. Avec une telle constitution, le globule devient un petit corps solide qui pourra continuer à flotter dans l'atmosphère, à s'élever même, parce qu'il a plus gagné en volume qu'en pesanteur.

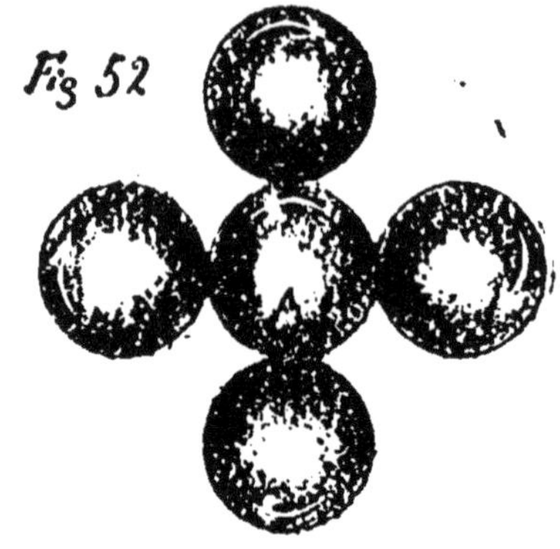
Fig 52

Tant que l'élément aérien ne supporte qu'une ou deux molécules aqueuses, la lumière qui le traverse ne paraît pas devoir subir une modification sensible ; mais s'il en est complètement entouré, il n'en est plus de même ; l'onde lumineuse en entrant et en sortant du globule aux contours sinueux et comme hérissés, est brisée dans tous les sens ; elle devient diffuse, semblable à celle qui a traversé un verre dépoli, et pour les mêmes raisons. Le corpuscule apparaît alors comme un point blanchâtre. Un grand nombre rassemblés dans un espace limité forment une masse opaque de même couleur, empêchant de voir les objets placés au-delà ; c'est un nuage. Quand il est épais, le dessous paraît plus ou moins sombre parce qu'il arrête une grande partie des rayons lumineux qui le traversent.

Les globules vaporeux peuvent flotter, s'entremêler, se choquer même, dans l'air, sans s'unir, parce que les autres éléments du gaz atmosphérique qui les séparent ne peuvent plus adhérer à eux. Lorsqu'ils se rencontrent, la forme dont ils sont doués ne leur permet de se toucher que par un point de leur surface ; si, par hasard, le contact a lieu entre des courants circulaires de même sens, une adhérence est susceptible de se produire, mais l'union, faible d'ailleurs, parce qu'elle n'a lieu que par un seul point, n'est pas capable de se maintenir ; leurs mouvements variés et continuels, le choc des éléments de l'air, les séparent bientôt.

Si les globules n'étaient pas constitués, comme il vient d'être exposé, si les vapeurs n'étaient que de petites gouttes d'eau, ou seulement des espèces de vessies aqueuses, rien ne s'expliquerait. Leur rencontre inévitable et fréquente, dans une masse flottante et agitée par le vent, amènerait nécessairement leur union et leur chute : l'eau constituée comme telle, par l'adhérence entre elles de plusieurs molécules aqueuses, s'unit toujours, par la cohésion, à une autre portion quelconque d'eau qu'elle rencontre, les brouillards mouilleraient. Le nuage serait impossible, aussi bien que sa suspension dans l'atmosphère, puisque l'eau est plus pesante que l'air.

Le brouillard est un simple nuage qui se forme dans les couches inférieures de l'air, sur la surface des eaux ou des terrains humides. Il se produit, quand, en bas, l'air est saturé de vapeurs. Un sol plus chaud que l'air, en favorisant l'évaporation, contribue au phénomène.

PLUIE, NEIGE, GRÉSIL.

La pluie est la chute de gouttelettes d'eau formées des vapeurs qui sont dans l'atmosphère. Les globules nuageux, bien que constitués, en grande partie, par les éléments de l'eau, sont des solides plus légers que l'eau et l'air. Tant qu'ils conservent cet état, il ne tombe point de pluie ; mais si le nuage vient à traverser une région déjà saturée, ou qui le devient par le refroidissement que cause son passage, une nouvelle couche de molécules vaporeuses se dépose sur les globules. Il y a alors contact et union entre ces dernières et celles qui constituent les globules ; en conséquence, formation de liquide. Les corpuscules nuageux deviennent de petites gouttes d'eau qui tombent par l'effet de leur propre poids. Dans leur chute, elles vont grossissant en recueillant les vapeurs, et même les autres globules qu'elles rencontrent ; elles arrivent ainsi à terre plus ou moins volumineuses, selon l'épaisseur du nuage qu'elles traversent, et l'humidité de l'air. Quelquefois aussi, elles s'évaporent de nouveau en route, quand des couches trop sèches de l'atmosphère les séparent du sol. Si l'évaporation est complète, la pluie n'atteint pas le sol; si, au contraire, elle n'est que partielle, l'eau tombée est moins abondante.

Le froid des régions, où se trouve le nuage, devenant suffisamment intense, les globules se congèlent et se contractent légèrement; ce qui les rend un peu plus pesants, sans toutefois changer leur constitution et sans rendre encore leur poids égal à celui de l'air; ils peuvent continuer à flotter dans l'atmosphère.

Mais, dira-t-on peut-être : comment peuvent-ils se contracter, puisque l'eau, au contraire, se dilate par la gelée ? D'abord, les globules nuageux, ne sont pas de l'eau proprement dite ; ils ne sont pas liquides. Les molécules aqueuses, comme celles de tout autre corps, doivent se resserrer contre l'élément aérien qui leur sert de base; parce que le froid leur a fait perdre du fluide, et a diminué l'énergie de leurs vibrations répulsives. D'ailleurs, si l'eau se dilate en se transformant en glace, ce résultat n'est pas dû à un écartement de ses molécules qui se resserrent réellement; on en a la preuve dans la solidité plus grande de leur adhérence. Il faut l'attribuer à la disposition régulière et cristalline qu'elles prennent alors.

Aux globules gelés, viennent se souder les vapeurs de l'air, et même les autres globules, mais sans former d'eau, à cause de leur état glacé. Ils s'unissent, soit par leurs pôles contraires, soit par un point de leur surface, là où ils rencontrent des courants circulaires semblables aux leurs. Le tout donne naissance à un corps affectant des figures variées, quoique présentant toujours une certaine symétrie par suite des positions relatives et déterminées qu'ils sont forcés de prendre entre eux. Un tel agencement n'est pas celui de la glace, dans laquelle toutes les molécules sont disposées comme dans les cristaux. Ici, ce sont, non des molécules, mais de petits corps, tels que nous les avons décrits, qui sont soudés ensemble par un seul point de leurs contours, et qui conservent individuellement leur constitution propre et leur surface rugueuse. Le poids de ce nouveau corps, ou plutôt de cette agrégation, n'égale pas celui de la glace, car il est loin de présenter sa densité, par la superposition imparfaite de ses molécules; mais il surpasse un peu celui de l'air, à cause de la réunion des vapeurs et des corpuscules par l'adhérence qui rend l'ensemble plus compact. Enfin, il conserve la couleur blanche des globules nuageux comme leur constitution. C'est le flocon de neige.

Un examen attentif de la neige confirme notre dire sur la constitution des globules. Ce n'est pas une véritable glace ; ce qu'elle serait cependant, si les globules étaient de l'eau. Elle en diffère par son aspect et sa densité. Les grains qui composent le flocon sont opaques, rugueux, avec une couleur d'un beau blanc qui leur est propre. Son poids est inférieur à celui de la véritable glace, à plus forte raison à celui de l'eau, Quand, sous l'influence de la chaleur et de l'humidité, soit du sol, soit de l'air, le flocon vient à fondre, les globules neigeux se réunissent à l'eau et se liquéfient ; mais, si, réunis en masse, quand la terre en est couverte, les flocons dégèlent à l'abri de l'humidité, sous les seuls rayons du soleil, on remarque qu'ils ne se convertissent pas en eau, comme le fait la glace, ainsi que cela devrait se produire, s'il y avait pleine cohésion entre leurs molécules. Celles-ci, ou plutôt les globules, se détachent isolément et remontent dans l'atmosphère. De là vient ce dicton de l'homme de la campagne, si souvent témoin du fait : *Le soleil mange la neige*, il ne la fond pas.

La brume légère que l'on aperçoit quelquefois, dans ces circonstances, au-dessus de la neige, lorsque les rayons du soleil ont commencé leur œuvre sur elle, vient des globules détachés, ou même des simples molécules aqueuses individuellement séparées de l'élément aérien, qui, pénétrant dans un air froid et sec, s'unissent à ses éléments et forment d'autres globules. Ils se dispersent dans l'atmosphère et se résolvent souvent, sous des rayons plus chauds.

Pour que le groupement des petits grains congelés se fasse régulièrement et donne le flocon de neige, le temps doit être calme. Par un grand vent, ils sont roulés les uns sur les autres, s'agglomèrent en boules plus ou moins rondes, ou mêmes aiguës, dont la grosseur dépend de leur abondance. Ils deviennent, alors, ce qu'on appelle le grésil, sa substance est semblable à celle de la neige, mais plus serrée.

ORAGES.

Les orages sont remarquables par les phénomènes électriques dont ils sont le siège. La source de leur électricité, la grêle, l'éclair, le bruit du tonnerre, sont autant de questions qui attirent l'attention du météorologue.

1° *Source de leur électricité.* — Elle se trouve à peu près tout entière dans la condensation des vapeurs de l'atmosphère. Lorsque celles-ci s'unissent, soit aux éléments de l'air pour constituer les globules nuageux, soit entre elles pour donner naissance à l'eau de la pluie, leur électrosphère laisse échapper une partie de son fluide. Par la combinaison, un milligramme d'eau perd une quantité de fluide capable de charger vingt mille fois une surface métallique d'un mètre de superficie. Cette perte n'est pas aussi considérable dans la condensation, mais ce phénomène est celui qui en dégage le plus après la combinaison ; la quantité en est donc encore considérable. Quand il s'opère rapidement sur une grande échelle, le fluide produit est suffisant pour charger un nuage et faire éclater la foudre. Souvent aussi les couches de l'air, échauffées par le sol, s'élèvent subitement vers le nuage orageux, chassées par l'air froid qui en descend. Par le fait de leur ascension, elles perdent du fluide, et il vient joindre son appoint à celui de la condensation des vapeurs. Dans les temps ordinaires, parce que les vapeurs sont moins abondantes, ou ne se condensent qu'avec lenteur, le fluide a le temps de se dissiper.

Pendant les grandes chaleurs, alors que l'atmosphère est saturée de vapeurs, il arrive quelquefois que des globules nuageux se forment en grande quantité un peu partout. Etant disséminés assez régulièrement, ils ne constituent pas de nuage proprement dit, troublent à peine la transparence du ciel, qui devient seulement plus pâle ; alors l'électricité produite est uniformément répandue dans l'atmosphère ; l'homme et les animaux sont comme accablés par une chaleur lourde ; leur vigueur et leur énergie sont amoindries ; on dit, avec raison, que l'air est chargé d'électricité. Ce désordre, en effet, est le résultat de l'abondance du fluide dans l'air que l'on respire. Sa présence entrave les fonctions chimiques dans les organes ; les éléments nutritifs, qui les pénètrent, étant chargés, s'assimilent difficilement. La décomposition est favorisée, la combinaison contrariée.

Souvent, dans ces circonstances, on voit apparaître çà et là, quelques petits nuages d'apparence orageuse, aux contours effacés ; ils paraissent comme brouillés, étendus, parce que la multitude des globules qui les environnent détruit la netteté de leurs bords. Le tout peut encore se dissiper sous l'influence des fraîcheurs de la nuit, ou d'un vent du nord ; mais la moindre circonstance favorable grossit et réunit ces nuages épars et l'orage est imminent.

Si le vent du midi vient à souffler, les couches d'air déjà saturées qu'il amène avec lui, se mélangent avec celles qu'elles rencontrent sur leur route, se refroidissent à leur contact, et déterminent la formation d'un nuage qui ramasse, dans sa course, et les vapeurs et le fluide répandus dans l'air. Sa présence occasionne une condensation subite; une masse considérable d'électricité est produite, et se répand sur sa surface comme sur un immense accumulateur. Une décharge a lieu, la foudre éclate une première fois ; puis, le nuage, en avançant, continue à recueillir le fluide de l'air, à condenser les nouvelles vapeurs qu'il rencontre, et derechef, le tonnerre gronde. Ses éclats se succèdent plus ou moins rapidement, sont plus ou moins forts, selon la vitesse de la marche du nuage, selon la quantité de vapeurs qui se trouvent sur son passage.

Comme il y a souvent plusieurs centres nuageux, soit superposés, soit contigus, sur la même ligne, tous les coups de foudre ne sont pas dirigés vers la terre : quand l'un d'eux s'est déchargé sur le sol, l'autre se décharge à son tour sur lui pour rétablir l'équilibre électrique. Le résultat de ces condensations de vapeurs est ordinairement la pluie, quelquefois la grêle.

2° *La grêle.* — Elle diffère du grésil : 1° le grêlon est plus gros ; 2° il est formé de glace, souvent mélangée de granules de neige ; parfois la glace est pure et transparente ; 3° par les circonstances du temps où sa chute a lieu ; le grésil se forme en hiver et au printemps quand l'air est encore froid ; la grêle, au contraire, tombe généralement en été, et, particulièrement, pendant les plus grandes chaleurs, aux heures de la journée où le sol est desséché et brûlant ; très rarement après le milieu de la nuit.

D'après ce simple exposé des faits, on voit que la grêle n'est pas produite, comme la neige et le grésil, par le froid naturel des couches atmosphériques que traverse le nuage. Sa véritable cause est, croyons-nous, la température élevée des couches inférieures de l'air, et leur sécheresse. Quand un nuage orageux, d'une assez forte densité, traverse ces couches brûlantes, il se fait une vive évaporation dans la partie qui y pénètre la première ; l'air refroidi par son contact, se précipite vers le sol ; c'est le vent que l'on remarque toujours au passage d'un gros nuage ; à son tour, l'air échauffé de la surface terrestre est repoussé ; il s'élève vers le front de l'orage, où il va encore activer l'évaporation commencée. Le résultat de cette évaporation subite et considérable sur tout le front du nuage est un grand abaissement de température dans les parties voisines, à l'intérieur. Elles se condensent en grosses gouttes d'eau qui gèlent immédiatement, enveloppant dans leur sein les globules nuageux, non convertis en eau et déjà probablement glacés ; ce sont les grêlons. Leur grosseur croît avec la chaleur du sol et l'importance de l'évaporation.

Cependant, dans les régions où le sol est trop brûlant, l'air trop sec, comme dans les plaines sablonneuses du Sahara, le nuage orageux qui y pénètre, au lieu de produire de la grêle, peut se dissiper complètement par l'évaporation, sans même donner de pluie. La grande chaleur et l'aridité des couches d'air traversées, accomplissent leur œuvre de dissolution des globules dans toute l'étendue du nuage. Il fond, pour ainsi dire, et finit par disparaître entièrement.

C'est la tête du nuage qui reçoit immédiatement le coup de chaleur, qui subit l'évaporation principale; aussi est-ce des parties les plus voisines que part la grêle. Lorsque l'orage a une certaine étendue, le reste du nuage n'en donne pas, ou très peu ; et, dans ce cas même, elle est mélangée de beaucoup de pluie. L'air, que traversent ces parties moins avancées, a déjà éprouvé un premier refroidissement.

3° *Eclair.* — L'éclair est, en grand, ce que l'étincelle électrique de nos machines est en petit. Le nuage est le condensateur sur la surface duquel s'accumule le fluide rendu à la liberté par la production des globules nuageux, et surtout par celle de la pluie. Lorsque sa tension est devenue assez puissante pour vaincre la couche d'air qui le sépare du conducteur le plus proche, ou de la terre, la foudre éclate. La condensation des vapeurs précède donc l'éclair, comme la cause précède l'effet. Nous voyons la lumière de la décharge électrique, nous entendons le bruit du tonnerre avant l'arrivée de la pluie sur nous, parce que la vitesse de la lumière et celle du son à travers l'espace, sont plus rapides que la chute des corps.

Le mode de décharge est semblable à celui de l'électricité accumulée sur n'importe quel objet dans nos cabinets de physique. Quand les vibrations du fluide rencontrent, sur un endroit, une propagation moins difficile à leurs ondes, soit parce qu'une petite partie du nuage chargé s'abaisse plus que les autres, formant comme une pointe vers la terre, soit à cause de la proximité d'un conducteur, arbre, édifice, hauteur de terrain, etc., l'électricité, poussée par la tension qu'elle éprouve sur la surface entière du nuage, se porte vers cet endroit, comme elle le fait sur une pointe, et la décharge a lieu. Elle entraine avec elle une grande partie de la masse totale du fluide, qui, par le fait, se trouve alors concentrée dans l'espace restreint de l'éclair, au moment où il jaillit. Cet espace est forcément limité par la surface du point où la propagation des ondes fluidiques est devenue, momentanément du moins, plus facile. C'est cette concentration, causée par l'énorme poussée venue de toutes les parties du nuage, qui donne à l'éclair sa densité, sa force et sa lumière.

L'endroit du nuage d'où part la foudre est naturellement placé dans sa partie la plus abaissée vers la terre, là où la couche d'air qui sépare l'électricité du conducteur est moins profonde, et offre, par conséquent, une résistance moindre. Il se trouve, pour l'ordinaire, assez près du front de l'orage ; c'est là, en effet, que les vapeurs de l'atmosphère se condensent, d'autant plus abondantes que la nuée est plus abaissée. C'est là aussi que l'électricité dégagée s'amoncelle en plus grande quantité.

Dans les grandes plaines, où les choses se passent plus régulièrement, le point frontal du nuage d'où part la foudre, dirigée vers la terre, ne varie généralement pas. Il est unique dans les orages ordinaires. Si le front de la nuée est très étendu, c'est qu'il est constitué par plusieurs nuages marchant de concert et reliés ensemble par des intervalles de vapeurs nuageuses moins épaisses ; chacun d'eux alors peut devenir le siège d'un centre électrique dangereux pour ceux au-dessus desquels il passe.

La foudre est toujours un danger redoutable, qu'il n'est pas facile d'éviter, à moins d'être à couvert sous un édifice muni de bons paratonnerres ; et bien peu de personnes sont dans ce cas. La localisation de la décharge électrique nous offre un moyen à la portée de tous, sinon de parer au danger, au moins de prévoir s'il existera pour l'endroit précis où nous sommes, et le moment de son passage. C'est déjà quelque chose.

Quand la tête du nuage est passée sur un endroit, il se trouve à peu près en sûreté contre la foudre. On le constate, quand, tourné vers l'orage, dans le sens de la direction qu'il suit, après avoir entendu le tonnerre devant soi, on commence à reconnaître qu'il éclate en arrière. Un seul coup même est à redouter pour le même lieu ; et ce coup, on peut le désigner d'avance. L'observateur bien placé reconnaît vite la zone d'où part l'éclair dangereux ; dans la plaine où l'on voit d'avance monter l'orage, il est difficile de s'y tromper, lorsqu'on a déjà fait quelques observations de ce genre. Par la direction du vent et du nuage, il voit si cette zone passera à quelque distance sur les côtés, ou au-dessus de lui. Dans le premier cas, il peut se rassurer ; dans le second, il constate la distance qui le sépare du nuage et l'intervalle du temps qui s'écoule d'un coup à l'autre. La force des coups qui grandit avec l'approche de l'orage, et leur proximité avec l'apparition de l'éclair, peuvent même suffire ; alors, il peut désigner le moment précis du danger et le coup à craindre. Il sera le plus violent de l'orage pour le lieu où il se trouve, parce qu'il éclatera le plus près de lui. Quand il est passé, l'observateur peut cesser de craindre ; les autres coups ne sont pas redoutables ; ils lui paraissent aller en diminuant d'intensité, parce qu'ils s'éloignent. Il en entendra, sans doute, encore gronder au-dessus de lui, mais ces derniers ne sont pas menaçants, ils marquent les décharges qui se font de nuage à nuage, dont l'électricité se met en équilibre avec celle du premier, après son émission vers la terre.

Ceci n'est dit, cependant, que pour les cas ordinaires, car les orages offrent de nombreuses variétés dans leur constitution. Quelquefois, le nuage qui marche en tête est accompagné d'autres qui le suivent, séparés de lui seulement par des intervalles un peu moins denses ; ils forment comme autant de centres orageux. Le premier communique directement avec la terre, les autres se déchargent sur lui ; mais dans des circonstances locales particulières, par exemple, si ces nuages sont très bas, à proximité de quelques conducteurs, ils peuvent se décharger et devenir dangereux.

On distingue trois sortes d'éclairs : 1° l'éclair en zigzag, il apparaît comme un trait de feu et ressemble à l'étincelle électrique dont il ne diffère, du reste, que par la masse du fluide qu'il contient ; il se dirige toujours vers l'objet qui a déterminé son départ du nuage. Sa marche en zigzag est due aux variations de conductibilité de chaque partie de l'atmosphère qu'il traverse, suivant toujours le chemin le plus facile ou le plus conductible pour ses ondulations, quels que soient ses détours. C'est l'éclair le plus dangereux, à cause de sa vitesse et de la masse fortement condensée de son fluide.

Souvent, cet éclair, après avoir frappé l'objet vers lequel il se dirigeait tout d'abord, le quitte pour se porter ailleurs, et parcourt ainsi différents appartements et même des rues. Je l'ai vu une fois tomber à terre, à quelques mètres du lieu où j'étais, le fluide s'éclabousser dans tous les sens et disparaître sans laisser de traces visibles. Dans une autre occasion, étant à une fenêtre ouverte, dans un appartement protégé par des paratonnerres, j'examinais un orage, quand le fluide, tombé dans les environs, vint parcourir la rue, rasant le mur et passant devant moi sans me toucher. Sa course était accompagnée d'un léger bruit qui me parut, à ce moment, semblable à un frôlement d'aile contre la muraille. L'éclair était alors plus étalé et se dissipa bientôt. Toutefois, malgré la protection des paratonnerres, un éclair semblable peut très bien pénétrer dans un bâtiment et y communiquer le feu.

2° *L'éclair en nappe.* — Il n'a point de contours arrêtés. Il ne part pas d'un point fixe, mais il paraît descendre à la fois de toute la superficie inférieure du nuage, comme une nappe de feu. Cet éclair se voit seulement quand l'atmosphère est saturée d'humidité par la pluie qui tombe en abondance. Le fluide, rencontrant, au-dessous de lui, une conductibilité relativement bonne et partout égale, au lieu de se porter sur un seul point, se détache de partout en même temps, et illumine l'atmosphère sur son passage. Il peut arriver aussi que le fluide, après s'être échappé par un seul point du nuage, se répande dans les gouttes d'eau dont l'atmosphère est remplie.

Des accidents sont à craindre, sans doute, dans ces circonstances, mais l'éclair en nappe est beaucoup moins redoutable que le premier, parce que son fluide est très disséminé.

3° *L'éclair en boule.* — On voit parfois, mais très rarement, l'éclair sous la forme d'une boule de feu, descendre obliquement vers la terre, avec une lenteur qui permet à l'œil de suivre parfaitement sa marche.

Pour expliquer cette conduite insolite, on est obligé de supposer que le fluide n'a pas été sollicité à se détacher du nuage par un conducteur terrestre; autrement, la puissance de ses vibrations le précipiterait vers lui avec la rapidité accoutumée. Il est donc probable, ou qu'il se détache de lui-même par une saillie du nuage à l'extrémité de laquelle il se serait accumulé ; ou qu'il est attiré par un conducteur peu éloigné et flottant dans l'atmosphère, comme pourrait l'être une légère masse de vapeurs isolées. Dans le premier cas, le fluide reste flottant dans l'air, et repoussé par le nuage, en vertu de sa charge électrique, il se dirige vers la terre. Les pressions qu'il éprouve de la part de l'atmosphère, étant égales de côté et d'autre, il se met en boule. Dans le second cas, il se jette d'abord, comme un trait, sur le conducteur, et là, il se trouve isolé dans les mêmes conditions que précédemment ; il suit la même marche.

Si, pendant sa course, la boule électrique rencontre, dans l'atmosphère, une région qui n'offre plus une résistance suffisante à sa tension, à cause d'une conductibilité moins imparfaite, elle éclate, disperse son fluide de tous côtés et disparaît. En approchant de la terre, elle peut tomber sous l'influence d'un bon conducteur, et se précipiter sur lui.

Un éclair en zigzag, pourrait probablement aussi se mettre en boule, quand après avoir frappé, sur la terre, un conducteur isolé, il retombe dans l'atmosphère, sans éprouver aucune influence prépondérante de quelque côté que ce soit.

4° *Bruit du tonnerre.* — Le bruit du tonnerre est causé par l'ébranlement de l'air sur le passage de l'éclair. Pour traverser les couches atmosphériques qui le séparent du conducteur, le fluide les écarte violemment et avec une telle rapidité qu'il occasionne un bruit semblable à la décharge de plusieurs pièces d'artillerie.

L'éclair et la détonation sont simultanés. Si celle-ci n'arrive à notre oreille que quelques instants après l'apparition de l'éclair, cela tient à la différence de vitesse entre la lumière et le son. La lumière ne mettant qu'un temps inappréciable pour se propager de la nue à l'œil de l'observateur, nous voyons l'éclair au moment même où il se produit. Le son, au contraire, parcourant seulement 337 mètres environ, par seconde, le bruit du tonnerre ne frappe notre organe que quelques secondes après l'apparition de l'éclair, selon l'éloignement. L'intervalle qui sépare les deux phénomènes peut nous servir à mesurer la distance où nous sommes du point dangereux de l'orage, en tenant compte de la hauteur du nuage. Celui qui est directement frappé de la foudre n'a pas le temps de voir l'éclair, encore moins celui d'entendre le bruit du tonnerre. Quand l'éclair est passé, il y a par conséquent lieu de se rassurer, le bruit qui suit n'est aucunement à craindre.

Plusieurs hypothèses ont été mises en avant pour expliquer le roulement prolongé du tonnerre et ses renflements. La plus probable me paraît être celle-ci : les orages un peu étendus, les seuls qui produisent ce roulement, sont formés par l'agglomération de plusieurs nuages, les uns de même niveau, les autres plus élevés, reliés ensemble par des vapeurs moins denses, dont la conductibilité n'est pas parfaite; ce qui empêche la nuée de se décharger d'un seul coup dans toute son étendue. La perte de fluide éprouvée par la partie de l'orage qui se décharge la première, attire sur elle celui des autres nuages, qui, à leur tour, se déchargent successivement les uns sur les autres, à commencer par le plus voisin de celui qui s'est déchargé sur le sol. Toute la nuée se met ainsi en équilibre de fluide. Les coups de tonnerre occasionnés par chacune de ces décharges n'en font à peu près qu'un seul, tant leur succession est rapide; mais le bruit n'en arrive à notre oreille que comme un roulement parce qu'il se produit sur une grande étendue à la fois: les sons les plus proches nous atteignent d'abord, ensuite, et sans interruption, les autres, dans l'ordre de leur éloignement. On s'aperçoit, en effet, que le bruit du roulement va en s'éloignant.

Les renflements indiquent l'inégalité des décharges, dans les différentes parties de l'orage, parce que ces parties sont variées dans leur dimension.

5° *Effets de la foudre.* — Elle tombe de préférence sur les points les plus rapprochés de la nue, tels que les édifices, les arbres et surtout les bons conducteurs. La couche atmosphérique qui sépare le fluide de ces sommets élevés, étant d'une moindre épaisseur, la résistance à vaincre est affaiblie d'autant. Il a été parlé, ailleurs, de l'influence particulière des pointes, pour peu qu'elles soient conductrices. Ces deux raisons montrent l'imprudence qu'il y aurait à chercher un abri sous un arbre isolé au moment du danger.

Les effets de la foudre sont très variés; ils ressemblent à ceux de l'étincelle des batteries, et s'expliquent par les mêmes raisons; seulement, vu la quantité de fluide condensé dans l'éclair, leur intensité est beaucoup plus considérable. Leur variété dépend de la nature de l'objet atteint, du degré de conductibilité ou de résistance qu'il offre à la marche de l'électricité.

Si le fluide tombe sur un arbre, quelquefois, surtout quand, n'arrivant pas directement de la nue, il s'est déjà un peu étalé, il se répandra sur son feuillage, à cause, sans doute, des nombreuses pointes qu'il lui présente et de sa conductibilité par la sève abondante qu'il recèle. Alors la verdure de l'arbre est comme grillée ; son organisme a été détruit par le passage de l'électricité.

D'autres fois, le fluide frappe directement le tronc, et s'introduit entre le bois et l'écorce, où la sève est plus abondante, la conductibilité meilleure; alors, la tension des gaz formés par son action, la volatilisation partielle et subite qu'il détermine dans la substance atteinte, font voler l'écorce en éclats, laissant un sillon visible de son parcours. Quand il pénètre dans l'intérieur du tronc, sous son action, l'air contenu dans les fibres, et les gaz produits par la volatilisation de certaines parties, se dilatent vivement, et le tronc éclate comme sous l'action de la poudre.

Quand il s'introduit dans le corps d'un homme ou d'un animal, il détruit l'organisme et la mort est instantanée.

Si l'éclair tombe sur un édifice, il perce ou brise simplement les mauvais conducteurs qui s'opposent à sa marche, suit les bons sans les endommager, à moins que ces derniers, soient isolés, ou offrent dans leur longueur, des parties moins conductrices, et que le fluide éprouve, de ce fait, un ralentissement dans sa course. Dans ce cas, il peut les fondre ou même les volatiliser : accumulée et resserrée momentanément en avant de cet obstacle, l'énergie de ses vibrations est décuplée, celles des molécules qu'il remplit suivent la même progression, et il y a fusion ou volatilisation.

Dans une localité où j'étais de passage, on me fit voir un grillage en fil de fer qui avait été frappé de la foudre quelques jours auparavant ; les fils avaient tous été coupés au point de torsion. Je ramassai, pour les examiner, quelques-uns de ces fils qui gisaient encore au pied du mur auquel avait été fixé le treillis destiné à protéger une fenêtre. Ils étaient tous de la même longueur, celle de la maille. Des traces indubitables de fusion se remarquaient à chacune des extrémités de ces bouts de fil de fer ; elles étaient lisses, arrondies, et d'un diamètre légèrement supérieur à celui de leur milieu qui paraissait intact. Ils avaient donc été détachés par la fusion, conséquence de la contrariété opposée à la marche du fluide par la partie tordue de la maille. De plus, une vigne qui tapissait le mur et entourait la fenêtre, me donna la preuve qu'il y avait eu également volatilisation dans quelques parties du treillis. Autour de la fenêtre, tous les grains des raisins blancs, arrivés alors à leur grosseur, étaient recouverts d'une légère couche de fer, semblable à celle que donnerait la galvanoplastie, ce qui les rendait tant soit peu noirâtres. Le fluide, son œuvre accomplie sur le treillis, avait emporté avec lui les éléments du fer volatilisé, et les avaient déposés sur les raisins en se jetant sur la vigne. Du reste, vigne et raisins ne paraissaient pas, en ce moment, en avoir souffert; j'ignore ce qu'il en advint par la suite.

Les objets inflammables et peu conducteurs, comme la paille, etc., au lieu de se briser ou de fondre, prennent feu et communiquent l'incendie autour d'eux.

6° *Paratonnerres.* — Le paratonnerre est une tige de fer terminée, en haut, par une pointe, et dressée sur le sommet d'un bâtiment pour le préserver de la foudre. Il communique par l'extérieur avec le sol, soit au moyen d'une barre de fer, soit par une corde de même métal, composée d'un faisceau de fils de cuivre rouge, meilleur conducteur que le fer, et par conséquent plus sûre.

Le paratonnerre est souvent le siège d'un courant plus ou moins sensible d'électricité. Si le bâtiment, le sol ou les couches inférieures de l'atmosphère sont chargées, le fluide s'écoule par sa pointe; si c'est l'atmosphère supérieure qui est chargée, le fluide, attiré vers sa pointe, s'écoule dans le sol par son conducteur.

Mais le but pour lequel il est établi, est de défendre l'édifice contre les effets désastreux de la foudre. Dans sa position, la barre du paratonnerre joue, envers le nuage orageux, le rôle d'une pointe conductrice présentée à un corps chargé d'électricité. Lorsque l'orage passe au-dessus de lui, il peut déterminer une décharge. Dans tous les cas, si la foudre doit tomber près de lui, elle le frappera toujours de préférence aux autres parties de l'édifice, et sera conduite dans le sol, où elle disparaîtra sans avoir produit aucun dommage.

Pour assurer le plus possible ce résultat, la corde conductrice est absolument nécessaire ; sans elle, le fluide de l'éclair, arrivé à l'extrémité de la barre, sur le bâtiment, y pénétrerait, et le paratonnerre, au lieu d'être une sauvegarde, deviendrait un danger de plus. Quelques-uns, dans ces derniers temps, parlaient d'établir une série de pointes métalliques, peu élevées, sur le faîtage des bâtiments, et cela, sans conducteurs vers le sol. Ils se basaient, sans doute, sur l'hypothèse des deux fluides capables de se neutraliser mutuellement ; hypothèse que les physiciens conservent encore dans les manuels, faute de mieux ; mais qui est certainement une erreur. Gardons-nous de telles applications, elles pourraient nous coûter cher. Avec un bon conducteur vers le sol, une telle série de pointes serait un bon préservatif.

L'important est que la corde conductrice soit bien conditionnée. Elle le sera, si elle est : 1° parfaitement adaptée à la base de la barre qui sert de paratonnerre, et en contact immédiat avec elle ; 2° homogène dans toute sa longueur ; 3° égale partout en grosseur. Elle pourrait cependant aller en grossissant à partir de son point d'attache ; mais il faut éviter, sur ce point, les inégalités alternatives ; 4° il serait bon, à l'extrémité qui doit être enfouie dans le sol, de redresser, sur une longueur de dix centimètres au moins, chacun des fils du faisceau, de les étaler horizontalement en rond, et de les enterrer ainsi dans un sol assez profond pour qu'il conserve toujours une certaine humidité. De cette manière, le fluide, au lieu d'arriver sur la terre en masse compacte, se partage entre tous les fils ; et il lui est plus facile de se perdre par petites portions isolées.

La forme en tire-bouchon donnée quelquefois à cette extrémité du conducteur est, je crois, parfaitement inutile ; le fluide ne quittant jamais un bon conducteur, tant qu'il peut le suivre, pour en prendre un mauvais, comme la terre, il le suit jusqu'à ce qu'il soit arrivé à son extrémité.

AURORE POLAIRE.

L'aurore est un phénomène lumineux qui se manifeste dans les hautes régions de l'air, autour des pôles de la terre. On l'appelle aurore boréale, quand il se produit au pôle nord, et australe quand il a lieu au pôle sud. Dans les cercles polaires, cette lumière apparaît très fréquemment, mais avec une intensité variée. Quelquefois, elle s'étend assez loin pour être visible dans nos contrées et même bien au-delà.

Sans entrer dans les détails d'une description, l'aurore complète est constituée par des rayons lumineux qui s'avancent du pôle dans la direction de l'équateur, formant comme une voûte au-dessus de la partie polaire du globe. Le point de départ des rayons, ou leur centre commun, est un cercle, d'assez faible dimension, dont le diamètre peut être deux ou trois fois celui de la lune; il varie avec les aurores. L'intérieur de ce cercle a l'aspect d'un nuage sombre, bien qu'il laisse voir au-delà les étoiles, sans que leur éclat soit amoindri. Cette couleur est donc seulement l'effet du contraste entre la lumière qui l'entoure et les ténèbres de l'espace qu'il enferme. Sa position est, non le pôle de la terre, mais le pôle magnétique. De là, les rayons s'étendent en ligne droite; souvent ils grandissent, se raccourcissent, changent de position, avec la rapidité de l'éclair; parfois assez lentement. Leur couleur est ordinairement blanche, quand le phénomène se passe dans les hautes régions de l'atmosphère ; elle est plus souvent rouge ou jaune, parfois quelque peu verte, dans les couches plus rapprochées de la terre. Dans ce cas particulièrement, les rayons paraissent accompagnés d'un nuage épais ; il n'en est rien cependant, puisqu'il ne voile aucunement la vision des étoiles : c'est la même illusion d'optique que pour le cercle. D'ailleurs, la présence d'un nuage voilerait le phénomène lui-même qui se produit plus haut.

La lumière de l'aurore est due à l'électricité : son action sur la boussole et sur les fils de nos télégraphes démontre suffisamment que sa cause réside dans une agglomération de ce fluide dans les régions polaires de l'atmosphère. Mais d'où vient cette masse d'électricité ? Pourquoi est-elle accumulée de préférence vers les pôles ?

Pour répondre à cette double question, plusieurs ont assimilé notre globe à un aimant puissant dont chaque pôle refoulerait l'électricité semblable à la sienne. Cette explication, si toutefois on peut lui donner ce nom, ne saurait être prise en sérieuse considération, elle pèche par la base. Elle repose d'abord sur l'ancienne hypothèse de deux fluides opposés, aujourd'hui généralement abandonnée, et avec raison ; car, en réalité, elle n'explique rien :

elle est plutôt un embarras pour celui qui veut aller au fond des choses. L'attraction ne se conçoit pas mieux entre deux fluides qu'entre deux corps quelconques. Ensuite, la terre n'est pas un aimant. Par ses courants circulaires, elle ressemble mieux à un solénoïde ou à une bobine en activité, comme le constate la conduite de l'aiguille aimantée dans une boussole. Devant une bobine, elle se place toujours dans une position parallèle à son axe, c'est-à-dire en croix avec ses courants, ce qu'elle fait pour la terre. Si notre globe était un aimant, l'aiguille tournerait sa pointe vers lui.

L'électricité des aurores est empruntée à la terre. Voici comment : On sait que continuellement des masses puissantes d'air, dilaté par la chaleur des tropiques, s'élèvent du sol vers les hautes régions de l'atmosphère, et, de là, se répandent de chaque côté vers les pôles, où elles vont remplacer les couches plus froides que le vide produit appelle vers l'équateur. Ce mouvement ne s'effectue pas sans amener d'importantes modifications dans l'état électrique de leurs éléments. Le gaz, en s'échauffant et se dilatant sur le sol équatorial, absorbe une quantité d'électricité que le nombre incalculable de ses éléments, rend considérable. Par le refroidissement et l'infériorité de densité dans l'éther des régions élevées, il perd ce fluide qui est entraîné avec lui vers les pôles, en partie du moins, car on peut supposer qu'il s'en perd en route par le rayonnement. Là, l'air, glacé et pressé par les couches qui viennent successivement se superposer aux premières, achève de perdre l'électricité qu'il avait absorbée. D'un autre côté, les vapeurs abondantes, fournies par les mers tropicales, après avoir emprunté le fluide de ces régions pour se gazéifier, s'élèvent, et emportées par les courants, vont également perdre leur excès de fluide dans les mêmes régions où elles se condensent en neige. Il y a donc nécessairement, de ce fait, un apport continuel de fluide libre dans les environs des pôles.

Signalons, en passant, un autre phénomène, conséquence forcée du transport de l'électricité du globe, de l'équateur vers les pôles. La perte subie par la terre dans les zônes les plus chaudes, appelle le fluide des autres contrées. Un courant proportionnel doit donc s'établir dans le sein des couches, au moins superficielles du sol, allant des pôles vers l'équateur.

Les masses d'électricité accumulées dans la région moyenne de l'atmosphère, autour des pôles, s'efforcent de regagner la terre. Elles y sont sollicitées par l'abaissement des couches qui les retiennent, et par le vide relatif, résultant du courant terrestre vers l'équateur, que nous venons de mentionner.

Mais elles sont souvent retenues par l'atmosphère mauvais conducteur. C'est à la tension qui en résulte que l'on doit rapporter la lumière des aurores. Elle sera plus ou moins forte et étendue selon l'abondance du fluide et la conductibilité de l'air qui varie avec son humidité.

Dans les aurores, il y a toujours, avons-nous dit, un espace circulaire où se réunissent tous les rayons qui tendent à envelopper la terre, mais dans lequel ils ne pénètrent pas ; cet espace, dont l'obscurité est complète, coïncide, non avec le pôle terrestre, mais avec le pôle magnétique, l'électricité s'arrête généralement sur ses bords, formant comme une couronne. Deux causes peuvent contribuer à repousser le fluide en dehors du cercle. L'axe magnétique étant le centre des grands courants qui pèsent sur le globe, l'éther doit y atteindre une densité qui ne permet pas à l'électricité libre de l'atmosphère d'y pénétrer, au moins jusqu'à la distance d'un rayon déterminé ; et ce rayon serait celui de la couronne de l'aurore. En second lieu, ce centre est rempli de courants opposés, et d'égale force, ce qui en ferme l'entrée au fluide.

CHAPITRE X.

Astronomie.

Malgré son titre, ce chapitre n'est pas un traité d'astronomie. Quelques questions seulement de cette science y seront examinées ; en particulier, les causes qui président aux mouvements des astres, dont l'importance ne saurait échapper à aucun de ceux qui s'occupent de la cosmologie, lesquelles cependant n'ont pas encore trouvé une solution satisfaisante.

Bien des systèmes ont été mis en avant sur ce point. Celui de Laplace, à cause de sa simplicité qui le met à la portée de tout le monde, a obtenu le plus de suffrages. L'empire qu'il a exercé et qu'il exerce encore sur l'opinion, nous fait un devoir de l'examiner de plus près, et de signaler ses défauts ; non pas tous, mais, du moins, quelques-uns des principaux, capables, à eux seuls, de montrer son insuffisance. Ils sont dus aux difficultés de la matière et aussi, peut-être, à l'imperfection des connaissances de l'époque Quant aux talents de l'auteur, ils sont hors de conteste.

Le voici en quelques mots.

SYSTÈME DE LAPLACE.

D'après ce savant, primitivement le soleil et les planètes ne formaient ensemble qu'une seule masse de matière gazeuse et incandescente, remplissant un espace immense. Elle avait reçu un mouvement de rotation. Peu à peu cette masse se condense par le refroidissement ; d'où un accroissement de vitesse dans sa rotation. La force centrifuge, devenant plus grande, des zones de matière, celles qui se trouvaient aux extrémités de sa circonférence, sont projetées ; elles se séparent de la masse centrale

Cette portion de matière, détachée du tout dont elle faisait partie, continue à marcher par la force du mouvement acquis et de la projection. C'est une planète qui va se constituer.

Grâce à son état gazeux et à la force attractive, ses molécules se groupent et forment une sphère. Mais comme sa partie supérieure, la plus éloignée du centre, avait un mouvement plus rapide que le reste, elle se replie sous l'inférieure et donne naissance à la rotation de l'ensemble, rotation qui a lieu à l'inverse des aiguilles d'un montre.

La matière de la nouvelle planète se serait donc détachée de la masse primitive comme une pierre s'échappe de la fronde, ou comme une pièce mal assujettie est projetée d'une roue tournant trop rapidement. Mais cette matière, ainsi lancée dans l'espace, continuera-t-elle à circuler autour de la masse principale, ainsi qu'elle le faisait auparavant? Non, évidemment, pas plus que la pierre échappée d'une fronde ne continue à tourner ; elle s'échappera par la tangente et sa course se fera en ligne droite.

Pour remédier à ce défaut capital, Laplace eut recours à l'attraction que la masse principale est supposée exercer sur elle. La planète sollicitée, en même temps, par la force de projection, qui tend à l'éloigner indéfiniment, et par la force attractive qui la rappelle vers le centre du soleil, est obligée de tourner autour de ce dernier. L'attraction est la corde de la fronde qui retient la pierre, l'empêchant de s'écarter. Tel est, en deux mots, le système Laplace.

Il repose tout entier sur deux principes : la puissance, en vertu de laquelle deux atomes de matière sont supposés s'attirer mutuellement, ou l'attraction, d'un côté, et de l'autre, la projection. Construire le monde planétaire avec ces seules données, était un problème dont la solution exigeait un talent tel que celui de Laplace. Il sut en tirer le parti qu'elles pouvaient donner ; mais elles étaient insuffisantes, et son système, malgré une apparence de grandeur et de simplicité, qui séduit tout d'abord, ne soutient pas un examen scientifique.

En premier lieu, son principe fondamental est l'attraction atomique ; or, il est certain que cette force n'existe pas, qu'elle est impossible. Nous l'avons démontré, et, d'ailleurs, les représentants les plus autorisés de la science en conviennent. Cela seul suffit pour ruiner, par sa base, tout le système.

Si même nous supposons, pour un instant, l'existence d'une telle force dans les atomes, la probabilité de l'hypothèse n'en sera pas plus ferme ; la formation des planètes ne se comprendra pas davantage.

D'après Laplace, la matière de notre système planétaire était réunie en une seule masse incandescente et animée d'un mouvement de rotation sur elle-même. L'illustre savant ne nous indique pas comment elle avait acquis et cette chaleur et ce mouvement ; on peut donc supposer qu'il les attribuait au Créateur, le seul qui fût capable alors de les lui communiquer.

A ce premier début, la matière était-elle à l'état purement atomique, ou les éléments chimiques existaient-ils déjà ? Laplace ne nous le dit pas ; il ne pouvait le dire, car alors cette distinction était inconnue : on prenait généralement les éléments pour de simples atomes. Dans le premier cas, c'est-à-dire si la masse matérielle ne consistait que dans une réunion d'atomes, elle devenait, par le fait, incapable de chaleur. L'attraction ne pouvait en faire qu'un bloc de nature homogène et sans liaison, tel que peut l'être un monceau de sable. Des ondes lumineuses ou calorifiques pouvaient, à la vérité, la sillonner, mais elle n'eût servi qu'à les transmettre dans son sein, comme l'éther dans l'espace, sans s'échauffer ni devenir lumineuse elle-même. Encore faudrait-il l'action incessante du Créateur pour entretenir ces vibrations ; sans cela, la première couche ébranlée transmettrait le mouvement reçu à la suivante et rentrerait immédiatement dans son repos primitif ; c'est la loi inéluctable de l'inertie. Pour devenir foyer de vibrations, il faut vibrer, et pour vibrer, il faut être composé.

Si, au contraire, les éléments chimiques sont constitués, alors, comme ils sont composés et capables de vibrer par eux-mêmes, la masse devient susceptible de chaleur et de lumière ; les combinaisons et les corps ont la faculté de se produire ; mais, aussi, il faut, dans ce cas, admettre, outre la création et le mouvement rotatoire de la masse, une troisième action directe du Créateur : le mouvement particulier, ou les courants circulaires qui donnent naissance aux éléments, mouvement qui ne peut se produire, ni de lui-même, ni par suite de la rotation.

Admettons donc, avec l'attraction, le mouvement de la masse et l'existence des éléments fortement chauffés, et voyons si les choses vont enfin se passer comme l'indique le célèbre mathématicien.

La condition première de la masse réunie doit persévérer assez longtemps pour lui permettre de se rétrécir par le refroidissement. Pendant ce temps, les gaz vont naturellement prendre chacun la place revendiquée par leur poids respectif. Il s'établit de nombreuses couches superposées, rangées par ordre selon la pesanteur de chaque gaz ; les plus légers occuperont la partie supérieure, la plus éloignée du centre. Ajoutons que ces derniers seront très raréfiés, tant à cause de leur éloignement du centre attractif, qu'à raison de l'absence de pression de la part des couches supérieures, et de la répulsion qui existe entre les éléments. Quant au centre lui-même, il doit former, dans un rayon assez étendu, vu le poids qu'il supporte et la lenteur de son mouvement, une masse très compacte, d'autant plus qu'il contient les éléments les plus pesants.

Dans ces conditions, supposez, si vous le voulez, bien que ce soit impossible, une masse échappée d'un seul jet, assez considérable pour fournir la matière d'une planète ; admettez dans cette masse la force attractive pour retenir et rapprocher les éléments ; quel corps pourra-t-elle constituer, ne comprenant qu'un gaz de même nature, tout au plus quelques-uns ?

Mais, en réalité, comment faire détacher d'un seul bloc une masse considérable avec les données de ce système ? Si on consulte les lois connues et certaines de la nature, les choses seront loin de devoir se passer ainsi. On conçoit que, dans une roue en mouvement, dont tous les éléments sont liés ensemble par une forte cohésion, une partie considérable se détache ; elle éclate évidemment par la rapidité de la rotation, dans ses endroits les plus faibles, endroits qui peuvent embrasser entre eux des segments de quelque valeur. Dans l'expérience de Plateau, la goutte d'huile est maintenue par un liquide, ses molécules sont liées par la cohésion ; il faut donc que le mouvement rotatoire ait acquis une rapidité suffisante pour produire une force de projection capable de vaincre ces obstacles : alors cette force, par là même qu'elle est plus grande, peut en détacher une partie relativement considérable.

Ici, au contraire, et il ne faut pas l'oublier, on a à calculer, non avec un solide ni même avec un corps liquide, mais avec un gaz dont les éléments, loin d'être liés ensemble, ne demandent qu'à se séparer les uns des autres. Voici donc ce qui se produira inévitablement : aussitôt que la force répulsive du mouvement rotatoire dépassera celle de l'attraction pour la couche la plus superficielle située aux confins de l'équateur, cette couche sera lancée dans l'espace ; plus tard, une autre couche suivra, et ainsi de suite, à mesure que la rotation deviendra plus vive.

Ces jets seront minimes, pris chacun en particulier, les éléments gazeux s'échappant de la masse pour ainsi dire un à un ; à moins que l'on suppose une accélération subite dans la rotation, ce qui serait inexplicable dans le système. Ils s'effectueront en même temps sur tout le pourtour de la masse ; et ces éléments gazeux manqueront d'un centre assez puissant pour vaincre, par son attraction, la force répulsive qui existe entre eux, les arrêter et les rallier. Obéissant à leur tendance naturelle, ils se disperseront. On obtiendra donc simplement un éparpillement de la matière dans l'immensité de l'espace, ou sa rechute continuelle sur la masse primitive, causée par l'attraction de cette dernière.

Venons maintenant à l'objet principal du système qui est d'expliquer la marche des planètes autour du soleil.

Consentons, pour le moment, à la possibilité de la formation des planètes par l'hypothèse de Laplace ; les astres tourneront-ils indéfiniment autour du soleil sous la seule impulsion des deux forces combinées : la projection et l'attraction ?

Un principe élémentaire en balistique est celui-ci : Toutes les fois qu'un corps, projeté dans l'espace par une puissance quelconque, doit vaincre, pour poursuivre sa route, une force qui s'oppose à la direction qu'il suit, il perd à chaque instant une quantité de mouvement proportionnelle à cette force. Un boulet, lancé verticalement par une charge de poudre, ne s'élève pas bien haut. Cependant si aucun obstacle ne s'opposait à sa marche, il s'élèverait indéfiniment et toujours avec la même vitesse ; mais il a à traverser les couches de l'atmosphère ; à chaque pas qu'il fait, il déplace violemment un volume d'air égal au sien, il perd de ce fait une partie de sa vitesse. Fût-il lancé dans le vide, un autre obstacle se présenterait encore : la pesanteur qui le suit partout et le rappelle vers le centre de la terre. Dans cette lutte il ne tarderait pas à épuiser toute sa quantité de mouvement ascensionnel et retomberait.

Il n'en sera pas autrement pour une planète. En quittant la masse centrale, elle possède une quantité de mouvement déterminée et qui, comme celle du boulet, ne sera ni renouvelée, ni entretenue. Ce qu'elle perdra en chemin, demeurera perdu pour sa marche. Or, dans le cas présent, elle doit vaincre la puissance attractive du soleil, puissance permanente, et augmentant à mesure qu'on se rapproche du centre. A chaque pas que fait la planète dans un autre sens que cette force, il lui faut la vaincre, et dépenser de sa vitesse. Sa marche, il est vrai, n'est pas directement opposée, elle est seulement perpendiculaire à la direction de la force attractive ; sa puissance de projection dépensera moins ; toutefois, cette perte ne laissera pas d'être fort appréciable ; elle se mesure en comparant les deux forces avec leur diagonale. Premier point déjà suffisant, pour annihiler tout le système, puisque, depuis tant de siècles, la terre a toujours conservé la même vitesse de translation.

De plus, tant que la force de projection de la planète sera supérieure à la puissance attractive du soleil, elle s'éloignera du centre ; et dès le moment que ces deux forces deviendront égales, elle cessera de s'éloigner ; elle commencera à se diriger vers le soleil en décrivant une parabole qui s'inclinera, de plus en plus, vers la verticale. Dans le calcul de cette courbe, on doit tenir compte des pertes continuelles que fait la force de projection dans la planète, et, en même temps, de l'augmentation de la puissance attractive à mesure que l'astre se rapproche du centre. On peut donc avancer, sans crainte de se tromper, qu'elle ne fera pas beaucoup de tours avant de toucher le soleil. En fera-t-elle même un seul complet ? C'est ce que je laisse à décider aux mathématiciens. Il faut donc autre chose pour expliquer les mouvements planétaires.

MOUVEMENTS DU SYSTÈME SOLAIRE.

L'étude de la gravitation comprend : 1° Le milieu dans lequel les astres se meuvent ; 2° les différents mouvements, avec leur cause, du soleil, des planètes, des satellites et enfin des comètes.

I. — *Milieu.*

L'éther, fluide éminemment élastique, le plus subtil de tous ceux que nous connaissons, et probablement de tous ceux qui existent, remplit complètement l'espace créé. Les étoiles, le soleil, les planètes avec leurs satellites, sont plongés et se meuvent dans son sein. Il est le grand agent de la pesanteur, par les courants circulaires dont il est la substance, et de la transmission du mouvement dans l'espace interstellaire. Sans lui, les vibrations du soleil, sa lumière, sa chaleur, ne parviendraient jamais jusqu'à nous ; les astres du firmament ne seraient pas visibles ; nulle influence, faute de transmetteur de la force, ne pourrait parvenir de l'un à l'autre ; chacun d'eux vivrait dans l'univers comme s'il existait seul, sans aucun rapport avec les autres, sans moyens pour constater même leur existence. Si ces astres avaient reçu une impulsion primitive, ils marcheraient en ligne droite dans l'espace, selon la loi de la nature ; aucun agent matériel extérieur ne dirigeant leur course circulaire, il faudrait supposer que la main du Créateur est sans cesse sur eux pour les mouvoir et les conduire dans leurs orbites. Le monde serait semblable à une montre dont les aiguilles ne marcheraient que sous le doigt de l'horloger. Les œuvres de Dieu sont plus parfaites que cela.

II. — *Soleil.*

Le soleil, placé au centre du système qui porte son nom, en est comme le roi. Les planètes sont ses satellites : toutes obéissent à son influence qui les retient à leur place dans la sphère de son action, dirige leur marche autour de lui. Il entretient en elles la vie organique et même inorganique par sa lumière et sa chaleur.

Il est nécessairement environné d'une zône de courants circulaires proportionnée, par son étendue, à sa masse. Elle doit s'étendre aussi loin que son influence, au-delà des dernières planètes, probablement même jusqu'à la rencontre des courants semblables des étoiles les plus rapprochées de lui. Leur existence n'a pas encore été scientifiquement constatée, il est vrai, mais elle s'impose. En qualité d'agents de la pesanteur, eux seuls sont capables de réunir et de maintenir l'énorme quantité de matière dont le soleil est composé. C'est leur puissance qui pèse sur les planètes et les empêche de s'éloigner dans l'espace. Le sens de ces courants nous est dévoilé par ceux de la terre. Deux éléments libres dans leurs mouvements, se placent toujours de manière à mettre en regard et en contact leurs courants de même sens ; il doit en être ainsi pour les astres ; d'ailleurs, la force seule de ces courants les y oblige. Ceux, bien connus, de la terre marchent, pour celui qui est tourné en face du soleil à son midi, de gauche à droite, ou de l'orient à l'occident ; les courants du soleil suivent donc la même direction.

Le feu et la lumière du soleil, en dévoilant, au moins sur sa surface, une action chimique puissante, faisaient soupçonner l'existence d'une atmosphère dont il serait enveloppé comme notre globe. Elle a été reconnue. L'intensité de la lumière solaire, quand elle frappe nos yeux, ne permet pas de distinguer cette enveloppe gazeuse ; mais, pendant une éclipse totale, on la voit parfaitement. Son étendue est considérable. Lorsque la lune couvre entièrement le disque lumineux, cette atmosphère apparaît tout autour de l'astre, semblable à une auréole blanche et brillante à laquelle les astronomes ont donné le nom de couronne.

C'est bien une masse gazeuse, non lumineuse par

elle-même ; car la lumière d'un gaz incandescen n'est jamais polarisée, et celle qui nous vient de la couronne l'est sur tous ses points, dans un plan qui passe par le centre du soleil ; sa lumière est donc émanée de cet astre, et réfléchie. L'existence de l'atmosphère solaire explique le fait suivant, qui, lui-même, la confirme. Les mesures photométriques et les photographies du soleil, attestent que sa lumière est beaucoup affaiblie sur ses bords, comparée à celle du centre de son disque. Une atmosphère transparente et non lumineuse par elle-même, agit, en effet, sur les rayons comme un écran, et absorbe une partie de leur puissance ; or, à cause de la forme sphérique du soleil, les rayons lumineux émanés de ses bords ont une plus grande étendue de son atmosphère à traverser, et dans sa partie la plus dense, pour arriver jusqu'à nous.

La partie lumineuse du soleil que nous apercevons n'est pas la surface même du globe : c'est une zone, nommée photosphère, suspendue au-dessus de lui, dans la partie médiane de son atmosphère. L'inspection attentive des taches dont elle est parsemée nous a révélé ce secret.

Ces taches sont composées d'une pénombre et d'un noyau central obscur. Quand, par suite du mouvement rotatoire du soleil, une de ces taches commence à paraître vers la gauche, la partie orientale de la pénombre est seule visible ; parvenue au milieu du cercle lumineux, la pénombre est vue dans tout son pourtour, avec le noyau au centre. A sa sortie vers la droite, la partie orientale de la pénombre qui avait apparu la première, disparaît d'abord, ensuite le noyau, et enfin, en dernier lieu, la partie de la pénombre située à l'occident.

Une telle particularité ne s'explique pas, sinon, dans la supposition que les taches sont des cavités en forme d'entonnoir, dont le noyau est le fond et la pénombre les parois. En effet, creusez une cavité dans une pomme, et faites-la tourner devant vous de votre gauche à votre droite ; quand le trou commencera à paraître sur la gauche, la paroi du même côté se montrera la première, puis le fond et enfin la cavité dans son entier. A sa disparition sur la droite, au contraire, c'est la paroi opposée, ou de droite, qui restera visible la dernière.

Deux faits qui ne permettent plus le doute, viennent confirmer cette conclusion. Au moment où une tache atteint le bord du disque solaire, elle forme sur lui une échancrure ; deux photographies de la même tache, prises à un jour d'intervalle, donnent, dans le stéréoscope, la sensation d'un creux. Ainsi, les taches du soleil sont des ouvertures de la photosphère ; la lumière moins vive de la pénombre, est celle que nous renvoie l'atmosphère intérieure éclairée par la photosphère ; le noyau obscur est le corps même du soleil. Il paraît noir par opposition à la lumière éclatante qui l'environne, mais, en réalité, il est loin de l'être ; car on a remarqué que l'ombre de Mercure ou de Vénus, lorsque ces planètes viennent à passer devant le disque solaire, est quatre ou cinq fois plus forte que l'obscurité du noyau d'une tache.

Quant à la nature de cette photosphère, tout porte à croire qu'elle est due à un fluide électrique. Elle n'est certainement ni un solide, ni un liquide. Dans ceux-ci, quand ils sont incandescents, la lumière qu'ils donnent, prise obliquement, est toujours polarisée, tandis que celle qui est prise sur les bords de la photosphère, par conséquent dans les mêmes conditions d'obliquité, ne l'est jamais ; or, les gaz seuls jouissent de ce privilège. D'ailleurs, la rapidité des changements et des bouleversements d'une immense étendue, qui surviennent sans cesse et subitement dans la photosphère, ainsi que le constatent les observateurs, sont incompatibles avec un solide et même avec un liquide.

Les descriptions que nous en font les astronomes qui l'ont minutieusement observée, et les photographies qu'ils en ont prises, nous la représentent avec des trous, des surélévations, des amas de matière lumineuse séparés par des intervalles plus sombres, des changements subits, des langues de feu qui s'allongent, s'enchevêtrent, couvrent et découvrent les taches en partie, quelquefois en entier. Toutes choses qui ne peuvent convenir qu'à une masse d'électricité mélangée à un gaz et comprimée par lui ; elle serait donc une zone électrique située dans une région moyenne de l'atmosphère solaire. Sa ressemblance avec nos aurores boréales est frappante, avec la durée et l'intensité en plus.

L'obscurité relative du corps solaire, manifestée par le noyau des taches de la photosphère, indique que la lumière de celle-ci est considérablement amoindrie lorsqu'elle arrive jusqu'à lui. On peut en assigner deux causes : La première est la différence de densité, qui existe de chaque côté de la photosphère, dans le milieu destiné à recevoir et à propager ses ondulations lumineuses. Du côté intérieur, c'est une atmosphère d'une grande densité, qui va croissant jusqu'à la surface du corps solaire ; du côté extérieur, au contraire, l'atmosphère est beaucoup plus raréfiée, et le devient, de plus en plus, en s'éloignant. D'après ce principe que nous avons souvent eu l'occasion de rapporter, que l'énergie des vibrations, dans un corps, se porte de préférence du côté où la résistance est moindre, la photosphère doit répandre la plus grande somme de sa lumière vers l'espace extérieur, c'est-à-dire de notre côté. La seconde cause, est l'état même de l'atmosphère intérieure. L'intensité de la lumière y est déjà plus faible, on vient de le voir ; mais elle a, de plus, à traverser un gaz plus dense, plus absorbant et probablement encore obstrué d'éléments étrangers et de vapeurs dans lequel elle doit épuiser une notable portion de sa puissance initiale.

Ces causes ont évidemment la même influence sur les ondulations calorifiques de la photosphère ; en sorte que la chaleur, sur le noyau solaire, doit être assez modérée pour que l'eau puisse y séjourner à l'état liquide ; vu, surtout, le poids qu'elle a à supporter de la part d'une atmosphère aussi considérable que l'est celle du soleil.

La photosphère éprouve sans cesse, de par son rayonnement, une perte importante dans son fluide, lequel est dispersé à travers l'espace avec ses ondes lumineuses et calorifiques. Pour réparer ce dommage, entretenir sa puissance, il lui faut continuellement recevoir un nouveau fluide. La source où elle le puise est la même que celle qui lui a donné naissance. Elle a été formée par l'électricité rendue à la liberté, quand les éléments primitifs s'unirent dans les différentes combinaisons et se condensèrent sous forme de roches solides ou de liquide. Ce fluide, chassé par son abondance, toujours croissante, et par le noyau chargé, s'éleva dans l'atmosphère jusqu'à une certaine hauteur. Là, ayant rencontré des couches gazeuses non conductrices, il s'y accumula, retenu par leur pression, et constitua sa photosphère. La réparation de ses pertes ne saurait venir d'ailleurs. Il se produit donc encore dans l'atmosphère intérieure, dans le sein des mers solaires, de puissantes réactions chimiques; il y a encore de nombreuses molécules qui se forment, se déposent et grossissent le noyau de l'astre.

D'ailleurs, ces réactions seules peuvent expliquer les phénomènes dont la couronne est le siège. Des masses d'éléments sont alternativement unis et désunis; les uns chauffés et chargés par ce travail, les autres, à cause de leur légèreté propre, s'élèvent dans les hauteurs, traversent même la photosphère, où ils laissent le fluide dont ils sont chargés, et se répandent dans la couronne. Là, chargés de nouveau par le seul fait de leur ascension, à cause du décroissement de la pesanteur, ils s'unissent aux éléments avec lesquels ils sont en contact; et l'électricité produite par la combinaison, suscite la détonation de l'hydrogène et de l'oxygène, mélangés en grande quantité dans cette région. De là, ce spectacle qui fait l'admiration des observateurs, aux jours des éclipses totales: des flammes éphémères éclatent un peu partout dans la couronne, disparaissent et reviennent, semblables à un gigantesque feu d'artifice. Les molécules formées retombent, sans doute, par leur propre poids, vers les régions d'où les éléments étaient partis.

Ces données sur l'état présent du soleil, laissent à penser que l'œuvre de sa constitution, comme globe céleste, n'est pas encore complètement terminée. On le comprendra mieux quand on aura lu, dans le chapitre suivant, le mode de formation de la terre; il est le même, quant au fond, que celui de tous les astres.

Cependant, les taches qu'on rencontre en grand nombre, pourraient bien être un indice que la fin de l'évolution formatrice du globe solide du soleil approche. Peut-être ces taches sont-elles causées par de grands plateaux de roches solides déjà émergés des eaux. Dans les mers solaires qui sont certainement douées d'une certaine chaleur, s'achèvent les combinaisons des molécules; puis elles se déposent chimiquement pour former des roches plus ou moins cristallines. De là beaucoup de fluide rendu à la liberté. Sur les plateaux desséchés, au contraire, il n'y a plus, ou fort peu, d'actions chimiques, les molécules formées dans l'atmosphère s'y déposent sans s'unir entre elles, et donnent ainsi naissance à un terrain meuble et sablonneux. Sur leur surface, il n'y a plus production de fluide capable d'alimenter la photosphère. Celle-ci offrirait alors un vide au-dessus d'eux, car sur le soleil, où la chaleur est partout uniforme, il ne se trouve point de courants atmosphériques horizontaux, capables d'alimenter le fluide et de combler ses vides. Les courants qui existent doivent être ascendants et descendants.

Quand tout sera terminé, qu'il n'y aura plus que le corps solide avec ses mers et une atmosphère gazeuse privée d'éléments étrangers, le fluide de la photosphère n'étant plus suffisamment entretenu se dissipera rapidement par le rayonnement, et le soleil cessera d'être lumineux ; il deviendra, selon l'oracle de la Sainte-Ecriture, noir comme un sac de poil de chèvre. Ce sera la fin de la vie organique, dans notre monde planétaire.

A quelle distance du soleil se trouve la photosphère? On ne l'a pas encore évaluée, que je sache; toutefois elle doit être considérable. La photosphère, en effet, commença à se constituer quand la formation du noyau solaire fut assez avancée pour permettre à une partie notable de son atmosphère de se dégager. Le fluide électrique, en rencontrant ces couches, déjà assez denses, et non conductrices, fut forcé de s'arrêter dans son ascension et de s'amasser, ne pouvant plus se dissiper dans l'espace, sinon par le rayonnement. On conçoit dès lors, que son début fut fort élevé.

Les taches du soleil peuvent servir à mesurer cette hauteur, au moins approximativement. Les parois de la pénombre marquent la distance qui sépare le bord supérieur de la photosphère du corps solaire ; or, d'après les descriptions qu'en donnent les astronomes, qui peuvent parfaitement suivre les phases de leur apparition et de leur disparition, il n'y a aucune exagération à l'estimer égale à 2'' angulaires, puisque 1'' est la dernière limite des longueurs appréciables par nous, sur le soleil. La hauteur de la photosphère, au-dessus du noyau, aurait donc un minimum de 150 myriamètres, en attendant des mesures plus précises. Ce serait alors 300 myriamètres qu'il faudrait déduire du diamètre du soleil, dans l'évaluation de son volume, puisqu'on l'a calculé avec le diamètre de sa photosphère.

Quant à la densité de cet astre, nous n'en dirons rien, sinon, que la base, sur laquelle on s'appuie pour la déterminer, nous paraît grandement sujette à caution. Cette densité a, surtout, pour cause ; 1° la multiplicité des courants circulaires, ou la pesanteur ; 2° la nature des compositions chimiques.

Mouvement rotatoire du soleil. — C'est le seul mouvement dûment constaté dans cet astre ; et ce sont les taches dont il est parsemé qui nous en fournissent la preuve. Sans elles, si le soleil nous présentait toujours et partout, sur sa surface, la même couleur, il n'y aurait aucun moyen d'arriver à la connaissance de ce fait. Si on suit la marche de l'une de ces taches, on la voit s'avancer lentement et régulièrement sur la surface du disque, de gauche à droite, puis disparaître en gagnant la face opposée, pour se montrer de nouveau, quelques jours après, du côté oriental, à la même place qu'elle occupait d'abord, et recommencer sa course. Comme la tache conserve toujours la même position sur la surface solaire, ce n'est pas elle qui se déplace ; il faut donc en conclure que le soleil tourne sur lui-même. Chaque tour s'effectue en vingt-cinq jours et demi. C'est le temps que met le soleil à faire un tour sur lui-même.

Quant à la force matérielle qui détermine ce mouvement, il faut la chercher dans l'action combinée de la photosphère et des courants circulaires. Pour nous en rendre compte, rappelons-nous ce qui a été dit au sujet des courants électriques, qui n'agissent que par les ondes qu'ils créent autour d'eux dans l'espace. Un courant direct, tombant perpendiculairement de l'extérieur sur un autre courant circulaire, le fait tourner dans le sens de son propre courant; tandis que celui qui partirait du centre pour atteindre, comme un rayon, la circonférence intérieure des courants circulaires, le ferait tourner en sens opposé. Le soleil, semblable à une bobine, est enveloppé de courants circulaires qui pénètrent jusqu'à son centre. D'un autre côté, la photosphère qui l'environne de toute part, darde sur lui, perpendiculairement à ses courants, ses ondes abondantes et puissantes qui les traversent, se dirigeant partout vers le centre. Dans ces conditions, le soleil est certainement et vivement sollicité à tourner sur lui-même dans le sens de ses courants circulaires, c'est-à-dire de l'orient à l'occident, ou à l'opposé des aiguilles d'une montre. C'est précisément le sens de sa rotation tel que nous l'avons constaté ; et la puissance de la photosphère est capable de le réaliser. C'est, d'ailleurs, la seule cause que nous connaissions du mouvement solaire. Il a dû commencer peu à peu et s'accroître insensiblement, jusqu'à ce que l'équilibre fût définitivement établi entre la force et la résistance.

Ce mouvement de rotation emporte avec lui une conséquence qui n'a pas été, je crois, aussi remarquée qu'elle le mérite. Le corps solide du soleil, en tournant, communique nécessairement ce même mouvement à son atmosphère, et avec lui à la photosphère ; à plus forte raison, le transmet-il à l'éther plus mobile au milieu duquel il est plongé. Il les entraîne avec lui dans sa rotation. Plongez une baguette, en la tenant droite, au milieu d'un vase rempli de liquide ou de gaz, et faites-la tourner sur elle-même pendant quelque temps, le mouvement se communique infailliblement à toute la masse. Si l'éther demeurait immobile, il entraverait la marche de l'atmosphère qui resterait en arrière.

Dès le début, l'impulsion sera transmise au fluide de proche en proche et finira par arriver jusqu'aux confins de l'influence solaire, probablement jusqu'au point où elle est arrêtée par le mouvement opposé de l'éther qui obéit à l'influence des étoiles les plus voisines. La rapidité de la marche du fluide autour du soleil, doit naturellement aller en diminuant avec son éloignement du centre, ainsi qu'on le remarque pour le liquide ou le gaz que l'on fait tourner à l'aide d'une baguette. S'il s'agissait d'un solide, les points extrêmes devraient faire autant de tours que le centre, ce qui leur donnerait une vitesse vertigineuse et réclamerait une dépense incalculable de force. Avec un liquide il n'en est déjà plus ainsi : bien que ses molécules soient liées ensemble par la cohésion, elles peuvent facilement glisser les unes sur les autres, et cela suffit pour modérer leur allure et exiger beaucoup moins de force. Celle-ci, en s'éloignant du centre, se partage entre un nombre de plus en plus grand de molécules, et leur vitesse décroît en proportion. Dans le fluide éthéré, la faiblesse de sa densité et le défaut absolu de liaison entre les atomes qui le composent, réclament, pour être mis en mouvement, l'emploi d'une force incomparablement moindre : leur inertie est seule à vaincre.

Une fois le mouvement général constitué, la force centrale qui ébranle le soleil demeurant toujours la même, l'équilibre s'établit partout : chaque couche d'éther conserve indéfiniment la vitesse qui lui revient, d'après la force agissante et son éloignement.

C'est là un fait très important pour l'intelligence de la gravitation des planètes, et certaines particularités que présentent les comètes.

III. — *Terre.*

La terre est une des nombreuses planètes qui gravitent autour du soleil et en reçoivent la lumière et la chaleur. Sa distance moyenne du soleil est de 15,308,000 myriamètres ou 38 millions de lieues environ. Son axe est incliné de 23°28 avec la perpendiculaire à son orbite ; par suite, son cercle équatorial forme le même angle avec l'orbite elle-même. Sa forme est ronde ou plutôt sphéroïdale, car elle est légèrement renflée à l'équateur et aplatie aux pôles, par l'effet de son mouvement rotatoire ; en sorte que son plus grand diamètre, celui de l'équateur est de 1275 myriamètres, et celui des pôles de 1271, ce qui donne une différence de 4 myriamètres, ou environ 1/300.

La terre a deux mouvements, l'un appelé mouvement de translation, par lequel elle tourne autour du soleil en décrivant non un cercle, mais une ellipse, que les astronomes ont nommée orbite ou écliptique parce que c'est dans son plan que se forment les éclipses. Ce tour s'accomplit en 365 jours, 5 heures, 48 minutes, 48 secondes; période qui constitue notre année. Dans ce trajet, elle parcourt près d'un milliard de kilomètres, avec une vitesse de trente-et-un kilomètres par seconde. L'inclinaison de son axe, qui reste toujours parallèle à lui-même sur tous les points de l'orbite, détermine la succession des saisons, parce qu'elle lui fait présenter successivement ses deux tropiques aux rayons perpendiculaires du soleil. L'autre mouvement est celui de rotation, par lequel elle tourne sur son axe. Il occasionne la succession du jour et de la nuit. Chaque tour compose un jour complet. Par ce mouvement, chaque point situé sur l'équateur terrestre, parcourt 40,000 kilomètres par jour avec une vitesse de 465 mètres par seconde. Expliquer les causes de ces deux mouvements de la terre, c'est le faire pour toutes les planètes.

Translation. — Le mouvement de la terre dans son orbite, a lieu dans le sens des courants circulaires et de la rotation du soleil. Une simple impulsion, communiquée à la terre, et une fois donnée pour toutes, est incapable, quelle qu'elle soit, d'expliquer sa course annuelle; on l'a vu plus haut. La pesanteur l'eût fait se rapprocher, à chaque pas, du soleil, et elle serait tombée sur lui avant d'avoir exécuté plusieurs tours; d'autre part, la résistance du fluide au sein duquel elle se meut, eût rapidement absorbé toute sa quantité de mouvement. Il faut donc chercher autre chose.

A notre avis, la véritable force qui a déterminé et

entretient la marche de notre globe et des autres planètes dans leur translation autour du soleil, est le mouvement semblable de l'éther. commandé lui-même par la rotation du soleil. Cette cause est permanente et suffisante, nul n'en doutera, car un corps, fut-il cent fois plus lourd que la terre, par cela seul qu'il ne repose sur rien, qu'il est plongé et en suspens au sein d'un fluide doué d'une telle rapidité, sera bien vite emporté par ce dernier, et il ne s'écoulera pas beaucoup de temps avant qu'il n'en ait acquis toute la vitesse.

Supposer l'éther immobile dans l'espace interplanétaire, c'est se créer des difficultés insolubles. Impossible de trouver une force capable de communiquer aux planètes un mouvement aussi rapide et d'entretenir sa régularité, malgré la résistance du fluide. D'autre part, la terre ne pourrait subsister dans les conditions où nous la voyons. Elle parcourt, en effet, dans son orbite, trente-et-un kilomètres par seconde. S'imagine-t-on la perburbation que produirait sur elle l'éther immobile, rencontré avec une telle vitesse : son atmosphère serait balayée, elle resterait en arrière, si toutefois elle n'était pas complètement séparée d'elle et dispersée dans l'espace. Toute vie organique serait bannie de sa surface. Avec la marche de l'éther, dont nous avons exposé la cause, tout s'explique naturellement, jusqu'à la diminution de rapidité dans les différentes planètes, à mesure qu'elles sont plus éloignées du soleil.

C'est un fait bien constaté aujourd'hui par la science astronomique ; la rapidité de la course des planètes dans leur orbite diminue avec leur éloignement de l'astre central qui donne le mouvement à l'éther. Ainsi Mercure, qui n'est qu'à 6 millions de myriamètres du soleil, parcourt son orbite avec une vitesse de 300 kilomètres par seconde; Vénus, qui en est déjà près du double plus loin, 11 millions de myriamètres, a seulement une vitesse de 56 kilomètres par seconde; la Terre, avec ses 15 millions de myriamétres, fait environ 31 kilomètres; Mars, à 23 millions de myriamètres, ne fait pas 4 kilomètres; Jupiter, éloigné de 40 millions de myriamètres, fait un peu plus de 2 kilomètres; Saturne, à 146 millions de myriamètres, en fait environ 1 et demi; Uranus, éloigné de 293 millions de myriamètres du soleil, n'atteint pas 1 kilomètre de vitesse par seconde. En sorte que la marche des planètes peut nous apprendre dans quelle proportion diminue la vitesse du fluide par rapport à la distance qui le sépare de l'astre central qui lui imprime son mouvement.

La figure 53 représente les courants et les mouvements de la terre relativement à ceux du soleil. *S* est le soleil; la flèche *1* indique le sens de sa rotation, la flèche *2* celui de ses courants circulaires. *T* est la terre; la flèche *3* indique le sens de ses courants circulaires, la flèche *4* celui de sa rotation, et la flèche *5* celui de sa translation.

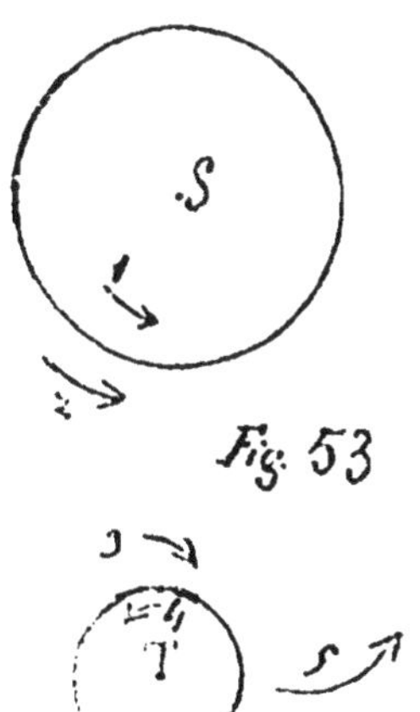

Fig. 53

Le fluide est capable, par lui-même, d'ébranler la terre et de lui communiquer sa vitesse, mais insuffisant pour lui faire prendre la route circulaire de son orbite. La quantité de mouvement qu'elle possède dans sa course, étant aussi supérieure à celle de l'éther que l'est sa densité, ce dernier est beaucoup trop faible pour l'obliger à décrire un cercle ; elle doit fuir par la tangente et s'éloigner du soleil à travers les couches du fluide dont l'influence imprimera seulement à sa marche une légère courbe. L'intervention d'une autre force devient donc nécessaire pour la maintenir dans son orbite.

Sa pesanteur la fournit ; non pas sa pesanteur estimée d'après les objets de sa surface, celle ci n'est produite que par les seuls courants circulaires de la terre, et n'influe en rien sur la gravitation ; mais celle, beaucoup plus considérable, qu'elle posséderait, si elle reposait sur la surface du soleil, en en retranchant ce qu'elle perd, à cet égard, par son éloignement. Cette pesanteur est mesurée par le nombre et la puissance des courants circulaires du soleil qui passent au-dessus de notre globe en le poussant vers le centre solaire. Elle est, de plus, secondée dans son action, par les courants circulaires, qui sont de même sens entre les deux globes, et tendent à les rapprocher. Ces trois forces : vitesse, pesanteur et impulsion des courants similaires, dont les directions sont perpendiculaires, les deux dernières chassant la terre vers le centre du soleil, l'autre la sollicitant à s'échapper par la tangente, obligent notre planète à tourner dans son orbite.

D'un autre côté, elle est maintenue à distance : d'abord, en vertu de ses courants circulaires, elle est entourée d'une espèce d'électrosphère qui ne fait qu'un seul tout avec elle et l'accompagne partout dans sa course; par la même raison, dans l'espace où elle se meut, le fluide, condensé par les courants solaires, devient de plus en plus dense jusqu'à la surface du soleil. Ces deux densités, opposées l'une à l'autre, ne se laissent pas pénétrer sans résistance, comme cela a lieu pour les éléments qui se combinent. Leur confusion mettrait en liberté une masse énorme de fluide qui ne pourrait se dissiper que peu à peu, par le rayonnement. Une telle quantité d'électricité serait capable d'incendier la planète. En second lieu, les ondulations lumineuses, calorifiques et autres, émanées des deux globes, sont en opposition directe; d'où une répulsion qui est loin d'être sans importance.

L'invariabilité de l'orbite terrestre repose sur l'uniformité et la constance de ces différentes forces. Une seule venant à manquer ou seulement à s'affaiblir, amènerait une perturbation correspondante dans la marche de la terre. Pour lui assigner sa place convenable dans l'espace, il a fallu estimer, avec une précision mathématique, les actions combinées de toutes ses forces. Le Créateur a tout fait avec poids et mesure.

Probablement, lorsque le soleil, ou plutôt sa photosphère sera éteinte, la terre, n'éprouvant plus la répulsion des ondes innombrables et puissantes qu'elle lui envoie, se rapprochera-t-elle de cet astre d'une quantité assez considérable, pour être embrasée par l'électricité produite? Les éléments qui entrent en combinaison ne le sont pas autrement.

Avant de terminer ce qui concerne le mouvement

de translation de la terre, citons, à son sujet, deux ou trois particularités importantes, auxquelles la science n'a pas encore assigné la véritable cause.

1° Le parallélisme constant de l'axe terrestre dans toutes ses positions autour du soleil. Une boule plongée dans un courant d'eau, comme la terre l'est dans le fluide de l'espace, vacille perpétuellement sur elle-même, se tourne tantôt d'un côté, tantôt de l'autre, obéissant à la moindre variété des courants qui l'enveloppent, à l'influence des agents qu'elle rencontre. Une pareille vacillation dans notre globe détruirait la régularité des jours et des saisons; rien, sur ce point, ne serait assuré. Cependant, elle est soumise à des circonstances semblables à celles où se trouve la boule dans l'eau courante ; quand elle se rapproche du soleil, en s'avançant vers son périhélie, elle rencontre des courants plus rapides sur l'un de ses côtés, et de moins rapides quand elle s'éloigne vers son aphélie ; elle subit l'influence des autres planètes dans le voisinage desquelles elle passe. Malgré cela, elle ne vacille pas, son axe demeure toujours parallèle à lui-même, non seulement pendant une année, mais perpétuellement. Une fixité aussi absolue, dénonce certainement une force particulière qui la maintient, malgré tout, dans cette position. Nous la trouvons dans les grands courants circulaires qui l'obligent à se placer et à se maintenir toujours dans une position telle, qu'ils soient parfaitement parallèles à ceux du soleil. C'est ainsi qu'ils contraignent l'aiguille de la boussole à se fixer dans l'axe magnétique, afin que ses propres courants leur soient parallèles.

2° La forme elliptique de l'orbite. — Les forces qui président à la translation de la terre, étant toujours uniformes, elle devrait naturellement suivre, dans sa marche, la couche du fluide dont la vitesse correspond avec ce que réclame l'équilibre de ces forces, et de sa distance moyenne au soleil, qui est de 15,308,000 myriamètres ; alors son orbite serait un cercle, sa marche régulière. Au lieu de cela, elle décrit une ellipse, dont le soleil est un des foyers, s'en éloigne et s'en rapproche alternativement, en sorte que sa plus grande distance de cet astre atteint 15,700,000 myriamètres, la moindre 15,200,000. Sa course est plus rapide au périhélie, un peu plus lente à l'aphélie. Pourquoi ces anomalies ?

Pour les expliquer, il suffit que la terre, au début de son mouvement de translation, soit partie d'un point, ou trop éloigné, ou trop rapproché du soleil. Les choses se sont passées probablement de cette manière : Quand notre planète commença ce mouvement, elle était encore pourvue de sa photosphère (Chap. XI) dont le rayonnement répulsif la maintenait à une distance plus considérable ; sans doute, à son aphélie d'aujourd'hui. Le Créateur, qui a tout fait avec précision, l'avait placée dans la zone de l'éther dont la rapidité concordait avec celle qui lui convenait alors ; son orbite était un cercle. Après la disparition de sa photosphère, privée d'une puissance répulsive assez considérable, elle se trouva dans une position désormais trop éloignée du soleil. Tout en continuant sa route, elle s'en rapprocha ; mais en vertu de la vitesse acquise dans sa descente, elle dépassa le but et s'arrêta seulement quand la force répulsive eut vaincu la force descendante acquise, au point du périhélie actuel. Bientôt la répulsion et la rapidité qu'elle venait d'emprunter aux zones plus voisines du soleil, la firent remonter jusqu'à son point de départ, semblable à un balancier qui, tombant d'une certaine hauteur, remonte au niveau de sa chute. De là, les conditions étant absolument identiques qu'au début, elle recommença la même course. Son orbite est devenue une ellipse. Elle la suivra toujours tant que les forces qui la dirigent ne seront pas modifiées ; jusqu'au moment de l'extinction de la photosphère solaire, où elle sera obligée de se rapprocher encore beaucoup plus près de cet astre.

3° Coïncidence de l'écliptique d'un côté avec l'équateur magnétique de la terre, de l'autre avec l'équateur solaire. — Cette coïncidence n'a rien de fortuit ; elle est commandée par les grands courants circulaires des deux astres. La terre avec les siens qui ont présidé à sa formation, donne naissance à son électrosphère et à la pesanteur de ses matériaux; plongée dans les courants semblables du soleil, dont elle est complètement enveloppée, elle a dû nécessairement obéir à l'action réciproque des deux forces, se placer à égale distance des deux pôles solaires et présenter les courants de son équateur magnétique, de manière à ce qu'ils soient parallèles et de même sens avec ceux de l'équateur du soleil, lesquels sont d'ailleurs les plus rapprochés et les plus puissants. Ainsi, son axe magnétique ne peut être que parallèle à celui du soleil. Cette position de la terre est tellement stable, que si une influence quelconque venait à l'en faire dévier, elle la reprendrait d'elle-même, aussitôt l'influence passée. Ces courants, comme leur direction, sont parfaitement indépendants de la rotation de la terre. L'axe de ce mouvement changerait-il, que la terre elle-même, son écliptique et son axe magnétique demeureraient immobiles ; il n'y aurait de changé sur sa surface que son équateur, les jours et les saisons pour chaque contrée.

On a vu, au sujet de la boussole, que la terre avait un axe magnétique secondaire, tournant avec elle ; ce n'est évidemment pas de lui qu'il est question ici. Sa raison d'être a été indiquée.

Rotation. — La terre tourne sur elle-même autour de son axe dans un espace de temps que l'on a divisé en 24 parties appelées heures. Par ce mouvement, elle présente successivement chacun des points de sa circonférence aux rayons du soleil ; d'où naît l'alternative du jour et de la nuit. La rotation a lieu de droite à gauche pour celui qui regarde le midi ; elle est, par conséquent, de sens contraire à la marche des courants circulaires (fig. 53).

Dans les conditions où se trouve la terre, on reconnaît trois causes pouvant influer sur un mouvement rotatoire de sa part, soit dans un sens, soit dans l'autre.

1° L'action des rayons calorifiques et lumineux du soleil. Leurs ondes, en tombant perpendiculairement sur ses courants circulaires, tendent à la faire tourner dans le sens de ces mêmes courants, à l'inverse de son mouvement réel ; mais l'expérience des aimants (fig. 12), prouve que leur action favorise plutôt sa translation.

2° Vu la diminution progressive, dans la vitesse du fluide de l'espace, à mesure qu'il s'éloigne du soleil, la face de notre planète qui regarde le soleil, est entraînée plus rapidement que la face opposée. De là un effort tendant à la faire tourner dans le sens de ses courants circulaires, comme dans le cas précédent. La puissance de cette force est de peu d'importance pour les planètes, même de moyenne grosseur, telles que la terre ; car la différence, entre les vitesses des deux couches opposées du fluide, est minime. Toutefois, il est bon d'en tenir compte, surtout dans les globes de grande dimension.

3° La cause la plus puissante vient des ondulations émanées du sein de notre globe. On sait que celles d'un courant électrique, sortant du centre d'un aimant, suffisent pour le faire tourner sur lui-même, dans le sens contraire à ses propres courants, bien qu'il soit plongé dans un bain de mercure qui lui oppose une certaine résistance (fig. 12). Les rayons dus à la lumière, à la chaleur, et surtout à toutes les réactions chimiques du sol terrestre, sont nombreux et puissants ; ils agissent, les derniers particulièrement, sans intermittence et non seulement sur un seul côté comme les précédents, mais sur tous les points du globe à la fois. Leurs forces réunies l'emportent donc sur les premières et obligent la terre à tourner comme elle le fait.

On conçoit parfaitement alors le cas où une planète quelconque tournerait en sens inverse de la terre. Il suffirait pour cela que, soit par la nature de son sol, soit par son éloignement du soleil, ses rayons intérieurs, qui dépendent pour beaucoup de l'action solaire, soient considérablement affaiblis. La seconde force, celle qui est due à la vitesse du fluide, surtout si la planète avait un grand diamètre, reprendrait la supériorité, et la rotation s'effectuerait dans le sens des courants circulaires, de notre orient à notre occident. Si donc, aux confins de notre système solaire, on découvrait quelque planète, tournant sur elle-même dans ce sens, il n'y aurait nullement lieu d'en être étonné.

D'après le résultat des actions combinées entre les rayons émanés de la terre, et ses courants, l'axe de rotation devrait coïncider avec l'axe magnétique. Cependant il est incliné sur lui de 23° 28', et c'est ce qui produit l'inégalité des jours et des saisons. Quelle est la cause de cette inclinaison ? Nous aurons l'occasion d'en faire la recherche dans l'appendice à la fin de cet ouvrage.

Les autres planètes. — Aux huit grandes planètes, connues depuis longtemps, il faut en ajouter un grand nombre, découvertes dans le cours de notre siècle, grâce à la perfection des lunettes modernes. On leur a donné le nom d'astéroïdes à cause de leur peu de volume et parce qu'on ne peut les voir qu'avec un instrument d'optique. Elles circulent entre Mars et Jupiter ; elles sont aujourd'hui au nombre de plus de 200. Quelques savants ont pensé qu'elles pourraient bien être les débris d'une grosse planète détruite on ne sait comment ; mais cela ne me paraît pas possible : ces débris n'étant plus soutenus ni par es courants circulaires, ni par une électrosphère, seraient bien vite tombés sur le soleil ou sur une autre planète.

Toutes les planètes sont animées d'un mouvement de translation, et décrivent autour du soleil des ellipses plus ou moins allongées. Elles sont naturellement, comme la terre, enveloppées de courants circulaires, cause de la pesanteur propre de leurs matériaux constituants ; par suite, le fluide de l'espace est plus dense autour d'elles à mesure qu'il s'approche de leur centre, et cela, dans la proportion de l'étendue de leurs courants ; ce qui leur forme une espèce d'électrosphère qui partage leur mouvement et les suit partout. Ce qui a été dit, au sujet des causes de la translation et de la rotation de notre globe, s'applique à chacune d'elles.

La position, qu'elles occupent dans l'espace, n'est pas un effet du hasard, mais évidemment d'un dessein prémédité : il n'y en a pas deux qui se meuvent dans la même zone ; elles sont échelonnées les unes au-dessus des autres, en sorte qu'elles ne peuvent jamais ni se rencontrer, ni se heurter, malgré la variété de leur vitesse. La distance qui les séparerait, même si elles se trouvaient momentanément sur un même rayon du soleil, serait suffisante pour les contenir avec leur électrosphère sans que leur marche pût être entravée. L'influence qu'elles exercent les unes sur les autres, lorsqu'elles sont le plus rapprochées, est extrêmement faible ; elle doit être attribuée : soit au prolongement, dans l'espace, de leurs courants circulaires, car les électrosphères des planètes ne se touchent probablement jamais ; il suffit que ces prolongements, qui peuvent s'étendre fort loin, se croisent, pour produire un certain effet; soit aux rayons calorifiques, lumineux et autres émanés du sein des planètes. Ces deux causes, d'ailleurs, doivent être unies, et leur action est répulsive.

IV. — *Satellites.*

Les satellites sont, par rapport à leur planète, dans les mêmes conditions que celle-ci vis-à-vis du soleil.

On en connaît 22 : 1 autour de la Terre, 4 autour de Jupiter, 8 autour de Saturne, 8 autour d'Uranus et 1 autour de Neptune. Le plus important pour nous est celui qui tourne autour de la terre, et que l'on appelle Lune.

La lune est éloignée de la terre de 38 mille myriamètres et décrit autour d'elle une orbite elliptique avec une vitesse d'environ 6 myriamètres par minute.

Elle emploie 27 jours, 7 heures et 43 minutes pour revenir se placer en face du soleil et de la même étoile; c'est sa révolution périodique ou sidérale. Mais pendant ce temps, la terre, de son côté, s'est avancée dans son orbite, et il lui faut encore 2 jours, 5 heures, pour se mettre de nouveau en conjonction avec la terre et le soleil. Ces retours à la même position, par rapport au soleil et à la terre, s'effectuent donc en 29 jours, 12 heures, 44 minutes. C'est le mois lunaire. Pendant que la terre fait une révolution sur elle-même, la lune s'avance également dans son orbite, en sorte qu'il faut encore 50' à la terre pour que le même point de sa surface se trouve en face de la lune; ce qui donne 24 heures 50' au jour lunaire, et ce qui paraît donner à son lever et à son coucher, 50' minutes de retard chaque jour.

Son retard moyen sur le soleil est de 12 degrés 11 minutes.

Son volume est environ 50 fois moindre que celui de la terre.

Elle est entièrement plongée dans l'électrosphère, c'est-à-dire dans les courants circulaires de la terre, ce qui la rend absolument dépendante de celle-ci.

La figure 54 représente la position et les mouvements de la lune par rapport à la terre. *T* est la

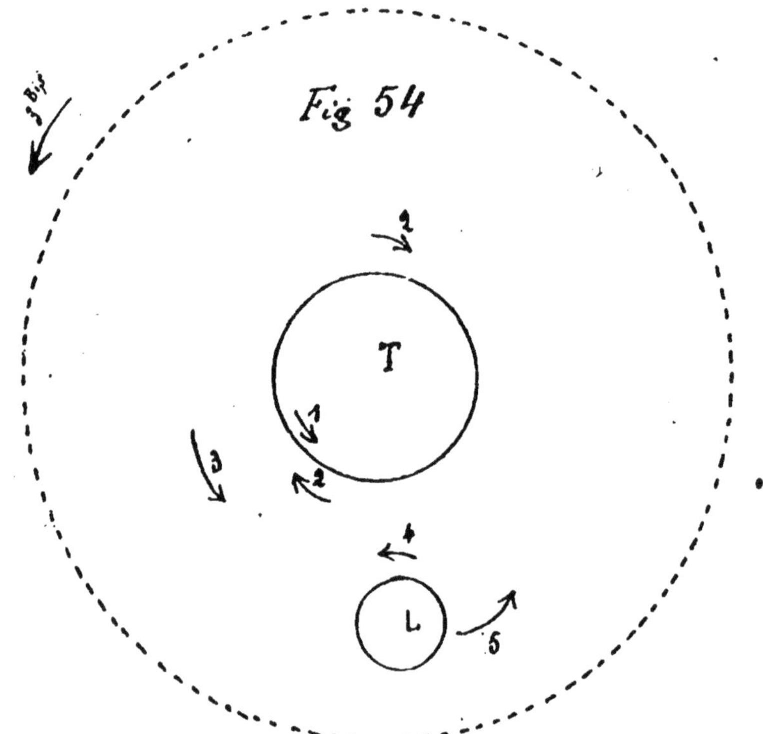

terre; le cercle pointillé indique l'étendue de ses courants circulaires ; les flèches *1*, le sens de sa rotation, *2* celui de ses courants circulaires, *3* celui du mouvement que le fluide de l'électrosphère de la terre accomplit, entraîné par sa rotation. *L* est la lune; les flèches indiquent: *4* le sens de ses courants circulaires, *5* sa marche dans son orbite.

La lune est enchaînée à la terre: 1° par ses propres courants circulaires, marchant dans un même sens, avec ceux de celle-ci, dans l'espace qui sépare les deux globes (flèches 2 et 4); 2° par les courants circulaires de la terre qui, passant au-dessus d'elle, pèsent sur sa masse, la poussent vers la terre et l'unissent inséparablement à elle comme un corps faisant partie de son tout. Pour l'empêcher de tomber sur nous, cette double force est équilibrée par la résistance de sa propre électrosphère contre celle de la terre, et par la force de projection due à la vitesse de sa course.

Sa marche dans son orbite est commandée par celle du fluide composant l'électrosphère terrestre, dans lequel elle est plongée, et qui tourne nécessairement dans le sens de la rotation de la terre, puisque c'est elle qui le met en mouvement. Sa vitesse est réglée par celle du fluide dans la zone où elle est placée.

D'un côté, ses courants circulaires, emboîtés dans ceux de la terre, la maintiennent droite; de l'autre, par l'absence d'atmosphère, son sol est dépourvu de réactions chimiques, et, par suite d'ondulations capables de lui imprimer un mouvement de rotation. Le peu de développement de son volume ne laisse qu'une bien faible différence entre les vitesses du fluide de chaque côté de son diamètre, différence compensée d'ailleurs par les ondulations émanées de la terre qui la mettent dans les conditions de l'aimant (fig. 12). Elle doit donc nous montrer toujours la même face, semblable à la pierre d'une fronde en mouvement.

Unie à la terre comme l'est son électrosphère, la lune l'accompagne dans sa course autour du soleil, sans que ce mouvement d'ensemble puisse influencer sur les siens propres ; pas plus qu'il ne trouble la marche des nuages dans notre atmosphère ; pas plus que la rapidité des wagons ne gêne les mouvements particuliers du voyageur.

V. — *Comètes.*

Les comètes sont des astres à part. Elles se distinguent des autres planètes, particulièrement par leur aspect, par leur marche, par la traînée de lumière qu'elles laissent en arrière, et à laquelle on a donné le nom de queue.

La tête des comètes ne parait être qu'un noyau entouré d'une masse vaporeuse plus ou moins dense, ronde ou ovale, assez mal déterminée, d'où lui est venu le nom d'astre chevelu ou comète.

La nature de leur substance est encore inconnue. Mais leur état apparent fait supposer qu'elles sont susceptibles de se réduire en gaz, au moins en grande partie, sous l'influence de la chaleur solaire. Solidifiées par le froid des hautes régions où elles parviennent, elles deviennent peu à peu gazeuses à mesure qu'elles plongent plus profondément dans les rayons du soleil.

Elles décrivent autour de celui-ci des ellipses, non à peu près rondes, comme les autres planètes, mais fortement allongées ; de sorte qu'elles passent assez près du soleil, pour s'en éloigner ensuite à des distances encore inconnues ; car l'astronome ne peut les suivre jusqu'au bout. On peut croire que l'excentricité de leur orbite est le résultat d'une cause semblable à celle des orbites planétaires. Dans l'hypothèse que leur point de départ fut primitivement placé à une grande distance de celui qu'elles auraient dû occuper pour tourner normalement autour de l'astre central, leur pesanteur s'est trouvée beaucoup plus forte que la répulsion due à leur mouvement de translation ; elles sont tombées vers le centre, ont dépassé, par la vitesse acquise, le point voulu, et sont venues tourner le soleil de très près. L'excès de vitesse acquise et les forces répulsives qu'elles rencontrent alors, les rejettent dans l'espace, jusque vers leur point de départ, si leur course n'est pas dérangée par l'influence de quelques planètes près desquelles elles passent.

La densité du fluide, dans le voisinage du soleil, leur électrosphère et la répulsion causée par la puissance exagérée des rayons calorifiques et autres, les empêchent de toucher cet astre. Elles ne tombent pas en ligne droite ; la vitesse de translation dont elles sont animées, unie à l'influence du fluide en marche, qu'elles traversent, les forcent à décrire une ligne elliptique.

Parce qu'elles ne suivent pas les courants de l'éther, qu'elles les traversent en biais, elles éprouvent de sa part une résistance proportionnée à la vitesse dont elles sont animées, et à la densité du fluide qui va croissant en s'approchant du centre. C'est cette résistance qui refoule du côté opposé une partie de leur gaz et donne naissance à la queue qui se développe dans le ciel, souvent sur une étendue de plusieurs millions de myriamètres. Celle-ci est lumineuse parce qu'elle reflète la lumière du soleil.

Elle s'étale, en vertu de la répulsion naturelle des éléments gazeux entre eux. Sa courbe, qui s'accentue principalement vers son extrémité, doit être attribuée au mouvement circulaire de l'éther : le gaz doit être entraîné par lui, et comme sa vitesse décroît avec la hauteur, les parties les plus élevées du gaz marchent moins rapidement que les autres, d'où la courbure de l'ensemble. Le gaz, une fois sorti de l'électrosphère de la comète, est soustrait à son influence.

Pendant la descente de l'astre vers le soleil, la queue présente, en effet, sa cavité du côté où le fluide frappe le gaz. Quand la comète remonte, la queue doit la suivre, et elle sera tournée vers le soleil, contrairement à la position qu'elle occupait pendant la descente. Alors aussi la courbe se fait en sens opposé parce que le fluide marche plus vite à son extrémité.

Une comète présente quelquefois plusieurs queues. Le gaz produit se répand d'abord dans l'électrosphère, c'est la chevelure. Tant qu'il y demeure renfermé, il tourne avec elle ; il continue à faire partie du noyau, auquel il se réunit lors du refroidissement. La partie seule qui franchit les limites des courants circulaires constitue la queue proprement dite. Bien que le gaz doive naturellement s'échapper de préférence du côté opposé à celui où il reçoit la poussée de l'éther, c'est-à-dire en arrière de la comète, rien ne s'oppose cependant, lorsque l'électrosphère est pleine, qu'il ne s'en échappe également des autres côtés, chassé par la répulsion de la masse intérieure, et y forme autant de queues.

Le gaz sorti de l'enceinte des courants circulaires, n'y entre plus, à moins qu'il ne se retrouve sur le passage de l'astre ; il se disperse peu à peu dans l'espace et disparait. C'est autant de perdu pour le corps de la comète.

Si elle ne possédait point d'électrosphère, ce qui est impossible puisqu'elle forme un corps, elle serait privée de chevelure ; le gaz aussitôt formé serait repoussé dans la queue par le choc de l'éther ; et le noyau solide, s'il en restait un, tomberait sur le soleil, semblable à un simple aérolithe.

Le mouvement de translation des comètes doit régulièrement se faire dans le même sens que celui des planètes, selon que l'exige la marche circulaire du fluide ambiant, son principal agent. Si on en rencontre dont la course soit rétrograde, c'est évidemment qu'une cause extérieure les a forcées de quitter leur route normale. Dans l'état actuel de la science, une seule influence parait capable de produire une telle perturbation : la rencontre d'une planète.

Au point de vue de leur constitution, les comètes ne sont autre chose que de petites planètes. Comme ces dernières, elles ont été formées, et sont maintenues dans leur état solide, par des courants circulaires, dont la direction est commandée par ceux du soleil, ce qui les oblige à conserver toujours à leurs pôles la même position vis-à-vis du soleil.

Quand deux planètes se rapprochent, leurs courants en présence sont donc nécessairement de sens opposé et il y a répulsion entre elles. Si c'est une comète, dont les courants viennent en contact avec ceux d'une planète, la répulsion produite, vu la grande disproportion des masses, sera probablement inappréciable pour la planète, mais fort considérable pour la comète.

Supposez donc la comète *C* (fig. 55), rencontrant

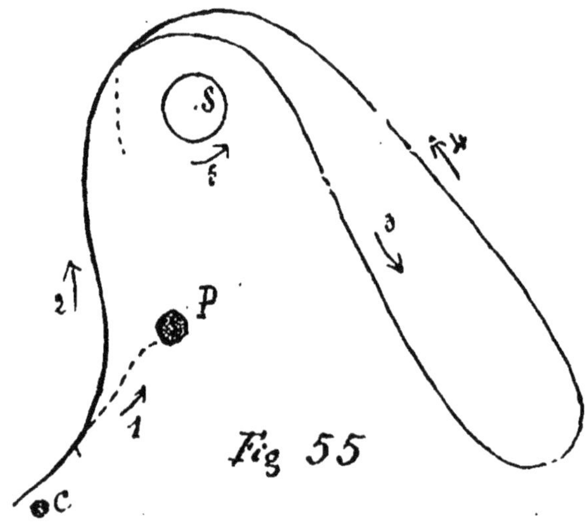

Fig 55

sur sa trajectoire *1*, la planète *P*. Aussitôt que l'extrémité de son électrosphère atteindra celle de la planète, ou même que les rayons calorifiques de l'un et de l'autre deviendront assez puissants à leur point de rencontre, la répulsion lui fera prendre la nouvelle route 2, contraire à la marche du fluide, et elle franchira le soleil par un mouvement rétrograde. A son tour, lancée par sa vitesse, elle remontera de nouveau dans l'espace ; mais forcée d'obéir insensiblement à l'impulsion du fluide, elle suivra la ligne *3* et *4*, reprenant un mouvement régulier et non rétrograde ; mais son orbite est complètement changée de place. Elle ne sera plus reconnaissable pour les astronomes ; à leurs yeux, ce sera une nouvelle comète.

Une comète rétrograde n'est donc qu'un accident, un mouvement momentané sans persistance, mais qui, vu le grand nombre de ces astres que le Créateur semble avoir semés sur tout le périmètre du système solaire, peut se renouveler assez souvent, tantôt pour l'un, tantôt pour l'autre. C'est ainsi qu'on attend vainement le retour de certaines comètes, et que leur nombre paraît plus grand qu'il n'est en effet.

RÉSUMÉ.

L'inertie est la seule propriété essentielle de la matière ; dès lors elle ne peut agir que par son mouvement. C'est donc dans le mouvement qu'il faut chercher la force génératrice des phénomènes du monde matériel. Le plus général dans la nature, le plus propre à remplir ce rôle, nous a paru devoir être le mouvement ondulatoire, tel que nous le connaissons dans la lumière et la chaleur. Sa ténuité lui permet d'agir sur chaque élément en particulier, et même de traverser les corps, en même temps que sa puissance, due à la multiplicité des ondes, peut obtenir les plus grands effets. De plus, il transmet la force jusqu'aux extrémités de l'univers.

Si le mouvement ondulatoire est véritablement l'agent qui préside aux évolutions purement matérielles, il doit suffire à les expliquer toutes. Or, on a vu son fonctionnement nous dévoiler le secret, jusque-là si bien gardé, du mécanisme des répulsions et des impulsions, aussi bien que de la pesanteur; celui de la constitution des éléments chimiques, source de notre électricité. Enfin, tous les autres phénomènes, chimiques, électriques, magnétiques, lumineux, calorifiques, etc., ont naturellement, on peut dire mécaniquement, surgi de ce mouvement. La gravitation elle-même est venue confirmer l'universalité de son action. Le principe générateur des phénomènes, l'unité des forces physiques, est donc trouvé.

Dès lors, l'unité du plan de la création apparaît avec une évidence qui force la conviction. Qui ne serait frappé de l'analogie existant entre les astres et les simples éléments? Les astres sont formés par des courants circulaires; les éléments ne le sont pas autrement. Les globes célestes les plus puissants admettent, dans leurs électrosphères, d'autres globes plus petits, pour ne former avec eux qu'un seul tout, sans attenter à l'individualité de chacun: le soleil possède les planètes, quelques-unes de ces dernières ont des satellites, et tous sont unis sous une même loi, pour constituer le monde du firmament. Les éléments, les plus forts, admettent de même, dans leur électrosphère, d'autres éléments plus faibles pour engendrer les molécules, et celles-ci adhèrent ensemble pour donner naissance à la variété des corps: le tout sous l'influence d'une seule et même loi.

Pour concevoir et exécuter une œuvre telle que le monde avec l'atome inerte et le mouvement, préciser avec certitude le mode et la quantité de mouvement convenable; calculer le nombre et la variété des éléments; placer les globes célestes à la distance voulue les uns des autres, et faire surgir l'immense variété des phénomènes dont nous sommes les témoins sur la terre, tous se réalisant dans une parfaite harmonie avec les besoins des créatures, et se succédant perpétuellement sans que le mouvement fasse défaut sur aucun point; pour tout cela, il fallait être le Dieu des sciences.

Les cieux racontent la gloire du Créateur. *Cœli enarrant gloriam Dei.*

Il reste cependant une autre épreuve à laquelle notre système doit être soumis. Dieu a révélé à Moïse l'ordre selon lequel il a créé le monde. Ce qu'il a dit est nécessairement l'expression de la stricte vérité. Tout système qui se trouve en opposition avec la parole divine est, par là même, certainement défectueux, même au point de vue purement scientifique, car la vérité est une. Les hypothèses des savants peuvent être en contradiction avec la parole révélée, mais non les données certaines de la science. Nous avons donc, pour terminer, à chercher si l'accord existe entre notre système et le récit divin de la création.

CHAPITRE XI.

Formation du Monde.

Tout ce qui a été dit et démontré dans les chapitres précédents, prouve ce fait : Un double mouvement ondulatoire suffit à rendre compte de la formation des globes célestes et des phénomènes multiples de la physique et de la chimie inorganique. Le premier réside dans les ondes, telles que celles de la lumière et de la chaleur qui transportent la force au loin, et même jusqu'aux extrémités du monde. Le second dans les courants ondulés circulaires, comme ceux qui entourent la terre et dirigent la boussole, lesquels engendrent la pesanteur, en poussant vers leur centre, les particules matérielles qu'ils enveloppent. Dès lors, notre système sur l'origine du monde matériel peut se résumer en quelques mots. Il suffit que Dieu, après avoir créé la matière à l'état atomique, ait suscité dans cette masse, d'abord des ondulations dont la propagation se fît en ligne droite, telles que celles de la lumière ; puis, qu'il ait dirigé un certain nombre de ces courants de manière à leur faire décrire des petits cercles, pour former les éléments ; les autres, en cercles beaucoup plus grands. Ces derniers, étant destinés à pousser vers leur centre la multitude des éléments gazeux renfermés dans leur sein pour constituer des globes solides, devaient être en nombre égal aux astres du firmament, et placés aux endroits convenables ; les premiers devaient être aussi nombreux que les éléments.

Voyons maintenant ce que dit Moïse. Nous soumettons l'interprétation que nous allons en faire au jugement du Saint-Siège, seul interprète infaillible de la parole inspirée.

Ier JOUR.

« In principio creavit Deus cœlum et terram. Terra autem erat inanis et vacua, et tenebræ erant super faciem abyssi, et Spiritus Dei ferebatur super aquas. Dixitque Deus : Fiat lux, et facta est lux. Et vidit Deus lucem quod esset bona ; et divisit lucem a tenebris. Appellavitque lucem, diem, et tenebras, noctem ; factumque est vespere et mane, dies unus. »

Au commencement, Dieu créa le ciel et la terre. Or, la terre était (comme) un rien, et (comme) un vide, et les ténèbres couvraient la face de l'abîme. L'Esprit de Dieu était porté sur les eaux ; et Dieu dit : Lumière, soit ; et la lumière fut. Dieu vit que la lumière était bonne, et il sépara la lumière d'avec les ténèbres. Il donna à la lumière le nom de jour, et aux ténèbres le nom de nuit. Il y eut un soir et un matin, premier jour.

Trois choses sont à remarquer dans ce premier jour du monde : la création, l'état de la terre à sa sortie du néant, et l'apparition de la lumière.

La création. — Créer, c'est donner, avec ses propriétés et ses facultés, l'existence à une substance qui n'était pas.

Que tout ce qui existe, hormis Dieu, ait eu un commencement, ait été créé, par conséquent, nul homme sérieux et capable de réfléchir, ne le met en doute. Tous les temps et tous les peuples ont unanimement confessé cette vérité. La raison la proclame comme l'Ecriture. Une preuve, entre beaucoup d'autres et à laquelle je me bornerai, est la dépendance de toutes les créatures entre elles.

Cette dépendance éclate à nos yeux, particulièrement dans les êtres matériels : en eux, nulle activité propre, ils sont entièrement passifs : un corps subit la poussée d'un autre, l'action d'un être spirituel, tel que notre âme, et il obéit fatalement. Dans l'ordre spirituel, l'âme humaine reçoit forcément les impressions que lui transmet le corps avec lequel elle est unie ; elle est passive dans les sensations qu'elle reçoit du dehors. Les anges eux-mêmes sont coordonés entre eux, ont des relations mutuelles et agissant sur le monde matériel. Le démon est passif dans ses souffrances. Toutes ces choses supposent nécessairement une dépendance. Or, l'être incréé est un acte pur ; en lui, point de passivité possible, point de dépendance. Et qui pourrait agir sur lui ? Toute sa cause d'être est en lui-même, ou plutôt, il n'a aucune cause : Il est simplement, absolument, éternellement. S'il avait une cause, cette cause l'eût précédé, et il ne serait pas éternel, il serait créé.

D'un autre côté, pour avoir puissance d'action sur quelqu'un ou quelque chose, c'est-à-dire pouvoir de modifier en quelque manière son mode d'être, il faut de deux choses l'une, ou être le principe de son existence, ou en avoir reçu le pouvoir de ce principe ; et nous venons de voir que l'incréé n'a ni cause ni principe, en dehors de lui. Tous les êtres de l'univers, hormis Dieu, sont coordonnés, passifs en quelque chose, ils sont créés. Donc, il existe un être premier et créateur.

Les Manichéens avaient imaginé deux êtres incréés, deux dieux, l'un bon, l'autre mauvais, participant chacun à la création, possédant tous deux leur influence sur les mêmes créatures. C'était une erreur condamnée par la raison, non moins que par la foi.

Deux êtres incréés, supposé même qu'ils existassent, non seulement ne pourraient s'unir, s'entendre ou se combattre au sujet d'une création, ils seraient même incapables d'arriver jamais à la connaissance de leur existence réciproque. Pour obtenir cette science, il faudrait une action de l'un sur l'autre par laquelle ils se manifesteraient leur présence, et à l'égard de laquelle ils seraient par conséquent passifs, dépendants ; ce qui est impossible. Deux êtres incréés et dépendant l'un de l'autre, en quoi que ce soit, est un non sens. Il en serait de même, au sujet des créatures de l'un d'eux ; l'autre ne saurait même les connaître, faute d'action possible sur leur cause, et par suite sur elles ; d'autant plus que ces créatures sont renfermées dans le sein de leur auteur : *In ipso vivimus, movemur et sumus.*

Par contre, je conçois très bien qu'un être incréé, maître de la vie, donne l'existence à des êtres contingents; qu'il leur distribue la vie dans la mesure qui lui convient, qu'il l'accorde plus abondante aux uns qu'aux autres, selon son bon plaisir; qu'il les subordonne entre eux, et leur confère un certain pouvoir déterminé qui leur permette d'agir les uns sur les autres, parce qu'il est la cause efficiente et complète de l'existence de tous. Mais lui ne peut dépendre de personne. Toutes les substances qui composent l'univers étant dépendantes, par quelque endroit, les unes des autres, ont donc été créées, et il n'y a pour elles qu'un seul créateur possible, un seul Dieu.

Dans une matière incréée, ce qui n'a pas de sens, chaque atome serait forcément indépendant de tous les autres. Etant inerte, il serait éternellement immobile; étant insensible, il serait comme s'il n'existait pas.

Au commencement, donc, Dieu créa le ciel et la terre. Par ces expressions, *le ciel et la terre,* il faut entendre l'universalité des êtres. « Qui vivit in æternum creavit *omnia simul.* Celui qui est éternel créa tous les êtres en même temps. » (*Ecclésiastique*, ch. XIX, v. 1.) C'est la pensée du concile général de Latran, qui définit que les substances spirituelles ou les anges, et la matière, furent créés simultanément. On peut donc interpréter le mot *ciel* comme désignant principalement les substances célestes ou les anges, et le mot *terre* comme désignant les substances matérielles destinées à constituer le firmament et tous les astres qu'il renferme. Ce dernier sens est d'autant plus probable que la langue dont se servait Moïse, ne contient pas le terme *matière* dans le sens générique que nous lui donnons aujourd'hui. Pour les Hébreux d'alors, ce que nous appelons matière, ils devaient le nommer terre. La suite montre bien que tel était le sens que lui donnait l'auteur de ce récit, surtout, quand il parle du soleil et des étoiles, il dit seulement que Dieu les façonna, et non qu'il les créa, parce qu'il avait indiqué, dès le début, la création de la matière dont ils sont composés. Dans tous les cas, Moïse avait encore une autre raison de nommer spécialement la terre, dans cette circonstance, parce que son but principal était de faire connaître sa génération et celle de tous les êtres qu'elle contient.

Etat dans lequel la matière a été créée. — D'après la Genèse, la terre, ou la matière dont elle devait être formée avec tous les corps de l'univers, était *Tohou et Bohou*. Dans la langue hébraïque, *Tohou* exprime une chose extrêmement ténue, qui est comme un rien, semblable à l'air ou même à l'éther de l'espace, une chose impalpable, invisible à l'œil de l'homme, αορατος, disent les *Septante*. *Bohou*, sans forme, sans coordination, incomposé, ἀκατάσκευαστος, selon les *Septante*. Le livre de la Sagesse dit positivement que Dieu fit la terre d'une matière qui n'offrait aucune forme de corps, sans arrangement, ni composition, par conséquent : εξ αμορφου υλης. Chaulard et Marcel de Serres affirment que le texte chaldaïque porte mot à mot : « Alors la terre était matière informe, à l'état de molécules élémentaires. » Et la version samaritaine : « Une matière divisée jusqu'à être impalpable, jusqu'à l'annihilation. » Saint Augustin ne l'entend pas autrement : « Dicta est terra invisibilis et incomposita... quia informis erat et nulla specie cerni aut tractari poterat, etiamsi esset homo qui videret et tractaret. »

La réunion de ces caractères ne laisse pas de place au doute. Si la matière, au sortir des mains du créateur, était incomposée, il faut qu'elle ait été créée à l'état atomique ; chaque atome possédant son existence individuelle sans être relié aux autres par aucune combinaison, par aucune cohésion. Alors, elle était véritablement comme un rien aux yeux de l'homme, s'il avait existé à ce moment ; invisible et impalpable, elle ressemblait au vide de nos machines, à l'éther qui remplit les espaces intersidéraux, et dont l'existence n'a pu nous être révélée qu'indirectement, par une étude approfondie des phénomènes lumineux.

Dans de telles conditions, la matière devait occuper un espace non moins vaste que l'univers entier. C'était bien un abîme.

Immédiatement après avoir énoncé ces marques distinctives de la matière primitive, Moïse lui donne le nom d'eau : *Et l'Esprit de Dieu reposait sur les eaux.* Evidemment ici, sous peine de contradiction, il n'a pas voulu dire que cette matière était de l'eau semblable à celle de la mer ou de nos fleuves. Une telle eau ne ressemble pas à un rien, à un vide ; elle est un corps visible, palpable, et de plus composé.

Pour comprendre la pensée de l'écrivain sacré, il faut encore se reporter au temps où il écrivait, et à la langue populaire dont il se servait. Dans la langue hébraïque, ce terme est employé dans le même sens générique que notre mot *liquide*, aussi le rencontret-on dans la Bible, pour exprimer la substance liquide, tantôt des larmes et de la sueur, tantôt celle de l'urine, du fiel et de tout breuvage quelconque. D'autre part, le caractère essentiel du liquide est la facilité avec laquelle les particules qui le composent glissent les unes sur les autres, ce qui lui permet de prendre de lui-même, sous la seule influence de la pesanteur, toutes les formes possibles. Voilà pourquoi la science, aujourd'hui, comprend sous ce vocable générique, non seulement les substances dont nous venons de parler, mais encore les gaz et les fluides.

L'auteur de la Genèse qui ne pouvait connaître ces distinctions modernes, et le peuple, pour lequel il écrivait, encore moins, n'avait d'autre mot que liquide, pour qualifier la matière primitive, dont l'état atomique faisait un véritable fluide, le plus délié des liquides, auquel conviennent parfaitement les épithètes *inanis et vacua.*

Rien de plus conforme à la logique et à la sagesse divine que cette manière de procéder du Créateur. Parce qu'il est éternel et qu'il n'a pas à compter avec le temps, il ne se presse pas ; il fait tout successivement, avec ordre, poids et mesure. Parce qu'il faut exister avant d'être lié par des combinaisons, il crée d'abord les atomes ; parce qu'il gouverne ses créatures par des lois conformes à la nature qu'il leur a donnée, et que celle de la matière réclamait, pour effectuer ses compositions variées, un mouvement déterminé, il va communiquer à la masse, non une agitation quelconque qui ne produirait rien, mais le mouvement précis qui doit amener le groupement et la liaison des atomes, c'est-à-dire le mouvement ondulatoire. Remarquons, en outre, que l'état atomique de la matière est le plus apte à le recevoir.

Lumière. — Les ténèbres régnaient sur l'abîme. Tout était en repos, attendant le moteur suprême ; car la matière, inerte de sa nature, était incapable de se mouvoir elle-même. L'Esprit-Saint, à qui appartient plus spécialement l'organisation des créatures, reposait sur les eaux, dit la *Vulgate*, se préparant à l'accomplissement de son œuvre. Sur ce point, la traduction est loin de rendre la locution si expressive de l'original : en nous disant que l'Esprit de Dieu reposait sur les eaux, elle nous fait bien entendre qu'il ne s'y trouvait que pour agir, mais sans rien laisser soupçonner du mode de son action. Moïse, au contraire, l'indique parfaitement. Au lieu de *ferebatur*, il dit : *merahepheth*. C'est le verbe *rahaph* (contremere), à la forme fréquentative, qui se traduit en latin par *motitare*. Il signifie littéralement, une action fréquemment répétée, par laquelle l'Esprit-Saint communiquait au fluide de l'abîme une espèce de frémissement.

Pour un écrivain qui n'avait aucune notion des ondulations lumineuses, dont la langue ne contenait pas de terme propre pour les nommer, impossible de mieux peindre l'action de celui qui les excite. On est obligé de reconnaître, ou que Dieu lui a dicté cette expression, ou qu'il lui a montré, dans une vision, l'œuvre de la création. On sait d'ailleurs que, bien souvent, Dieu en agissait ainsi avec les prophètes ; d'où leur nom de voyants.

C'était bien là ce que l'Esprit opérait sur la matière primitive, car le contexte original nous présente l'apparition de la lumière comme une conséquence de son action sur le fluide. L'expression *merahepheth*, étant, en effet, au participe présent, la phrase peut être ainsi traduite : Et l'Esprit de Dieu imprimant un frémissement aux eaux, Dieu dit : lumière soit, et la lumière fut. Les ondulations lumineuses parcourent l'abîme dans toutes ses profondeurs, et il apparaît entièrement illuminé.

Le premier des deux mouvements requis pour l'organisation de la matière est, dès lors, en activité. Il est probable qu'avec ces ondes lumineuses, se trouvaient également les ondes calorifiques et d'autres, de différentes longueurs, celles, en un mot, qui pouvaient être utiles au but proposé.

Le Créateur partage le temps en deux parties distinctes, l'une de ténèbres, qu'il appelle nuit ; l'autre de lumière, à laquelle il donne le nom de jour. Les deux, ensemble, feront une journée complète. Jusqu'ici nous avons eu un soir et un matin, c'est-à-dire un jour entier. C'est le premier du monde.

Le monde a commencé par les ténèbres, la nuit fut donc la première partie du premier jour ; par suite, il en devra être de même des jours suivants. Aussi les Hébreux comptaient-ils leurs jours d'un soir au soir suivant. L'Eglise catholique a conservé cette coutume qui est réellement la plus exacte, chronologiquement parlant.

Le premier jour de l'univers est terminé. Il a été témoin de la création et de la formation de la lumière. Combien a-t-il duré ? Evidemment, il n'a pas été limité, comme aujourd'hui les nôtres, par le cours du soleil qui n'existait pas encore, ni par la rotation de la terre qui ne pouvait avoir lieu, puisque la substance, destinée à la composition de ce globe, était jusqu'alors confondue dans la masse générale. Il a eu cela de commun avec les nôtres, de comprendre un temps de ténèbres, suivi d'un temps de lumière ; mais quelle a été la durée de ces ténèbres et de cette lumière ? Rien ne l'indique.

Dieu pouvait laisser la matière dans son immobilité pendant un temps plus ou moins long ; il était libre d'imprimer le mouvement lumineux à toutes les parties du fluide à la fois, ou de le faire naître seulement sur un point, le laissant à sa propagation naturelle. Dans ce dernier cas, malgré la rapidité prodigieuse avec laquelle se développent les ondes lumineuses dans l'espace, il eût fallu un temps assez considérable pour qu'elles atteignissent les confins de l'univers. Enfin, il dépendait de sa seule volonté d'entretenir cette lumière pendant un long temps, ou de ne le pas faire. En résumé, rien n'indique sa durée, rien, dans la nature des choses, n'exige qu'il ait été fort long.

IIe JOUR.

« Dixit quoque Deus : Fiat firmamentum in medio aquarum, et dividat aquas ab aquis. Et fecit Deus firmamentum, divisitque aquas quæ erant sub firmamento ab his quæ erant super firmamentum. Et factum est ita. Vocavitque Deus firmamentum cœlum, Et factum est vespere et mane, dies secundus. »

Dieu dit encore : Qu'un firmament soit fait au milieu des eaux, et qu'il les sépare entre elles. Et Dieu fit le firmament, et il sépara les eaux qui étaient sous le firmament de celles qui étaient au-dessus. Cela fut fait ainsi ; et Dieu donna au firmament le nom de ciel. Et il y eut un soir et un matin, deuxième jour.

Le second jour comprend l'apparition du firmament ; la division des eaux et la formation de la terre.

Firmament. — Le premier jour, la matière avait reçu le mouvement ondulatoire de la lumière, mais ce mouvement, à lui seul, ne pouvait produire aucune combinaison, ni aucune agrégation quelconque. Il fallait lui adjoindre le second mouvement, celui des cercles ondulatoires ou courants circulaires, dont la pression, grâce à la parfaite élasticité de la matière atomique, se propage jusqu'à leur centre. Dans leur cours, chacune des ondes qui les composent, dirigée vers l'intérieur, agit sur les atomes comme un petit coup de marteau, les poussant devant elle pour les réunir au milieu de leurs cercles. Dieu accomplit cette œuvre dès le commencement du second jour par la production du firmament.

Firmament est la traduction donnée par la *Vulgate* à l'expression *rakiah* de Moïse. Ce terme de l'hébreu, vient du verbe *rakah* dont la signification propre est : *frapper à coups redoublés*. Dans la *Bible* on le trouve pour exprimer l'action de frapper du pied, en signe de joie ou d'indignation (trépigner) ; de fouler aux pieds un ennemi ; d'étendre un métal, d'en réunir les morceaux en un solide, en le frappant à coups de marteau, comme fait le forgeron. Dans les noms dérivés du passif, il désigne les lames de métal étendues par ce moyen. Mais *rakiah*, employé ici par l'auteur de la Genèse, est dérivé de l'actif, et, de plus, de la forme causative. Loin donc d'avoir un sens passif, ainsi que semblerait l'indiquer la traduction *firmamentum*, il désigne, au contraire, une action, une cause qui affermit, solidifie en frappant. Impossible de donner un nom plus expressif à ces courants circulaires d'ondes qui, par leur pression, leurs chocs innombrables et incessants, forcent la matière atomique à se concentrer et à se grouper en éléments et ces derniers à se combiner et à se solidifier en forme de globes.

Ce nom que l'on pourrait traduire peut-être plus exactement par *firmator* (qui affermit), est celui qui marque la fonction de ce nouvel agent ; mais ce n'est pas son nom propre. Aussi, afin qu'on ne se trompe pas sur sa nature, Dieu lui en donne-t-il aussitôt un autre qui exprime véritablement ce qu'il est en lui-même : il l'appelle *ciel*, *schamaïm*, littéralement, *qui est eau ;* c'est-à-dire liquide. Notre langue moderne traduirait : *qui est fluide.*

Le mot ciel par lequel nous traduisons l'hébreu n'a pas le même sens ; cependant, pour nous, il signifie aussi le firmament, ou l'espace immense au milieu duquel sont semés les astres. Or, cet espace tout entier est réellement occupé par les courants circulaires et ondulatoires, qui constituent le firmament de la *Bible*. En effet, ceux du soleil s'étendent bien au-delà des planètes les plus éloignées ; ils entrent probablement en contact avec ceux des étoiles les plus rapprochées ; peut-être leur opposition contribue-t-elle à maintenir ces astres à leur distance respective. Ceux des planètes, pour avoir une étendue moindre, occupent également un espace considérable, proportionné à leur grosseur.

Ainsi Moïse, dès les temps reculés où il vivait, enseignait aux savants futurs ce qu'ils ont ignoré jusqu'à notre époque, que les espaces interstellaires sont occupés par un fluide, l'éther, et que ce fluide est l'agent de la pesanteur, en même temps que celui de la solidification de la matière dans les globes célestes.

Les commentateurs de l'Ecriture n'ont jamais pu s'entendre sur la nature du firmament de Moïse, et cela devait être : ils ne connaissaient pas l'existence de l'éther dans l'espace, et encore moins la fonction qu'il était appelé à remplir par ses cercles ondulés.

L'inflexion donnée au cours des ondes lumineuses primitives, a fait disparaître la lumière. Les ténèbres sont revenues sur la face de l'abîme. Voilà pourquoi la formation du firmament commence l'œuvre du second jour ; avec son fonctionnement, débute une nouvelle nuit dont il est la cause.

Division des eaux. — Le firmament, première cause physique de l'organisation du monde, fut établi par le Créateur, au sein de la masse matérielle qu'il divise en différentes parties, *in medio aquarum*. Il comprit deux espèces de cercles ondulés, les uns extrêmement petits, les autres très grands.

Les premiers étaient destinés à former les éléments ;

quelques atomes pour noyau et un courant circulaire qui l'entoure d'une électrosphère, et c'est tout. La seule pression des courants les met dans un état vibratoire permanent. On a vu (*Eléments*) comment ces deux systèmes de vibrations, une fois établis, s'entretenaient par eux-mêmes. Il fallait donc autant de systèmes circulaires ou de petits firmaments particuliers que d'éléments. Tous apparurent probablement, en même temps, distribuant l'éther primitif en diverses masses gazeuses, dont le nombre correspondait à la grosseur des astres qu'elles étaient appelées à constituer, et placées individuellement au lieu que chacun de ces derniers devait occuper.

Le nombre total des éléments aussi bien que celui de chaque espèce devait être fixé pour chacun des globes célestes : qu'une planète, par exemple, soit trop ou trop peu volumineuse pour la place qu'elle occupe, elle entrainera une perturbation dans tout le système planétaire, comme une roue mal proportionnée dans une machine. Qu'il se soit trouvé, après la formation du corps solide de la terre, un reste trop considérable d'oxygène ou d'azote, pour constituer son atmosphère, qu'un surplus d'autres gaz plus ou moins délétères soit venu s'y mélanger, la vie des hommes et des animaux eût été compromise. Tout dut être fait avec poids et mesure.

Aussitôt après l'achèvement des masses gazeuses, Dieu les enveloppa de grands courants circulaires ; sans cela, le gaz, par la répulsion naturelle de ses éléments, se serait dispersé dans l'espace ouvert devant lui ; les différentes masses se seraient confondues ensemble. Il est même à croire que tous les courants circulaires, ceux des masses gazeuses, et ceux des simples éléments, ont été formés simultanément, en un instant. Avec eux, les gaz ne pouvaient plus s'écarter ; ils étaient enchaînés et refoulés vers le centre par la pesanteur.

Ainsi les eaux, ou la matière primitive, se trouvaient divisées en autant de parties qu'il y avait de globes.

La matière atomique qui restait, sans avoir été constituée en éléments, continua à remplir l'espace. C'est notre éther, la substance du firmament et de tous les courants d'ondes calorifiques, lumineuses et autres.

Jusqu'ici, l'écrivain sacré a retracé l'histoire de la création de l'univers en général ; il le fallait bien pour montrer l'origine première de la terre. A partir de ce moment, il ne s'occupera plus que de notre planète exclusivement, se contentant de mentionner les astres à leur apparition au quatrième jour, afin d'indiquer la fonction qu'ils devaient remplir à notre égard. Après avoir indiqué la division des eaux en général, il se place immédiatement au point de vue terrestre, et il ajoute : Dieu divisa les eaux qui étaient sous le firmament, c'est-à-dire, celles qui ont formé la terre, de celles qui étaient au-dessus du firmament propre à la terre, ou de ses cercles ondulés, et qui devaient servir à constituer les astres.

Les éléments avec leurs vibrations perpétuelles sont établis, placés à leur poste ; chaque masse gazeuse est entourée de son firmament ; en un mot, la grande loi du mouvement ondulatoire, qui régit tous les phénomènes physiques, est en fonction ; il n'y a plus qu'à la laisser agir. Aussi l'auteur de la Genèse, qui se borne à citer les phases principales de la formation de notre globe, garde-t-il le silence jusqu'à ce que sa partie solide soit à peu près terminée, c'est-à-dire, jusqu'à la fin du second jour.

Formation de la terre. — D'après une hypothèse qui compte encore aujourd'hui de nombreux partisans, la terre n'était d'abord qu'une nébuleuse détachée d'une autre nébuleuse beaucoup plus considérable, dont le centre était le soleil. Une chaleur intense maintenait les particules matérielles à distance les unes des autres, et les empêchait de se réunir. Après un laps de temps dont il est impossible de fixer la durée, le refroidissement progressif permit aux particules de se rapprocher ; des réactions chimiques se produisirent entre elles ; puis elles en arrivèrent à ne plus former qu'une masse en fusion et enfin un solide qui est la terre.

Le crédit qu'elle obtint dans le monde savant doit être attribué particulièrement à cette circonstance, qu'elle fut conçue à une époque où la science chimique était encore peu avancée. En réalité elle n'a, au point de vue scientifique, aucun fondement sérieux ; elle est même en opposition ouverte avec les découvertes indéniables des temps modernes.

Dans un système du monde, quel qu'il soit, il faut avant tout, expliquer la formation des éléments avec leur variété ; sans cela, nulle combinaison, nul corps possible. L'attraction n'existant pas et ne pouvant exister, puisqu'elle est, au fond, un non sens, placez la matière atomique dans telles conditions que vous voudrez, elle ne produira rien. Parce que l'atome est incapable de produire des vibrations, il est inaccessible à la chaleur et au froid. Tout ce qu'une agglomération atomique peut faire, c'est de transmettre les ondulations émanées d'un foyer étranger. La pression pourrait la concentrer, rapprocher les atomes, mais ils ne constitueraient jamais qu'un monceau de sable homogène et sans consistance, un amas de fine poussière ; parce que nul atome ne peut s'agglutiner à un autre. Pour faire des éléments, associer des atomes en petites masses permanentes, indestructibles, capables de donner des vibrations, il faut les entourer chacune de courants circulaires indépendants. Pour forcer ensuite ces éléments à se rapprocher, à s'unir par des combinaisons, il faut également encore peser sur leur masse par d'autres courants circulaires qui l'enferment complètement. Cherchez tant que vous voudrez, la nature de la matière ne vous révélera aucun autre moyen. Ainsi la nature des choses oblige à placer pour fondement, dans toute hypothèse sur la fondation du monde, le firmament de Moïse.

Par suite du refroidissement, disent les disciples de ce système qui naturellement supposent tout faits les éléments gazeux, tels que nous les possédons, ces éléments finirent par se rapprocher; les combinaisons commencèrent, et, de l'état gazeux, la matière passa à celui de fusion, puis de roches solides.

Cela est bientôt dit. Sans doute, au moment de ce passage, les éléments étant supposés constitués, des réactions purent avoir lieu entre ceux qui étaient voisins ; mais il serait bon ici de montrer, quelque peu, comment ces réactions aboutirent à façonner les roches primitives ; car c'est bien à ce résultat qu'il en faut venir ; nous dire de quels éléments ces roches sont formées, et si la fusion est capable de les combiner ainsi.

Les roches dont la constitution a été terminée avant l'apparition de tout être organisé, et qui forment la partie connue du noyau de la terre, se montrent à nous à l'état de silice et de silicates variés, au moins pour la plus grande partie. Or, dans la composition de la silice, il entre un équivalent de silicium pour deux d'oxygène ; dans les silicates, le nombre des équivalents d'oxygène égale, à lui seul, s'il ne le surpasse pas, celui de tous les autres éléments qui en font partie. De telles combinaisons ont-elles pu avoir lieu au moment du passage de la matière à l'état de fusion ? Il n'est pas facile de se le persuader.

Avant la fusion, la chaleur était telle que les éléments se trouvaient forcément séparés, dans l'impossibilité de s'unir. Les plus volatils occupaient, de ce fait, une place plus élevée que ceux qui le sont moins. Si, sous l'effet de la pesanteur, un certain mélange s'effectuait dans les couches de transition, ce mélange n'était ni bien profond, ni égal. Cependant, diront quelques-uns, dans les expériences de physique, on voit les gaz, de pesanteur différente, se confondre ensemble dans un vase ; jamais ils ne se superposent. Ces expériences ne prouvent rien pour le cas présent. On opère en vase clos, et les gaz, à raison de leur force expansive, sont obligés de s'étendre chacun dans le seul espace qui leur est mesuré. Ceci n'a pas, et ne peut avoir lieu à ciel découvert.

Si donc l'oxygène, gaz très volatil, est séparé des autres moins volatils, tels que le silicium, ces derniers ne pourront que s'unir ensemble par la cohésion, en se rapprochant, et donner une fusion dont l'oxygène sera absent; sauf, peut-être, jusqu'à une faible profondeur de la couche superficielle. La fusion établie, l'oxygène, constamment repoussé par la chaleur, n'y pénétrera jamais. S'il entre dans les liquides, c'est quand ils sont froids, et la chaleur l'en fait sortir ; il remplit aussi les pores des solides, mais la chaleur encore l'en a complètement chassé, bien avant la fusion. La combinaison des silices et des silicates, ou la formation des roches primitives, paraît donc incompatible avec le système igné, surtout si on considère la puissance de leurs couches.

On dira peut-être : ces couches de formation ignée ont été remaniées, d'abord, par l'atmosphère avec laquelle elles sont restées en contact permanent pendant de nombreux siècles ; ensuite, par les eaux, quand la température fut suffisamment abaissée pour leur permettre de séjourner sur ce sol nouveau. Mais que pouvaient produire ces deux agents, sur une roche de fusion, par là même extrêmement compacte, dure et comme vitrifiée ?

L'air ne peut la pénétrer ; sa surface seule est exposée à son action. En supposant qu'il fût capable de former avec elle quelques combinaisons, en résultera-t-il des couches granitiques, ou feld-spathiques ? Nullement. Il y aura une simple désagrégation de la surface ; les molécules formées resteront à leur place sans union entre elles, et donneront naissance à un terrain meuble, ainsi que cela arrive toujours dans les réactions de ce genre.

Quant à l'eau, si elle est pure, elle ne fera rien ; si on la suppose abondamment pourvue de certains acides, elle remaniera le terrain produit par l'atmosphère et la surface de la roche ignée ; ou elle en fera un limon, ou elle en dissoudra une partie, et la solution, en se déposant, formera sur le sol une croûte imperméable qui arrêtera toute action ultérieure. De quelque manière qu'on envisage ces deux agents, ils sont incapables, dans les circonstances données, de produire les couches puissantes des roches feld-spathiques.

La contexture des roches granitiques présente une autre difficulté non moins considérable, pour ne pas dire une impossibilité. Elle ne sont pas amorphes, mais cristallisées.

La fusion, dans certaines circonstances, produit, à la vérité, quelques cristaux ; par exemple, quand on a fait fondre un corps, soit simple, soit homogène, en ce sens qu'il est composé de molécules semblables, si on laisse refroidir lentement, la masse entière ne sera pas cristallisée : les molécules, gênées dans leurs mouvements par la pression des autres, sont obligées de s'unir aux molécules voisines ; elles ne peuvent ni changer de position pour mettre en contact leur face dont les courants sont entièrement semblables, ni se disposer en colonnes régulières, chose essentielle dans les cristaux. Mais elle en offrira quelques-uns, particulièrement vers le centre : les couches superficielles se refroidissant les premières, leur condensation détermine une espèce de vide au centre, où les molécules sont, par le fait, devenues plus libres de leur mouvement ; elles peuvent obéir aux courants qui les appellent, et choisir leur position.

Si, au contraire, un ou plusieurs corps composés de molécules dissemblables, sont fondus jusqu'à ce point de liquidité, où les substances diverses sont parfaitement mélangées, ne formant qu'une masse homogène dans toutes ses parties, jamais elle ne sera cristallisée par le refroidissement ; elle ne donnera pas même de cristaux épars. Le résultat sera un corps de contexture plus ou moins vitreuse, mais amorphe.

Il n'en saurait être autrement. Lorsque la masse commence à se refroidir, avant que les éléments s'unissent pour donner naissance à un corps solide, elle devient pâteuse ; les molécules ne sont plus libres de rechercher leurs semblables ; elles subissent la seule influence des plus rapprochées, quelle que soit leur nature, et s'attachent à elles par la cohésion. Cette mixtion disparate rend tout cristal impossible.

Le véritable moyen de s'en procurer n'est donc pas la fusion, mais bien la dissolution dans un liquide.

De plus, les roches primitives sont généralement granitiques. Or le granit n'est pas un simple cristal ; pris dans son ensemble, il est tout entier composé de trois cristaux chimiquement différents et séparés : quartz, feld-spath et mica, lesquels sont distribués uniformément sous figure de grains, quelquefois très petits, quelquefois plus gros, et unis entre eux sans aucune pâte. Cette disposition suppose que les molécules se sont déposées une à une, avec la plus grande liberté d'allure. Trop de précipitation, dans l'acte du dépôt, eût mélangé les molécules, et empêché la cristallisation. La fusion s'oppose à la liberté des mouvements dans les molécules, elle n'est donc pas susceptible de donner un granit.

Une dernière particularité, capable, à elle seule, de ruiner complètement le système du feu central. C'est l'eau enfermée dans tous les cristaux granitiques, fait connu et parfaitement constaté. Elle n'y a pas pénétré depuis leur formation, puisqu'ils sont absolument impénétrables aux liquides. On peut la leur faire perdre par la chaleur; les vapeurs produites, en soulevant un coin des molécules, se frayent un passage. Mais une fois disparue, les cristaux ne la recouvrent plus. Il faut donc que cette eau ait été emprisonnée par les molécules dans l'acte même de leur union. D'un autre côté, la fusion est incompatible avec le contact de l'eau, même à l'état de vapeur moléculaire; la température des roches granitiques, au moment où elles passeraient de la fusion à l'état solide, étant encore de beaucoup supérieure à celle où l'eau se décompose. La conclusion s'impose : les granits ont été formés par le dépôt d'une solution aqueuse.

Résumons ce qui concerne cette hypothèse véritablement antiscientifique. D'abord le système Laplace est inadmissible, parce que : 1° il est fondé sur l'attraction mutuelle des éléments entre eux, laquelle est un non sens ; 2° le feu, dont il suppose la nébuleuse primitive embrasée, n'a aucune cause scientifique, c'est une pure hypothèse ; 3° la rotation de cette nébuleuse ne se comprend pas, on ne voit aucune cause naturelle qui l'explique ; 4° la projection, par l'effet de la rotation de masses capables, par leur volume et par leur composition, de former des planètes, telles que la terre, est physiquement impossible; 5° enfin, supposé la projection de ces masses, elles doivent, par l'effet même de l'attraction, retomber rapidement sur la nébuleuse.

Quant au système plutonien, qui en est la suite, il doit être également rejeté, parce que : 1° cette chaleur, qu'il suppose dans la matière primitive de la terre, ne se comprend pas ; on ne découvre aucune cause capable de la produire ; 2° elle est opposée à la formation des roches primitives avec leur composition chimique, telles que nous les connaissons ; 3° elle est incompatible avec la cristallisation des roches granitiques, et encore plus avec l'eau que contiennent toutes ces roches.

Avec tout ce qui a été dit dans les chapitres précédents, ainsi qu'avec les données de la science actuelle, il est permis de se rendre un compte plus vrai et plus scientifique de la manière dont notre planète s'est constituée.

Avant de commencer cette exposition, quelques mots seulement, d'abord sur la composition chimique des roches primitives, de celles qui ont été constituées avant l'apparition de la vie organique sur notre globe, et qui, d'après le système plutonien, devraient leur origine à la fusion ; ensuite, sur les conditions dans lesquelles s'opère la combinaison de leurs éléments. Ces courtes notions faciliteront, à ceux qui ne sont pas versés dans la science chimique, l'appréciation de ce que nous allons exposer sur ce que nous croyons être la vérité au sujet de la formation de la terre.

Les roches primitives sont composées principalement de quartz ou silice, et de silicates variés, tels que silicate d'alumine et de potasse, silicate d'alumine et de soude, silicate d'alumine, avec soude et potasse, silicate d'alumine à base de chaux, silicate d'alumine et de chaux avec soude, potasse, peroxyde de fer et manganèse, silicate de magnésie avec chaux et oxyde de fer. Chacun de ces silicates forme une pierre qui porte un nom particulier, mais qu'il est inutile de donner ici. Ils se retrouvent presque tous dans le granit et la syénite.

Les expériences faites par les chimistes sur les conditions dans lesquelles les différents éléments qui composent la silice et les silicates, peuvent se combiner, donnent les résultats suivants :

Le silicium s'oxyde au contact de l'air à une température peu élevée pour former la silice. Mélangé à une dissolution concentrée d'hydrate alcaline, il s'oxyde et donne un silicate.

Le potassium et le sodium s'oxydent à froid dans l'air, et deviennent potasse et soude, substances alcalines qui, dissoutes dans l'eau et mélangées avec de la silice ou simplement avec du silicium, se convertissent en silicates de potasse et de soude.

Le calcium s'oxyde très lentement à l'air sec, mais très rapidement dans l'air humide, se convertissant en chaux.

L'aluminium a une grande affinité pour le silicium. Mélangé à l'état de division dans des dissolutions alcalines, il se convertit en aluminates ; si la dissolution renferme du silicium, il forme un silicate.

Le magnésium s'oxyde à l'air humide, s'hydrate, absorbe l'acide carbonique et donne un carbonate de magnésie ; une solution de chlorure de magnésie et de silicate potassique produit un silicate magnésien, on l'obtient également par un simple mélange de silice et de magnésie à une température élevée.

L'eau est formée par la combinaison de l'oxygène avec l'hydrogène qui s'unissent instantanément sous l'influence de l'électricité.

De ce court exposé, il résulte que deux facteurs jouent un rôle particulièrement important dans les combinaisons chimiques des substances rocheuses du noyau terrestre. 1° La division des substances. Elle doit être portée aussi loin que possible ; la combinaison s'opérant d'élément à élément, de molécule à molécule, les particules différentes doivent pouvoir se mélanger intimement, se rapprocher, une à une. Une masse compacte ne permet pas ce mélange, elle ne peut être attaquée qu'à la surface et au point de contact, et encore, dans ce cas, les éléments opposent-ils la résistance de leur cohésion. Or, cette première condition est parfaitement réalisée dans la matière, telle que nous la supposons au début, c'est-à-dire à l'état gazeux, tous les éléments étant individuellement libres et séparés. 2° La présence de l'eau, dont le rôle n'est guère moindre, ainsi que le font pressentir les oxydations à l'air humide, les dissolutions qui sont le moyen le plus efficace pour produire les silicates. Dans l'eau, en effet, les substances dissoutes se maintiennent plus divisées, les éléments et les molécules, qui s'y trouvent, perdent, par leur adhérence au liquide, une partie de leur force répulsive, ce qui leur permet de se rapprocher jusqu'à l'adhésion, et par suite jusqu'à la combinaison. Tandis qu'à l'air libre, ils se repoussent, ou ne peuvent s'unir que grâce à des conditions particulières, par exemple, lorsque l'un est chargé d'électricité, l'autre, non.

Avec ces lois de la chimie et le firmament de Moïse, tout s'explique aussi naturellement que scientifiquement. Les choses ont donc dû se passer de cette manière :

Les éléments sont constitués, chacun selon son espèce, et distribués dans la nébuleuse terrestre. Une immense zone de courants circulaires, ou le firmament, source de la pesanteur, environne cette masse entière, presse les éléments et les pousse vers le centre. Aussitôt le gaz se resserre ; vers le centre, où l'action des courants est plus puissante, les éléments, qui ont en outre, à supporter le poids des couches supérieures, se compriment ; leurs électrosphères se pénètrent, et une quantité considérable d'électricité est produite. Celle-ci, chassée par celle qui ne cesse de se produire, se répand rapidement dans l'espace, s'attachant spécialement aux meilleurs conducteurs, et, en particulier, à l'hydrogène dispersé en abondance avec l'oxygène dans toutes les parties de la nébuleuse. Par suite, une masse prodigieuse d'eau est formée, à peu près instantanément, avant que l'action de la pesanteur ait eu le temps de reléguer l'hydrogène dans les régions supérieures où l'appelait sa légèreté, et le séparer de l'oxygène. L'eau est, d'abord, à l'état gazeux, mais son abondance et le froid des hauteurs la forcent à se condenser ; elle tombe en pluie serrée vers le centre, où elle ne tarde pas à constituer un globe liquide qui va sans cesse grandissant. Il n'en reste, au sein des gaz qui enveloppent ce dernier, comme une immense atmosphère, que la quantité voulue pour les saturer. Grâce à la présence de ces vapeurs et de l'électricité qui ne cesse d'affluer, émise par la condensation des eaux, des réactions chimiques sans nombre s'opèrent au sein de la masse gazeuse ; elles sont favorisées par l'isolement des éléments et leur facilité à se mouvoir vers les affinités qui les appellent, n'étant encore retenus par aucun lien de combinaison, ou même de cohésion.

Le travail n'est pas moins actif au sein du globe liquide : ce dernier est bientôt saturé par la présence des éléments que les eaux y ont enfermés dans leur concentration, ou qu'elles ont entraînés avec elles dans leur chute, et aussi, par ceux qui tombent sans cesse de l'atmosphère. C'est alors, au milieu de son eau, que les réactions se complètent.

La potasse, la soude, la chaux, la magnésie, etc., peuvent se former à l'aise, si elles n'y sont pas tombées de l'atmosphère, déjà constituées. Elles n'ont pas besoin d'être dissoutes par les moyens artificiels de nos laboratoires : combinées, molécule par molécule, elles sont naturellement à l'état de dissolution par leur immersion dans l'eau.

Le silicium, l'aluminium, etc., mélangés avec ces substances, se combinent facilement, donnant les silicates variés qui ne se forment jamais mieux que dans ces circonstances.

L'eau est toujours saturée de molécules de tout genre, parce qu'elle en reçoit un apport continuel de l'atmosphère. Sa tranquillité, que rien ne vient troubler, permet aux dépôts de se faire sans interruption et régulièrement sur la surface entière du noyau. Au commencement, les molécules dissoutes étaient sans doute très abondantes, le dépôt trop rapide pour produire une vraie cristallisation ; elles formèrent alors, probablement, une roche amorphe, mais compacte et dure comme le sont celles qui proviennent de dépôts chimiques. Plus tard, quand les molécules devinrent moins serrées, elles purent prendre leur position normale vis-à-vis les unes des autres : suspendues dans les eaux, elles furent libres de se fixer de préférence sur leurs semblables, parce qu'elles y sont sollicitées par la similitude et la concordance parfaite de leurs courants ; pourvu, cependant, qu'elles en rencontrent dans un périmètre assez restreint l'influence des courants ayant très peu d'étendue.

Leur variété les force à s'unir en plusieurs cristaux différents, selon leur nature, et juxtaposés dans la même roche. De là, le mélange à peu près uniforme des cristaux de quartz, de mica, de feld-spath dans les granits. Les grains sont de grosseur variable : là où les molécules se déposent plus serrées, les cristaux sont plus petits.

Les éléments métalliques, sous forme d'oxyde ou autrement, soit qu'ils entrent dans la composition des molécules, soit qu'ils y adhèrent simplement, se déposent avec elles; et ainsi s'explique leur présence dans les roches du noyau terrestre.

Le fait de l'eau de cristallisation n'a pas besoin d'éclaircissement : il est commandé par le milieu dans lequel s'effectue le dépôt. L'eau se trouve naturellement enfermée dans tous les interstices que laissent entre elles les molécules, d'autant plus qu'elles sont elles-mêmes mouillées en se réunissant.

La terre ne reçoit, pendant le temps de sa première formation, aucune chaleur du dehors, puisque le soleil n'existe pas encore. Il semble alors que son globe liquide devrait être tout entier converti en une glace, d'où l'activité chimique serait bannie. Il est loin d'en être ainsi, parce qu'elle tire une grande chaleur de son propre sein. La multitude des réactions qui ont commencé avec la condensation des éléments, et continuent sans interruption dans l'atmosphère et dans toutes les parties de l'océan ; les courants électriques qui les traversent, entretenus par les combinaisons chimiques, par l'adhésion des molécules qui se déposent, élèvent leur température à un degré propre à faciliter la composition des silicates. Ne voit-on pas le liquide des piles s'échauffer rapidement, même jusqu'à l'ébullition ?

La température du globe liquide ne s'élève pas aussi haut, parce qu'elle est modérée et par le rayonnement et par l'évaporation de sa surface, auxquels il faut joindre les pluies continuelles occasionnées par le refroidissement des vapeurs dans les hautes régions.

L'électricité traverse l'eau, puis se répand dans l'atmosphère, où sa marche est favorisée par la conductibilité des vapeurs et d'un grand nombre d'éléments conducteurs, de là elle se dissipe dans l'espace. Son passage à travers l'océan doit décomposer une quantité notable du liquide; mais l'hydrogène ne va pas loin avant d'avoir été ressaisi par les courants électriques et reconstitué en eau, pour retomber en pluie.

Aujourd'hui, il est vrai, la terre, loin de repousser l'électricité dans l'espace, en est considérée comme le grand collecteur. Le fluide de nos piles, celui des nuages, se dirige vers elle, et est absorbé sans qu'il en reste de traces. C'est qu'à cet égard, notre planète n'est plus dans le même état qu'au temps de sa formation. Maintenant l'équilibre est établi dans sa masse; elle ne reçoit point de fluide de l'intérieur, celui que lui apportent les radiations solaires est dépensé par le rayonnement, en sorte que, l'année écoulée, elle se trouve au même degré qu'à son début. Celui que nous produisons, celui de l'atmosphère et des nuages, est, en définitive, emprunté à sa masse; et, si la perte qu'elle éprouve de ce chef, n'est pas assez considérable pour rendre sensible son état de privation, elle lui crée, du moins, une espèce d'avidité qui lui fait appeler l'électricité extérieure. Pendant sa formation, au contraire, la terre était saturée, fortement chargée du fluide rendu à la liberté par les réactions citées plus haut, et elle en repoussait les nouvelles effluves, les forçant à se diriger vers l'espace.

Cette explication de la formation de la terre, découlant des données posées par Moïse, est certainement plus naturelle et plus conforme à la science que les hypothèses imaginées jusqu'ici.

Il y eut un soir et un matin. — Le soir, ou la nuit, avait commencé avec l'apparition du firmament au début de la formation du globe terrestre. D'abord, l'électricité produite allait se confondre avec l'éther de l'espace, conduite jusqu'à lui par les vapeurs et les éléments conducteurs. Mais, quand les vapeurs réduites en eau se furent concentrées en un vaste océan, et que le noyau solide de la terre se fut un peu développé, la quantité des éléments gazeux devint considérablement moindre; leur cercle se resserra, et bientôt la surabondance de l'azote et de l'oxygène destinée à constituer notre atmosphère, se dégagea peu à peu, établissant, au-dessus des autres gaz, une ceinture atmosphérique plus pure. La sécheresse de cette couche supérieure, causée par le froid des régions où elle se trouvait, la rendit parfaitement inconductible. Aussitôt qu'elle fut assez forte pour opposer une barrière infranchissable à l'électricité, le fluide affluant du globe central, s'accumula sous elle; sa pression la mit en vibration ainsi qu'il arrive nécessairement à une masse électrique comprimée; et la lumière parut de nouveau. Le jour recommençait sur la terre.

Le fluide éprouvait, il est vrai, une perte continuelle par les ondes que ses vibrations envoyaient dans l'espace, à travers la couche d'air; mais cette perte était compensée, et au-delà, par les effluves qui montaient incessamment du centre.

La terre se trouva donc enveloppée d'une photosphère identique à celle du soleil, et par sa nature et par sa cause. Seulement, sa profondeur devait être moindre, la quantité de gaz, et par suite d'électricité, étant pour elle de beaucoup inférieure à celle du soleil.

La lumière, qui s'étendait également sur le pourtour entier de la terre, dura jusqu'au troisième jour.

Il y eut donc un soir et un matin; ce fut le deuxième jour.

Maintenant, quelle fut la longueur de ce second jour? Certainement le Tout-Puissant pouvait compléter la formation de la terre en un instant; il n'avait qu'à le vouloir. Mais, parce qu'étant éternel, il n'avait pas à compter avec le temps; parce que sa sagesse, dans le cours habituel des choses, gouverne les êtres sortis de ses mains par les lois qu'elle leur a données, il est conforme à la logique de penser, qu'après avoir établi le mouvement particulier qui devenait la loi de la matière, et la cause des phénomènes physiques, il la laissât agir d'elle-même. On doit donc supputer la durée de ce jour d'après le temps naturellement requis pour l'accomplissement des combinaisons nécessaires et du dépôt des molécules dans les conditions indiquées par la nature des roches.

Ce travail ne se fit pas avec la même activité dans ses différentes périodes. Au commencement, les éléments pressés vers le centre, durent se combiner plus vite et en plus grand nombre à la fois. La masse des eaux en se réunissant au centre, en avait enfermé et entraîné avec elle une grande quantité; le globe liquide en contenait ainsi autant que possible dans son enceinte, où ils achevèrent de subir leurs diverses réactions. Dans ces circonstances, les molécules durent se déposer en abondance sur tous les points; l'activité du précipité se continua tant que les éléments furent pressés dans l'atmosphère d'où ils tombaient dans l'eau en plus grand nombre. Le noyau solide grossissait rapidement.

A cette période, qui fut celle de la nuit, en succéda une seconde pendant laquelle le précipité se fit de plus en plus lentement, à mesure que diminuaient les éléments non employés. C'est celle où se formèrent les cristaux granitiques. Elle s'accomplit pendant la lumière fournie par la photosphère.

Ce second jour fut donc, ainsi que tous ceux de la Genèse, composé d'un temps de ténèbres, et d'un temps de lumière, absolument comme nos jours actuels, sauf la longueur.

Sans s'arrêter aux époques fantastiques de quelques auteurs, fruits de l'imagination et d'un système impossible, on peut, sans trop d'exagération, accorder à ce jour une longueur équivalente à plusieurs de nos siècles.

IIIe JOUR.

« Dixit vero Deus : congregentur aquæ, quæ sub cœlo sunt, in locum unum, et appareat arida. Et factum est ita. Et vocavit Deus aridam, terram ; congregationesque aquarum appellavit maria. Et vidit Deus quod esset bonum. Et ait : germinet terra herbam virentem et facientem semen, et lignum pomiferum faciens fructum juxta genus suum, cujus semen in semetipso sit super terram. Et factum est ita. Et protulit terra herbam virentem et facientem semen juxta genus suum, lignumque faciens fructum et habens unumquodque sementem secundum speciem suam. Et vidit Deus quod esset bonum. Et factum est vespere et mane, dies tertius. »

Dieu dit encore : Que les eaux qui sont sous le ciel se rassemblent en un seul lieu, et que l'aride paraisse. Et cela se fit ainsi. Dieu donna à l'aride le nom de terre, et il appela mers toutes les eaux assemblées. Et il vit que cela était bon. Dieu dit ensuite : Que la terre produise de l'herbe verte qui porte de la graine, et des arbres fruitiers qui portent du fruit chacun selon son espèce, dont la semence soit en eux-mêmes sur la terre. Et cela se fit ainsi. La terre produisit donc de l'herbe verte qui portait de la graine selon son espèce, et des arbres fruitiers renfermant chacun leur semence selon son espèce. Et Dieu vit que cela était bon. Et du soir et du matin, se fit le troisième jour.

L'œuvre de ce troisième jour comprend donc l'apparition du globe solide de la terre, lorsque les eaux furent réunies en un seul lieu, et la production des plantes.

A la fin du second jour, les eaux enveloppaient encore entièrement le noyau solide. Leur profondeur avait considérablement diminué par le grossissement de la partie rocheuse qui les forçait à s'étendre toujours davantage. La terre touchait à la fin de sa formation ; mais sa surface, sous les eaux, était loin d'être plane, comme semblerait le faire croire d'abord la régularité des dépôts qui l'édifiaient. On se fera une idée de ce qu'elle devait être, en la comparant aux corps cristallins que l'on obtient dans les laboratoires par le précipité d'une dissolution : il y a parfaite similitude dans le mode des deux dépôts. Malgré la tranquillité du liquide, le corps qui s'est formé au fond du vase, est hérissé de dents, dont la grandeur augmente avec l'importance du dépôt. Si donc la surface de la terre avait ses plateaux accidentés, elle offrait aussi de nombreuses montagnes. Les sommets de plusieurs devaient, à ce moment, approcher du niveau des eaux.

Emersion de la terre. — Jusqu'alors, la terre, immobile sur son axe, n'avait pas encore commencé son mouvement de rotation. Les rayons ondulés, émis par les vibrations de ses éléments constitutifs, car ils les conservent toujours malgré les combinaisons et leur solidification, tendaient, à la vérité, à la faire tourner sur elle-même, dans le sens opposé à ses grands courants circulaires, mais leur effort était annulé par ceux de la photosphère qui agissaient en sens contraire. Cependant, la profondeur limitée de celle-ci ne lui donnait pas une puissance suffisante pour l'emporter sur les rayons intérieurs du noyau terrestre. La lutte de ces deux forces inverses avait retardé jusqu'ici le mouvement de rotation. Quand le noyau fut arrivé à sa grosseur, le nombre de ses rayons, augmenté de la quantité des éléments nouvellement acquis, l'emporta enfin sur l'électrosphère, et la terre s'ébranla peu à peu.

Bientôt le mouvement de rotation s'accentua, et les eaux, obéissant à la force centrifuge qui en était le résultat, se mirent en marche. Elles affluèrent des deux pôles à la fois vers l'équateur, où elles étaient appelées à se masser en grande partie. Ce changement d'assiette ne se fit pas en un instant : le choc des flots arrivant en sens contraire, le mouvement acquis, refoulaient les masses liquides, tantôt d'un côté, tantôt d'un autre, et elles balayaient le noyau dans toute sa longueur. Au temps du déluge, quand l'océan se rua sur les terres, Moïse nous dit que les eaux allaient et revenaient, et qu'elles mirent une année environ à reprendre le calme de leur nouvelle position. La durée de leur remous ne dut pas être moindre au troisième jour de la création. Quand leur équilibre avec la force centrifuge fut enfin établi, elles laissèrent une partie du noyau à découvert. L'aride parut.

Avant que la terre prît son mouvement de rotation, elle n'était pas renflée à l'équateur, mais de forme ronde. Le niveau des eaux était partout à une égale distance du centre, et elles couvraient les plus hautes montagnes, puisque les roches solides ne pouvaient se constituer que dans le liquide. La rotation une fois établie, les choses changèrent. Le mouvement de la terre, à peine sensible aux deux pôles, allait s'accentuant jusqu'à l'équateur, où sa surface acquiert une vitesse de trois mille lieues environ par jour. La force centrifuge, qui en est le résultat, croît avec cette vitesse ; le niveau des eaux s'éloigne du centre en proportion, et monte jusqu'à l'équateur, où il est élevé d'environ 20 kilomètres de plus qu'aux pôles. C'est la masse d'eau qui vint s'accumuler entre les tropiques et former le renflement équatorial, qui laissa à découvert les continents primitifs.

L'influence de la force centrifuge se fit également sentir sur le noyau solide du globe : les éléments des roches, n'étant plus comprimés avec la même énergie, celles-ci se dilatèrent peu à peu, et la terre prit la forme que nous lui voyons aujourd'hui.

La conséquence de cet exhaussement progressif des pôles à l'équateur fut un agrandissement de la superficie du globe ; en sorte que si, aujourd'hui, la terre cessait de tourner, et que les eaux de l'océan reprissent leur niveau normal par rapport au centre, elles seraient insuffisantes pour recouvrir ses plus hautes montagnes comme au commencement ; elles ne pourraient même atteindre les terres émergées de l'équateur, à cause de leur hauteur acquise par l'effet de la force centrifuge, hauteur qui atteint 20 kilomètres au-dessus du niveau des pôles.

Elles en seraient d'autant moins capables que leur quantité doit avoir diminué depuis le début du mouvement terrestre. Le fait n'a pas encore été directement constaté ; il serait même assez difficile qu'il le fût, cela demandant des observations rigoureuses de plusieurs siècles ; mais les causes qui militent en faveur de cette opinion sont assez nombreuses et assez sérieuses pour la rendre plus que probable.

Les végétaux, petits et grands, les herbes comme les arbres, consomment environ moitié de leur poids d'eau pour former leur substance, indépendamment de celle qui réside dans leur sève. On peut en dire autant des animaux. Que l'on calcule maintenant le poids de l'eau ainsi détruite depuis la création des végétaux, et qui s'accroît chaque jour.

Sans doute, une partie de cette eau se reconstitue lors de la décomposition de l'organisme; mais quelle est cette partie? Est-elle de beaucoup la plus considérable? L'affirmer serait peut-être hasardé. Dans la masse des végétaux enfouie depuis des siècles dans la terre et dont sont formées nos houillères, on retrouve encore aujourd'hui l'hydrogène de l'eau qu'ils avaient consommée, sous forme de carbure et d'azoture d'hydrogène. La décomposition de ces organismes à l'air libre donne les mêmes produits. Lorsque ces dernières substances sont brûlées, comme les huiles, le pétrole, l'hydrogène peut se réunir à l'oxygène de l'air et reconstituer l'eau, parce que la chaleur l'a rendu capable de cette combinaison. Mais en est-il de même en dehors de cette circonstance? Il ne faut pas oublier que si l'hydrogène ne s'unit pas à l'oxygène immédiatement en se dégageant, il ne le fera probablement jamais : il se disperse dans l'atmosphère et il ne se trouve plus en proportion suffisante autour du même élément d'oxygène pour réaliser la combinaison. Il a bientôt, grâce à sa légèreté, atteint les confins de l'atmosphère, où il est, pour toujours, à l'abri des réactions.

D'un autre côté, l'eau se décompose sous l'influence d'un courant électrique; or, le sol est intérieurement sillonné de courants : chaque réaction qui s'y produit, et elles sont innombrables, fournit de l'électricité; si la quantité est minime, elle suffit cependant pour décomposer une parcelle d'eau; par exemple, une faible goutte d'eau, en se déposant sur un morceau de fer, produit un petit courant qui suffit pour la décomposer et donner naissance à la rouille. Or, est-il un terrain qui ne contienne plus ou moins de fer ?

Un fait en particulier semble corroborer l'opinion de la diminution des eaux. C'est l'existence des attoles autour de l'équateur, dans l'océan pacifique. Ces attoles, très nombreux, sont des îles, quelquefois assez grandes, consistant en rochers calcaires bâtis par des polypiers. Ces animaux cessent leur travail et périssent avant d'avoir atteint la surface des eaux ; or, ces îles sont maintenant au-dessus du niveau de l'océan et couvertes de végétaux. Elles n'ont pas été soulevées par des volcans, on en convient assez généralement aujourd'hui ; d'ailleurs, on ne connaît pas de volcans dans ces parages ; elles sont trop grandes souvent pour supposer qu'un volcan pût les soulever tout d'une pièce, et sans détruire la symétrie du travail de ces animaux. Il reste donc à conclure que c'est l'abaissement du niveau des eaux, ou leur diminution qui a causé leur émergence.

L'acte du retrait de l'océan, par l'effet de la rotation de la terre, entraîna après lui d'autres conséquences. Pendant l'agitation des eaux dont la température était assez élevée, pendant qu'elles roulaient sur le noyau solide, une évaporation intense remplit et obscurcit l'atmosphère. De leur côté, les vapeurs, pour se former, absorbèrent une quantité considérable d'électricité qui mit la terre en privation. Le fluide de la photosphère, appelé par le vide, et d'ailleurs favorisé par la conductibilité des vapeurs, s'y précipita. De plus, la terre, entraînant l'atmosphère dans son mouvement de rotation, y jeta la même perturbation que dans ses eaux, et pour la même raison, ce qui acheva de désorganiser la photosphère, s'il en restait encore. Les ténèbres régnèrent de nouveau sur le globe.

Quand, enfin, les eaux et l'atmosphère eurent repris leur tranquillité, vint la période des pluies. Alors, les vapeurs, en se condensant, restituèrent le fluide qu'elles avaient absorbé, la photosphère fut reconstituée, et le jour reparut avec la sérénité de l'air.

L'agitation des eaux et de l'atmosphère avait réparti partout et mélangé les particules matérielles non encore réunies au solide, et le travail allait recommencer. C'est, à ce moment, qu'au-dessus des anciennes roches dont l'achèvement se terminait, allaient apparaître de nouveaux produits dont l'importance nous fait toucher du doigt le soin de la Providence qui avait tout prévu, tout calculé, tout conduit pour préparer la demeure de l'homme.

Le carbone, qui est essentiel à la vie organique, puisqu'il entre, à lui seul, pour plus de 40 centièmes dans la substance des plantes et des animaux, est répandu à profusion sur la surface du sol. Les services qu'il nous rend par ses calcaires sont innombrables : aussi cette matière constitue-t-elle la plus grande partie de nos continents ; elle compte des dépôts immenses à tous les étages de l'écorce de notre globe.

Si le soufre n'a pas la même importance, il est néanmoins nécessaire aussi à l'organisme, et utile à l'homme. On le trouve en abondance : ses sulfates ont construit de puissantes assises dans les couches géologiques.

Cependant, ces deux substances sont à peu près totalement absentes des roches primitives. Leurs éléments ont été créés en même temps que les autres et faisaient partie de la masse gazeuse qui a donné naissance à notre planète ; il semble donc qu'elles devaient se combiner et se déposer de même. D'où vient alors qu'elles ne se rencontrent pas dans le noyau terrestre? La chimie nous en fournit la raison. La silice est plus avide que les acides carboniques et sulfuriques des bases propres à s'unir à ces derniers ; en sorte que, dans une solution, on ne peut obtenir, ni carbonates, ni sulfates, en présence, soit de la silice, soit simplement du silicium ; toujours celui-ci s'empare des bases, et des silicates seuls se combinent. Même quand des carbonates et des sulfates tout formés se trouvent dans une solution, si on y introduit de la silice ou du silicium, immédiatement celle-ci détruit les premières et s'empare de leurs bases pour composer des silicates. Tant que le silicium a surabondé, il était donc impossible aux premières de se constituer et de se déposer. C'est pourquoi le carbone et le soufre sont restés pour les formations de la fin. Le Créateur, qui connaissait tout d'avance, n'avait mélangé à la nébuleuse terrestre que la quantité de ces éléments largement nécessaire aux organismes et à l'usage de l'industrie humaine.

Quand, dans les eaux de l'océan, la quantité des acides sulfuriques et carboniques surpassa celle de la silice, alors seulement purent commencer à se combiner et se déposer les sulfates et les carbonates. Les premières traces de ces substances ne doivent donc se montrer que dans les couches supérieures des terrains primitifs ; ce que confirment les découvertes de la géologie.

Sur les continents abandonnés par les eaux, les différents acides et particulièrement l'acide carbonique abondamment répandus dans l'atmosphère, attaquèrent les granits dénudés, les désagrégèrent et les convertirent en une terre meuble à laquelle vinrent se mêler les substances variées encore contenues dans l'air et sans cesse apportées par l'humidité dont les gaz atmosphériques étaient saturés. Il se formait ainsi, sur la surface des continents, une couche de terre susceptible de culture, où se trouvaient enfermés tous les éléments propres à la vie végétative.

Production des plantes. — Quand la couche terreuse fut assez forte et l'air suffisamment purifié, Dieu commanda au sol de faire sortir de son sein des plantes de toutes espèces, chacune devant porter une semence pour se reproduire et se propager. L'ordre du Créateur était nécessaire. La matière obéissant aveuglément à ses courants, les molécules prennent entre elles, et selon que les circonstances le leur permettent, la place où ils les appellent. Leur disposition ne peut aboutir qu'à la formation d'une pierre, d'un corps brut, jamais à celle d'un instrument, encore moins d'un mécanisme. Ces deux choses, qui demandent une forme spéciale pour chaque pièce, un agencement précis de celles-ci, qui rendent le tout capable d'atteindre un but déterminé, supposent une intelligence qui conçoive l'objet, qui dirige son exécution ; or, la plante est un mécanisme d'une perfection supérieure : elle possède des organes, des cellules, des fibres, des vaisseaux chacun ayant une forme propre à une fin particulière, une place en rapport avec les fonctions qu'il doit remplir. C'est quelque chose de plus encore : les pièces de ce mécanisme sont faites dans des conditions telles, qu'il peut se nourrir, croître, se reproduire de lui-même. La matière, même aidée et dirigée par l'intelligence humaine, est incapable de s'élever à cette perfection. Il a fallu l'intervention du Dieu des sciences pour concevoir et diriger la composition des molécules et des organes, ainsi que leur disposition, afin que la plante puisse atteindre le but voulu avec la seule loi donnée à la matière.

Chaque être, se reproduisant par génération, ne peut engendrer que son semblable ; les plantes ont dû, à cause de cela, être façonnées individuellement par l'auteur de cette vie nouvelle.

Au moment de leur apparition, les conditions du sol et du climat étaient exceptionnellement favorables à la végétation : une terre neuve et humide, abondamment pourvue des éléments propres à la vie organique ; un air toujours saturé de vapeurs, mais limpide. La photosphère, qui enveloppait totalement la terre, répandait sur toutes les latitudes une lumière et une chaleur bienfaisantes, les mêmes sur les pôles qu'à l'équateur, et éloignait par là même toute occasion de vents et de tempêtes. Le travail végétatif n'avait point de relâche ; il n'était contrarié, ni par les ténèbres des nuits, ni par la succession du froid et de la chaleur, si fatale à la prospérité des plantes. Celles-ci devaient donc acquérir promptement, et sur tous les points du globe indifféremment, une puissance et une beauté inconnues à nos climats.

Toutes les espèces virent le jour en même temps : es plantes aquatiques dans les eaux, les plantes terrestres sur le sol émergé. L'ordre général, donné à la terre par Dieu, laisse à penser que les continents existants se couvrirent partout de végétation, et que les individus de chaque espèce furent nombreux.

Arrêtons-nous, un instant, afin de jeter un coup d'œil rétrospectif sur les progrès accomplis jusqu'ici par la matière.

Pour apprécier avec justice l'œuvre du Créateur, il est nécessaire d'avoir présent à l'esprit le plan général qu'il s'est proposé. C'est l'amour qui a porté Dieu à réaliser la création, qui lui a fait appeler à la vie les êtres, depuis les plus infimes jusqu'aux plus parfaits. Parce qu'il les aime tous, il a voulu les élever par degrés jusqu'à lui, afin de les rendre participants de sa vie, de sa gloire et de son bonheur, dans la mesure que comporte la nature qu'il a départie à chacun. Un tel dessein était digne de Dieu ; mais lui seul pouvait l'accomplir par sa toute-puissance. L'élévation de la créature étant une œuvre d'amour, sa réalisation appartenait plus particulièrement à l'Esprit-Saint ; c'est pourquoi nous le voyons, dès le début, agir sur la matière atomique pour l'organiser. L'amour appelle l'union ; c'est donc par l'union, par l'association, que les créatures diverses, reliées ensemble comme les matériaux d'un grand palais pour ne faire qu'un seul tout, devront atteindre leur fin.

Voyons déjà, avant d'aller plus loin, ce qui, dans ce plan, a été réalisé pendant ces trois premiers jours.

La matière est sortie du néant. Les atomes existent individuellement avec leur substance inerte, et c'est tout; nulle activité, ni intérieure, ni extérieure, aucune liaison entre eux; chacun est véritablement isolé au milieu de la multitude de ses semblables; la matière est comme un rien existant, ce qu'il y a de plus voisin du néant, le degré le plus infime possible de la vie. L'Esprit-Saint s'empare de cette masse inerte pour en faire quelque chose, pour l'élever un peu au-dessus de sa condition présente, sans toutefois modifier en rien sa nature. Il lui communique un mouvement spécial, celui dont nous avons parlé, et les atomes sont obligés de s'associer par petits groupes. L'élément chimique est constitué.

C'est déjà un premier pas, un progrès important réalisé. La matière était sans action; maintenant, l'élément vibre par lui-même; il est susceptible de chaleur et même de lumière; il agit sur tous ceux qui l'entourent par ses vibrations; des relations sont établies. La matière est élevée d'un degré. Malgré cela, les atomes qui composent l'élément sont ce qu'ils étaient auparavant, leur nature, leur individualité sont les mêmes; seulement ils sont associés, et c'est l'association qui engendre et possède seule ces nouvelles propriétés.

Un mouvement semblable, mais plus étendu, le

firmament, enveloppe différentes masses de ces éléments et les oblige à se réunir. Les globes célestes se constituent et vont apparaître au quatrième jour. Une association d'atomes avait fait les éléments, une association de ceux-ci donne à tout l'ensemble de l'univers matériel un aspect grandiose. Qui n'a admiré cette immense voûte d'azur, étincelante de brillants ? La matière a déjà revêtu un reflet de la beauté divine ; et tous les atômes primitivement créés participent à cette beauté, parce qu'ils concourent à la former, comme la plante concourt à l'apparition de la fleur. Ceux-là même qui sont répandus dans l'espace éthéré n'y sont pas étrangers ; ils sont la substance du firmament et ce sont les ondes de ce dernier qui ont créé cet état et qui le conservent. De plus, ils nous rendent visibles ces astres en nous transmettant leur lumière. Ainsi, dès lors, tous les atomes de l'univers, avec tous les astres, sont reliés ensemble; ils ne forment plus qu'un temple imposant qui publie par lui-même la grandeur de son divin Architecte.

Revenons à la terre qui doit spécialement nous occuper. Quelques éléments s'unissent ensemble, toujours en vertu du même mouvement ondulatoire ; il donne naissance à la molécule, petite merveille qui étonne le chimiste. Ce n'est plus une simple association, où chacun des éléments conserve son action particulière; c'est une union intime, une combinaison, dans laquelle les éléments, comme fondus en un seul, ne constituent plus qu'une individualité possédant des propriétés différentes de celles des composants. Cependant, chaque élément y est conservé en entier et le même : on peut les séparer, les unir de nouveau, soit avec les mêmes, soit avec d'autres de nature diverse ; puis les séparer encore ; toujours on les retrouve identiques à eux-mêmes. C'est que dans la molécule, la puissance, ou les propriétés de chaque composant, mariées ensemble, deviennent subordonnées les unes aux autres, se commandent réciproquement, se mélangent. Alors l'action générale de la molécule, indivise tant que persévère la combinaison, est naturellement tout autre. On dirait que le Créateur a voulu nous préparer à voir, sans trop d'étonnement, une union plus merveilleuse encore, celle de la substance matérielle avec une substance immatérielle.

La molécule varie avec les espèces d'éléments qui la composent. Leur association forme la multitude des roches dissemblables, comme l'association des éléments métalliques engendre les métaux ; le tout si nécessaire à l'homme qui en fait les matériaux de ses palais, les objets de son industrie et des arts. La matière est encore avancée d'un pas.

Dans les plantes, elle a revêtu une forme, une beauté entièrement nouvelles. Elle n'est plus, comme dans les corps précédents, une substance morte : elle a des organes, une vie ; elle se nourrit, croît et se reproduit. Elle est devenue le charme des champs, la nourriture des animaux et des hommes. Elle commence à s'ennoblir ; et toute la matière participe à cette élévation : la terre, qui porte la plante, la nourrit de ses sucs, de son humidité ; l'air fournit quotidiennement ses éléments à sa substance ; le soleil, par l'intermédiaire de l'éther, lui déverse la chaleur et la lumière, dont elle ne peut se passer.

IVe JOUR.

Dixit autem Deus : Fiant luminaria in firmamento cœli, et dividant diem ac noctem, et sint in signa et tempora et dies et annos : ut luceant in firmamento cœli et illuminent terram. Et factum est ita. Fecitque Deus duo luminaria magna, luminare majus ut præesset diei, et luminare minus, ut præesset nocti, et stellas. Et posuit eas, in firmamento cœli, ut lucerent super terram, et præessent diei et nocti et dividerent lucem ac tenebras. Et vidit Deus quod esset bonum. Et factum est vespere et mane, dies quartus.

Dieu dit aussi : Que des luminaires soient faits dans le firmament du ciel, afin qu'ils séparent le jour et la nuit, qu'ils servent de signes pour marquer les temps, les jours et les années, qu'ils luisent dans le firmament du ciel, et qu'ils éclairent la terre. Et cela fut fait ainsi. Dieu fit donc deux grands luminaires, l'un plus grand, pour présider au jour, et l'autre moindre, pour présider à la nuit, et aussi les étoiles. Il les mit dans le firmament du ciel, pour luire sur la terre, pour présider au jour et à la nuit, et pour séparer la lumière d'avec les ténèbres. Et Dieu vit que cela était bon. Et du soir et du matin se fit le quatrième jour.

Le quatrième jour Dieu fit donc le soleil, la lune et les étoiles. Par ces expressions, il faut entendre la totalité des astres, autres que la terre, qui remplissent le firmament du ciel. Les planètes ne sont pas nommées. Pour le peuple, même aujourd'hui encore, elles sont confondues avec les étoiles, et Moïse se servait du langage populaire, parce qu'il écrivait pour le peuple.

On se demande si ces astres ont été destinés à être habités comme la terre ; on peut le croire, mais c'est là une question de pure curiosité, sur laquelle on peut disserter sans fin, et sans aboutir jamais à rien de certain. Le Créateur, qui seul pouvait nous instruire sur ce point, n'en a rien dit. Quand la divinité daigne nous parler, c'est pour nous apprendre ce qu'il est nécessaire, ou utile de savoir, pour atteindre notre fin ; le reste, il l'abandonne aux disputes des hommes. Or, qu'il y ait des habitants dans les astres, qu'ils soient semblables à nous, ou tout autres, cela nous importe peu. Celui qui atteindra la fin pour laquelle Dieu nous a créés, verra toutes ces choses dans la lumière divine, et il les connaîtra à fond.

L'écrivain sacré nous avertit ici, que les astres sont des créatures que Dieu a faites. Il voulait surtout mettre son peuple en garde contre les erreurs des nations au milieu desquelles il était appelé à vivre, et qui les adoraient comme des divinités.

Il dit que Dieu les façonna (*fecit*) et non qu'il les créa, parce qu'en effet, il n'eut qu'à les édifier, comme il avait fait pour la terre, avec la matière atomique créée au commencement. Nous aurons encore l'occasion de remarquer la justesse des termes dont Moïse se sert dans ce chapitre.

Quand il nous dit que les globes célestes furent

faits au quatrième jour, il n'est pas nécessaire de l'entendre dens ce sens strict, que Dieu les forma instantanément, de toutes pièces, au début, ou même dans le cours de cette journée. Il pouvait le faire incontestablement ; mais tel n'est pas le mode ordinaire de sa conduite : il crée d'abord les matériaux premiers, donne des lois, et après avoir tout disposé selon ses desseins, il laisse agir ses lois. Il n'intervient directement que dans les cas extraordinaires, quand cela devient nécessaire à ses vues. Cela veut dire seulement, si l'on veut, qu'au commencement de ce jour, les astres auraient été parachevés en qualité de luminaires. Quant à leur construction, elle commença pour tous, on peut le croire, et cela est plus que probable, avec celle de la terre, en même temps, et dans des conditions analogues, aussitôt après l'institution du firmament. C'est seulement quand ils furent asssz avancés pour devenir lumineux, quand ils apparurent à la terre et commencèrent à exercer envers elle les fonctions auxquelles ils étaient destinés, celles qui sont citées dans le texte, que Moïse les signale en nous avertissant qu'ils ont eu Dieu pour auteur.

Le Créateur fit, par un acte unique de sa volonté, tout le firmament, c'est-à-dire les cercles ondulés destinés, les uns à former l'universalité des éléments, les autres à constituer les astres. Aussitôt son entrée en fonction, commencèrent par tout l'univers, et la concentration des gaz, et les réactions chimiques, avec leur dépôt. Mais si le début de la formation fut simultané pour tous les astres, il fut loin d'en être de même de leur achèvement. Pour un astre cent ou mille fois plus volumineux, la série des réactions et des dépôts doit naturellement exiger un temps plus long, toutes choses égales d'ailleurs.

Il a été possible d'exposer scientifiquement le mode de la formation de la terre, parce que sa constitution est connue. Pour les autres on ne peut rien affirmer de particulier; nous ne connaissons pas la substance de leurs roches ; ils peuvent contenir les mêmes éléments que notre planète, ils peuvent en avoir d'une espèce différente. Ceux qui possèdent l'eau en abondance ont pu se constituer à l'aide de ce liquide d'une manière analogue à ce qui a été dit pour notre globe ; mais tous en possèdent-ils ? On n'en sait rien, sauf quelques-uns où on a cru la reconnaître; la lune paraît n'en point contenir.

Quant au soleil, le spectroscope a fait découvrir dans son atmosphère un certain nombre de nos éléments et spécialement l'hydrogène, ce qui permettrait de supposer en lui l'existence de l'eau et un mode de formation ressemblant à celui de notre planète.

Son volume est estimé 1,400,000 fois supérieur à celui de la terre. Cette évaluation est en réalité trop forte, car on a calculé sur le diamètre apparent de cet astre, c'est-à-dire sur celui de sa photosphère qui le grossit sensiblement. Quoi qu'il en soit de la réduction à faire, le volume solaire contiendrait encore certainement plusieurs centaines de mille fois celui de la terre. Evidemment le dépôt d'une pareille quantité de matière dut exiger un temps beaucoup plus long que celui de notre globe. Il arriva donc plus tard à ce point, où la partie non conductrice de son atmosphère, suffisamment dégagée d'éléments étrangers, put arrêter le fluide ascendant et donner naissance à la photosphère lumineuse.

D'après Moïse, ce phénomène arriva au temps où la terre atteignait le soir de son troisième jour, alors que les grandes réactions chimiques de sa surface étaient termirées. Le fluide ascendant ne suffisant plus à l'entretien de sa photosphère qui s'épuisait peu à peu par le rayonnement, les ténèbres et le froid commençaient à menacer la vie des plantes. C'est à ce moment que le soleil, enfin revêtu de sa photosphère, apparut tel que nous le voyons aujourd'hui, prêt à distribuer les bienfaits de sa chaleur et de sa lumière.

Peut-être même, on peut l'admettre sans donner la moindre atteinte au texte biblique, la photosphère solaire était-elle déjà formée depuis quelque temps. Dans ce cas, elle fut visible et nécessaire à notre planète seulement après l'affaiblissement de la photosphère terrestre qui en interceptait les rayons, à l'époque marquée par Moïse. L'écrivain sacré ne parle de lui qu'au moment de son apparition, lorsqu'il commença à remplir sa fonction à l'égard de la terre, en présidant à ses jours.

Les étoiles sont autant de soleils plus éloignés, pourvus d'une photosphère comme lui, et lumineuses par elles-mêmes. Elles sont proba lement aussi des centres de systèmes planétaires. Leur grosseur peut donc être assimilée à celle de notre soleil ; et ainsi elles durent devenir lumineuses, à peu près dans le même temps. Dans tous les cas, tant que dura la photosphère de la terre, leur vue était impossible sur ce globe. Sans doute, toutes ne furent pas visibles le même jour que le soleil ; il fallut du temps pour que leur lumière parvînt jusqu'à la terre. Mais cela n'infirme en rien le récit de la Bible, qui ne dit mot de leur apparition. Moïse profite seulement de celle du soleil et de la lune pour signaler, une fois pour toutes, la formation par Dieu de tous les astres en général. D'ailleurs, les planètes, qu'il compte au nombre des étoiles, ne furent visibles pour la terre qu'en même temps que le soleil.

Quant à la lune, dont le volume n'est que le cinquantième de celui de la terre, elle fut achevée avant celle-ci ; mais elle n'eut probablement jamais de photosphère. Pour cela, il faut une atmosphère capable de retenir le fluide électrique, de l'empêcher de se disperser dans l'espace, et elle n'en possède aucune. La lumière qu'elle nous envoie, elle la reçoit du soleil.

A partir du quatrième jour inclusivement, dès l'instant où le soleil, la lune et les autres astres commencèrent leur mission de présider aux jours et aux nuits, de régler le temps, on doit considérer les jours de la Genèse comme semblables à ceux d'aujourd'hui pour la durée, qui est l'espace d'une révolution de la terre sur son axe. Bien des savants de nos jours considéreront une telle affirmation comme téméraire, même comme opposée aux données de la science géologique. Je crois qu'ils se trompent. Il en sera touché un mot plus loin, au sujet du déluge.

Vᵉ JOUR.

« Dixit etiam Deus : Producant aquæ reptile animæ viventis et volatile super terram, sub firmamento cœli. Creavitque Deus cete grandia et omnem animam viventem atque motabilem quam produxerant aquæ in species suas, et omne volatile secundum genus suum. Et vidit Deus quod esset bonum. Benedixitque eis dicens : Crescite et multiplicamini, et replete aquas maris ; avesque multiplicentur super terram. Et factum est vespere et mane, dies quintus. »

Dieu dit encore : Que les eaux produisent le reptile ayant une âme vivante, et le volatile sur la terre, sous le firmament du ciel. Dieu créa donc les grands poissons, et toute âme vivante, douée de mouvement, que les eaux avaient produits, chacûn selon son espèce. Et Dieu vit que cela était bon. Il les bénit, disant : Croissez et multipliez-vous, remplissez les eaux de la mer ; que les oiseaux se multiplient aussi sur la terre. Et du soir et du matin se fit le cinquième jour.

Le cinquième jour voit apparaître une vie nouvelle, qui, plus encore que les plantes, réclamait une intervention directe du Créateur, la vie animale.

Elle possède, en effet, des organes plus nombreux, plus délicats, plus relevés que la vie végétative. Leurs fonctions sont mieux définies, généralement exclusives. On trouve dans les animaux d'un ordre moins inférieur, une ossature solide, d'une composition différente de celle des autres organes, destinée à supporter les appareils vitaux moins consistants et incapables de se soutenir d'eux-mêmes; des muscles charnus, puissants et souples, susceptibles de se contracter pour produire le mouvement; des veines qui portent la nourriture, préparée par des viscères particuliers, dans toutes les parties du corps; des nerfs qui distribuent leurs filets et vont s'épanouir dans les organes et couvrir la surface extérieure, soit pour communiquer le mouvement, soit pour recueillir les impressions du dehors. Mais rien d'inutile, chaque chose ayant sa fonction déterminée. Le tout est disposé avec un ordre parfait qui annonce, dans l'auteur, un dessein précis, aidé d'une science accomplie des lois du mouvement, et des besoins de l'espèce.

Mais ce qui assure à l'animal une supériorité incontestable sur tout ce qui précède, c'est l'activité et le sentiment dont il est doué. Il peut se mouvoir à volonté, du côté qui lui plaît; il sent, éprouve des besoins, des sensations; il jouit et souffre, entend et voit; il possède un instinct merveilleux plus ou moins développé selon son espèce. Or, de telles propriétés sont incompatibles avec la substance purement matérielle. Il y a donc en lui quelque chose de plus que la matière, d'une nature autre et supérieure, une âme, en un mot. La matière ne pouvait la produire: nous l'avons vue jusqu'ici, s'organiser, se plier à mille formes, mais non produire une substance quelconque, pas même un atome, encore moins une substance d'une nature si différente d'elle-même.

Produire une substance nouvelle, c'est créer. Il a donc fallu une création, un acte du Tout-Puissant pour faire l'animal.

La production des animaux a demandé deux actes bien distincts de la part du Créateur, l'organisation du corps et la création de l'âme. Ces deux actes sont marqués dans le texte biblique toujours si juste et si précis. Le corps des animaux n'avait pas besoin d'être créé; il suffisait d'employer la matière existante, de l'organiser; mais la matière seule, avec la loi qui lui avait été donnée, était incapable de prendre une forme aussi compliquée, d'ajuster les organes divers; il fallait la main de l'Architecte du monde. Que les eaux produisent le reptile, dit le Seigneur, voilà pour le corps. Dieu ne le fait pas lui-même; il commande, et les eaux accomplissent son œuvre. Puis Moïse ajoute : Et Dieu *créa* les poissons et toute âme vivante douée de mouvement que les eaux venaient de produire. Voilà pour l'âme. Les eaux produisent le corps, Dieu crée l'âme.

Les poissons sont appelés reptiles, parce qu'ils n'ont pas de pieds, qu'ils ne marchent pas, mais glissent, pour ainsi dire, dans l'élément liquide.

Nous donnons ici le nom d'âme au principe immatériel qui vivifie les animaux, parce que c'est Dieu lui-même qui la nomme ainsi : Il créa *toute âme* vivante douée de mouvement. Elle diffère de celle de l'homme; elle possède seulement l'activité, le sentiment et l'instinct; elle ne peut s'élever plus haut. Celle de l'homme possède tout cela, et de plus, l'intelligence et la raison. Ces belles prérogatives qui rendent, en quelque sorte, l'homme semblable à

Dieu, mettent, entre lui et les animaux, une barrière qu'il n'est pas donné à ceux-ci de franchir.

Dieu pouvait indifféremment puiser la matière des corps dans la terre, dans les eaux ou dans l'air; quand bien même l'un de ces milieux n'eût pas contenu tous les éléments propres à leur organisme, il lui suffisait de changer l'espèce de quelques-uns en modifiant leurs courants, leur forme ou leur grosseur, mais il n'est pas probable qu'il eut recours à ce moyen. A cette époque, le sol les possédait tous évidemment ; les eaux encore saturées des éléments de tous genres, non déposés, les contenaient en suspension ou dans des solutions; l'atmosphère devait encore en renfermer une certaine quantité, sous des formes diverses ; les recueillir pour constituer les corps, c'était achever de la purifier.

Le texte nous montre Dieu choisissant de préférence les éléments du milieu dans lequel chaque genre des animaux devait passer sa vie. C'est le sol qui fournira la matière du corps des animaux terrestres et même de l'homme; ce sont les eaux qui produisent les poissons, parce qu'ils sont destinés à faire leur habitation de cet élément. Quant aux oiseaux, pourquoi les faire naître aussi de l'eau? Ils ne vivent ni dans les mers ni dans les fleuves. L'explication s'en trouve dans le sens attribué au mot *aquæ* (eaux), par Moïse. Pour lui, ce nom signifie un liquide quelconque, soit l'eau proprement dite, soit un gaz, soit un fluide, la langue hébraïque n'ayant pas d'autre mot pour exprimer ces trois choses. Il est donc permis de croire que l'atmosphère a produit les oiseaux qui devaient l'habiter.

Ils ont été formés en même temps que les poissons, à cause de la grande analogie qui existe entre ces deux ordres d'animaux : les uns sont destinés à nager dans le liquide des eaux, les autres dans le liquide aérien.

Comment deux natures si dissemblables, l'âme et le corps, sont-elles unies ? nous l'ignorons. Une chose est certaine : leur union est telle, qu'elles ne forment plus qu'un seul individu, dont les actes sont communs à l'une et à l'autre. L'âme, active par elle-même, ne peut agir que par le corps, tant qu'elle lui est unie ; elle éprouve fatalement les impressions que celui-ci lui transmet ; elle sent, jouit, souffre par le corps, avec lui et en lui ; elle ne peut s'en dégager librement pour agir et sentir sans lui ; leur séparation n'a lieu que quand un des organes du corps, essentiel à la vie, est devenu, par une cause quelconque, incapable de remplir sa fonction. Que devient ensuite cette âme ? C'est le secret de Dieu.

Par cette union, la matière, tout en demeurant identique à elle-même, est devenue un être animé, actif, sensible, à cause de sa participation indivisible et nécessaire, tant que dure l'animal, à tous les actes de l'Âme. Elle a été élevée à un degré supérieur à sa propre nature.

Ainsi se termina le cinquième jour.

VIe JOUR.

« Dixit quoque Deus : Producat terra animam viventem in genere suo, jumenta et reptilia et bestias terræ secundum species suas. Factumque est ita. Et fecit Deus bestias terræ juxta species suas, et jumenta et omne reptile terræ in genere suo. Et vidit Deus quod esset bonum.

« Et ait : Faciamus hominem, ad imaginem et similitudinem nostram ; et præsit piscibus maris et volatilibus cœli, et bestiis, universæque terræ, omni reptili quod movetur in terra. Et creavit Deus hominem ad imaginem suam ; ad imaginem Dei creavit illum : masculum et feminam creavit eos. »

Dieu dit aussi : Que la terre produise des animaux vivants, chacun selon son espèce, des quadrupèdes et les bêtes de la terre selon leurs espèces. Et cela se fit ainsi. Dieu fit donc les bêtes de la terre, selon leurs espèces, les quadrupèdes et tous les reptiles de la terre, chacun selon son espèce. Et Dieu vit que cela était bon.

Il dit ensuite : Faisons l'homme à notre image et à notre ressemblance, et qu'il domine sur les poissons de la mer, sur les oiseaux du ciel et les bêtes, sur toute la terre et sur tous les reptiles qui se meuvent sur la terre. Dieu créa donc l'homme à son image ; il le créa à l'image de Dieu, et il les créa mâle et femelle.

Le sixième jour vit se compléter la création terrestre. Déjà les poissons et les oiseaux sillonnaient la mer et les airs ; le sol appelait la venue des autres animaux qui devaient l'habiter, et de l'homme, leur chef.

Animaux terrestres. — Il en fut de ceux-ci comme

des premiers : la matière de leur corps fut empruntée au sol, sur lequel ils devaient vivre, leur âme fut créée.

La Genèse proclame avec assurance, sans hésitation aucune, asssi bien des animaux que des plantes, qu'ils furent produits selon leurs espèces, avec la faculté de se reproduire, mais seulement chacun selon son espèce. Ce qui nous amène à conclure que toutes les espèces ont été faites individuellement par Dieu et sont apparues en même temps, puisque Moïse les fait naître en bloc, sur un seul commandement du Tout-Puissant ; et de plus, qu'elles sont invariables ; chaque individu ne pouvant reproduire que son semblable.

On a fait bien des expériences, bien des recherches, pour infirmer, sur ce point, le récit de la Bible, en soutenant la possibilité de la transformation progressive d'une espèce en une autre. Tout a été tenté. Les croisements choisis avec soin entre individus de même espèce, n'ont donné naissance qu'à des variétés, jamais à une espèce nouvelle. Les croisements entre individus d'espèces différentes n'aboutissent à aucun résultat, à moins que ces espèces ne soient voisines ; et, dans ce dernier cas, le produit est un hybride le plus souvent stérile ; quand il est fécond, il retourne rapidement à l'une des deux espèces rapprochées. Le climat engendre aussi quelques variétés; mais il lui est impossible de changer le fond d'un organisme, encore moins les aptitudes, les instincts particuliers d'une espèce. On a consulté le passé, interrogé la paléontologie, fouillé minutieusement les couches géologiques de tous les pays, pour trouver si la longueur des temps ne nous décèlerait pas, au moins, une trace offrant quelque probabilité d'une telle transformation. La paléontologie, la géologie, sont restées muettes sur ce point. Au contraire, toutes les espèces découvertes, et elles se nombrent par milliers, se sont montrées nettement définies, parfaitement semblables à celles qui sont encore vivantes. Tous ces efforts n'ont abouti qu'à une seule chose : constater scientifiquement l'exactitude du récit mosaïque, du verdict prononcé il y a plus de trois mille ans.

L'examen de l'ensemble de toutes ces espèces montre l'accomplissement d'un dessein habilement conçu. Leur réunion forme un tout complet, une chaîne ascendante dont les anneaux se touchent depuis le zoophyte jusqu'aux animaux les plus parfaits, par leur organisme et par le développement de leur instinct. Chacune a sa fonction déterminée, sa forme, ses aptitudes, son instinct particulier ; et de toutes ces variétés, résulte une harmonie qui contribue à la beauté du monde, à l'utilité de l'homme et à une juste pondération dans la multitude des individus. Elles se reproduisent par la génération, mais leur fécondité est toujours en rapport avec les causes de destruction pour chacune d'elles. Le hasard du transformisme ne ferait pas de telles choses.

L'animal arrive à son heure, alors que tout est prêt pour le recevoir. Le calme s'était établi dans les eaux ; elles avaient complété leurs dépôts, retenant, dans leur sein, seulement ce qu'elles pouvaient conserver à l'état de dissolution, et ce que plusieurs espèces étaient destinées à recueillir pour en former de nouvelles roches. L'atmosphère était purifiée : l'excès de l'acide carbonique, qui eût été nuisible à l'existence des êtres vivants, absorbé par les plantes, ne laissait plus qu'un air vivifiant à respirer. Les forêts et les végétaux de tous genres, séjour favori et base de la nourriture des animaux, couvraient les continents.

Quant au nombre des individus créés tout d'abord dans chaque espèce, il fut, sans doute, suffisant pour fournir à la pâture de ceux qui en vivaient, et, en même temps, assurer l'entretien de l'espèce. Le Créateur les produisit probablement dans plusieurs centres à la fois, partout où se trouvaient réunies les conditions favorables à leur existence.

L'élévation de la matière jusqu'à l'animalité ne suffisait pas au Créateur. Dans cet état, elle était encore inhabile à le glorifier, et il voulait l'être par toutes ses créatures. Son dessein était donc de la faire monter plus haut, de l'unir à une intelligence capable de le connaître, de le glorifier, de l'aimer, et pour ses perfections et pour ses bienfaits, afin d'arriver à partager son éternelle félicité. Il fit l'homme.

L'homme. — La création de l'homme revêt une forme plus solennelle, sans doute à cause des hautes destinées qui lui étaient préparées. Dieu ne dit pas simplement, comme pour les plantes et les animaux : Que la terre le produise. Il semble se recueillir : Faisons l'homme à notre ressemblance, dit-il; et lui-même façonne son corps du limon de la terre; il crée son âme, comme d'un souffle de sa bouche.

Seul, parmi les créatures terrestres, l'homme est

une image de Dieu. De même que lui, bien qu'à une distance infinie, il possède une intelligence, une raison, une volonté libre, l'amour de ce qui est beau et de ce qui est bien, l'aspiration à un bonheur sans mélange et sans fin. Son corps a été fait sur le modèle de celui qui était destiné, de toute éternité, au Verbe divin, et qui devait être tiré, au temps voulu, du propre sang de l'homme.

Le domaine lui a été donné sur les autres créatures terrestres pour en user à sa volonté ; et cela, d'abord, parce que le Créateur, Seigneur souverain de tout ce qui existe, le donne à qui il lui plait, ensuite parce que l'homme leur est supérieur par son intelligence, qu'il en est le sommet et le représentant devant lui, pour lui rendre ses hommages au nom de toutes.

Qu'il soit la tête de la création terrestre, il suffit d'ouvrir les yeux pour le constater. Outre l'intelligence qui suffirait à elle seule pour établir ce fait, tout a été créé pour lui, travaille pour lui, converge vers lui. La terre est son support et son séjour ; si les réactions chimiques remanient son sol, c'est pour préparer les matériaux qui lui sont nécessaires, pour former les sucs dont les plantes, ces auxiliaires si utiles à son existence, ont besoin, et qui deviennent sa nourriture, soit directement, soit après avoir passé par l'organisme des animaux ; ceux-ci, à leur tour, sont ses serviteurs ; il est lui-même un résumé de la vie de tout, puisqu'il possède éminemment la vie de la matière inorganique, de la plante et des animaux. Il respire l'air de l'atmosphère, se réchauffe et s'éclaire des rayons du soleil. Qu'une seule de ces choses vienne à manquer, et sa vie est rendue impossible.

Toutes les forces de la nature aboutissent à lui, et lui seul peut les représenter, parce que lui seul est composé de matière et d'intelligence. Il est leur porte-parole devant le Créateur. Ce qu'il fait, la matière le fait avec lui : tous ses actes, pendant sa vie, appartiennent nécessairement et indivisiblement à l'une et à l'autre des deux substances dont il est constitué, la matière et l'esprit. Celui-ci ne peut rien sans la coopération de la première ; même dans l'exercice de ses plus hautes facultés, dans ses spéculations métaphysiques, qui semblent ne relever que de son âme, la matière a sa participation : le cerveau fatigue, il travaille donc. Que fait-il ? Nous l'ignorons, mais le fait est là. En lui et par lui, on peut donc dire que la matière connait son Créateur et l'adore. De plus, dans le culte qu'il lui rend, il emploie les matériaux de la terre et des plantes pour lui bâtir des temples, des tabernacles, pour les orner en son honneur, confectionner les vases destinés à son culte. Il les fait tous concourir et participer aux honneurs qu'il rend à Dieu. Il est réellement le pontife de la création. C'est sa raison d'être.

Ce plan a reçu son couronnement dans l'Incarnation du Verbe divin qui est appelé le premier-né des créatures, parce qu'il les surpasse en excellence et en puissance ; parce que sa venue dans le monde a été décrétée avant tout et que le monde a été fait en vue de son avènement. Il est la tête et le représentant de l'humanité entière et, avec elle, de l'universalité des choses terrestres.

En lui, la matière est arrivée au plus haut degré qu'il lui soit possible d'atteindre, elle est divinisée. Par lui tous les hommes et la création entière peuvent rendre à Dieu un honneur et une gloire dignes de lui. Tous ceux qui, dans la plénitude de leur liberté, demeureront, jusqu'à la fin, unis à ce chef, par leur volonté et leurs actes, formeront la famille du ciel dont Dieu est le père, partageront avec lui sa gloire et sa félicité sans fin. Les autres seront rejetés dehors, dans l'éternelle ignominie, comme des vases maculés et inutiles.

Le récit de la Bible est fait dans un langage simple, comme il doit l'être, quand on s'adresse à la multitude, et en même temps très digne : il n'a pas la sécheresse d'un exposé historique ; c'est un drame où le Créateur est mis en action. Il dit, et la lumière paraît ; il commande, et la terre produit plantes et animaux.

Les grands traits de l'œuvre divine sont seuls mentionnés, mais dans un ordre aussi scientifique que logique. Les atomes matériels sont d'abord créés ; il faut exister avant d'être coordonné. Ici l'auteur peint, en deux mots, l'état dans lequel se trouvait la masse atomique au premier moment de son existence : c'était un abîme semblable à un rien, à un vide, semblable à l'éther de l'espace. Puis vient la lumière, le premier mouvement de la matière, celui que réclamait d'abord son organisation, et qui transmettra la force jusqu'aux extrémités du monde. Le second mouvement, qui doit le compléter, sans lequel aucune combinaison ne serait possible, suit immédiatement ; c'est le firmament, ou les ondulations circulaires chargées de condenser les éléments. Comme conséquence, vient la formation de la terre, à laquelle succèdent, la réunion des eaux dans un seul lieu, l'apparition de l'aride, par l'effet de la rotation du globe, puis les plantes, les animaux et enfin l'homme.

La précision du langage, le choix des expressions, sont véritablement étonnants. A défaut des termes scientifiques qui n'existaient pas alors, et qui d'ailleurs n'eussent pas été compris du peuple, il emploie ceux qui sont les plus propres à montrer et à peindre les choses. On ne saurait mieux exprimer l'action de l'Esprit-Saint sur l'abîme pour produire les vibrations lumineuses : il lui imprime, dit-il, par des pulsations réitérées, une espèce de frémissement ; et tout cela, par un seul mot. Aux courants circulaires, il donne le nom de *firmator*, parce que leur fonction est de forcer les éléments, par les coups répétés de leurs ondes, à se masser pour former les astres ; et ce nom, dans la langue hébraïque, exprime précisément cette action de frapper à coups redoublés. Il affirme que la substance du firmament est un liquide, apprenant ainsi au monde l'existence de l'éther. Il affirme également l'existence de la lumière avant le soleil ; qu'elle succédera dorénavant avec régularité aux ténèbres pour constituer les jours ; et il désigne chaque jour par soir et matin, selon l'usage du temps, ce qui est d'ailleurs l'ordre réel de leur succession. Partout où une création doit avoir lieu, il emploie le mot *créer* ; le terme *façonner* lui sert à désigner une simple coordination de la matière déjà existante.

Dieu seul pouvait, plus de trente siècles avant les découvertes modernes, tracer d'une main aussi ferme et aussi sûre, un tel résumé de son œuvre, devant lequel la science est obligée de s'incliner.

Moïse fut inspiré.

APPENDICE

Le Déluge.

Notre intention n'est pas d'entrer dans le détail des questions si nombreuses que soulève le cataclysme qui a enseveli le vieux monde et changé la face superficielle de notre globe, la plupart n'ayant aucun rapport avec le cadre de ce livre.

Ce qui a été dit sur la gravitation et la cause du mouvement rotatoire des astres, peut donner un indice nouveau sur les phénomènes naturels dont Dieu se serait servi pour produire le déluge. Voilà pourquoi il nous a paru utile de les faire connaître.

Rappelons, d'abord, en quelques mots, les principales données, connues de tous, qui établissent l'universalité de cette inondation; nous parlerons ensuite des causes physiques qui ont contribué à sa réalisation.

UNIVERSALITÉ DU DÉLUGE.

Le déluge est un fait historique. En cette qualité, sa réalité aussi bien que son étendue relèvent du témoignage des hommes contemporains, ou de ceux qui furent les plus rapprochés de l'événement. Les traces que son passage a dû laisser sur la face de notre planète sont également à consulter.

Voici ce qu'en dit Moïse, le plus ancien des historiens, sans parler de sa qualité d'inspiré :

« Voici, c'est Dieu qui parle, que je vais répandre les eaux du déluge sur la terre, pour faire mourir *tout* ce qui respire *sous le ciel*, et *tout* ce qui est sur la terre périra. (Gen. VI-17). J'effacerai de la surface de la terre *toutes* les créatures que j'ai faites. (Ch. 7, v. 4). Toutes les barrières du grand abime furent rompues, dit Moïse, les cataractes du ciel ouvertes, et il se fit sur la terre une pluie qui dura quarante jours et quarante nuits. (Ch. 7, v. 11 et 12). Les eaux se multiplièrent et soulevèrent l'arche qui s'éleva au-dessus de la terre. Il y eut une *violente* inondation et les eaux remplirent *toute* la superficie de la terre. Elles grossirent prodigieusement et couvrirent *toutes* les hautes montagnes qui se trouvent sous l'*universalité* du ciel, *sub universo cœlo.* Elles s'élevèrent de quinze coudées au-dessus des hautes montagnes qu'elles couvraient. Ainsi périt *toute* chair qui se meut sur la terre : les oiseaux, les grands animaux, les bêtes et tout reptile qui rampe, ainsi que *tous* les hommes. *Tout* ce qui a un souffle de respiration vitale, mourut. *Tout* ce qui résidait sur la terre fut frappé de mort. Ainsi fut détruit *tout* ce qui subsistait, depuis l'homme jusqu'aux grands animaux, aussi bien les reptiles que les oiseaux du ciel ; il ne resta plus que le seul Noé et ce qui était avec lui dans l'arche. (Ch. 7, v. 19, 20, 21, 22, 23). Les eaux allaient et revenaient ; et commencèrent à diminuer après cent cinquante jours. (Ch. 8, v. 3, 5). »

L'auteur de la Genèse assigne donc deux causes au déluge : les eaux de la pluie qui tomba continuellement pendant près d'un mois et demi, et celles de l'Océan qui franchit ses digues et se rua sur la terre. Nous indiquerons plus loin les causes probables de ces deux phénomènes, non moins extraordinaires l'un que l'autre.

Il serait difficile d'exprimer plus clairement l'universalité du déluge que ne le fait le récit dont nous venons de donner les principaux traits. Le mot *tout* est répété à satiété, non seulement d'une manière générale, mais pour chaque espèce de choses en particulier, sans que rien dans le contexte puisse seulement faire soupçonner une limite au cataclysme. Tous les animaux, grands et petits, toute chair qui respire, tout ce qui subsiste sur la face de la terre, tous les hommes, périrent ; toutes les hautes montagnes, qui sont *sous l'universalité du ciel*, furent couvertes par les eaux. Cette dernière expression, par elle seule, exclut toute exception. Pour appuyer plus fortement encore, il ajoute : ceux-là *seuls*, qui étaient renfermés dans l'arche, furent sauvés.

Sans doute on rencontre dans la Bible quelques passages où le mot *tout* doit être entendu dans un sens limité : par exemple, *non justificabitur omnis caro... omnes declinaverunt... omnis terra... etc.* En faut-il conclure que ce terme ne doit jamais être pris à la lettre, dans quelque endroit que ce soit de la Bible? On n'oserait le dire. Ces expressions sont le langage ordinaire, personne ne s'y trompe jamais. Ne disons-nous pas souvent : tout le monde fait cela, pour exprimer une coutume générale bien qu'elle renferme de nombreuses exceptions ? Pour les autres textes, le sens borné du terme *omnis*, s'il n'est pas exprimé, se comprend facilement par le reste du contexte ; aussi, n'y eut-il jamais de doute à leur égard ; tandis que pour le Déluge, son universalité est tellement accentuée que rien ne permet de lui assigner une limite, et que personne, jusqu'à ces derniers temps, n'en avait douté. La tradition catholique, dont on ne doit pas s'écarter sans de graves raisons, n'a jamais hésité sur ce point. Comment, d'ailleurs, les eaux auraient-elles pu surpasser le sommet des plus hautes montagnes sans couvrir la terre entière ?

Si l'inondation s'est bornée à la partie des continents alors habités par l'homme, pourquoi l'arche ? Pour sauver Noé et sa famille, sans doute ; mais n'était-il pas plus simple de l'envoyer dans une des contrées où l'eau ne devait pas pénétrer ? Pourquoi surtout l'encombrement de tous ces animaux? Depuis plus de seize cents à deux mille ans qu'ils existaient, ils étaient certainement répandus partout, si, toutefois même, le créateur ne les avait pas tout d'abord formés et placés dans chaque contrée favorable à leur existence, ce qui est très probable. Ceux qui habitaient alors les pays préservés, suffisaient amplement pour repeupler la terre. Dieu ne fait rien d'inutile.

On ne peut donc, sans violenter le récit de Moïse, limiter à une seule contrée l'inondation du Déluge.

Un événement de cette importance dut impressionner assez vivement la famille de Noé, pour que le souvenir en restât gravé dans la mémoire des premiers peuples. D'un autre côté, l'écorce de la terre elle-même, labourée par les flots impétueux de ce cataclysme, ne put manquer de laisser des traces nombreuses de leur passage, et capables de persister jusqu'à nos jours.

Nous ne dirons rien des traditions historiques. Tout le monde sait que les premiers écrivains font mention du Déluge. Les siècles écoulés jusqu'à l'apparition de ceux, qui les premiers, mirent par écrit l'histoire et l'origine des peuples, avaient sans doute affaibli et mêlé de merveilleux les traditions orales; malgré cela, tous parlent de la grande inondation qui fit périr tous les hommes. Il est facile au lecteur, au milieu même des fables dont plusieurs l'ont enveloppée, de reconnaître, non pas une inondation locale, mais bien celle dont parle Moïse. Tous, en effet, ont conservé, dans leur récit, quelques-uns des traits particuliers qui la caractérisent ; par exemple: les dix générations qui l'ont précédée, l'arche, le nombre des personnes sauvées, les oiseaux lâchés de l'arche après le retrait des eaux. Quant aux historiens qui ont donné des dates, comme Bérose, on remarque qu'elles s'accordent assez bien avec la version des Septante. Cette tradition se retrouve même dans les monuments des peuples de l'Amérique.

Les traces laissées sur l'écorce terrestre sont nombreuses, sans aucun doute, mais il s'en faut de beaucoup que toutes soient reconnaissables et même parmi celles qui le sont, il n'est pas facile de constater avec certitude si telle ou telle est due réellement au Déluge Mosaïque, ou s'il ne faut pas la rapporter à une cause purement locale, dont l'action se serait fait sentir depuis.

Il en est deux, cependant, que l'on s'accorde généralement à attribuer à ce cataclysme, à cause de certaines particularités qui ne permettent pas de leur assigner une origine autre qu'une inondation générale de la terre. Ce sont les vallées de dénudation, et les blocs erratiques.

On appelle vallées de dénudation, des vallées situées sur de hauts plateaux, et dont la formation est postérieure à celle des terrains tertiaires, puisqu'elles sont creusées dans la masse des roches calcaires qui les caractérisent. Les couches sont identiques de chaque côté de la vallée ; elles sont en nombre égal, de même hauteur, de même structure, et superposées dans le même ordre ; ces couches étaient donc primitivement continues. Une puissante irruption des eaux peut seule expliquer l'existence de ces vallées et avoir balayé les débris des roches. On est convaincu que telle en fut la cause, quand on remarque que les flancs de ces vallées sont recouverts de graviers mêlés de débris organiques de la flore et de la faune actuelles. Une érosion lente, causée par un courant quelconque, ne serait pas accompagnée de ces signes. Au surplus, ces vallées sont sèches pour la plupart, sans aucun cours d'eau même minime, et on les retrouve dans toutes les parties du monde.

Un dernier caractère digne de remarque : elles affectent toutes une direction générale semblable, du nord-est au sud-ouest. Comme on ne peut pas supposer que dans toutes les contrées de la terre, les torrents accidentels ou les inondations partielles furent dirigées dans le même sens, il faut en conclure que ces vallées sont le résultat d'une même irruption des eaux qui s'étendit, à la même époque, sur le monde entier, et couvrit les plus hautes montagnes, c'est-à-dire du Déluge.

En géologie, les blocs erratiques sont des fragments de roches gisant épars sur le sol, loin du lieu de leur origine. Ils varient depuis quelques décimètres jusqu'à un volume du poids de trois cent mille kilogrammes. Ils appartiennent ordinairement aux roches primitives ou de transition; quartz, syénite, quartzite, etc. On en trouve aussi de calcaire. Ils sont dispersés dans les plaines, reposant sur le sable, ou sont enfouis dans des terrains meubles, quelquefois isolés, généralement accumulés dans les grandes plaines ou dispersés en longues traînées sur les flancs des montagnes et jusque sur leurs sommets. On les rencontre presque partout, en Europe comme en Amérique.

Ce qui les distingue particulièrement, c'est qu'ils n'appartiennent pas aux terrains où on les trouve, mais à d'autres, ordinairement très éloignés, dont ils sont séparés par des vallées profondes, même par des bras de mer. La plupart de ceux qui couvrent le Danemarck, la Prusse, la Pologne, la Russie, ne peuvent provenir que des montagnes de la Norvège, de la Suède et de la Finlande, où se trouvent des roches de même nature. Ils ont dû traverser la mer Baltique. Il y en a qui ont traversé la vallée de l'Aar et remonté par-dessus les crêtes du Jura. Ceux qui reposent sur les sommets de la Potosie, en Amérique, sont de granit ; or, cette roche ne se rencontre qu'à une distance de plus de quatre cents lieues. Qui les a conduits, en si grand nombre, à de telles distances, à travers des obstacles insurmontables pour l'homme ? Les eaux du Déluge peuvent seules expliquer un pareil transport.

Leur disposition vient corroborer ce que nous avons dit des vallées de dénudation. Ils sont souvent rangés par bandes parallèles ou elliptiques, dans une direction constante du nord-est au sud-ouest, ce qui accuse une cause générale agissant partout dans la même direction. Les agents actuels ne peuvent rendre compte d'un transport aussi considérable de sable, de cailloux et de blocs énormes, à des distances aussi grandes, à des hauteurs semblables, et toujours dans la même direction. Des inondations partielles ne sauraient avoir ni cette portée, ni cette élévation, ni surtout cette étendue.

Dans plusieurs de ces blocs on a cru remarquer les rainures particulières à ceux que déposent les glaciers. Les glaciers ont été certainement soulevés et emportés par le Déluge, avec les roches qu'ils renfermaient dans leur sein. Qu'ils aient, à mesure que s'avançait leur fusion, semé ces roches sur leur chemin et jusque sur les sommets des montagnes, au-dessus desquelles ils passaient, il n'y a là rien d'étonnant ; et le fait a dû certainement avoir lieu.

CAUSES PHYSIQUES DU DÉLUGE.

La véritable cause du Déluge est un acte positif de la volonté divine destiné à punir les hommes dont les voies étaient alors entièrement corrompues. Le Créateur se servit pour cela des eaux contenues dans l'atmosphère et dans l'océan : la pluie tomba pendant quarante jours et quarante nuits ; les flots de la mer rompirent leurs digues. C'est tout ce que nous apprend Moïse sur ce point. Dieu pouvait le faire, et il l'a voulu ainsi, cela nous suffit. Quand et comment, il l'abandonne aux investigations de la curiosité humaine.

Pour amener cette pluie extraordinaire, et la projection de l'océan sur les continents, Dieu, sans doute, mit en œuvre les causes secondes ou naturelles qui toutes sont à sa disposition ; car il en agit ainsi dans le cours ordinaire des choses, bien qu'il n'en ait pas besoin. Ces causes, il les avait préparées dès le commencement ; il connaissait avec la certitude de sa science infinie, les voies que l'homme suivrait. Le naturaliste peut donc chercher à découvrir les causes physiques du Déluge, sans que l'insuffisance de ses investigations puisse infirmer le fait.

Les uns, avec Elie de Beaumont, ont placé la cause du Déluge dans un soulèvement considérable des terres au sein des mers, comme serait celui de la chaine des Andes, en Amérique, ou des Alpes et des Apennins. Cette opinion ne me paraît pas susceptible d'être admise. D'abord, elle est une hypothèse basée sur une autre hypothèse scientifiquement impossible, ainsi que nous l'avons démontré : le feu central. De plus le soulèvement de ces chaînes de montagnes serait insuffisant pour produire une inondation telle que le suppose le récit de la Bible.

D'ailleurs, les études stratigraphiques donnent à ces montagnes une origine antérieure au phénomène diluvien, et leur position ne leur eût pas permis d'imprimer aux eaux la direction reconnue du nord-est au sud-ouest.

Nérée-Boubée a supposé un changement de l'axe terrestre. On convient qu'une telle perturbation eût suffi pour produire l'inondation rapportée par Moïse, en forçant l'océan à changer son lit et à se précipiter sur les terres. Mais on a dit : c'est là une conjecture entièrement hypothétique, et dont les causes ne peuvent même pas être soupçonnées. On l'a donc laissée de côté.

Cependant, hypothèse pour hypothèse, puisqu'elle est la seule capable de rendre entièrement compte du Déluge, elle doit, il me semble, être préférée aux autres qui n'ont pas cet avantage. A défaut de causes naturelles, rien ne pouvait empêcher le Tout-Puissant d'opérer lui-même ce changement pour punir l'humanité, ne dût-il le faire que momentanément, et rétablir ensuite les choses en leur état.

Mais est-il vrai qu'un changement de l'axe de la terre, même permanent, soit aussi difficile à appuyer de raisons physiques? Je ne le pense pas. Je crois même que des causes naturelles, plus sérieuses que celles sur lesquelles se fondent les autres hypothèses émises jusqu'ici, favorisent l'opinion de Nérée-Boubée.

Avant d'exposer ces causes, j'appellerai l'attention du lecteur sur ce fait, particulièrement important dans la circonstance, que l'axe de la terre n'est pas dans la position normale réclamée par les forces qui produisent la rotation et celles qui maintiennent le globe dans une position fixe.

Ces forces, on les connaît, elles ont été indiquées dans le chapitre précédent. La terre se place naturellement de manière à rendre ses propres courants circulaires parallèles et de même sens avec ceux du soleil. Cette position est stable et parfaitement indépendante du mouvement de rotation ; la terre ne peut s'en écarter. Ces courants sont ceux qui ont présidé à sa formation et à celle de son électrosphère, qui les maintiennent tous deux dans leur état et pénètrent jusqu'au centre du globe ; les courants secondaires et superficiels, occasionnés par la chaleur, sont loin de posséder une puissance capable d'un tel résultat.

D'un autre côté, des rayons ondulés, issus des vibrations intérieures de la terre, s'échappent de son sein, en traversant dans un sens perpendiculaire, les courants circulaires. Le résultat général de ce croisement est une force qui, agissant tangentiellement sur le globe, l'oblige à tourner sur lui-même, dans un sens opposé, mais parallèle, à ses propres courants circulaires. L'axe de rotation doit donc être perpendiculaire à ces mêmes courants, et, par conséquent, se confondre avec l'axe magnétique. Cette position est celle que nous appelons normale, parce qu'elle concorde avec la direction des forces sollicitantes. Cependant, telle n'est pas celle qu'il occupe aujourd'hui ; il s'en écarte de 23° environ.

Cette déviation ne saurait avoir qu'une cause : une surcharge sur l'un des côtés de l'axe normal. Si à une boule qui tourne sur elle-même, on ajoute un surcroît de matière à un seul de ses côtés, l'équilibre est rompu, elle tourne mal, elle devient boiteuse. Dans ce cas, si elle est libre de ses mouvements, si elle ne repose sur rien, elle changera d'elle-même l'axe de sa rotation, surtout si la déviation ne doit pas être considérable.

Toute la question se concentre donc sur ce point unique : Oui ou non, une surcharge de matière est-elle survenue sur un des côtés de notre planète depuis le commencement de son mouvement rotatoire jusqu'au Déluge? Si la réponse est négative, l'opinion de Nérée-Boubée n'est pas admissible au seul point de vue des causes naturelles ; si elle est affirmative, elle obtient gain de cause.

LA PAROLE EST A LA GÉOLOGIE.

Les terrains qui constituent l'écorce terrestre sur toute l'étendue des continents actuels, sont généralement d'origine marine, et très souvent formés par des êtres organisés. Ceux qui font exception, doivent être attribués à une formation postérieure au Déluge, ou qui lui soit contemporaine, c'est-à-dire au résultat de son action sur les premiers. Je ne crois pas qu'un doute sérieux puisse être émis sur ce fait. Ces terrains sont, les uns à l'état meuble, les autres, en plus grande quantité, à l'état solide ; mais tous, au moins à partir des couches dites secondaires, sont abondamment mélangés de coquilles marines déposées dans l'intérieur de leur substance, pendant qu'ils se formaient, quand ils n'en sont pas entièrement composés.

S'il est certain que les couches géologiques, telles qu'elles étaient avant l'émersion de nos continents, ont été construites dans les eaux de l'océan, ainsi que l'attestent les fossiles dont elles sont parsemées, il est plus que probable aussi que les matériaux dont elles sont constituées ont été recueillis et amoncelés par des organismes, plantes ou animaux.

Les fossiles trouvés dans ces terrains ne sont que des accidents par rapport à leur substance. Ils peuvent bien nous indiquer le milieu dans lequel ils ont été formés, mais rien de plus. Ils ne nous éclairent nullement sur les agents qui ont réuni les matériaux de toutes ces substances diverses, qui les ont séparés, selon l'ordre de leur nature ; ils nous font encore moins connaître leur provenance.

Cependant, tant que la nature de ces agents, leur mode de procéder, la lenteur ou la rapidité de leur action, sont ignorés ; tant que l'on ne connaît pas l'abondance ou la disette des sources où ils ont puisé leurs matériaux, il n'est pas permis de se hasarder à formuler des conclusions sur le temps qu'a demandé la constitution des couches géologiques, parce que l'on manque de base pour une telle évaluation. C'est ce défaut qui, donnant carrière à certaines imaginations ou peut-être aussi à quelque désir secret de contrecarrer la Bible, a permis d'aligner à plaisir des séries presque indéfinies de siècles prétendues nécessaires à la formation de notre planète. Heureusement, la véritable science n'a rien de commun avec ces calculs fantastiques.

Pour arriver à la connaissance de ces agents, il faut étudier, d'abord, les roches au double point de vue chimique et physique ; examiner la forme des grains qui les composent et les comparer avec les tests ou coquilles des organismes de la mer ; et surtout rechercher ces organismes, particulièrement les plus infimes ; ils sont les plus difficiles à trouver et à étudier, mais ils paraissent avoir le rôle principal dans la formation des couches. Il faut donc s'assurer, autant que possible, de la composition de leur substance et de leurs tests avec leur forme ; puis examiner leurs travaux, reconnaître leur fonction dans les eaux marines, que souvent ils sont appelés à purifier des matières étrangères qui s'y rencontrent, soit en suspension, soit sous forme de solution.

Depuis quelque temps, il faut le dire, plusieurs savants ont tourné leur regard de ce côté ; et déjà d'heureux résultats sont venus récompenser leurs travaux. On connaît, entre autres, l'existence et le mode de vie de plusieurs espèces de polypiers ; la nature calcaire et la forme des constructions gigantesques qu'ils élèvent encore aujourd'hui sous les yeux des navigateurs : des îles nombreuses d'environ trente lieues de tour chacune, beaucoup de récifs, une chaîne de montagnes, le long des côtes de la Nouvelle-Hollande, de plus de 400 lieues d'étendue, sur une hauteur et une largeur d'un kilomètre au minimum, sont l'œuvre de ces faibles animaux.

Quant aux terrains géologiques proprement dits, ceux qui renferment des fossiles marins, et dont la constitution était terminée lors de l'émersion de nos continents, les calcaires en forment la portion la plus considérable. Or, sans parler de ceux qui peuvent devoir leur origine aux polypiers, ces calcaires sont le résultat d'un amas de coquilles ou de tests d'animaux marins très souvent microscopiques: les poraminifères y occupent une grande place.

Dans certaines craies, ce sont les polycistines, les mollusques, les polyzoaires, les épongiaires, les zoophytes, qui dominent; dans d'autres, les globigines, les coccolithes ou les textularia, les rotularia, les planularia et les navicules. Les nummulites, en particulier, ont contribué dans une grande proportion, s'ils n'ont pas tout fait, à la formation des massifs calcaires constituant les contre-forts des Alpes, de l'Himalaya, et celui qui fut employé à la construction des pyramides. D'autres roches ne sont qu'une agglomération de coquilles plus grandes, brisées et soudées ensemble.

Il en est à peu près de même des roches siliceuses: on en rencontre de compactes, formées entièrement de coquilles. Les sables, qui se multiplient en si grande quantité dans les mers, et qui constituent plusieurs montagnes tertiaires, semblent bien aussi le produit de semblables organismes. On n'a pas encore découvert leur origine certaine, mais on sait que les algues, si nombreuses dans les eaux marines, en sont une source abondante. Les diatomées, par exemple, ont formé le sol pulvérulent siliceux, profond de quatre à six mètres, sur lequel est bâtie la ville de Richemond en Virginie. Le tripoli de Bilin, offrant une couche à peu près semblable, et s'étendant sur un espace considérable, en est composé.

Les grès sont simplement du sable dont les grains

ont été liés ensemble par des matières diverses dissoutes dans l'eau. Le ciment qui a servi à consolider les calcaires coquilliers et les sables, paraît souvent venir d'une dissolution de ces mêmes roches, produite par les eaux chargées d'acide carbonique, et déposée chimiquement dans les intervalles des coquilles ou des grains de sable, les soudant ensemble. L'acide carbonique proviendrait de la décomposition des organismes auxquels appartenaient ces coquilles et ces grains. Quelquefois, dans les grès en particulier, ce ciment par .ît très ferrugineux. La présence du fer, localisée et exclusive à certains terrains, ne porterait-elle pas à soupçonner l'existence de quelque organisme destiné à le recueillir dans les eaux, comme d'autres le font pour le calcaire et la silice?

D'après la science actuelle, on peut donc, dès aujourd'hui, conclure avec certitude que la plupart des terrains fossilifères, d'origine marine, ont été construits par des organismes. Des connaissances plus avancées diminueront le nombre des exceptions.

La provenance des matériaux employés pour la construction des terrains géologiques, est tout indiquée par le mode de formation de la terre. Après le dépôt du noyau terrestre, et des roches de transition qui précéda la création des plantes et des animaux, les eaux étaient naturellement saturées des diverses substances dissoutes ou en suspension dans leur sein. Les purifier de ces matières étrangères, fut la fonction des organismes.

Une autre source, mais moins abondante, fut l'apport journalier des fleuves du continent et les érosions de la mer, le long de ses rives. C'est la seule qui reste maintenant aux ouvriers de nos jours.

Quoi qu'il en soit, si ces terrains n'ont pas seulement exhaussé nos plaines, mais tapissent également les flancs des chaînes de montagnes, et jusqu'à leurs sommets, il faut donc que la mer ait séjourné sur nos continents, couvert les montagnes pendant de longs siècles : le temps nécessaire à la formation de ces couches.

Mais, en supposant la terre telle qu'elle est aujourd'hui, les eaux, pour couvrir les montagnes, devraient être élevées de 8 à 9 kilomètres au-dessus du niveau actuel ; elles ne laisseraient pas de continent. Que serait devenue cette masse prodigieuse de liquide ? Elle n'a pas été absorbée par l'atmosphère qui était depuis longtemps saturée de vapeurs, et hors d'état d'en accepter davantage, d'autant plus que son étendue, relativement restreinte, la rend incapable de supporter une pareille quantité d'eau. Dira-t-on que leur retrait a été causé par un soulèvement des grandes chaînes de montagnes ? Cela ne suffirait pas : cet exhaussement partiel n'eût pas chassé l'eau des plaines, au contraire, il n'aurait fait qu'y rendre son niveau plus élevé. Il faudrait prétendre que tous nos continents, montagnes et plaines, ont été soulevés en même temps. Une telle opinion est bien difficile à admettre ; elle est, d'ailleurs, dépourvue de preuves ; c'est une hypothèse uniquement basée sur une autre hypothèse impossible : le feu central.

Peut-être une série de siècles, suffisamment longue, lui a-t-elle permis de se décomposer et de disparaître peu à peu. Mais alors le gaz, produit par cette décomposition, serait venu grossir notre atmosphère. Se figure-t-on une pareille masse gazeuse venant se surajouter aux couches qui entouraient déjà notre planète? Un tel surcroît d'oxygène et d'hydrogène, son poids, sa densité, eussent été certainement nuisibles à la vie organique, telle que nous la connaissons. Une telle opinion n'est pas admissible.

La terre avec ses montagnes a été, en effet, entièrement couverte par les eaux; seulement, c'était au temps de sa formation, avant qu'elle ait commencé son mouvement de rotation; avant, par conséquent, que les roches qui la composent ne se soient dilatées sous la force centrifuge de son mouvement; avant le renflement qui a élevé son équateur de 20 kilomètres. Dans ces conditions, l'eau actuelle suffirait pour obtenir ce résultat. Quoi qu'il en soit, il n'est pas possible de reculer l'apparition des organismes marins jusqu'à cette époque.

C'était le temps où se formaient les roches compactes du noyau terrestre. Les eaux, loin d'être favorables à la vie, contenaient abondammennt ce qui peut la détruire: elles étaient le siège de réactions chimiques incessantes qui s'opéraient sur tous les points de la surface et de la profondeur de l'océan; des courants électriques les sillonnaient continuellement; elles étaient remplies d'acides multiples, capables, à eux seuls, de faire disparaître tout corps organisé. Ceux-ci ne purent donc vivre dans ces eaux, qu'après la formation du noyau terrestre, et même après la conversion des acides carboniques et sulfuriques en carbonates et en sulfates ; lorsque la grande partie de ces matières fut déposée et que les mers ne contenaient à peu près plus de ces substances que ce qu'elles pouvaient en conserver, soit à l'état de suspension, soit à l'état de dissolution. C'était même l'unique moment où ils devenaient nécessaires pour en purifier les eaux.

De fait, les fossiles apparaissent seulement, ainsi que le constate la paléontologie, avec les terrains stratifiés, lesquels supposent l'existence de courants marins. Le gneiss, en particulier, qui remonte à cette époque, n'est qu'un granit feuilleté ; évidemment, des courants seuls ont pu lui donner cette contexture au moment de sa formation, en forçant ses molécules à se déposer toujours sur leur côté plat, ce qui permet de le déliter. Nous sommes loin, toutefois, de prétendre, qu'après l'apparition des animaux marins, il ne se soit plus déposé de roches non stratifiées. Nous considérons même comme très probable, sinon comme certain, qu'il se fit encore des dépôts semblables là où les courants n'existaient pas, surtout dans les premiers temps ; il ne serait donc pas étonnant de rencontrer quelques fossiles dans ces derniers dépôts.

L'existence des courants à l'apparition de la faune marine, est un indice géologique très important. Il est capable, à lui seul, de fixer l'époque de la création de cette faune : il suffit, pour cela, de déterminer le temps où les courants marins se sont établis.

Avant la rotation de la terre, ils n'existaient pas. Les réactions chimiques, l'afflux des éléments, s'opéraient également partout ; rien ne poussait les eaux d'un côté plutôt que de l'autre. Au début du mouvement rotatoire, il se fit une grande agitation dans l'océan qui dut amonceler une grande partie de sa masse vers les régions équatoriales et mettre à nu les premiers continents. Des courants violents eurent lieu ; mais ils ne durèrent qu'un temps limité; l'équilibre se rétablit et, avec lui, le calme des eaux. Tant que la photosphère terrestre existait, la chaleur et l'évaporation furent uniformes sur tous les points de la sphère ; nulle cause, capable de susciter des courants continus, ne paraissait. Leur marche ne commença donc qu'après l'extinction de la photosphère, à l'apparition du soleil. Les rayons de celui-ci, en échauffant plus fortement la zone équatoriale que les autres parties de la terre, y excita aussi une évaporation de beaucoup supérieure à celle qui avait lieu dans les autres régions polaires ; les eaux de cette dernière partie de la terre, furent forcées de se diriger vers l'équateur pour remplir les vides dus à l'évaporation. De là les courants réguliers et perpétuels de l'océan. Il faut donc nécessairement reporter la création de la faune marine jusqu'après l'apparition du soleil.

Quant à la flore de l'océan, rien n'empêche de reculer sa naissance à l'époque de celles des plantes terrestres. Il était bon qu'elle vînt un peu plus tôt que la faune, pour recueillir l'excès de l'acide carbonique qui demeurait encore répandu dans les eaux, et préparer ainsi le séjour des animaux.

Ici encore la science rend hommage au récit de Moïse, en reconnaissant son exactitude.

Si le commencement de la faune marine est postérieur à la rotation de la terre, même à l'apparition du soleil, et cela ne fait aucun doute, il l'est également à l'émersion des terres. On est donc obligé d'admettre l'existence de premiers continents, alors que les nôtres étaient encore submergés, et que cet état dura un temps assez long pour permettre la formation de nos terrains fossilifères. Mais comment expliquer ce long séjour d'une masse d'eau capable de couvrir nos chaînes de montagnes, sans qu'il leur fût possible de submerger les premiers continents? Comment faire disparaître complètement cette eau ? sinon, par une déviation de l'axe terrestre qui changea le niveau des eaux et déplaça leur masse.

Une déviation de l'axe de rotation explique naturellement, en effet, le retrait des eaux : avec elle, le niveau des mers est changé pour toutes les latitudes, parce que la rapidité du mouvement rotatoire, et en même temps, la force centrifuge et la pesanteur n'y sont plus les mêmes. Un nouvel équilibre s'établit ; une répartition différente de l'océan se fait sur la surface entière du globe. De nouveaux continents sont mis à découvert, et l'eau, qui les occupait auparavant, va engloutir les anciens qui disparaissent.

Ce changement de l'axe terrestre, Dieu pouvait l'accomplir sans autre cause que sa propre volonté et son dessein de punir les hommes, ainsi qu'il ne cessait de le leur annoncer depuis un siècle. Il n'était donc pas nécessaire d'en rechercher les raisons physiques dont le Créateur n'avait pas besoin. Cependant aujourd'hui, une science plus avancée peut reconnaître que, pour détruire le genre humain, il s'est servi de causes secondes, comme il le fait le plus souvent, et qu'il les avait préparées de longue main ; elle peut même assigner ces causes. Un incident quelconque et passager ne suffirait pas pour rendre compte de la stabilité qui a suivi le changement de l'axe, une cause permanente, telle qu'une surcharge sur l'un des côtés de l'axe, est nécessaire. Or, cette surcharge, on la trouve dans la formation des terrains géologiques, pendant le séjour de nos continents actuels sous l'océan.

Ces terrains comprennent : 1° Ceux qui ont été formés depuis le commencement du mouvement rotatoire de la terre, jusqu'à l'apparition du soleil, ou des courants marins. Pendant ce laps de temps, les éléments étrangers qui restaient encore dans l'atmosphère, et ceux qui remplissaient les eaux de la mer, achevèrent de se combiner et de se déposer. Les roches qui en résultèrent furent, sans doute, à peu près semblables à celles du noyau terrestre et vinrent s'ajouter à lui. Vers la fin, les carbonates purent se constituer et donner naissance à des masses calcaires de contexture, soit cristalline, soit sacchariforme, mais non stratifiées. La puissance de ces terrains est probablement considérable, mais nous ne pouvons l'estimer ; ils ne sont pas assez connus.

2° Ceux qui se sont déposés après l'établissement des courants marins, jusqu'à ce que fut épuisée la quantité de matière que l'eau était incapable de conserver à l'état de solution. Ces roches sont stratifiées, susceptibles d'être délitées. Cependant, en dehors des courants, des dépôts massifs purent encore avoir lieu. Les talschistes, les micaschistes, les gneiss, des calcaires, sont de cette formation. Les fossiles y sont peu nombreux, les animaux marins venaient seulement de naître. Ces terrains sont les plus étendus ; on les trouve presque partout. Leur puissance est très grande ; elle atteint, en plusieurs endroits, jusqu'à 10 kilomètres d'épaisseur.

3° Les roches, auxquelles on a donné le nom de secondaires, de tertiaires. Elles sont dues exclusivement, ou à peu près, au travail des organismes, créés pour recueillir le reste des matériaux demeurés à l'état de solution, et en purifier les eaux.

En donnant à ces trois séries de terrains réunies, une épaisseur moyenne de 1000 à 1500 mètres, sur toute la surface de nos continents actuels, on reste, je crois, en deçà de la réalité.

Naturellement, les premiers continents émergés au moment où la terre prit son mouvement de rotation, et qui furent habités par l'homme jusqu'au Déluge, n'eurent aucune part à ces nouvelles couches puisqu'elles se déposaient uniquement dans la mer. Il y a donc là un surcroît de charge sur un des côtés de la terre, à l'exclusion de l'autre, bien capable de rendre compte du changement de l'axe.

Prenons une mappemonde. La terre partagée en deux hémisphères égaux, comprend, dans le premier, l'Europe, l'Asie, l'Australie et l'Afrique ; le second, seulement les deux Amériques et le grand Océan. Toutes ces terres étant couvertes de terrains d'origine marine, se trouvaient sous les eaux avant le Déluge. Si nous cherchons la place des anciens continents, on voit qu'ils devaient se rapprocher de du pôle sud et s'étendre particulièrement dans l'océan qui sépare les deux Amériques de l'Asie. Sa partie principale occupait donc le second hémisphère, et l'océan le premier. Sa distribution était l'opposé de celle d'aujourd'hui. C'est alors dans le premier hémisphère que les dépôts géologiques obtinrent la plus grande superficie. La différence de leur poids, de ce côté, eut, pour résultat physique, de déplacer l'axe de rotation. Le pôle nord dut empiéter sur le second hémisphère en se rapprochant de l'Amérique. Ajoutons à cet aperçu général que des organismes furent créés dans des centres déterminés, et que c'est dans ces régions qu'ils réunirent les matériaux, alors également dispersés dans l'océan. Ces centres, la géologie nous les montre disséminés sur la surface de nos continents.

La mutation des pôles s'est produite subitement, et non peu à peu, à mesure de l'accroissement des dépôts.

En voici la raison : Si la terre devait son mouvement de rotation à une simple impulsion, une fois donnée, on comprendrait, à la rigueur, que la modification de son axe se fût produite insensiblement ; mais il n'en est pas ainsi : elle obéit à une force permanente, celle de l'action des courants circulaires sur les courants droits émanés de son sein ; action qui tend à maintenir son axe de rotation identique à l'axe magnétique, et même à le ramener dans cette position, si une cause étrangère, mais momentanée, la faisait dévier. De plus, le mouvement acquis est encore une puissance qui vient fortifier la première. Pour vaincre ces deux forces réunies, la différence, dans le poids des dépôts, eut besoin d'acquérir, avant tout, une énergie suffisante ; et, alors, les pôles, comme si le lien qui les retenait fût, non brisé, mais relâché, prirent tout-à-coup leur nouvelle position. De là, le cataclysme subit qui bouleversa la surface du globe.

Conséquences de ce changement. — Par le fait du déplacement de l'axe de rotation, le niveau des eaux fut modifié sur toutes les latitudes ; un nouvel équateur dut s'établir. L'océan, ébranlé dans son étendue totale, et jusque dans ses profondeurs, se mit en mouvement. Les eaux se précipitèrent en masse d'un côté vers le sud, de l'autre vers le nord, selon que les appelait la position de l'équateur ; et, comme il arrive toujours dans de telles circonstances, le mouvement acquis leur fit d'abord dépasser le but, elles s'amassèrent vers les deux pôles, puis revinrent sur elles-mêmes, couvrant, partout, les plus hautes montagnes. Ce va et vient dura jusqu'à ce qu'elles eurent repris leur assiette définitive.

Moïse, dans son récit du Déluge, indique cette particularité, conséquence obligée de la mutation de l'axe terrestre. Les *eaux*, dit-il, *allaient et revenaient, euntes et redeuntes. Au bout de 150 jours, elles commencèrent à diminuer*, toujours allant et revenant ; *au dixième mois, les sommets des montagnes apparurent* ; ils cessaient d'être recouverts par les allées et revenues des eaux. Les oscillations devenaient de plus en plus faibles ; l'eau baissait dans les régions qu'elle devait quitter pour toujours.

Quand Dieu parle aux hommes, son but n'est pas de les instruire sur les sciences naturelles qu'il abandonne aux disputes des savants ; mais son langage est toujours l'expression de la vérité. Nous en trouvons ici un nouvel exemple. Quand les conclusions de la science humaine sont en désaccord avec sa parole, défions-nous et attendons. Plus tard, le progrès de nos connaissances montrera la justesse de son dire.

La pluie continue de quarante jours eut sa source dans l'état de l'atmosphère avant le Déluge; dans les conditions habituelles, elle s'expliquerait difficilement. L'axe était droit sur l'écliptique, la chaleur uniforme sur chaque latitude, l'atmosphère n'éprouvait donc aucune de ces perturbations habituelles aujourd'hui. Ses courants étaient réguliers ; elle était partout et toujours saturée de vapeurs. Le changement survenu la bouleversa la première, parce qu'elle est la partie la plus mobile du globe. L'air froid se mélangea à celui des régions plus chaudes et les vapeurs se résolurent en pluie.

Pour nous faire une idée des bouleversements causés sur les terres par le va et vient de l'Océan, rappelons-nous ces principes de la physique : D'après la loi d'Archimède, un solide, plongé dans un liquide, perd une partie de son poids, égale au poids du liquide déplacé ; or, si les roches présentent quelquefois le triple de leur volume d'eau, le plus souvent elles n'en pèsent que le double ; c'est donc un tiers, et, pour la plupart, moitié de leur poids qu'elles perdent quand elles sont submergées. D'un autre côté, le pouvoir des eaux, pour entraîner les corps qu'elles contiennent, augmente comme la sixième puissance de la rapidité du courant. Par exemple, la rapidité d'un courant étant doublée, sa force de transport augmente de soixante-quatre fois; si elle est triplée, la même force devient sept cent-vingt fois plus grande, et ainsi de suite. Il faut donc beaucoup moins de force pour mouvoir un corps dans l'eau que sur la terre, et un faible accroissement de vitesse, dans le courant, augmente considérablement sa puissance motrice.

Les faits sont plus frappants que les raisonnements. En voici quelques uns, choisis entre un grand nombre. Dans le mois d'août 1829, un bloc de grès de quatre mètres de long, sur un de large, et trente centimètres d'épaisseur, fut porté par le Mern, en Ecosse, à une distance de près de deux cents mètres. Le Don poussa, sur un plan incliné, fort raide, une masse de pierres du poids de quatre ou cinq cents tonneaux, les laissant sur le sommet. Dans une crue subite, en août 1827, le Collège, dans le Northumberland, arracha, d'une écluse de moulin, un gros bloc de grunstein porphyrique, pesant près de deux tonnes, et le transporta à un quart de mille. En 1818, la Dranse, qui se jette dans le Rhône au-dessus du lac de Genève, fut arrêtée par des avalanches de neige et de glace, et forma un lac dans la vallée. L'été suivant, à la fonte des neiges, la barrière fut emportée, et les eaux se précipitèrent dans la partie inférieure de la vallée, emportant rochers, forêts, maisons, ponts et terres labourées. Des milliers d'arbres furent déracinés ; des blocs de granit, gros comme des maisons, furent roulés.

On peut après cela s'imaginer sans peine les ravages causés sur les terres par la course rapide des eaux du Déluge. Franchissant les montagnes et se précipitant dans les plaines, elles emportaient avec elles des masses de terre, creusaient des vallées dans le flanc des chaînes de montagnes, et les débris roulés étaient dispersés au loin, déposés même sur des hauteurs considérables. Les glaciers furent soulevés et entraînés par les courants, semant çà et là, sur leur route, par suite de leur fusion, les pierres nombreuses enfermées dans leur masse. Les vallées d'érosion et les blocs erratiques en sont les vestiges les plus apparents. Leur direction du nord-est au sud-ouest accuse celle des courants. Ceux-ci devaient se diriger du nord vers le sud : c'était la route directe pour se rendre des continents actuels vers l'équateur où ils étaient appelés. Mais, d'un autre côté, le mouvement de rotation de la terre s'effectuant de l'ouest à l'est et étant de plus en plus rapide à la surface, à mesure qu'on se rapproche de l'équateur, il en résulte que les eaux, allant du nord vers le sud, avaient un mouvement moins rapide, dans le sens de la rotation, que les régions qu'elles traversaient ; elles devaient donc frapper ces dernières dans une direction intermédiaire, du nord-est au sud-ouest. En venant de l'équateur vers le nord, leur direction était opposée, mais leur mouvement de rotation était plus rapide que dans les régions traversées ; elles les frappaient comme si elles fussent dirigées du sud-ouest vers le nord-est. Les vallées d'érosion et les blocs erratiques emportés par les flots, ou semés par les glaciers qui suivaient les courants, doivent donc offrir cette même direction.

L'irruption des mers sur les anciens continents

détruisit les forêts et la végétation luxuriante dont ils étaient entièrement couverts à cette époque primitive. Les débris furent emportés par les flots, ballottés dans le va-et-vient des eaux. Une bonne partie, sans doute, fut déposée, avec les monceaux de terre entraînés, dans les bas fonds de nos régions, où elle contribua à la formation des houillières. Bien des bassins durent être ainsi comblés et convertis en plaines fertiles.

Après l'inondation, il resta nécessairement beaucoup d'eau dans les terres nouvellement émergées. Elles séjournèrent partout où se rencontrait une dépression de terrain. Des lacs sans nombre, et même des mers intérieures plus ou moins considérables, couvrirent nos continents. La plupart, insuffisamment entretenus par les cours d'eau qu'ils recevaient, finirent à la longue par se dessécher. Peut-être est-ce là l'origine de nos salines. Ces lacs salés, en s'évaporant, laissèrent le sel dont leurs eaux étaient saturées, puis cette masse de sel se recouvrit des alluvions apportés par les pluies et les ruisseaux qui venaient s'y perdre. Cependant la plupart des gisements de sel, qui sont assez communs et forment parfois des montagnes, ne sont probablement que des dépôts de chlorure de sodium devenu trop abondant dans les eaux marines.

Si, avant le Déluge, l'axe de la terre était droit sur l'écliptique, les jours demeuraient partout et toujours égaux aux nuits. La température restait la même pendant toute l'année, sur chaque latitude. Les saisons, qui partagent aujourd'hui l'année en quatre parties, le printemps, l'été, l'automne et l'hiver, étaient inconnues. La lune et les étoiles marquaient seules les divisions du temps : les étoiles pouvaient indiquer l'année par leur retour au même point du ciel par rapport au soleil ; la lune désignait les mois.

Les conséquences d'un tel état de choses pour la vie organique, soit dans les plantes, soit dans les animaux et les hommes, sont d'une grande importance. C'était l'âge d'or chanté par les anciens poètes, écho des traditions primitives.

Ce qui affaiblit et tue l'organisme, c'est la succession perpétuelle du froid et du chaud. Pendant l'hiver, la vie des plantes est suspendue : elles ne grandissent, ni ne prennent aucun accroissement, la sève est comme engourdie, la nutrition ne fonctionne pas. Souvent des organes s'atrophient et deviennent, pour la plante, une cause d'étiolement et même de mort. Avec l'égalité de température, au contraire, toutes les autres conditions étant égales d'ailleurs, la plante demeure dans toute sa force ; son accroissement ne connaît point d'arrêt ; elle peut prendre un développement inconnu aujourd'hui dans nos climats.

Les animaux et les hommes, qui participent à l'organisme matériel des plantes, par leur corps, ressentent nécessairement, dans une certaine mesure, les effets nuisibles de la variation des températures. Avant le Déluge, sous un climat aussi favorable, joint à une nature jeune encore, qui n'avait pas eu le temps de dégénérer, les hommes, plus vigoureux, devaient vivre longtemps. Le changement opéré par la déviation de l'axe terrestre, fut, sans doute, une des causes naturelles, employées par Dieu pour abaisser la moyenne de la vie humaine. C'est, en effet, depuis ce temps, qu'elle a été réduite à ce qu'elle est maintenant.

NOTES.

I. Il a été dit plus haut, que toutes les montagnes avaient été couvertes par les eaux. A ce sujet, on doit distinguer deux époques : la première, qui finit au moment où la terre commença son mouvement de rotation ; la seconde, qui comprend le temps qui s'est écoulé depuis le mouvement de rotation de notre globe, jusqu'au Déluge.

A la fin de la première époque, le noyau de la terre était formé, toutes ses montagnes, sans exception, étaient entièrement submergées. Les raisons qui rendaient suffisante la quantité d'eau comme aujourd'hui, ont été indiquées. La nature de leur constitution en est la preuve. En effet, la crête des plus hautes montagnes, dénudée des terrains géologiques qui furent ajoutés depuis, est formée de roches massives, de contexture cristalline ou vitreuse ; or, cette sorte de constitution n'a pu être effectuée que dans l'eau. Leur défaut de stratification montre, de plus, que cette eau était tranquille, dépourvue de courants. Des dépôts survenus après l'émersion des montagnes n'eussent engendré qu'un terrain meuble.

Pendant la seconde période, après l'apparition des terres qui furent habitées par l'homme jusqu'au Déluge, nos continents actuels avec leurs montagnes étaient demeurés, avons-nous dit, ensevelis sous les eaux de l'océan. Le fait est prouvé par la présence, jusque sur le sommet de ces montagnes, de terrains formés par les dépouilles d'organismes marins. Cette assertion est vraie, mais entendue dans un sens général qui n'exclut pas quelques exceptions possibles.

Parmi les sommets les plus élevés de nos continents, on en rencontre réellement quelques-uns totalement dépourvus de terrains géologiques, ne présentant qu'une roche semblable à celle du noyau terrestre. Ces sommets étaient-ils, oui ou non, submergés avec nos continents, dans la période qui s'est écoulée depuis la création des organismes marins, jusqu'au Déluge? Les deux opinions peuvent être admises.

Qu'il y eût alors, dans quelques-unes de nos chaînes de montagnes, des crêtes dominant les eaux de l'océan, et formant des îles, il n'y a là rien que de vraisemblable ; il est même probable qu'il en fut ainsi. Toutefois, le seul fait de leur dénudation ne constitue pas une preuve certaine à cet égard ; il faudrait, en outre, constater par le calcul, que le niveau des eaux de l'océan d'alors ne pouvait les atteindre. Ce calcul, il ne faut pas se le dissimuler, offrirait quelques difficultés, particulièrement à cause du renflement des roches, qui ne se produit que lentement, pour former l'équateur.

D'un autre côté, ces crêtes pourraient avoir été submergées, et leur dénudation actuelle provenir de l'une ou l'autre des causes suivants: 1° Le temps et la matière n'ont pas été suffisants pour que les dépôts atteignissent ces hauteurs ; 2° Les organismes ne trouvaient pas, au-dessus de ces crêtes, une profondeur d'eau propice à leur existence ; 3° Les vagues de la mer, en battant ces points élevés, qui n'étaient pas éloignés du niveau des eaux, empêchaient les organismes d'y séjourner, ou emportaient les dépôts à mesure qu'ils se formaient ; 4° Les flots du Déluge franchirent les chaînes de montagnes, se brisèrent avec violence contre leur sommet et les dénudèrent complètement. N'avons-nous pas jusque dans nos plaines, des roches primitives, mises à nu par l'impétuosité des eaux diluviennes ?

II. On ne manquera pas de nous opposer cette difficulté. Si, à partir de la création des animaux, vous réputez la longueur des jours de la Genèse semblable à celle des jours actuels, où trouverez-vous le temps nécessaire à la formation des terrains géologiques ?

La réponse sera facile.

Avec le système Laplace, on réclamait des années, par centaines de millions, pour la formation du noyau terrestre ; et encore des centaines de milliers pour celle des terrains géologiques. Les bases, sur lesquelles on put s'appuyer avec quelque probabilité, faisant défaut, l'imagination avait libre carrière. Les données scientifiques, que nous avons exposées, ont montré combien il était facile de ramener à des proportions plus modestes ces périodes fantastiques, au sujet du noyau terrestre. Avec elles encore, les 1656 ou 2242 années de la Bible, — selon qu'on adopte la version de l'hébreu ou des Septante — qui se sont écoulées depuis la création de l'homme jusqu'au

Déluge, suffirent amplement, pour rendre compte de la formation des terrains géologiques.

Il n'y a pas à s'occuper, dans cette question, des roches qui se sont constituées dans la période du troisième jour de la création, depuis l'émersion des premiers continents jusqu'à l'apparition des courants marins, au quatrième jour. Elles doivent être importantes et contribuèrent, pour leur part, à la surcharge qui entraîna la déclinaison de l'axe de rotation. Leur contexture ressemble probablement à celle des roches du noyau, auquel elles vinrent se surajouter. Mais nous ne les connaissons pas, sauf les massifs de calcaires cristallins ou sacchariformes qui commencèrent à se déposer, surtout dans la dernière partie de ce jour. Si on admet que les sables proviennent des algues marines dont la création peut être reportée à l'époque de celle des plantes, il faudrait aussi, sans doute, compter pour cette même époque, une partie des grès qui reposent sur le noyau terrestre. Il y a encore moins à s'occuper des terrains formés soit par l'inondation violente du Déluge, soit postérieurement.

Il reste donc les terrains schisteux, dépourvus, ou à peu près, de fossiles, et ceux qui en possèdent ou qui même en sont totalement composés.

Les premiers terrains stratifiés qui ont commencé à se constituer, au quatrième jour de la création, sont les gneiss, les micaschistes, les talschistes, dont la puissance est considérable. Ils sont composés de silicates, comme les granits, avec cette différence que leur texture est feuilletée, signe certain de leur formation au sein des courants marins. On remarque aussi que le quartz hyalin ne s'y rencontre pas, sinon accidentellement, tandis qu'il fait partie intégrante du granit. Ils sont souvent veinés et ne renferment pas de fossiles.

Avant le quatrième jour, les eaux étaient tranquilles, dépourvues de courants. Les actions chimiques étaient terminées dans leur sein ; les dépôts se ralentissaient, s'ils n'étaient pas arrêtés. Des matériaux de la création, elles ne contenaient plus que ce qu'elles pouvaient supporter à l'état de dissolution ou de suspension. Ces derniers devaient être en quantité considérable, vu la masse des eaux et leur densité, accrue par les matières dissoutes. Les calcaires, les sulfates, etc., étaient plus abondants que la silice, puisqu'ils n'avaient pu se combiner avant que celle-ci ne fût disparue des endroits où ils se trouvaient ; mais partout ailleurs la silice existait encore, au moins à l'état de solution. Le calme des eaux empêchait ces substances variées d'entrer en contact et de se combiner, pour donner naissance à des silicates.

Il n'en fut pas de même là où les courants s'établirent. Le mouvement des eaux qui en résulta amena le mélange de la multitude de ces différentes molécules ; la silice s'empara des bases du calcaire et du sulfate, de l'alumine, de la potasse, de la magnésie, pour se transformer en silicate qui se déposait aussitôt. Les matériaux se renouvelant continuellement, apportés par les courants, de tous les points de l'océan, les dépôts ne souffraient point d'interruption. L'accroissement des roches fut rapide, surtout dans les premiers temps. Le travail des organismes marins ne s'accomplissait certainement pas aussi vite.

Quand plusieurs espèces de silicates se combinaient dans un même endroit, leur dépôt produisait souvent des veines dans la roche, parce que chaque molécule s'unissait de préférence avec celles de sa propre espèce, à cause de la parfaite conformité de leurs courants circulaires, et, par suite, de l'impulsion plus forte qu'elles subissaient, l'une vers l'autre.

Les bases étant plus abondantes que la silice, celle-ci se convertissait entièrement en silicates; d'où l'absence ou, au moins, la rareté du quartz hyalin dans ces roches.

La flore et la faune marines étaient créées; elles remplissaient leur fonction dans les eaux, à l'époque où s'élevaient ces terrains; cependant, ceux-ci sont dépourvus de fossiles. C'est que les organismes fuyaient les courants; ils n'y rencontraient pas les conditions essentielles à leur substance; les silicates, en se combinant, font disparaître les carbonates, les sulfates et la silice elle-même, éléments nécessaires à la construction de leurs tests; elles ne laissent que les acides propres à détruire et leur coquille, et leur substance. Ils ne purent fréquenter les courants, avant que la silice fût devenue assez rare pour que ses combinaisons ne missent pas leur vie en péril.

Quant au temps requis, pour la formation des roches de la seconde catégorie, on peut l'apprécier d'une manière au moins approximative, en consultant les travaux accomplis de nos jours par les mêmes organismes, auxquels elles doivent leur origine, et en tenant compte des circonstances particulières où ils se trouvaient, avant le Déluge.

A notre époque, le travail des polypiers est si rapide, que dans les mers, dites de corail, les cartes marines deviennent inexactes, au bout de vingt ans. Sur les rives de la Mer Rouge, les habitants taillent, pour bâtir leurs maisons, la pierre produite par le travail de ces animaux, et après quelques années, le vide est de nouveau comblé ; en sorte que l'on peut estimer, sans exagération, à un pied d'épaisseur, la couche pierreuse construite chaque année. Darwin raconte le fait d'un navire ayant fait naufrage dans le golfe persique, qui, après une submersion d'un peu moins de deux ans, aurait présenté, à sa surface, une couche de madrépores épaisse de deux pieds. Quelques-uns, après de nombreuses expériences, croient pouvoir conclure que l'accroissement, dans des circonstances favorables, peut être d'un mètre en six mois. D'autres, au contraire, d'après certains faits, ne pensent pas que cet accroissement puisse dépasser un pouce et demi. Evidemment, la diversité des résultats obtenus par les observateurs, tient aux circonstances variées dans lesquelles les faits se sont produits ; particulièrement, à l'abondance ou à la faible quantité de calcaire dissous dans les eaux, aux endroits soumis à l'observation. Naturellement ces animaux ne peuvent construire plus vite que ne le comporte l'affluence des matériaux.

Si donc on prend, pour base du travail des organismes marins, une moyenne de 33 centimètres d'épaisseur par année, on arrive, dans l'espace de temps qui sépare leur création du Déluge, à une roche dépassant 500 à 700 mètres de puissance, selon que l'on adopte la chronologie de la Vulgate ou des Septante. Les terrains de nos continents, provenant directement du travail des organismes marins, ne sont guère supérieurs à ce chiffre, quand ils l'atteignent.

Comparons, maintenant, les circonstances dans lesquelles ils travaillent aujourd'hui, avec celles où ils se trouvaient avant le Déluge.

Remarquons d'abord qu'avant, comme après le Déluge, chaque famille de ces ouvriers marins travaille différemment, forme des roches variées, par leur nature, et qui, vraisemblablement pour la plupart, même dans des conditions identiques, n'atteignent pas la même puissance, dans un égal espace de temps. D'autre part, dans l'évaluation de ce travail, pendant une longue période, il faut tenir compte d'une multitude de circonstances qui accélèrent, atténuent et même arrêtent complètement le travail commencé dans un endroit. Le début est fort lent : il faut donner à la nouvelle colonie, qui vient s'établir dans un lieu, le temps de se multiplier et de s'étendre. Après un certain temps, elle peut émigrer, passer dans une autre région, parce que les matériaux dont elle se sert font défaut, être supplantée par une famille étrangère qui la remplace, soit en l'expulsant, soit en la faisant périr. A la fin, les matériaux diminuent en quantité, le travail se ralentit.

Les circonstances les plus influentes sur la rapidité de la formation des roches sont : 1° L'abondance des matériaux ; 2° Le nombre des ouvriers ; 3° La température.

1° *L'abondance des matériaux.* — Il est évident qu'il y a corrélation entre l'activité des ouvriers et la quantité des éléments mise à leur disposition. La multiplication des individus est aussi plus rapide là où ils rencontrent des circonstances plus favorables à leur existence. Aujourd'hui, ces matériaux leur sont fournis uniquement par les sédiments arrachés aux continents, soit par les fleuves, soit par l'érosion des rivages battus par les flots. Des ressources aussi restreintes limitent singulièrement et la multiplication des individus, et la quantité de travail dans un temps donné. Avant le Déluge, les conditions étaient bien différentes. Les organismes marins possédaient les mêmes apports : les fleuves des premiers continents et les flots de la mer fonctionnaient comme aujourd'hui ; mais, en outre, ils disposaient de puissantes masses accumulées dans l'océan, reliquat de création primitive.

2° *Le nombre des ouvriers.* — La quantité prodigieuse des matières propres à leur existence, favorisa leur multiplication ; mais, en dehors de cette circonstance, parce que leur fonction paraît être principalement de purifier les eaux, on peut croire qu'ils furent créés, tout d'abord, en grande multitude, non seulement comme espèces, mais comme individus dans chacune d'elles.

Le terme, dont se sert Moïse, semble bien l'indiquer. Le verbe qu'il emploie, *scharats*, et que la Vulgate traduit ici par *Producant (aquæ)*, a, quelquefois, le sens de *reptare* (ramper), en parlant des petits animaux ; mais il signifie surtout : *fourmiller*, et désigne ordinairement une grande multitude. C'est dans ce dernier sens que la Bible l'emploie presque toujours. Dans la langue éthiopienne, où ce même mot se trouve, il a le sens de *pulluler*. Le passage de la Genèse, où leur création est rapportée, pourrait donc se traduire littéralement ainsi : *Que les eaux fourmillent de reptiles*. Quoi qu'il en soit, l'abondance des matières dut nécessairement occasionner une multiplication rapide de ces organismes, tandis qu'après le Déluge, leur nombre dut, au contraire, se réduire dans la mesure du décroissement de ces mêmes matières.

3° *La température*. — La douceur et l'égalité de la chaleur, qui régnait avant le Déluge, leur était aussi plus favorable que la variété des saisons ne l'est aujourd'hui.

Après ces explications, nul, je pense, ne mettra plus en doute que les vingt-deux siècles qui précédèrent le Déluge suffirent amplement à la formation des terrains géologiques d'origine marine.

III. Les organismes de la mer sont d'espèces très variées. Leur fonction, comme nous l'avons déjà dit, est de recueillir, pour former leurs tests, les molécules particulièrement propres à leur nature, et donner ainsi naissance à des terrains non moins variés que leurs espèces. Il y en a probablement pour ramasser les éléments métalliques épars dans les eaux, aussi bien que les matières terreuses. La réunion des différents métaux, par contrées distinctes et séparées, donne à croire qu'ils ont été rassemblés par les mêmes moyens que les autres roches.

La Géologie, en nous montrant la diversité des terrains et leur localisation, nous révèle un fait : c'est que les centres de création ont été nombreux. Ces centres paraissent avoir été placés de préférence sur les régions qui étaient destinées à devenir nos continents actuels. La Providence, pour laquelle l'avenir n'a point de secrets, au lieu de répandre uniformément ces masses de matières dans les plaines de l'océan, les réunissait ainsi, pour servir à peser sur un des côtés de l'axe terrestre et à préparer l'exécution de ses desseins sur l'humanité coupable, tout en lui ménageant pour l'avenir, des matériaux si utiles à son existence.

A chaque espèce d'organisme a été confié un coin de l'océan qu'elle était chargée d'assainir. Celles-là seules furent mélangées qui pouvaient vivre réunies, et dont la mixtion devait donner naissance à une roche composée, à un sol plus ou moins fertile. C'était une attention de la Providence, qui pourvoyait, par ce moyen, aux besoins futurs de l'homme. Mais parce qu'elles ont été créées simultanément, il en résulte que la formation de tous les terrains, dûs à leur intervention, a commencé en même temps. L'observation, en effet, nous montre chacun d'eux reposant sur le sol primitif, soit dans un lieu, soit dans un autre.

Sans doute, avec le temps, les individus se multiplièrent, les espèces étendirent leur domaine et finirent par empiéter les unes sur les autres. Quelquefois, dans un endroit particulier, l'espèce qui l'occupait put périr ou émigrer, soit parce qu'elle avait terminé sa mission dans cette région et qu'elle n'y trouvait plus en suffisance les molécules particulières que réclamait sa subsistance ; soit qu'elle ait été chassée par une autre plus puissante, qui trouvait là, après elle, ce qui lui convenait ; soit encore que l'exhaussement du fond ne lui laissait plus la profondeur voulue pour elle. Toute place, laissée libre, était bientôt occupée par une espèce différente. La succession des terrains, la variété des fossiles, dans chaque lieu, n'a pas d'autres causes.

Le système du Déluge, par la déviation de l'axe terrestre, nous paraît donc le mieux fondé. Sa cause naturelle, indépendamment de l'action divine, est basée sur des faits scientifiquement appréciables. lui seul rend raison de son universalité ainsi que de la hauteur de ses eaux ; du retrait des mers de la surface de nos continents ; des vallées de dénudation et des blocs erratiques. Il fait comprendre l'affaiblissement actuel des plantes que la géologie nous fait connaître si vigoureuses dans les temps primitifs. La science des terrains y trouve son compte, et, sans lui, impossible d'expliquer l'émersion, pourtant certaine, des terres que nous habitons. Non seulement le Déluge, tel qu'il est rapporté par la Bible, s'accorde avec la science, mais encore, sans la formation de la terre, telle que nous l'avons exposée, sans l'universalité de ce cataclysme, rien n'est explicable dans la géologie.

TABLE DES MATIÈRES

www.ingramcontent.com/pod-product-compliance
Ingram Content Group UK Ltd.
Pitfield, Milton Keynes, MK11 3LW, UK
UKHW012140240726
13966UKWH00001B/86

9 782013 564205